配网带电专业标准化作业指导书

国网安徽省电力有限公司蚌埠供电公司
国网安徽省电力有限公司电力科学研究院 组编

詹 斌 主编

中国科学技术大学出版社

内 容 简 介

在经济快速发展的今天，持续可靠供电是实现经济社会高质量发展和人民追求美好生活的重要保障。实现配网不停电作业的标准化是确保作业安全、规范、高效的重要手段。本书依据国家电网有限责任公司《10 kV 配网不停电作业规范》规定的四大类不停电作业规范要求，结合安徽省配网构架的特点，以及多年来开展配网不停电作业的经验，立足于一线作业人员的培训需求和现场应用，编制了 67 套现场作业标准化作业指导书和 34 套标准化作业指导卡，以指导不停电作业现场安全有序开展。

图书在版编目(CIP)数据

配网带电专业标准化作业指导书/詹斌主编. —合肥：中国科学技术大学出版社，2022.1
ISBN 978-7-312-05349-8

Ⅰ. 配…　Ⅱ. 詹…　Ⅲ. 配电系统—带电作业　Ⅳ. TM727

中国版本图书馆 CIP 数据核字(2021)第 255793 号

配网带电专业标准化作业指导书
PEIWANG DAIDIAN ZHUANYE BIAOZHUNHUA ZUOYE ZHIDAO SHU

出版　中国科学技术大学出版社
安徽省合肥市金寨路 96 号，230026
http://press.ustc.edu.cn
https://zgkxjsdxcbs.tmall.com
印刷　合肥市宏基印刷有限公司
发行　中国科学技术大学出版社
经销　全国新华书店
开本　880 mm×1230 mm　1/16
印张　41.25
字数　1366 千
版次　2022 年 1 月第 1 版
印次　2022 年 1 月第 1 次印刷
定价　160.00 元

前　　言

在经济快速发展的今天，持续可靠供电是实现经济社会高质量发展和人民追求美好生活的重要保障。开展配网不停电作业不仅可以减少停电检修的频率，还可以保障正常的供电，进而能够提高电力供应的安全稳定性，但配网不停电作业也面临着很多的安全隐患和安全问题。在配网不停电作业的实际操作过程之中，必须采用科学合理的安全管理方法，保证配网不停电作业的安全和效率。

现代化安全生产管理的措施之一是实现生产和操作过程的标准化。配网不停电作业标准化是指在对作业进行系统的调查分析之后，把现有的操作方法的每一步流程和动作都进行详细的分析，然后依据现有的技术，按照相关的规章制度，以事件经验为基础，在质量效益和安全得到保证的前提下，提高和改进配网不停电作业的流程，从而能够与一般的检修作业相区别。配网不停电作业对技能的要求更加苛刻，无论是步骤还是动作，或者作业方式都要严格按照规定、规范操作。

10 kV 配网不停电作业过程必须加强现场作业关键环节关键点的安全风险管控，贯彻"安全第一、预防为主、综合治理"的方针，以规范管理、严控风险、积极推进为指导思想。依据所开展的配网不停电作业项目，严格按照配网不停电作业现场标准化作业指导书进行作业，是保障作业安全、规范、高效开展的重要手段。为此，依据国家电网有限公司《10 kV 配网不停电作业规范》，结合国网安徽省电力有限公司的实际情况和多年来开展配网不停电作业的经验，编写了本书。

本书在编写的过程中，针对培训需求和现场应用，立足服务于一线配网不停电作业人员，内容覆盖了国家电网有限公司规定的 4 类 33 项配网不停电作业项目，编制了 67 套现场标准化作业指导书和 34 套标准化作业指导卡，指导不停电作业现场安全有序开展。

本书由国网蚌埠供电公司组织编写，参与编写的单位有：国网安徽电科院、国网铜陵供电公司、国网宿州供电公司、国网淮南供电公司、国网滁州供电公司、国网芜湖供电公司、国网淮北供电公司。

本书由国网安徽省电力有限公司蚌埠供电公司詹斌负责统稿和定稿，本书的编写得到了国网安徽省电力有限公司设备部的大力协助，在此表示衷心感谢。

由于时间紧迫，编者水平有限，书中不免有疏漏与不足之处，请广大读者批评指正

编者

2021 年 10 月

目　录

Ⅲ 三类作业

Ⅳ 四类作业

附录　标准化作业指导卡

Ⅰ 一类作业

编号：××××-××-××-01

Ⅰ-01 10 kV 带电消缺及装拆附件标准化作业指导书

（修剪树枝）

编写人：________________ ________年______月______日

审核人：________________ ________年______月______日

批准人：________________ ________年______月______日

工作负责人：____________

作业日期： 年 月 日 时 分 至 年 月 日 时 分

国网安徽省电力有限公司

1　工作范围

本作业指导书适用于国网安徽省电力有限公司____________________作业。

2　作业方法

运用绝缘操作杆法进行的作业。

3　引用文件

1.《国家电网公司电力安全工作规程》(以下简称《安规》)(配电部分);
2.《配电网检修规程》(Q/GDW 11261—2014);
3.《配电网技术导则》(Q/GDW 10370—2016);
4.《10 kV 配网不停电作业规范》(Q/GDW 10520—2016);
5.《配电网施工检修工艺规范》(Q/GDW 10742—2016);
6.《配电线路带电作业技术导则》(GB/T 18857—2019)。

4　作业前准备

4.1　准备工作安排

√	序号	内容	标　　准	备注
	1	现场勘察	1. 由工作负责人或工作票签发人组织到现场进行勘察,以便掌握同杆(塔)架设线路及其方位、电气间距、作业现场条件和环境; 2. 确定作业方法、所需工具、材料以及应采取的措施。	
	2	气象条件	1. 根据本地气象预报,判断是否符合《安规》对带电作业的要求; 2. 风力大于 10 m/s 或相对湿度大于 80%时,不宜作业。	
	3	办理工作票	1. 在生产管理系统(PMS2.0)中开具工作票; 2. 确认工作地段、配网运行方式,确定预申请停用重合闸的线路名称。	

4.2　人员要求

√	序号	内　　容	备注
	1	作业人员必须持有带电作业有效资格证和实践工作经验。	
	2	作业人员应身体健康,无妨碍作业的生理和心理障碍。	
	3	本年度《安规》考试合格。	

4.3 工器具

√	序号	工器具名称		规格	单位	数量	备注
	1	绝缘防护用具	绝缘手套	10 kV	双	2	带防刺穿作用
	2		绝缘安全帽	10 kV	顶	2	
	3		绝缘披肩	10 kV	套	2	
	4		双重保护绝缘安全带	10 kV	副	2	
	5	绝缘遮蔽用具	导线遮蔽罩	10 kV		若干	
	6		绝缘子遮蔽罩	10 kV		若干	
	7	绝缘工具	绝缘操作杆	10 kV	个	若干	根据具体工作内容配置
	8		绝缘高枝剪	10 kV	套	1	
	9		绝缘传递绳	12 mm	根	1	
	10	其他	绝缘电阻测试仪	2500 V及以上	套	1	
	11		验电器	10 kV	套	1	
	12		脚扣		副	1	
	13		温湿度仪/风速仪		套	1	
	14		绝缘手套检测仪		副	1	

4.4 材料

√	序号	名称	规格	单位	数量	备注

4.5 危险点分析及预控

√	序号	危险点	预控措施
	1	高空作业时违反配电《安规》进行操作，可能引起高空坠落。	高空作业时，必须正确使用安全带并戴安全帽，将安全带系在牢固部件上且位置合理，便于作业。

续表

√	序号	危　险　点	预　控　措　施
	2	杆上电工与邻近带电体及接地体的安全距离不够，可能引起相间短路、接地事故。	1. 杆上电工人体与邻近带电体的安全距离不得小于0.4 m，绝缘操作杆的有效绝缘长度不得小于0.7 m，绝缘绳索的有效绝缘长度不得小于0.4 m; 2. 不满足安全距离时，应采取绝缘隔离措施。
	3	监护人指挥发令信息不畅，导致杆上电工误操作。	保持通讯通畅，操作人员收到监护人的指令后，应回复确认。
	4	异物脱落，导致相间短路或单相接地。	在档距中间部分，高低压同杆架设时，异物坠落撞击低压导线容易引起导线摆动，导致两相短路，因此，清除异物前应做好措施(对异物坠落点下方的低压导线加遮蔽)。

4.6　安全措施

√	序号	内　　容
	1	如遇雷电(听见雷声、看见闪电)雪雹、雨雾不得进行带电作业，风力大于10 m/s或相对湿度大于80%时，也不宜进行带电作业。
	2	作业前，需确认线路无接地、绝缘良好、线路上无人工作且相位无误。
	3	在运输过程中，绝缘工具应装在专用工具袋、工具箱或专用工具车内，以防受潮和损伤。
	4	带电作业必须设人监护，监护人不得直接操作，监护的范围不得超过一个作业点。
	5	作业现场应设围栏及警示牌，禁止无关人员进入或在工作现场逗留。
	6	使用合格的绝缘安全工器具，使用前应做好检查。
	7	作业过程中如设备突然停电，杆上电工应视设备仍然带电并立即停止操作，工作负责人应尽快与调度联系查明原因。
	8	作业时，杆上电工对相邻带电体的间隙距离，以及作业工具的最小有效绝缘长度都应满足规程要求。
	9	在接近带电体的过程中，应从下方依次验电；对人体可能触及范围内的构件亦应验电，确认无漏电现象。
	10	作业过程中有可能引起不同电位设备之间发生短路或接地故障时，应在设备间设置绝缘遮蔽。

4.7 人员分工

√	序号	作业人员	作业项目
	1	工作负责人	
	2	杆上电工	
	3	地面电工	

5 作业程序

5.1 开工

√	序号	内容	责任人签字
	1	工作负责人联系调度，办理工作票开工（本项目一般无需停用重合闸）。	
	2	调度许可工作。	
	3	工作负责人组织全体工作人员现场列队宣读工作票，交待工作任务、安全措施、注意事项，确认工作班成员并让其签名后，宣布开始工作的命令。	

5.2 作业内容及标准

√	序号	作业内容	作业标准及步骤	安全措施及注意事项	备注
	1	进入现场	1. 整理材料，对安全用具、绝缘工具进行检查； 2. 检查作业点及相邻杆塔杆根、基础、拉线情况。	1. 对绝缘工具应使用绝缘测试仪进行分段绝缘检测，确保绝缘电阻值不低于 700 MΩ； 2. 杆上电工检查电杆根部、基础和拉线是否牢固； 3. 需确认新安装的避雷器试验报告合格，并使用绝缘测试仪确认其绝缘性能完好。	
	2	验电	1. 杆上电工登杆移至合适工作位置，系好后备保护绳； 2. 对三相导线及横担进行验电，确认线路无漏电。	1. 登杆及移位过程中不得失去一重保护，两人选择合适路径，交替登杆； 2. 验电顺序：带电体→绝缘子→横担→带电体； 3. 验电时保证人体与带电体有 0.4 m 及以上的安全距离，绝缘操作杆有 0.7 m 及以上的有效绝缘长度。	

续表

√	序号	作业内容	作业标准及步骤	安全措施及注意事项	备注
	3	对带电体、接地体进行遮蔽	杆上电工相互配合对带电导线及横担进行绝缘遮蔽。	1. 杆上电工用绝缘操作杆按照“从近到远、从下到上、先带电体后接地体”的遮蔽原则对不能满足安全距离的带电体和接地体进行绝缘遮蔽； 2. 遮蔽时保证人体与带电体有0.4 m及以上的安全距离，绝缘操作杆有0.7 m及以上的有效绝缘长度。	
	4	修剪树枝	1. 杆上电工判断树枝离带电体的安全距离是否满足要求，无法满足时需采取有效的绝缘遮蔽隔离措施； 2. 杆上电工使用修剪刀修剪树枝，树枝高出导线时，应用绝缘绳固定需修剪的树枝，使之倒向远离线路的方向； 3. 地面电工配合杆上电工将修剪的树枝放至地面。	1. 作业时注意工作位置不要在拆除设备正下方，防止高空落物伤人； 2. 保证杆上电工与带电体有0.4 m及以上的安全距离； 3. 保证绝缘操作杆有0.7 m及以上的有效绝缘长度，绝缘绳索有0.4 m及以上的有效绝缘长度。	
	5	拆除绝缘遮蔽措施	杆上电工拆除绝缘遮蔽用具，确认杆上已无遗留物后，返回地面。	1. 杆上电工拆除绝缘遮蔽措施时应戴绝缘手套，且顺序应正确； 2. 严禁同时拆除不同电位的遮蔽体。	

5.3　竣工

√	序号	内　　容	负责人签字
	1	工作负责人全面检查作业完成情况并点评(班后会)。	
	2	清理现场的工器具、材料，撤离作业现场。	
	3	通知调度恢复重合闸，办理终结工作票。	

5.4　消缺记录

√	序号	作 业 内 容	负责人签字

6 验收总结

<table>
<tr><th>序号</th><th colspan="2">验 收 总 结</th></tr>
<tr><td>1</td><td>验收评价</td><td></td></tr>
<tr><td>2</td><td>存在问题及处理意见</td><td></td></tr>
</table>

7 作业指导书执行情况评估

<table>
<tr><td rowspan="4">评估内容</td><td rowspan="2">符合性</td><td>优</td><td></td><td>可操作项</td><td></td></tr>
<tr><td>良</td><td></td><td>不可操作项</td><td></td></tr>
<tr><td rowspan="2">可操作性</td><td>优</td><td></td><td>建议修改项</td><td></td></tr>
<tr><td>良</td><td></td><td>遗漏项</td><td></td></tr>
<tr><td>存在问题</td><td colspan="5"></td></tr>
<tr><td>改进意见</td><td colspan="5"></td></tr>
</table>

编号：××××-××-××-02

Ⅰ-02　10 kV 带电消缺及装拆附件标准化作业指导书

（清除异物）

编写人：______________　　　　______年______月______日

审核人：______________　　　　______年______月______日

批准人：______________　　　　______年______月______日

工作负责人：__________

作业日期：　　年　　月　　日　　时　　分　至　　年　　月　　日　　时　　分

国网安徽省电力有限公司

1 工作范围

本作业指导书适用于国网安徽省电力有限公司____________________作业。

2 作业方法

运用绝缘操作杆法进行的作业。

3 引用文件

1.《国家电网公司电力安全工作规程》(以下简称《安规》)(配电部分);
2.《配电网检修规程》(Q/GDW 11261—2014);
3.《配电网技术导则》(Q/GDW 10370—2016);
4.《10 kV 配网不停电作业规范》(Q/GDW 10520—2016);
5.《配电网施工检修工艺规范》(Q/GDW 10742—2016);
6.《配电线路带电作业技术导则》(GB/T 18857—2019)。

4 作业前准备

4.1 准备工作安排

√	序号	内容	标　　准	备注
	1	现场勘察	1. 由工作负责人或工作票签发人组织到现场进行勘察,以便掌握同杆(塔)架设线路及其方位、电气间距、作业现场条件和环境; 2. 确定作业方法、所需工具、材料以及应采取的措施。	
	2	气象条件	1. 根据本地气象预报,判断是否符合《安规》对带电作业的要求; 2. 风力大于 10 m/s 或相对湿度大于 80%时,不宜作业。	
	3	办理工作票	1. 在生产管理系统(PMS2.0)中开具工作票; 2. 确认工作地段、配网运行方式,确定预申请停用重合闸的线路名称。	

4.2 人员要求

√	序号	内　　容	备注
	1	作业人员必须持有带电作业有效资格证和实践工作经验。	
	2	作业人员应身体健康,无妨碍作业的生理和心理障碍。	
	3	本年度《安规》考试合格。	

4.3　工器具

√	序号	工器具名称		规格	单位	数量	备注
	1	绝缘防护用具	绝缘手套	10 kV	双	2	带防刺穿作用
	2		绝缘安全帽	10 kV	顶	2	
	3		绝缘披肩	10 kV	套	2	
	4		双重保护绝缘安全带	10 kV	副	2	
	5	绝缘遮蔽用具	导线遮蔽罩	10 kV	个	若干	
	6		绝缘子遮蔽罩	10 kV	个	若干	
	7	绝缘工具	绝缘操作杆	10 kV	个	若干	根据具体工作内容配置
	8		绝缘锁杆	10 kV	根	2	
	9		绝缘传递绳	12 mm	根	1	
	10	其他	绝缘电阻测试仪	2500 V及以上	套	1	
	11		验电器	10 kV	套	1	
	12		脚扣		副	1	
	13		温湿度仪/风速仪		套	1	
	14		绝缘手套检测仪		副	1	

4.4　材料

√	序号	名称	规格	单位	数量	备注

4.5　危险点分析及预控

√	序号	危　险　点	预 控 措 施
	1	高空作业时违反配电《安规》进行操作，可能引起高空坠落。	高空作业时，必须正确使用安全带并戴安全帽，将安全带系在牢固部件上且位置合理，便于作业。

续表

√	序号	危 险 点	预 控 措 施
	2	杆上电工与邻近带电体及接地体的安全距离不够，可能引起相间短路、接地事故。	1. 杆上电工人体与邻近带电体的安全距离不得小于0.4 m，绝缘操作杆的有效绝缘长度不得小于0.7 m，绝缘绳索的有效绝缘长度不得小于0.4 m； 2. 不满足安全距离时，应采取绝缘隔离措施。
	3	监护人指挥发令信息不畅，导致杆上电工误操作。	保持通讯通畅，操作人员收到监护人的指令后，应回复确认。
	4	异物脱落，导致相间短路或单相接地。	在档距中间部分，高低压同杆架设时，异物坠落撞击低压导线容易引起导线摆动，导致两相短路，因此，清除异物前应做好措施(对异物坠落点下方的低压导线加遮蔽)。

4.6 安全措施

√	序号	内 容
	1	如遇雷电(听见雷声、看见闪电)雪雹、雨雾不得进行带电作业，风力大于10 m/s或相对湿度大于80%时，也不宜进行带电作业。
	2	作业前，需确认线路无接地、绝缘良好、线路上无人工作且相位无误。
	3	在运输过程中，绝缘工具应装在专用工具袋、工具箱或专用工具车内，以防受潮和损伤。
	4	带电作业必须设人监护，监护人不得直接操作，监护的范围不得超过一个作业点。
	5	作业现场应设围栏及警示牌，禁止无关人员进入或在工作现场逗留。
	6	使用合格的绝缘安全工器具，使用前应做好检查。
	7	作业过程中如设备突然停电，杆上电工应视设备仍然带电并立即停止操作，工作负责人应尽快与调度联系查明原因。
	8	作业时，杆上电工对相邻带电体的间隙距离，以及作业工具的最小有效绝缘长度都应满足规程要求。
	9	在接近带电体的过程中，应从下方依次验电；对人体可能触及范围内的构件亦应验电，确认无漏电现象。
	10	作业过程中有可能引起不同电位设备之间发生短路或接地故障时，应在设备间设置绝缘遮蔽。

4.7 人员分工

√	序号	作业人员	作业项目
	1	工作负责人	
	2	杆上电工	
	3	地面电工	

5 作业程序

5.1 开工

√	序号	内容	责任人签字
	1	工作负责人联系调度,办理工作票开工(本项目一般无需停用重合闸)。	
	2	调度许可工作。	
	3	在得到调度或运维人员许可后方可开始工作。	
	4	工作负责人组织全体工作人员现场列队宣读工作票,交待工作任务、安全措施、注意事项,确认工作班成员并让其签名后,宣布开始工作的命令。	

5.2 作业内容及标准

√	序号	作业内容	作业标准及步骤	安全措施及注意事项	备注
	1	进入现场	1. 整理材料,对安全用具、绝缘工具进行检查; 2. 检查作业点及相邻杆塔杆根、基础、拉线情况。	1. 对绝缘工具应使用绝缘测试仪进行分段绝缘检测,确保绝缘电阻值不低于 700 MΩ; 2. 杆上电工检查电杆根部、基础和拉线是否牢固; 3. 需确认新安装的避雷器试验报告合格,并使用绝缘测试仪确认其绝缘性能完好。	
	2	验电	1. 杆上电工登杆移至合适工作位置,系好后备保护绳; 2. 对三相导线及横担进行验电,确认线路无漏电。	1. 登杆及移位过程中不得失去一重保护,两人选择合适路径,交替登杆; 2. 验电顺序:带电体→绝缘子→横担→带电体; 3. 验电时保证人体与带电体有 0.4 m 及以上的安全距离,绝缘操作杆有 0.7 m 及以上的有效绝缘长度。	

续表

√	序号	作业内容	作业标准及步骤	安全措施及注意事项	备注
	3	设置绝缘遮蔽、隔离措施	杆上电工相互配合对带电导线及横担进行绝缘遮蔽。	1. 杆上电工用绝缘操作杆按照“从近到远、从下到上、先带电体后接地体”的遮蔽原则对不能满足安全距离的带电体和接地体进行绝缘遮蔽； 2. 遮蔽时人体与邻近带电体的距离不得小于0.4 m； 3. 绝缘杆有效绝缘长度不得小于0.7 m。	
	4	清除异物	1. 杆上电工判断拆除异物时的安全距离是否满足要求，无法满足时需采取有效的绝缘遮蔽隔离措施； 2. 杆上电工拆除异物时，需站在上风侧，需采取措施防止异物落下伤人等； 3. 地面电工配合将异物放至地面。	1. 作业时注意工作位置不要在拆除设备正下方，防止高空落物伤人； 2. 杆上电工对带电体保证0.4 m及以上安全距离； 3. 保证绝缘操作杆有0.7 m及以上的有效绝缘长度，绝缘绳索有0.4 m及以上有效绝缘长度。	
	5	拆除绝缘遮蔽措施	杆上电工拆除绝缘遮蔽用具，确认杆上已无遗留物后，返回地面。	1. 杆上电工拆除绝缘遮蔽措施时应戴绝缘手套，且顺序应正确； 2. 严禁同时拆除不同电位的遮蔽体。	

5.3 竣工

√	序号	内　容	负责人签字
	1	工作负责人全面检查作业完成情况并点评(班后会)。	
	2	清理现场的工器具、材料，撤离作业现场。	
	3	通知调度恢复重合闸，办理终结工作票。	

5.4 消缺记录

√	序号	作 业 内 容	负责人签字

6　验收总结

序号	验收总结	
1	验收评价	
2	存在问题及处理意见	

7　作业指导书执行情况评估

<table>
<tr><td rowspan="4">评估内容</td><td rowspan="2">符合性</td><td>优</td><td></td><td>可操作项</td><td></td></tr>
<tr><td>良</td><td></td><td>不可操作项</td><td></td></tr>
<tr><td rowspan="2">可操作性</td><td>优</td><td></td><td>建议修改项</td><td></td></tr>
<tr><td>良</td><td></td><td>遗漏项</td><td></td></tr>
<tr><td>存在问题</td><td colspan="5"></td></tr>
<tr><td>改进意见</td><td colspan="5"></td></tr>
</table>

编号：××××-××-××-03

Ⅰ-03　10 kV 带电消缺及装拆附件标准化作业指导书

（扶正绝缘子）

编写人：__________________　　　　　_________年______月______日

审核人：__________________　　　　　_________年______月______日

批准人：__________________　　　　　_________年______月______日

工作负责人：_____________

作业日期：　　年　　月　　日　　时　　分　　至　　年　　月　　日　　时　　分

国网安徽省电力有限公司

1　工作范围

本作业指导书适用于国网安徽省电力有限公司____________________作业。

2　作业方法

运用绝缘操作杆法进行的作业。

3　引用文件

1.《国家电网公司电力安全工作规程》(以下简称《安规》)(配电部分);
2.《配电网检修规程》(Q/GDW 11261—2014);
3.《配电网技术导则》(Q/GDW 10370—2016);
4.《10 kV配网不停电作业规范》(Q/GDW 10520—2016);
5.《配电网施工检修工艺规范》(Q/GDW 10742—2016);
6.《配电线路带电作业技术导则》(GB/T 18857—2019)。

4　作业前准备

4.1　准备工作安排

√	序号	内容	标　　准	备注
	1	现场勘察	1. 由工作负责人或工作票签发人组织到现场进行勘察,以便掌握同杆(塔)架设线路及其方位、电气间距、作业现场条件和环境; 2. 确定作业方法、所需工具、材料以及应采取的措施。	
	2	气象条件	1. 根据本地气象预报,判断是否符合《安规》对带电作业的要求; 2. 风力大于10 m/s或相对湿度大于80%时,不宜作业。	
	3	办理工作票	1. 在生产管理系统(PMS2.0)中开具工作票; 2. 确认工作地段、配网运行方式,确定预申请停用重合闸的线路名称。	

4.2　人员要求

√	序号	内　　容	备注
	1	作业人员必须持有带电作业有效资格证和实践工作经验。	
	2	作业人员应身体健康,无妨碍作业的生理和心理障碍。	
	3	本年度《安规》考试合格。	

4.3 工器具

√	序号	工器具名称		规格	单位	数量	备注
	1	绝缘防护用具	绝缘手套	10 kV	双	2	带防刺穿作用
	2		绝缘安全帽	10 kV	顶	2	
	3		绝缘披肩	10 kV	套	2	
	4		双重保护绝缘安全带	10 kV	副	2	
	5	绝缘遮蔽用具	导线遮蔽罩	10 kV	个	若干	
	6		绝缘子遮蔽罩	10 kV	个	若干	
	7	绝缘工具	绝缘操作杆	10 kV	个	若干	根据具体工作内容配置
	8		绝缘锁杆	10 kV	根	2	
	9		绝缘传递绳	12 mm	根	1	
	10	其他	绝缘电阻测试仪	2500 V及以上	套	1	
	11		验电器	10 kV	套	1	
	12		脚扣		副	1	
	13		温湿度仪/风速仪		套	1	
	14		绝缘手套检测仪		副	1	

4.4 材料

√	序号	名称	规格	单位	数量	备注

4.5 危险点分析及预控

√	序号	危险点	预控措施
	1	高空作业时违反配电《安规》进行操作，可能引起高空坠落。	高空作业时，必须正确使用安全带并戴安全帽，将安全带系在牢固部件上且位置合理，便于作业。

续表

√	序号	危　险　点	预 控 措 施
	2	杆上电工与邻近带电体及接地体的安全距离不够,可能引起相间短路、接地事故。	1. 杆上电工人体与邻近带电体的安全距离不得小于 0.4 m,绝缘操作杆的有效绝缘长度不得小于 0.7 m,绝缘绳索的有效绝缘长度不得小于 0.4 m; 2. 不满足安全距离时,应采取绝缘隔离措施。
	3	监护人指挥发令信息不畅,导致杆上电工误操作。	保持通讯通畅,操作人员收到监护人的指令后,应回复确认。
	4	异物脱落,导致相间短路或单相接地。	在档距中间部分,高低压同杆架设时,异物坠落撞击低压导线容易引起导线摆动,导致两相短路,因此,清除异物前应做好措施(对异物坠落点下方的低压导线加遮蔽)。

4.6　安全措施

√	序号	内　　容
	1	如遇雷电(听见雷声、看见闪电)雪雹、雨雾不得进行带电作业,风力大于 10 m/s 或相对湿度大于 80%时,也不宜进行带电作业。
	2	作业前,需确认线路无接地、绝缘良好、线路上无人工作且相位无误。
	3	在运输过程中,绝缘工具应装在专用工具袋、工具箱或专用工具车内,以防受潮和损伤。
	4	带电作业必须设人监护,监护人不得直接操作,监护的范围不得超过一个作业点。
	5	作业现场应设围栏及警示牌,禁止无关人员进入或在工作现场逗留。
	6	使用合格的绝缘安全工器具,使用前应做好检查。
	7	作业过程中如设备突然停电,杆上电工应视设备仍然带电并立即停止操作,工作负责人应尽快与调度联系查明原因。
	8	作业时,杆上电工对相邻带电体的间隙距离,以及作业工具的最小有效绝缘长度都应满足规程要求。
	9	在接近带电体的过程中,应从下方依次验电;对人体可能触及范围内的构件亦应验电,确认无漏电现象。
	10	作业过程中有可能引起不同电位设备之间发生短路或接地故障时,应在设备间设置绝缘遮蔽。

4.7 人员分工

√	序号	作业人员	作业项目
	1	工作负责人	
	2	杆上电工	
	3	地面电工	

5 作业程序

5.1 开工

√	序号	内容	责任人签字
	1	工作负责人联系调度，办理工作票开工（本项目一般无需停用重合闸）。	
	2	调度许可工作。	
	3	工作负责人组织全体工作人员现场列队宣读工作票，交待工作任务、安全措施、注意事项，确认工作班成员并让其签名后，宣布开始工作的命令。	

5.2 作业内容及标准

√	序号	作业内容	作业标准及步骤	安全措施及注意事项	备注
	1	进入现场	1. 整理材料，对安全用具、绝缘工具进行检查； 2. 检查作业点及相邻杆塔杆根、基础、拉线情况。	1. 对绝缘工具应使用绝缘测试仪进行分段绝缘检测，确保绝缘电阻值不低于 700 MΩ； 2. 杆上电工检查电杆根部、基础和拉线是否牢固； 3. 需确认新安装的避雷器试验报告合格，并使用绝缘测试仪确认其绝缘性能完好。	
	2	验电	1. 杆上电工登杆移至合适工作位置，系好后备保护绳； 2. 对三相导线及横担进行验电，确认线路无漏电。	1. 登杆及移位过程中不得失去一重保护，两人选择合适路径，交替登杆； 2. 验电顺序：带电体→绝缘子→横担→带电体； 3. 验电时保证人体与带电体有 0.4 m 及以上的安全距离，绝缘操作杆有 0.7 m 及以上的有效绝缘长度。	

续表

√	序号	作业内容	作业标准及步骤	安全措施及注意事项	备注
	3	对带电体、接地体进行遮蔽	杆上电工相互配合对带电导线及横担进行绝缘遮蔽。	1. 杆上电工用绝缘操作杆按照“从近到远、从下到上、先带电体后接地体”的遮蔽原则对不能满足安全距离的带电体和接地体进行绝缘遮蔽; 2. 遮蔽时保证人体与带电体有 0.4 m 及以上的安全距离,绝缘操作杆有 0.7 m 及以上的有效绝缘长度。	
	4	扶正绝缘子	1. 杆上电工判断扶正绝缘子时的安全距离是否满足要求,对不能满足安全距离的带电体及接地体进行绝缘遮蔽; 2. 作业人员使用绝缘套筒操作杆紧固绝缘子螺母; 3. 作业完成后取下绝缘套筒操作杆; 4. 扶正绝缘子可按先易后难的原则进行。	1. 作业时注意工作位置不要在拆除设备正下方,防止高空落物伤人; 2. 保证杆上电工与带电体有 0.4 m 及以上的安全距离; 3. 保证绝缘操作杆有 0.7 m 及以上的有效绝缘长度,绝缘绳索有 0.4 m 及以上的有效绝缘长度。	
	5	拆除绝缘遮蔽措施	杆上电工拆除绝缘遮蔽用具,确认杆上已无遗留物后,返回地面。	1. 杆上电工拆除绝缘遮蔽措施时应戴绝缘手套,且顺序应正确; 2. 严禁同时拆除不同电位的遮蔽体。	

5.3 竣工

√	序号	内　　容	负责人签字
	1	工作负责人全面检查作业完成情况并点评(班后会)。	
	2	清理现场的工器具、材料,撤离作业现场。	
	3	通知调度恢复重合闸,办理终结工作票。	

5.4 消缺记录

√	序号	作 业 内 容	负责人签字

6 验收总结

序号	验收总结	
1	验收评价	
2	存在问题及处理意见	

7 作业指导书执行情况评估

<table>
<tr><td rowspan="4">评估内容</td><td rowspan="2">符合性</td><td>优</td><td></td><td>可操作项</td><td></td></tr>
<tr><td>良</td><td></td><td>不可操作项</td><td></td></tr>
<tr><td rowspan="2">可操作性</td><td>优</td><td></td><td>建议修改项</td><td></td></tr>
<tr><td>良</td><td></td><td>遗漏项</td><td></td></tr>
<tr><td>存在问题</td><td colspan="5"></td></tr>
<tr><td>改进意见</td><td colspan="5"></td></tr>
</table>

编号：××××-××-××-04

Ⅰ-04　10 kV带电消缺及装拆附件标准化作业指导书

（拆除退役设备）

编写人：________________　　　　________年______月______日

审核人：________________　　　　________年______月______日

批准人：________________　　　　________年______月______日

工作负责人：____________

作业日期：　　　年　　月　　日　　时　　分　至　　　年　　月　　日　　时　　分

国网安徽省电力有限公司

1 工作范围

本作业指导书适用于国网安徽省电力有限公司____________________作业。

2 作业方法

运用绝缘操作杆法进行的作业。

3 引用文件

1.《国家电网公司电力安全工作规程》(以下简称《安规》)(配电部分);
2.《配电网检修规程》(Q/GDW 11261—2014);
3.《配电网技术导则》(Q/GDW 10370—2016);
4.《10 kV 配网不停电作业规范》(Q/GDW 10520—2016);
5.《配电网施工检修工艺规范》(Q/GDW 10742—2016);
6.《配电线路带电作业技术导则》(GB/T 18857—2019)。

4 作业前准备

4.1 准备工作安排

√	序号	内容	标　　准	备注
	1	现场勘察	1. 由工作负责人或工作票签发人组织到现场进行勘察,以便掌握同杆(塔)架设线路及其方位、电气间距、作业现场条件和环境; 2. 确定作业方法、所需工具、材料以及应采取的措施。	
	2	气象条件	1. 根据本地气象预报,判断是否符合《安规》对带电作业的要求; 2. 风力大于 10 m/s 或相对湿度大于 80%时,不宜作业。	
	3	办理工作票	1. 在生产管理系统(PMS2.0)中开具工作票; 2. 确认工作地段、配网运行方式,确定预申请停用重合闸的线路名称。	

4.2 人员要求

√	序号	内　　容	备注
	1	作业人员必须持有带电作业有效资格证和实践工作经验。	
	2	作业人员应身体健康,无妨碍作业的生理和心理障碍。	
	3	本年度《安规》考试合格。	

4.3　工器具

√	序号	工器具名称		规格	单位	数量	备注
	1	绝缘防护用具	绝缘手套	10 kV	双	2	带防刺穿作用
	2		绝缘安全帽	10 kV	顶	2	
	3		绝缘披肩	10 kV	套	2	
	4		双重保护绝缘安全带	10 kV	副	2	
	5	绝缘遮蔽用具	导线遮蔽罩	10 kV	个	若干	
	6		绝缘子遮蔽罩	10 kV	个	若干	
	7	绝缘工具	绝缘操作杆	10 kV	个	若干	根据具体工作内容配置
	8		绝缘锁杆	10 kV	根	2	
	9		绝缘传递绳	12 mm	根	1	
	10	其他	绝缘电阻测试仪	2500 V 及以上	套	1	
	11		验电器	10 kV	套	1	
	12		脚扣		副	1	
	13		温湿度仪/风速仪		套	1	
	14		绝缘手套检测仪		副	1	

4.4　材料

√	序号	名称	规格	单位	数量	备注
	1	接触设备套管		个	若干	
	2	故障指示仪		个	若干	
	3	驱鸟器		个	若干	

4.5　危险点分析及预控

√	序号	危　险　点	预 控 措 施
	1	高空作业时违反配电《安规》进行操作,可能引起高空坠落。	高空作业时,必须正确使用安全带并戴安全帽,将安全带系在牢固部件上且位置合理,便于作业。

续表

√	序号	危　险　点	预　控　措　施
	2	杆上电工与邻近带电体及接地体的安全距离不够，可能引起相间短路、接地事故。	1. 杆上电工人体与邻近带电体的安全距离不得小于0.4 m，绝缘操作杆的有效绝缘长度不得小于0.7 m，绝缘绳索的有效绝缘长度不得小于0.4 m； 2. 不满足安全距离时，应采取绝缘隔离措施。
	3	监护人指挥发令信息不畅，导致杆上电工误操作。	保持通讯通畅，操作人员收到监护人的指令后，应回复确认。
	4	异物脱落，导致相间短路或单相接地。	在档距中间部分，高低压同杆架设时，异物坠落撞击低压导线容易引起导线摆动，导致两相短路，因此，清除异物前应做好措施（对异物坠落点下方的低压导线加遮蔽）。

4.6　安全措施

√	序号	内　容
	1	如遇雷电（听见雷声、看见闪电）雪雹、雨雾不得进行带电作业，风力大于10 m/s或相对湿度大于80%时，也不宜进行带电作业。
	2	作业前，需确认线路无接地、绝缘良好、线路上无人工作且相位无误。
	3	在运输过程中，绝缘工具应装在专用工具袋、工具箱或专用工具车内，以防受潮和损伤。
	4	带电作业必须设人监护，监护人不得直接操作，监护的范围不得超过一个作业点。
	5	作业现场应设围栏及警示牌，禁止无关人员进入或在工作现场逗留。
	6	使用合格的绝缘安全工器具，使用前应做好检查。
	7	作业过程中如设备突然停电，杆上电工应视设备仍然带电并立即停止操作，工作负责人应尽快与调度联系查明原因。
	8	作业时，杆上电工对相邻带电体的间隙距离，以及作业工具的最小有效绝缘长度都应满足规程要求。
	9	在接近带电体的过程中，应从下方依次验电；对人体可能触及范围内的构件亦应验电，确认无漏电现象。
	10	作业过程中有可能引起不同电位设备之间发生短路或接地故障时，应在设备间设置绝缘遮蔽。

4.7　人员分工

√	序号	作业人员	作业项目
	1	工作负责人	
	2	杆上电工	
	3	地面电工	

5　作业程序

5.1　开工

√	序号	内　容	责任人签字
	1	工作负责人联系调度,办理工作票开工(本项目一般无需停用重合闸)。	
	2	调度许可工作。	
	3	工作负责人组织全体工作人员现场列队宣读工作票,交待工作任务、安全措施、注意事项,确认工作班成员并让其签名后,宣布开始工作的命令。	

5.2　作业内容及标准

√	序号	作业内容	作业标准及步骤	安全措施及注意事项	备注
	1	进入现场	1. 整理材料,对安全用具、绝缘工具进行检查; 2. 检查作业点及相邻杆塔杆根、基础、拉线情况。	1. 对绝缘工具应使用绝缘测试仪进行分段绝缘检测,确保绝缘电阻值不低于 700 MΩ; 2. 杆上电工检查电杆根部、基础和拉线是否牢固; 3. 需确认新安装的避雷器试验报告合格,并使用绝缘测试仪确认其绝缘性能完好。	
	2	验电	1. 杆上电工登杆移至合适工作位置,系好后备保护绳; 2. 对三相导线及横担进行验电,确认线路无漏电。	1. 登杆及移位过程中不得失去一重保护,两人选择合适路径,交替登杆; 2. 验电顺序:带电体→绝缘子→横担→带电体; 3. 验电时保证人体与带电体有 0.4 m 及以上的安全距离,绝缘操作杆有 0.7 m 及以上的有效绝缘长度。	

续表

√	序号	作业内容	作业标准及步骤	安全措施及注意事项	备注
	3	对带电体、接地体进行遮蔽	杆上电工相互配合对带电导线及横担进行绝缘遮蔽。	1. 杆上电工用绝缘操作杆按照“从近到远、从下到上、先带电体后接地体”的遮蔽原则对不能满足安全距离的带电体和接地体进行绝缘遮蔽; 2. 遮蔽时保证人体与带电体有0.4 m及以上的安全距离,绝缘操作杆有0.7 m及以上的有效绝缘长度。	
	4	拆除退役设备	1. 杆上电工判断拆除废旧设备离带电体的安全距离是否满足要求,无法满足时需采取有效的绝缘遮蔽隔离措施; 2. 杆上电工拆除废旧设备时,需采取措施防止废旧设备落下伤人等; 3. 地面电工配合将拆除废旧设备放至地面。	1. 作业时注意工作位置不要在拆除设备正下方,防止高空落物伤人; 2. 保证杆上电工与带电体有0.4 m及以上的安全距离; 3. 保证绝缘操作杆有0.7 m及以上的有效绝缘长度,绝缘绳索有0.4 m及以上的有效绝缘长度。	
	5	拆除绝缘遮蔽措施	杆上电工拆除绝缘遮蔽用具,确认杆上已无遗留物后,返回地面。	1. 杆上电工拆除绝缘遮蔽措施时应戴绝缘手套,且顺序应正确; 2. 严禁同时拆除不同电位的遮蔽体。	

5.3 竣工

√	序号	内　容	负责人签字
	1	工作负责人全面检查作业完成情况并点评(班后会)。	
	2	清理现场的工器具、材料,撤离作业现场。	
	3	通知调度恢复重合闸,办理终结工作票。	

5.4 消缺记录

√	序号	作 业 内 容	负责人签字

6　验收总结

序号	验 收 总 结	
1	验收评价	
2	存在问题及处理意见	

7　作业指导书执行情况评估

<table>
<tr><td rowspan="4">评估内容</td><td rowspan="2">符合性</td><td>优</td><td></td><td>可操作项</td><td></td></tr>
<tr><td>良</td><td></td><td>不可操作项</td><td></td></tr>
<tr><td rowspan="2">可操作性</td><td>优</td><td></td><td>建议修改项</td><td></td></tr>
<tr><td>良</td><td></td><td>遗漏项</td><td></td></tr>
<tr><td>存在问题</td><td colspan="5"></td></tr>
<tr><td>改进意见</td><td colspan="5"></td></tr>
</table>

编号：××××-××-××-05

Ⅰ-05 10 kV 带电消缺及装拆附件标准化作业指导书

（加装或拆除接触设备套管、故障指示仪、驱鸟器等）

编写人：________________ ________年______月______日

审核人：________________ ________年______月______日

批准人：________________ ________年______月______日

工作负责人：____________

作业日期： 年 月 日 时 分 至 年 月 日 时 分

国网安徽省电力有限公司

1　工作范围

本作业指导书适用于国网安徽省电力有限公司____________________作业。

2　作业方法

运用绝缘操作杆法进行的作业。

3　引用文件

1.《国家电网公司电力安全工作规程》(以下简称《安规》)(配电部分);
2.《配电网检修规程》(Q/GDW 11261—2014);
3.《配电网技术导则》(Q/GDW 10370—2016);
4.《10 kV 配网不停电作业规范》(Q/GDW 10520—2016);
5.《配电网施工检修工艺规范》(Q/GDW 10742—2016);
6.《配电线路带电作业技术导则》(GB/T 18857—2019)。

4　作业前准备

√	序号	内容	标　准	备注
	1	现场勘察	1. 由工作负责人或工作票签发人组织到现场进行勘察,以便掌握同杆(塔)架设线路及其方位、电气间距、作业现场条件和环境; 2. 确定作业方法、所需工具、材料以及应采取的措施。	
	2	气象条件	1. 根据本地气象预报,判断是否符合《安规》对带电作业的要求; 2. 风力大于 10 m/s 或相对湿度大于 80%时,不宜作业。	
	3	办理工作票	1. 在生产管理系统(PMS2.0)中开具工作票; 2. 确认工作地段、配网运行方式,确定预申请停用重合闸的线路名称。	

4.2　人员要求

√	序号	内　容	备注
	1	作业人员必须持有带电作业有效资格证和实践工作经验。	
	2	作业人员应身体健康,无妨碍作业的生理和心理障碍。	
	3	本年度《安规》考试合格。	

4.3 工器具

√	序号	工器具名称		规格	单位	数量	备注
	1	绝缘防护用具	绝缘手套	10 kV	双	2	带防刺穿作用
	2		绝缘安全帽	10 kV	顶	2	
	3		绝缘披肩	10 kV	套	2	
	4		双重保护绝缘安全带	10 kV	副	2	
	5	绝缘遮蔽用具	导线遮蔽罩	10 kV	个	若干	
	6		绝缘子遮蔽罩	10 kV	个	若干	
	7	绝缘工具	绝缘操作杆	10 kV	个	若干	根据具体工作内容配置
	8		绝缘锁杆	10 kV	根	2	
	9		绝缘传递绳	12 mm	根	1	
	10		绝缘套管安装工具	10 kV	副	1	
	11		绝缘夹钳	10 kV	把	2	
	12		故障指示器安装工具	10 kV	套	1	
	13		驱鸟器安装工具	10 kV	套	1	
	14		绝缘套筒操作杆	10 kV	根	1	
	15	其他	绝缘电阻测试仪	2500 V及以上	套	1	
	16		验电器	10 kV	套	1	
	17		脚扣		副	1	
	18		温湿度仪/风速仪		套	1	
	19		绝缘手套检测仪		副	1	

4.4 材料

√	序号	名称	规格	单位	数量	备注
	1	接触设备套管		个	若干	
	2	故障指示仪		个	若干	
	3	驱鸟器		个	若干	

4.5　危险点分析及预控

√	序号	危　险　点	预 控 措 施
	1	高空作业时违反配电《安规》进行操作，可能引起高空坠落。	高空作业时，必须正确使用安全带并戴安全帽，将安全带系在牢固部件上且位置合理，便于作业。
	2	杆上电工与邻近带电体及接地体的安全距离不够，可能引起相间短路、接地事故。	1. 杆上电工人体与邻近带电体的安全距离不得小于0.4 m，绝缘操作杆的有效绝缘长度不得小于0.7 m，绝缘绳索的有效绝缘长度不得小于0.4 m； 2. 不满足安全距离时，应采取绝缘隔离措施。
	3	监护人指挥发令信息不畅，导致杆上电工误操作。	保持通讯通畅，操作人员收到监护人的指令后，应回复确认。
	4	异物脱落，导致相间短路或单相接地。	在档距中间部分，高低压同杆架设时，异物坠落撞击低压导线容易引起导线摆动，导致两相短路，因此，清除异物前应做好措施(对异物坠落点下方的低压导线加遮蔽)。

4.6　安全措施

√	序号	内　　容
	1	如遇雷电(听见雷声、看见闪电)雪雹、雨雾不得进行带电作业，风力大于10 m/s或相对湿度大于80%时，也不宜进行带电作业。
	2	作业前，需确认线路无接地、绝缘良好、线路上无人工作且相位无误。
	3	在运输过程中，绝缘工具应装在专用工具袋、工具箱或专用工具车内，以防受潮和损伤。
	4	带电作业必须设人监护，监护人不得直接操作，监护的范围不得超过一个作业点。
	5	作业现场应设围栏及警示牌，禁止无关人员进入或在工作现场逗留。
	6	使用合格的绝缘安全工器具，使用前应做好检查。
	7	作业过程中如设备突然停电，杆上电工应视设备仍然带电并立即停止操作，工作负责人应尽快与调度联系查明原因。
	8	作业时，杆上电工对相邻带电体的间隙距离，以及作业工具的最小有效绝缘长度都应满足规程要求。
	9	在接近带电体的过程中，应从下方依次验电；对人体可能触及范围内的构件亦应验电，确认无漏电现象。
	10	作业过程中有可能引起不同电位设备之间发生短路或接地故障时，应在设备间设置绝缘遮蔽。

4.7 人员分工

√	序号	作业人员	作业项目
	1	工作负责人	
	2	杆上电工	
	3	地面电工	

5 作业程序

5.1 开工

√	序号	内容	责任人签字
	1	工作负责人联系调度，办理工作票开工（本项目一般无需停用重合闸）。	
	2	调度许可工作。	
	3	工作负责人组织全体工作人员现场列队宣读工作票，交待工作任务、安全措施、注意事项，确认工作班成员并让其签名后，宣布开始工作的命令。	

5.2 作业内容及标准

√	序号	作业内容	作业标准及步骤	安全措施及注意事项	备注
	1	进入现场	1. 整理材料，对安全用具、绝缘工具进行检查； 2. 检查作业点及相邻杆塔杆根、基础、拉线情况。	1. 对绝缘工具应使用绝缘测试仪进行分段绝缘检测，确保绝缘电阻值不低于 700 MΩ； 2. 杆上电工检查电杆根部、基础和拉线是否牢固； 3. 需确认新安装的避雷器试验报告合格，并使用绝缘测试仪确认其绝缘性能完好。	
	2	验电	1. 杆上电工登杆移至合适工作位置，系好后备保护绳； 2. 对三相导线及横担进行验电，确认线路无漏电。	1. 登杆及移位过程中不得失去一重保护，两人选择合适路径，交替登杆； 2. 验电顺序：带电体→绝缘子→横担→带电体； 3. 验电时保证人体与带电体有 0.4 m 及以上的安全距离，绝缘操作杆有 0.7 m 及以上的有效绝缘长度。	

续表

√	序号	作业内容	作业标准及步骤	安全措施及注意事项	备注
	3	对带电体、接地体进行遮蔽	杆上电工相互配合对带电导线及横担进行绝缘遮蔽。	1. 杆上电工用绝缘操作杆按照"从近到远、从下到上、先带电体后接地体"的遮蔽原则对不能满足安全距离的带电体和接地体进行绝缘遮蔽； 2. 遮蔽时保证人体与带电体有0.4 m及以上的安全距离，绝缘操作杆有0.7 m及以上的有效绝缘长度。	
	4	修剪树枝	1. 杆上电工判断树枝离带电体的安全距离是否满足要求，无法满足时需采取有效的绝缘遮蔽隔离措施； 2. 杆上电工使用修剪刀修剪树枝，树枝高出导线时，应用绝缘绳固定需修剪的树枝，使之倒向远离线路的方向； 3. 地面电工配合杆上电工将修剪的树枝放至地面。	1. 作业时注意工作位置不要在拆除设备正下方，防止高空落物伤人； 2. 保证杆上电工与带电体有0.4 m及以上的安全距离； 3. 保证绝缘操作杆有0.7 m及以上的有效绝缘长度，绝缘绳索有0.4 m及以上的有效绝缘长度。	
	5	拆除接触设备套管	1. 杆上电工判断拆除绝缘套管时的安全距离是否满足要求，无法满足时需采取有效的绝缘遮蔽隔离措施； 2. 使用绝缘操作杆将绝缘套管安装工具安装到中相导线上； 3. 1号电工使用绝缘夹钳将绝缘套管开口向上，拉到绝缘套管安装工具的导入槽上； 4. 2号电工使用另一把绝缘夹钳拽动绝缘套管到绝缘套管安装工具的导入槽上，使绝缘套管顺绝缘套管安装工具的导入槽导出；	1. 作业时注意工作位置不要在拆除设备正下方，防止高空落物伤人； 2. 杆上电工对带电体保证0.4 m及以上安全距离； 3. 绝缘操作杆保证0.7 m及以上的有效绝缘长度，绝缘绳索保证0.4 m及以上有效绝缘长度。	

续表

√	序号	作业内容	作业标准及步骤	安全措施及注意事项	备注
			5. 其余两相按相同方法进行； 6. 绝缘套管拆除完毕后，拆除绝缘套管安装工具； 7. 拆除绝缘套管可按先难后易的原则进行。		
	6	加装故障指示仪	1. 杆上电工判断安装故障指示器时的安全距离是否满足要求，无法满足时需采取有效的绝缘遮蔽隔离措施； 2. 作业人员使用安装好故障指示器的故障指示器安装工具，垂直于导线向上推动安装工具将故障指示器安装到相应的导线上； 3. 故障指示器安装完毕后，撤下故障指示器安装工具； 4. 其余两相按相同方法进行。	1. 作业时注意工作位置不要在拆除设备正下方，防止高空落物伤人； 2. 保证杆上电工与带电体有0.4 m及以上安全距离； 3. 保证绝缘操作杆有0.7 m及以上的有效绝缘长度，绝缘绳索有0.4 m及以上有效绝缘长度。	
	7	拆除故障指示仪	1. 杆上电工判断拆除故障指示器时的安全距离是否满足要求，无法满足时需采取有效的绝缘遮蔽隔离措施； 2. 作业人员使用故障指示器安装工具，垂直于导线向上推动安装工具，将其锁定到故障指示器上，并确认锁定牢固； 3. 垂直向下拉动安装工具将故障指示器脱离导线； 4. 其余两相按相同方法进行。	1. 作业时注意工作位置不要在拆除设备正下方，防止高空落物伤人； 2. 保证杆上电工与带电体有0.4 m及以上安全距离； 3. 保证绝缘操作杆有0.7 m及以上的有效绝缘长度，绝缘绳索有0.4 m及以上有效绝缘长度。	

续表

√	序号	作业内容	作业标准及步骤	安全措施及注意事项	备注
	8	加装驱鸟器	1. 杆上电工判断安装驱鸟器时的安全距离是否满足要求,无法满足时需采取有效的绝缘遮蔽隔离措施; 2. 作业人员使用驱鸟器的安装工具,将驱鸟器安装到横担的预定位置上,撤下安装工具。驱鸟器螺栓应预留横担厚度距离; 3. 使用绝缘套筒操作杆旋紧驱鸟器两螺栓; 4. 按相同方法完成其余驱鸟器的安装。	1. 作业时注意工作位置不要在拆除设备正下方,防止高空落物伤人; 2. 保证杆上电工与带电体有 0.4 m 及以上安全距离; 3. 保证绝缘操作杆有 0.7 m 及以上的有效绝缘长度,绝缘绳索有 0.4 m 及以上有效绝缘长度。	
	9	拆除驱鸟器	1. 作业人员使用绝缘套筒操作杆旋松驱鸟器上的两个固定螺栓; 2. 作业人员使用驱鸟器的安装工具,锁定待拆除的驱鸟器,拆除驱鸟器; 3. 按相同方法完成其余驱鸟器的拆除工作。	1. 作业时注意工作位置不要在拆除设备正下方,防止高空落物伤人; 2. 保证杆上电工与带电体有 0.4 m 及以上安全距离; 3. 保证绝缘操作杆有 0.7 m 及以上的有效绝缘长度,绝缘绳索有 0.4 m 及以上有效绝缘长度。	
	10	拆除绝缘遮蔽措施	杆上电工拆除绝缘遮蔽用具,确认杆上已无遗留物后,返回地面。	1. 杆上电工拆除绝缘遮蔽措施时应戴绝缘手套,且顺序应正确; 2. 严禁同时拆除不同电位的遮蔽体。	

5.3　竣工

√	序号	内　　容	负责人签字
	1	工作负责人全面检查作业完成情况并点评(班后会)。	
	2	清理现场的工器具、材料,撤离作业现场。	
	3	通知调度恢复重合闸,办理终结工作票。	

5.4 消缺记录

√	序号	作 业 内 容	负责人签字

6 验收总结

序号	验 收 总 结	
1	验收评价	
2	存在问题及处理意见	

7 作业指导书执行情况评估

<table>
<tr><td rowspan="4">评估内容</td><td rowspan="2">符合性</td><td>优</td><td></td><td>可操作项</td><td></td></tr>
<tr><td>良</td><td></td><td>不可操作项</td><td></td></tr>
<tr><td rowspan="2">可操作性</td><td>优</td><td></td><td>建议修改项</td><td></td></tr>
<tr><td>良</td><td></td><td>遗漏项</td><td></td></tr>
<tr><td>存在问题</td><td colspan="5"></td></tr>
<tr><td>改进意见</td><td colspan="5"></td></tr>
</table>

编号：××××-××-××-06

Ⅰ-06 10 kV 带电更换避雷器标准化作业指导书

编写人：________________ ________年______月______日

审核人：________________ ________年______月______日

批准人：________________ ________年______月______日

工作负责人：____________

作业日期： 年 月 日 时 分 至 年 月 日 时 分

国网安徽省电力有限公司

1 工作范围

本作业指导书适用于国网安徽省电力有限公司__________________作业。

2 作业方法

运用绝缘操作杆法进行的作业。

3 引用文件

1.《国家电网公司电力安全工作规程》(以下简称《安规》)(配电部分);
2.《配电网检修规程》(Q/GDW 11261—2014);
3.《配电网技术导则》(Q/GDW 10370—2016);
4.《10 kV 配网不停电作业规范》(Q/GDW 10520—2016);
5.《配电网施工检修工艺规范》(Q/GDW 10742—2016);
6.《配电线路带电作业技术导则》(GB/T 18857—2019)。

4 作业前准备

4.1 准备工作安排

√	序号	内容	标　　准	备注
	1	现场勘察	1. 由工作负责人或工作票签发人组织到现场进行勘察,以便掌握同杆(塔)架设线路及其方位、电气间距、作业现场条件和环境; 2. 确定作业方法、所需工具、材料以及应采取的措施。	
	2	气象条件	1. 根据本地气象预报,判断是否符合《安规》对带电作业的要求; 2. 风力大于 10 m/s 或相对湿度大于 80%时,不宜作业。	
	3	办理工作票	1. 在生产管理系统(PMS2.0)中开具工作票; 2. 确认工作地段、配网运行方式,确定预申请停用重合闸的线路名称。	

4.2 人员要求

√	序号	内　　容	备注
	1	作业人员必须持有带电作业有效资格证和实践工作经验。	
	2	作业人员应身体健康,无妨碍作业的生理和心理障碍。	
	3	本年度《安规》考试合格。	

4.3　工器具

√	序号	工器具名称		规格	单位	数量	备注
	1	绝缘防护用具	绝缘手套	10 kV	双	2	带防刺穿作用
	2		绝缘安全帽	10 kV	顶	2	
	3		绝缘披肩	10 kV	套	2	
	4		双重保护绝缘安全带	10 kV	副	2	
	5	绝缘遮蔽用具	导线遮蔽罩	10 kV	个	若干	
	6		绝缘子遮蔽罩	10 kV	个	若干	
	7	绝缘工具	避雷器遮蔽罩	10 kV	个	若干	
	8		绝缘操作杆	10 kV	个	若干	根据具体工作内容配置
	9		绝缘锁杆	10 kV	根	2	
	10		绝缘传递绳	12 mm	根	1	
	11		绝缘长柄剪刀	10 kV	把	2	
	12	其他	绝缘电阻测试仪	2500 V 及以上	套	1	
	13		验电器	10 kV	套	1	
	14		脚扣		副	1	
	15		温湿度仪/风速仪		套	1	
	16		绝缘手套检测仪		副	1	
	17		护目镜		副	2	

4.4　材料

√	序号	名称	规格	单位	数量	备注
	1	避雷器		只	若干	
	2	线夹		只	若干	

4.5 危险点分析及预控

√	序号	危 险 点	预 控 措 施
	1	高空作业时违反配电《安规》进行操作，可能引起高空坠落。	高空作业时，必须正确使用安全带并戴安全帽，将安全带系在牢固部件上且位置合理，便于作业。
	2	杆上电工与邻近带电体及接地体的安全距离不够，可能引起相间短路、接地事故。	1. 杆上电工人体与邻近带电体的安全距离不得小于0.4 m，绝缘操作杆的有效绝缘长度不得小于0.7 m，绝缘绳索的有效绝缘长度不得小于0.4 m； 2. 不满足安全距离时，应采取绝缘隔离措施。
	3	监护人指挥发令信息不畅，导致杆上电工误操作。	保持通讯通畅，操作人员收到监护人的指令后，应回复确认。
	4	异物脱落，导致相间短路或单相接地。	在档距中间部分，高低压同杆架设时，异物坠落撞击低压导线容易引起导线摆动，导致两相短路，因此，清除异物前应做好措施（对异物坠落点下方的低压导线加遮蔽）。
	5	避雷器损坏造成线路漏电，造成人员触电。	作业前进行验电确认线路无漏电现象。

4.6 安全措施

√	序号	内 容
	1	如遇雷电（听见雷声、看见闪电）雪雹、雨雾不得进行带电作业，风力大于10 m/s或相对湿度大于80%时，也不宜进行带电作业。
	2	作业前，需确认线路无接地、绝缘良好、线路上无人工作且相位无误。
	3	在运输过程中，绝缘工具应装在专用工具袋、工具箱或专用工具车内，以防受潮和损伤。
	4	带电作业必须设人监护，监护人不得直接操作，监护的范围不得超过一个作业点。
	5	作业现场应设围栏及警示牌，禁止无关人员进入或在工作现场逗留。
	6	使用合格的绝缘安全工器具，使用前应做好检查。
	7	作业过程中如设备突然停电，杆上电工应视设备仍然带电并立即停止操作，工作负责人应尽快与调度联系查明原因。
	8	作业时，杆上电工对相邻带电体的间隙距离，以及作业工具的最小有效绝缘长度都应满足规程要求。

续表

√	序号	内　　容
	9	在接近带电体的过程中，应从下方依次验电；对人体可能触及范围内的构件亦应验电，确认无漏电现象。
	10	作业过程中有可能引起不同电位设备之间发生短路或接地故障时，应在设备间设置绝缘遮蔽。

4.7　人员分工

√	序号	作 业 人 员	作 业 项 目
	1	工作负责人	
	2	杆上电工	
	3	地面电工	

5　作业程序

5.1　开工

√	序号	内　　容	责任人签字
	1	工作负责人联系调度，办理工作票开工（本项目一般无需停用重合闸）。	
	2	调度许可工作。	
	3	工作负责人组织全体工作人员现场列队宣读工作票，交待工作任务、安全措施、注意事项，确认工作班成员并让其签名后，宣布开始工作的命令。	

5.2　作业内容及标准

√	序号	作业内容	作业标准及步骤	安全措施及注意事项	备注
	1	进入现场	1. 整理材料，对安全用具、绝缘工具进行检查； 2. 检查作业点及相邻杆塔杆根、基础、拉线情况。	1. 对绝缘工具应使用绝缘测试仪进行分段绝缘检测，确保绝缘电阻值不低于 700 MΩ； 2. 杆上电工检查电杆根部、基础和拉线是否牢固； 3. 需确认新安装的避雷器试验报告合格，并使用绝缘测试仪确认其绝缘性能完好。	

续表

√	序号	作业内容	作业标准及步骤	安全措施及注意事项	备注
	2	验电	1. 杆上电工登杆移至合适工作位置,系好后备保护绳; 2. 对三相导线及横担进行验电,确认线路无漏电。	1. 登杆及移位过程中不得失去一重保护,两人选择合适路径,交替登杆; 2. 验电顺序:带电体→绝缘子→横担→带电体; 3. 验电时保证人体与带电体有0.4 m及以上的安全距离,绝缘操作杆有0.7 m及以上的有效绝缘长度。	
	3	对带电体、接地体进行遮蔽	杆上电工相互配合对带电导线及横担进行绝缘遮蔽。	1. 杆上电工用绝缘操作杆按照"从近到远、从下到上、先带电体后接地体"的遮蔽原则对不能满足安全距离的带电体和接地体进行绝缘遮蔽; 2. 遮蔽时保证人体与带电体有0.4 m及以上的安全距离,绝缘操作杆有0.7 m及以上的有效绝缘长度。	
	4	更换避雷器	1. 用绝缘操作杆将内侧避雷器引流线拆除,避雷器退出运行; 2. 其余两相避雷器退出运行按相同的方法进行;三相避雷器引流线拆除的顺序可按先近后远,或根据现场情况先两侧、后中间; 3. 杆上电工更换三相避雷器; 4. 杆上电工使用绝缘操作杆将中相避雷器引流线连接至线路,避雷器投入运行; 5. 其余两相避雷器投入运行按相同的方法进行。	1. 三相避雷器引流线的连接顺序可按先远后近,或根据现场情况先中间、后两侧; 2. 拆除时使用绝缘锁杆锁紧引线,防止其摆动。	
	5	拆除绝缘遮蔽措施	杆上电工拆除绝缘遮蔽用具,确认杆上已无遗留物后,返回地面。	1. 杆上电工拆除绝缘遮蔽措施时应戴绝缘手套,且顺序应正确; 2. 严禁同时拆除不同电位的遮蔽体。	

5.3 竣工

√	序号	内　　容	负责人签字
	1	工作负责人全面检查作业完成情况并点评(班后会)。	
	2	清理现场的工器具、材料,撤离作业现场。	
	3	通知调度恢复重合闸,办理终结工作票。	

5.4 消缺记录

√	序号	作 业 内 容	负责人签字

6 验收总结

序号	验 收 总 结	
1	验收评价	
2	存在问题及处理意见	

7 作业指导书执行情况评估

评估内容	符合性	优		可操作项	
		良		不可操作项	
	可操作性	优		建议修改项	
		良		遗漏项	
存在问题					
改进意见					

编号：××××-××-××-07

Ⅰ-07　10 kV 带电断引线标准化作业指导书

（断熔断器上引线）

编写人：________________　　________年______月______日

审核人：________________　　________年______月______日

批准人：________________　　________年______月______日

工作负责人：____________

作业日期：　年　月　日　时　分　至　年　月　日　时　分

国网安徽省电力有限公司

1　工作范围

本作业指导书适用于国网安徽省电力有限公司________________作业。

2　作业方法

运用绝缘操作杆法进行的作业。

3　引用文件

1.《国家电网公司电力安全工作规程》(以下简称《安规》)(配电部分);
2.《配电网检修规程》(Q/GDW 11261—2014);
3.《配电网技术导则》(Q/GDW 10370—2016);
4.《10 kV配网不停电作业规范》(Q/GDW 10520—2016);
5.《配电网施工检修工艺规范》(Q/GDW 10742—2016);
6.《配电线路带电作业技术导则》(GB/T 18857—2019)。

4　作业前准备

4.1　准备工作安排

√	序号	内容	标　　准	备注
	1	现场勘察	1. 由工作负责人或工作票签发人组织到现场进行勘察,以便掌握同杆(塔)架设线路及其方位、电气间距、作业现场条件和环境; 2. 确定作业方法、所需工具、材料以及应采取的措施。	
	2	气象条件	1. 根据本地气象预报,判断是否符合《安规》对带电作业的要求; 2. 风力大于10 m/s或相对湿度大于80%时,不宜作业。	
	3	办理工作票	1. 在生产管理系统(PMS2.0)中开具工作票; 2. 确认工作地段、配网运行方式,确定预申请停用重合闸的线路名称。	

4.2　人员要求

√	序号	内　　容	备注
	1	作业人员必须持有带电作业有效资格证和实践工作经验。	
	2	作业人员应身体健康,无妨碍作业的生理和心理障碍。	
	3	本年度《安规》考试合格。	

4.3 工器具

<table>
<tr><th>√</th><th>序号</th><th colspan="2">工器具名称</th><th>规格</th><th>单位</th><th>数量</th><th>备注</th></tr>
<tr><td></td><td>1</td><td rowspan="4">绝缘防护用具</td><td>绝缘手套</td><td>10 kV</td><td>双</td><td>2</td><td>带防刺穿作用</td></tr>
<tr><td></td><td>2</td><td>绝缘安全帽</td><td>10 kV</td><td>顶</td><td>2</td><td></td></tr>
<tr><td></td><td>3</td><td>绝缘披肩</td><td>10 kV</td><td>套</td><td>2</td><td></td></tr>
<tr><td></td><td>4</td><td>双重保护绝缘安全带</td><td>10 kV</td><td>副</td><td>2</td><td></td></tr>
<tr><td></td><td>5</td><td rowspan="3">绝缘遮蔽用具</td><td>导线遮蔽罩</td><td>10 kV</td><td>个</td><td>若干</td><td></td></tr>
<tr><td></td><td>6</td><td>绝缘子遮蔽罩</td><td>10 kV</td><td>个</td><td>若干</td><td></td></tr>
<tr><td></td><td>7</td><td>横担遮蔽罩</td><td>10 kV</td><td>个</td><td>若干</td><td></td></tr>
<tr><td></td><td>8</td><td rowspan="6">绝缘工具</td><td>绝缘操作杆</td><td>10 kV</td><td>个</td><td>若干</td><td>根据具体工作内容配置</td></tr>
<tr><td></td><td>9</td><td>绝缘锁杆</td><td>10 kV</td><td>根</td><td>2</td><td></td></tr>
<tr><td></td><td>10</td><td>绝缘传递绳</td><td>12 mm</td><td>根</td><td>1</td><td></td></tr>
<tr><td></td><td>11</td><td>绝缘杆套筒扳手</td><td>10 kV</td><td>把</td><td>2</td><td></td></tr>
<tr><td></td><td>12</td><td>线夹安装工具</td><td>10 kV</td><td>把</td><td>2</td><td></td></tr>
<tr><td></td><td>13</td><td>绝缘杆断线剪</td><td>10 kV</td><td>把</td><td>2</td><td></td></tr>
<tr><td></td><td>14</td><td rowspan="6">其他</td><td>绝缘电阻测试仪</td><td>2500 V及以上</td><td>套</td><td>1</td><td></td></tr>
<tr><td></td><td>15</td><td>验电器</td><td>10 kV</td><td>套</td><td>1</td><td></td></tr>
<tr><td></td><td>16</td><td>脚扣</td><td></td><td>副</td><td>1</td><td></td></tr>
<tr><td></td><td>17</td><td>温湿度仪/风速仪</td><td></td><td>套</td><td>1</td><td></td></tr>
<tr><td></td><td>18</td><td>绝缘手套检测仪</td><td></td><td>副</td><td>1</td><td></td></tr>
<tr><td></td><td>19</td><td>护目镜</td><td></td><td>副</td><td>2</td><td></td></tr>
</table>

4.4 材料

√	序号	名称	规格	单位	数量	备注

4.5　危险点分析及预控

√	序号	危 险 点	预 控 措 施
	1	高空作业时违反配电《安规》进行操作,可能引起高空坠落。	高空作业时,必须正确使用安全带并戴安全帽,将安全带系在牢固部件上且位置合理,便于作业。
	2	杆上电工与邻近带电体及接地体的安全距离不够,可能引起相间短路、接地事故。	1. 杆上电工人体与邻近带电体的安全距离不得小于 0.4 m,绝缘操作杆的有效绝缘长度不得小于 0.7 m,绝缘绳索的有效绝缘长度不得小于 0.4 m; 2. 不满足安全距离时,应采取绝缘隔离措施。
	3	监护人指挥发令信息不畅,导致杆上电工误操作。	保持通信通畅,杆上电工收到监护人的指令后,应回复确认。
	4	带负荷断、接引线,造成人员电弧灼伤。	带电断、接引线时,应先确认后端所有断路器(开关)、隔离开关(刀闸)已断开,变压器、电压互感器已退出运行。
	5	引线摆动,导致相间短路或单相接地。	拆除引线及线夹时,应用绝缘锁杆固定好待断引线,并选择合理路径放下;对带电体及接地体做好绝缘遮蔽措施。

4.6　安全措施

√	序号	内 容
	1	如遇雷电(听见雷声、看见闪电)雪雹、雨雾不得进行带电作业,风力大于 10 m/s 或相对湿度大于 80%时,也不宜进行带电作业。
	2	作业前,需确认线路无接地、绝缘良好、线路上无人工作且相位无误。
	3	在运输过程中,绝缘工具应装在专用工具袋、工具箱或专用工具车内,以防受潮和损伤。
	4	带电作业必须设人监护,监护人不得直接操作,监护的范围不得超过一个作业点。
	5	作业现场应设围栏及警示牌,禁止无关人员进入或在工作现场逗留。
	6	使用合格的绝缘安全工器具,使用前应做好检查。
	7	作业过程中如设备突然停电,杆上电工应视设备仍然带电并立即停止操作,工作负责人应尽快与调度联系查明原因。
	8	作业时,杆上电工对相邻带电体的间隙距离,以及作业工具的最小有效绝缘长度都应满足规程要求。

续表

√	序号	内　　容
	9	在接近带电体的过程中，应从下方依次验电；对人体可能触及范围内的构件亦应验电，确认无漏电现象。
	10	作业过程中有可能引起不同电位设备之间发生短路或接地故障时，应在设备间设置绝缘遮蔽。

4.7 人员分工

√	序号	作 业 人 员	作 业 项 目
	1	工作负责人	
	2	杆上电工	
	3	地面电工	

5 作业程序

5.1 开工

√	序号	内　　容	责任人签字
	1	工作负责人联系调度，办理工作票开工（本项目一般无需停用重合闸）。	
	2	调度许可工作。	
	3	工作负责人组织全体工作人员现场列队宣读工作票，交待工作任务、安全措施、注意事项，确认工作班成员并让其签名后，宣布开始工作的命令。	

5.2 作业内容及标准

√	序号	作业内容	作业标准及步骤	安全措施及注意事项	备注
	1	进入现场	1. 整理材料，对安全用具、绝缘工具进行检查； 2. 检查作业点及相邻杆塔杆根、基础、拉线情况。	1. 对绝缘工具应使用绝缘测试仪进行分段绝缘检测，确保绝缘电阻值不低于700 MΩ； 2. 杆上电工检查电杆根部、基础和拉线是否牢固； 3. 需确认新安装的避雷器试验报告合格，并使用绝缘测试仪确认其绝缘性能完好。	

续表

√	序号	作业内容	作业标准及步骤	安全措施及注意事项	备注
	2	验电	1. 杆上电工登杆移至合适工作位置,系好后备保护绳; 2. 对三相导线及横担进行验电,确认线路无漏电。	1. 登杆及移位过程中不得失去一重保护,两人选择合适路径,交替登杆; 2. 验电顺序:带电体→绝缘子→横担→带电体; 3. 验电时保证人体与带电体有0.4 m及以上的安全距离,绝缘操作杆有0.7 m及以上的有效绝缘长度。	
	3	对带电体、接地体进行遮蔽	杆上电工相互配合对带电导线及横担进行绝缘遮蔽。	1. 杆上电工用绝缘操作杆按照“从近到远、从下到上、先带电体后接地体”的遮蔽原则对不能满足安全距离的带电体和接地体进行绝缘遮蔽; 2. 遮蔽时保证人体与带电体有0.4 m及以上的安全距离,绝缘操作杆有0.7 m及以上的有效绝缘长度。	
	4	断熔断器上引线	1. 杆上电工使用绝缘锁杆夹紧待断的上引线,并用线夹安装工具固定线夹; 2. 杆上电工使用绝缘套筒扳手拧松线夹; 3. 杆上电工使用线夹安装工具使线夹脱离主导线; 4. 杆上电工使用绝缘锁杆将上引线缓缓放下,用绝缘断线剪在熔断器上接线柱处剪断上引线; 5. 其余两相引线拆除按相同的方法进行,三相引线拆除的顺序按先两边相,再中间相的顺序进行。	1. 如上引线与主导线由于安装方式和锈蚀等原因不易拆除,可直接在主导线搭接位置处剪断; 2. 拆除时使用绝缘锁杆锁紧引线,防止其摆动。	
	5	拆除绝缘遮蔽措施	杆上电工拆除绝缘遮蔽用具,确认杆上已无遗留物后,返回地面。	1. 杆上电工拆除绝缘遮蔽措施时应戴绝缘手套,且顺序应正确; 2. 严禁同时拆除不同电位的遮蔽体。	

5.3 竣工

√	序号	内　　容	负责人签字
	1	工作负责人全面检查作业完成情况并点评(班后会)。	
	2	清理现场的工器具、材料,撤离作业现场。	
	3	通知调度恢复重合闸,办理终结工作票。	

6　验收总结

<table>
<tr><th>序号</th><th colspan="2">验 收 总 结</th></tr>
<tr><td>1</td><td>验收评价</td><td></td></tr>
<tr><td>2</td><td>存在问题及处理意见</td><td></td></tr>
</table>

7　作业指导书执行情况评估

<table>
<tr><td rowspan="4">评估内容</td><td rowspan="2">符合性</td><td>优</td><td></td><td>可操作项</td><td></td></tr>
<tr><td>良</td><td></td><td>不可操作项</td><td></td></tr>
<tr><td rowspan="2">可操作性</td><td>优</td><td></td><td>建议修改项</td><td></td></tr>
<tr><td>良</td><td></td><td>遗漏项</td><td></td></tr>
<tr><td>存在问题</td><td colspan="5"></td></tr>
<tr><td>改进意见</td><td colspan="5"></td></tr>
</table>

编号：××××-××-××-08

Ⅰ-08　10 kV 带电断引线标准化作业指导书

（断分支线路引线）

编写人：________________　　　　　　________年______月______日

审核人：________________　　　　　　________年______月______日

批准人：________________　　　　　　________年______月______日

工作负责人：____________

作业日期：　　年　　月　　日　　时　　分　至　　年　　月　　日　　时　　分

国网安徽省电力有限公司

1 工作范围

本作业指导书适用于国网安徽省电力有限公司＿＿＿＿＿＿＿＿＿＿作业。

2 作业方法

运用绝缘操作杆法进行的作业。

3 引用文件

1.《国家电网公司电力安全工作规程》(以下简称《安规》)(配电部分)；
2.《配电网检修规程》(Q/GDW 11261—2014)；
3.《配电网技术导则》(Q/GDW 10370—2016)；
4.《10 kV 配网不停电作业规范》(Q/GDW 10520—2016)；
5.《配电网施工检修工艺规范》(Q/GDW 10742—2016)；
6.《配电线路带电作业技术导则》(GB/T 18857—2019)。

4 作业前准备

4.1 准备工作安排

√	序号	内容	标　　准	备注
	1	现场勘察	1. 由工作负责人或工作票签发人组织到现场进行勘察，以便掌握同杆(塔)架设线路及其方位、电气间距、作业现场条件和环境； 2. 确定作业方法、所需工具、材料以及应采取的措施。	
	2	气象条件	1. 根据本地气象预报，判断是否符合《安规》对带电作业的要求； 2. 风力大于 10 m/s 或相对湿度大于 80%时，不宜作业。	
	3	办理工作票	1. 在生产管理系统(PMS2.0)中开具工作票； 2. 确认工作地段、配网运行方式，确定预申请停用重合闸的线路名称。	

4.2 人员要求

√	序号	内　　容	备注
	1	作业人员必须持有带电作业有效资格证和实践工作经验。	
	2	作业人员应身体健康，无妨碍作业的生理和心理障碍。	
	3	本年度《安规》考试合格。	

4.3 工器具

√	序号	工器具名称		规格	单位	数量	备注
	1	绝缘防护用具	绝缘手套	10 kV	双	2	带防刺穿作用
	2		绝缘安全帽	10 kV	顶	2	
	3		绝缘披肩	10 kV	套	2	
	4		双重保护绝缘安全带	10 kV	副	2	
	5	绝缘遮蔽用具	导线遮蔽罩	10 kV	个	若干	
	6		绝缘子遮蔽罩	10 kV	个	若干	
	7		横担遮蔽罩	10 kV	个	若干	
	8	绝缘工具	绝缘操作杆	10 kV	个	若干	根据具体工作内容配置
	9		绝缘锁杆	10 kV	根	2	
	10		绝缘传递绳	12 mm	根	1	
	11		绝缘杆套筒扳手	10 kV	把	2	
	12		线夹安装工具	10 kV	把	2	
	13		绝缘杆断线剪	10 kV	把	2	
	14	其他	绝缘电阻测试仪	2500 V及以上	套	1	
	15		电流检测仪	10 kV	套	1	
	16		验电器	10 kV	套	1	
	17		脚扣		副	1	
	18		温湿度仪/风速仪		套	1	
	19		绝缘手套检测仪		副	1	
	20		护目镜		副	2	

4.4 材料

√	序号	名称	规格	单位	数量	备注

4.5 危险点分析及预控

√	序号	危　险　点	预 控 措 施
	1	高空作业时违反配电《安规》进行操作，可能引起高空坠落。	高空作业时，必须正确使用安全带并戴安全帽，将安全带系在牢固部件上且位置合理，便于作业。
	2	杆上电工与邻近带电体及接地体的安全距离不够，可能引起相间短路、接地事故。	1. 杆上电工人体与邻近带电体的安全距离不得小于0.4 m，绝缘操作杆的有效绝缘长度不得小于0.7 m，绝缘绳索的有效绝缘长度不得小于0.4 m； 2. 不满足安全距离时，应采取绝缘隔离措施。
	3	监护人指挥发令信息不畅，导致杆上电工误操作。	保持通信通畅，杆上电工收到监护人的指令后，应回复确认。
	4	带负荷断、接引线，造成人员电弧灼伤。	带电断、接引线时，应先确认后端所有断路器（开关）、隔离开关（刀闸）已断开，变压器、电压互感器已退出运行。
	5	引线摆动，导致相间短路或单相接地。	拆除引线及线夹时，应用绝缘锁杆固定好待断引线，并选择合理路径放下；对带电体及接地体做好绝缘遮蔽措施。

4.6 安全措施

√	序号	内　　容
	1	如遇雷电（听见雷声、看见闪电）雪雹、雨雾不得进行带电作业，风力大于10 m/s或相对湿度大于80%时，也不宜进行带电作业。
	2	作业前，需确认线路无接地、绝缘良好、线路上无人工作且相位无误。
	3	在运输过程中，绝缘工具应装在专用工具袋、工具箱或专用工具车内，以防受潮和损伤。
	4	带电作业必须设人监护，监护人不得直接操作，监护的范围不得超过一个作业点。
	5	作业现场应设围栏及警示牌，禁止无关人员进入或在工作现场逗留。
	6	使用合格的绝缘安全工器具，使用前应做好检查。
	7	作业过程中如设备突然停电，杆上电工应视设备仍然带电并立即停止操作，工作负责人应尽快与调度联系查明原因。
	8	作业时，杆上电工对相邻带电体的间隙距离，以及作业工具的最小有效绝缘长度都应满足规程要求。

续表

√	序号	内　　容
	9	在接近带电体的过程中,应从下方依次验电;对人体可能触及范围内的构件亦应验电,确认无漏电现象。
	10	作业过程中有可能引起不同电位设备之间发生短路或接地故障时,应在设备间设置绝缘遮蔽。

4.7　人员分工

√	序号	作 业 人 员	作 业 项 目
	1	工作负责人	
	2	杆上电工	
	3	地面电工	

5　作业程序

5.1　开工

√	序号	内　　容	责任人签字
	1	工作负责人联系调度,办理工作票开工(本项目一般无需停用重合闸)。	
	2	调度许可工作。	
	3	工作负责人组织全体工作人员现场列队宣读工作票,交待工作任务、安全措施、注意事项,确认工作班成员并让其签名后,宣布开始工作的命令。	

5.2　作业内容及标准

√	序号	作业内容	作业标准及步骤	安全措施及注意事项	备注
	1	进入现场	1. 整理材料,对安全用具、绝缘工具进行检查; 2. 检查作业点及相邻杆塔杆根、基础、拉线情况。	1. 对绝缘工具应使用绝缘测试仪进行分段绝缘检测,确保绝缘电阻值不低于 700 MΩ; 2. 杆上电工检查电杆根部、基础和拉线是否牢固; 3. 需确认新安装的避雷器试验报告合格,并使用绝缘测试仪确认其绝缘性能完好。	

续表

√	序号	作业内容	作业标准及步骤	安全措施及注意事项	备注
	2	验电	1. 杆上电工登杆移至合适工作位置，系好后备保护绳； 2. 对三相导线及横担进行验电，确认线路无漏电。	1. 登杆及移位过程中不得失去一重保护，两人选择合适路径，交替登杆； 2. 验电顺序：带电体→绝缘子→横担→带电体； 3. 验电时保证人体与带电体有0.4 m及以上的安全距离，绝缘操作杆有0.7 m及以上的有效绝缘长度。	
	3	对带电体、接地体进行遮蔽	杆上电工相互配合对带电导线及横担进行绝缘遮蔽。	1. 杆上电工用绝缘操作杆按照“从近到远、从下到上、先带电体后接地体”的遮蔽原则对不能满足安全距离的带电体和接地体进行绝缘遮蔽； 2. 遮蔽时保证人体与带电体有0.4 m及以上的安全距离，绝缘操作杆有0.7 m及以上的有效绝缘长度。	
	4	断分支线路引线	1. 杆上电工使用绝缘锁杆将待断线路引线固定； 2. 杆上电工使用绝缘杆断线剪在分支线路引线与主导线的连接处将引线剪断； 3. 杆上电工使用绝缘锁杆将分支线路引线平稳地移离主导线； 4. 杆上电工使用绝缘杆断线剪在分支线路耐张线夹处将引线剪断并取下； 5. 其余两相引线拆除按相同的方法进行。	1. 三相引线拆除的顺序按先两边相，再中间相的顺序进行； 2. 拆除时使用绝缘锁杆锁紧引线，防止其摆动。	
	5	拆除绝缘遮蔽措施	杆上电工拆除绝缘遮蔽用具，确认杆上已无遗留物后，返回地面。	1. 杆上电工拆除绝缘遮蔽措施时应戴绝缘手套，且顺序应正确； 2. 严禁同时拆除不同电位的遮蔽体。	

5.3　竣工

√	序号	内　　容	负责人签字
	1	工作负责人全面检查作业完成情况并点评(班后会)。	
	2	清理现场的工器具、材料,撤离作业现场。	
	3	通知调度恢复重合闸,办理终结工作票。	

6　验收总结

序号	验 收 总 结	
1	验收评价	
2	存在问题及处理意见	

7　作业指导书执行情况评估

评估内容	符合性	优		可操作项	
		良		不可操作项	
	可操作性	优		建议修改项	
		良		遗漏项	
存在问题					
改进意见					

编号：××××-××-××-09

Ⅰ-09　10 kV 带电断引线标准化作业指导书

（断耐张杆引线）

编写人：________________　　　　________年______月______日

审核人：________________　　　　________年______月______日

批准人：________________　　　　________年______月______日

工作负责人：____________

作业日期：　　年　　月　　日　　时　　分　至　　年　　月　　日　　时　　分

国网安徽省电力有限公司

1　工作范围

本作业指导书适用于国网安徽省电力有限公司____________________作业。

2　作业方法

运用绝缘操作杆法进行的作业。

3　引用文件

1.《国家电网公司电力安全工作规程》(以下简称《安规》)(配电部分);
2.《配电网检修规程》(Q/GDW 11261—2014);
3.《配电网技术导则》(Q/GDW 10370—2016);
4.《10 kV 配网不停电作业规范》(Q/GDW 10520—2016);
5.《配电网施工检修工艺规范》(Q/GDW 10742—2016);
6.《配电线路带电作业技术导则》(GB/T 18857—2019)。

4　作业前准备

4.1　准备工作安排

√	序号	内容	标　　准	备注
	1	现场勘察	1. 由工作负责人或工作票签发人组织到现场进行勘察,以便掌握同杆(塔)架设线路及其方位、电气间距、作业现场条件和环境; 2. 确定作业方法、所需工具、材料以及应采取的措施。	
	2	气象条件	1. 根据本地气象预报,判断是否符合《安规》对带电作业的要求; 2. 风力大于 10 m/s 或相对湿度大于 80%时,不宜作业。	
	3	办理工作票	1. 在生产管理系统(PMS2.0)中开具工作票; 2. 确认工作地段、配网运行方式,确定预申请停用重合闸的线路名称。	

4.2　人员要求

√	序号	内　　容	备注
	1	作业人员必须持有带电作业有效资格证和实践工作经验。	
	2	作业人员应身体健康,无妨碍作业的生理和心理障碍。	
	3	本年度《安规》考试合格。	

4.3 工器具

√	序号	工器具名称		规格	单位	数量	备注
	1	绝缘防护用具	绝缘手套	10 kV	双	2	带防刺穿作用
	2		绝缘安全帽	10 kV	顶	2	
	3		绝缘披肩	10 kV	套	2	
	4		双重保护绝缘安全带	10 kV	副	2	
	5	绝缘遮蔽用具	导线遮蔽罩	10 kV	个	若干	
	6		绝缘子遮蔽罩	10 kV	个	若干	
	7		横担遮蔽罩	10 kV	个	若干	
	8	绝缘工具	绝缘操作杆	10 kV	个	若干	根据具体工作内容配置
	9		绝缘锁杆	10 kV	根	2	
	10		绝缘传递绳	12 mm	根	1	
	11		绝缘杆套筒扳手	10 kV	把	2	
	12		线夹安装工具	10 kV	把	2	
	13		绝缘杆断线剪	10 kV	把	2	
	14	其他	绝缘电阻测试仪	2500 V及以上	套	1	
	15		电流检测仪	10 kV	套	1	
	16		验电器	10 kV	套	1	
	17		脚扣		副	1	
	18		温湿度仪/风速仪		套	1	
	19		绝缘手套检测仪		副	1	
	20		护目镜		副	2	

4.4 材料

√	序号	名称	规格	单位	数量	备注

4.5 危险点分析及预控

√	序号	危 险 点	预 控 措 施
	1	高空作业时违反配电《安规》进行操作,可能引起高空坠落。	高空作业时,必须正确使用安全带并戴安全帽,将安全带系在牢固部件上且位置合理,便于作业。
	2	杆上电工与邻近带电体及接地体的安全距离不够,可能引起相间短路、接地事故。	1. 杆上电工人体与邻近带电体的安全距离不得小于 0.4 m,绝缘操作杆的有效绝缘长度不得小于 0.7 m,绝缘绳索的有效绝缘长度不得小于 0.4 m; 2. 不满足安全距离时,应采取绝缘隔离措施。
	3	监护人指挥发令信息不畅,导致杆上电工误操作。	保持通信通畅,杆上电工收到监护人的指令后,应回复确认。
	4	带负荷断、接引线,造成人员电弧灼伤。	带电断、接引线时,应先确认后端所有断路器(开关)、隔离开关(刀闸)已断开,变压器、电压互感器已退出运行。
	5	引线摆动,导致相间短路或单相接地。	拆除引线及线夹时,应用绝缘锁杆固定好待断引线,并选择合理路径放下;对带电体及接地体做好绝缘遮蔽措施。

4.6 安全措施

√	序号	内 容
	1	如遇雷电(听见雷声、看见闪电)雪雹、雨雾不得进行带电作业,风力大于 10 m/s 或相对湿度大于 80%时,也不宜进行带电作业。
	2	作业前,需确认线路无接地、绝缘良好、线路上无人工作且相位无误。
	3	在运输过程中,绝缘工具应装在专用工具袋、工具箱或专用工具车内,以防受潮和损伤。
	4	带电作业必须设人监护,监护人不得直接操作,监护的范围不得超过一个作业点。
	5	作业现场应设围栏及警示牌,禁止无关人员进入或在工作现场逗留。
	6	使用合格的绝缘安全工器具,使用前应做好检查。
	7	作业过程中如设备突然停电,杆上电工应视设备仍然带电并立即停止操作,工作负责人应尽快与调度联系查明原因。
	8	作业时,杆上电工对相邻带电体的间隙距离,以及作业工具的最小有效绝缘长度都应满足规程要求。

续表

√	序号	内　　容
	9	在接近带电体的过程中，应从下方依次验电；对人体可能触及范围内的构件亦应验电，确认无漏电现象。
	10	作业过程中有可能引起不同电位设备之间发生短路或接地故障时，应在设备间设置绝缘遮蔽。

4.7　人员分工

√	序号	作 业 人 员	作 业 项 目
	1	工作负责人	
	2	杆上电工	
	3	地面电工	

5　作业程序

5.1　开工

√	序号	内　　容	责任人签字
	1	工作负责人联系调度，办理工作票开工（本项目一般无需停用重合闸）。	
	2	调度许可工作。	
	3	工作负责人组织全体工作人员现场列队宣读工作票，交待工作任务、安全措施、注意事项，确认工作班成员并让其签名后，宣布开始工作的命令。	

5.2　作业内容及标准

√	序号	作业内容	作业标准及步骤	安全措施及注意事项	备注
	1	进入现场	1. 整理材料，对安全用具、绝缘工具进行检查； 2. 检查作业点及相邻杆塔杆根、基础、拉线情况。	1. 对绝缘工具应使用绝缘测试仪进行分段绝缘检测，确保绝缘电阻值不低于 700 MΩ； 2. 杆上电工检查电杆根部、基础和拉线是否牢固； 3. 需确认新安装的避雷器试验报告合格，并使用绝缘测试仪确认其绝缘性能完好。	

续表

√	序号	作业内容	作业标准及步骤	安全措施及注意事项	备注
	2	验电	1. 杆上电工登杆移至合适工作位置,系好后备保护绳; 2. 对三相导线及横担进行验电,确认线路无漏电。	1. 登杆及移位过程中不得失去一重保护,两人选择合适路径,交替登杆; 2. 验电顺序:带电体→绝缘子→横担→带电体; 3. 验电时保证人体与带电体有 0.4 m 及以上的安全距离,绝缘操作杆有 0.7 m 及以上的有效绝缘长度。	
	3	对带电体、接地体进行遮蔽	杆上电工相互配合对带电导线及横担进行绝缘遮蔽。	1. 杆上电工用绝缘操作杆按照“从近到远、从下到上、先带电体后接地体”的遮蔽原则对不能满足安全距离的带电体和接地体进行绝缘遮蔽; 2. 遮蔽时保证人体与带电体有 0.4 m 及以上的安全距离,绝缘操作杆有 0.7 m 及以上的有效绝缘长度。	
	4	断耐张杆引流线	1. 杆上电工使用绝缘锁杆将待断的耐张杆引流线固定; 2. 杆上电工使用绝缘杆断线剪将耐张杆引流线在电源侧耐张线夹处剪断; 3. 杆上电工使用绝缘锁杆将耐张杆引流线向下平稳地移离带电导线; 4. 杆上电工使用绝缘杆断线剪将耐张杆引流线在负荷侧耐张线夹处剪断并取下; 5. 其余两相引流线拆除按相同的方法进行。	1. 三相引线拆除的顺序按先两边相,再中间相的顺序进行; 2. 拆除时使用绝缘锁杆锁紧引线,防止其摆动。	
	5	拆除绝缘遮蔽措施	杆上电工拆除绝缘遮蔽用具,确认杆上已无遗留物后,返回地面。	1. 杆上电工拆除绝缘遮蔽措施时应戴绝缘手套,且顺序应正确; 2. 严禁同时拆除不同电位的遮蔽体。	

5.3 竣工

√	序号	内　　容	负责人签字
	1	工作负责人全面检查作业完成情况并点评(班后会)。	
	2	清理现场的工器具、材料,撤离作业现场。	
	3	通知调度恢复重合闸,办理终结工作票。	

6 验收总结

序号	验 收 总 结	
1	验收评价	
2	存在问题及处理意见	

7 作业指导书执行情况评估

<table>
<tr><td rowspan="4">评估内容</td><td rowspan="2">符合性</td><td>优</td><td></td><td>可操作项</td><td></td></tr>
<tr><td>良</td><td></td><td>不可操作项</td><td></td></tr>
<tr><td rowspan="2">可操作性</td><td>优</td><td></td><td>建议修改项</td><td></td></tr>
<tr><td>良</td><td></td><td>遗漏项</td><td></td></tr>
<tr><td>存在问题</td><td colspan="5"></td></tr>
<tr><td>改进意见</td><td colspan="5"></td></tr>
</table>

编号：××××-××-××-10

Ⅰ-10　10 kV 带电接引线标准化作业指导书

（接熔断器上引线）

编写人：＿＿＿＿＿＿　　＿＿＿年＿＿＿月＿＿＿日

审核人：＿＿＿＿＿＿　　＿＿＿年＿＿＿月＿＿＿日

批准人：＿＿＿＿＿＿　　＿＿＿年＿＿＿月＿＿＿日

工作负责人：＿＿＿＿＿＿

作业日期：　年　月　日　时　分　至　年　月　日　时　分

国网安徽省电力有限公司

1 工作范围

本作业指导书适用于国网安徽省电力有限公司____________________作业。

2 作业方法

运用绝缘操作杆法进行的作业。

3 引用文件

1.《国家电网公司电力安全工作规程》(以下简称《安规》)(配电部分)；
2.《配电网检修规程》(Q/GDW 11261—2014)；
3.《配电网技术导则》(Q/GDW 10370—2016)；
4.《10 kV配网不停电作业规范》(Q/GDW 10520—2016)；
5.《配电网施工检修工艺规范》(Q/GDW 10742—2016)；
6.《配电线路带电作业技术导则》(GB/T 18857—2019)。

4 作业前准备

4.1 准备工作安排

√	序号	内容	标　　准	备注
	1	现场勘察	1. 由工作负责人或工作票签发人组织到现场进行勘察，以便掌握同杆(塔)架设线路及其方位、电气间距、作业现场条件和环境； 2. 确定作业方法、所需工具、材料以及应采取的措施。	
	2	气象条件	1. 根据本地气象预报，判断是否符合《安规》对带电作业的要求； 2. 风力大于10 m/s或相对湿度大于80%时，不宜作业。	
	3	办理工作票	1. 在生产管理系统(PMS2.0)中开具工作票； 2. 确认工作地段、配网运行方式，确定预申请停用重合闸的线路名称。	

4.2 人员要求

√	序号	内　　容	备注
	1	作业人员必须持有带电作业有效资格证和实践工作经验。	
	2	作业人员应身体健康，无妨碍作业的生理和心理障碍。	
	3	本年度《安规》考试合格。	

4.3 工器具

√	序号	工器具名称		规格	单位	数量	备注
	1	绝缘防护用具	绝缘手套	10 kV	双	2	带防刺穿作用
	2		绝缘安全帽	10 kV	顶	2	
	3		绝缘披肩	10 kV	套	2	
	4		双重保护绝缘安全带	10 kV	副	2	
	5	绝缘遮蔽用具	导线遮蔽罩	10 kV	个	若干	
	6		绝缘子遮蔽罩	10 kV	个	若干	
	7		横担遮蔽罩	10 kV	个	若干	
	8	绝缘工具	绝缘操作杆	10 kV	个	若干	根据具体工作内容配置
	9		绝缘锁杆	10 kV	根	2	
	10		绝缘传递绳	12 mm	根	1	
	11		绝缘杆套筒扳手	10 kV	把	2	
	12		线夹安装工具	10 kV	套	1	
	13		绝缘线径测量仪	10 kV	套	1	
	14		绝缘测量杆	10 kV	根	1	
	15		绝缘杆式导线清扫刷	10 kV	副	1	
	16		绝缘导线剥皮器	10 kV	套	1	
	17	其他	绝缘电阻测试仪	2500 V 及以上	套	1	
	18		电流检测仪	10 kV	套	1	
	19		验电器	10 kV	套	1	
	20		脚扣		副	1	
	21		温湿度仪/风速仪		套	1	
	22		绝缘手套检测仪		副	1	
	23		护目镜		副	2	

4.4 材料

√	序号	名称	规格	单位	数量	备注
	1	线夹		只	若干	
	2	导线		米	若干	

4.5 危险点分析及预控

√	序号	危 险 点	预 控 措 施
	1	高空作业时违反配电《安规》进行操作，可能引起高空坠落。	高空作业时，必须正确使用安全带并戴安全帽，将安全带系在牢固部件上且位置合理，便于作业。
	2	杆上电工与邻近带电体及接地体的安全距离不够，可能引起相间短路、接地事故。	1. 杆上电工人体与邻近带电体的安全距离不得小于0.4 m，绝缘操作杆的有效绝缘长度不得小于0.7 m，绝缘绳索的有效绝缘长度不得小于0.4 m； 2. 不满足安全距离时，应采取绝缘隔离措施。
	3	监护人指挥发令信息不畅，导致杆上电工误操作。	保持通信通畅，杆上电工收到监护人的指令后，应回复确认。
	4	带负荷断、接引线，造成人员电弧灼伤。	带电断、接引线时，应先确认后端所有断路器（开关）、隔离开关（刀闸）已断开，变压器、电压互感器已退出运行。
	5	引线摆动，导致相间短路或单相接地。	安装引线及线夹时，应用绝缘锁杆固定好待接引线，并选择合理路径上升；对带电体及接地体做好绝缘遮蔽措施。

4.6 安全措施

√	序号	内 容
	1	如遇雷电（听见雷声、看见闪电）雪雹、雨雾不得进行带电作业，风力大于10 m/s或相对湿度大于80%时，也不宜进行带电作业。
	2	作业前，需确认线路无接地、绝缘良好、线路上无人工作且相位无误。
	3	在运输过程中，绝缘工具应装在专用工具袋、工具箱或专用工具车内，以防受潮和损伤。
	4	带电作业必须设人监护，监护人不得直接操作，监护的范围不得超过一个作业点。
	5	作业现场应设围栏及警示牌，禁止无关人员进入或在工作现场逗留。
	6	使用合格的绝缘安全工器具，使用前应做好检查。
	7	作业过程中如设备突然停电，杆上电工应视设备仍然带电并立即停止操作，工作负责人应尽快与调度联系查明原因。
	8	作业时，杆上电工对相邻带电体的间隙距离，以及作业工具的最小有效绝缘长度都应满足规程要求。

续表

√	序号	内　容
	9	在接近带电体的过程中,应从下方依次验电;对人体可能触及范围内的构件亦应验电,确认无漏电现象。
	10	作业过程中有可能引起不同电位设备之间发生短路或接地故障时,应在设备间设置绝缘遮蔽。

4.7　人员分工

√	序号	作 业 人 员	作 业 项 目
	1	工作负责人	
	2	杆上电工	
	3	地面电工	

5　作业程序

5.1　开工

√	序号	内　容	责任人签字
	1	工作负责人联系调度,办理工作票开工(本项目一般无需停用重合闸)。	
	2	调度许可工作。	
	3	工作负责人组织全体工作人员现场列队宣读工作票,交待工作任务、安全措施、注意事项,确认工作班成员并让其签名后,宣布开始工作的命令。	

5.2　作业内容及标准

√	序号	作业内容	作业标准及步骤	安全措施及注意事项	备注
	1	进入现场	1. 整理材料,对安全用具、绝缘工具进行检查; 2. 检查作业点及相邻杆塔杆根、基础、拉线情况。	1. 对绝缘工具应使用绝缘测试仪进行分段绝缘检测,确保绝缘电阻值不低于700 MΩ; 2. 杆上电工检查电杆根部、基础和拉线是否牢固; 3. 需确认新安装的避雷器试验报告合格,并使用绝缘测试仪确认其绝缘性能完好。	

续表

√	序号	作业内容	作业标准及步骤	安全措施及注意事项	备注
	2	验电	1. 杆上电工登杆移至合适工作位置,系好后备保护绳; 2. 对三相导线及横担进行验电,确认线路无漏电。	1. 登杆及移位过程中不得失去一重保护,两人选择合适路径,交替登杆; 2. 验电顺序:带电体→绝缘子→横担→带电体; 3. 验电时保证人体与带电体有0.4 m及以上的安全距离,绝缘操作杆有0.7 m及以上的有效绝缘长度。	
	3	对带电体、接地体进行遮蔽	杆上电工相互配合对带电导线及横担进行绝缘遮蔽。	1. 杆上电工用绝缘操作杆按照“从近到远、从下到上、先带电体后接地体”的遮蔽原则对不能满足安全距离的带电体和接地体进行绝缘遮蔽; 2. 遮蔽时保证人体与带电体有0.4 m及以上的安全距离,绝缘操作杆有0.7 m及以上的有效绝缘长度。	
	4	接熔断器上引线	1. 杆上电工检查三相熔断器安装应符合验收规范要求; 2. 杆上电工使用绝缘测量杆测量三相上引线长度,由地面电工做好上引线; 3. 杆上电工将三根上引线一端安装在熔断器上接线柱,并妥善固定; 4. 杆上电工先用导线清扫刷对三相导线的搭接处进行清除氧化层工作; 5. 杆上电工用绝缘锁杆锁住上引线另一端后提升上引线,将其固定在距离横担0.6～0.7 m的主导线上; 6. 杆上电工使用线夹安装工具安装线夹; 7. 杆上电工使用绝缘杆套筒扳手将线夹螺栓拧紧,使引线与导线可靠连接,然后撤除绝缘锁杆; 8. 其余两相熔断器上引线连接按相同的方法进行。	1. 三相熔断器引线连接应按先中间、后两侧的顺序进行; 2. 在作业时,要注意带电上引线与横担及邻相导线的安全距离。	

续表

√	序号	作业内容	作业标准及步骤	安全措施及注意事项	备注
	5	拆除绝缘遮蔽措施	杆上电工拆除绝缘遮蔽用具,确认杆上已无遗留物后,返回地面。	1. 杆上电工拆除绝缘遮蔽措施时应戴绝缘手套,且顺序应正确; 2. 严禁同时拆除不同电位的遮蔽体。	

5.3 竣工

√	序号	内容	负责人签字
	1	工作负责人全面检查作业完成情况并点评(班后会)。	
	2	清理现场的工器具、材料,撤离作业现场。	
	3	通知调度恢复重合闸,办理终结工作票。	

6 验收总结

序号	验收总结	
1	验收评价	
2	存在问题及处理意见	

7 作业指导书执行情况评估

评估内容	符合性	优		可操作项	
		良		不可操作项	
	可操作性	优		建议修改项	
		良		遗漏项	
存在问题					
改进意见					

编号:××××-××-××-11

Ⅰ-11　10 kV 带电接引线标准化作业指导书

(接分支线路引线)

编写人:________________　　　　________年______月______日

审核人:________________　　　　________年______月______日

批准人:________________　　　　________年______月______日

工作负责人:____________

作业日期:　　年　　月　　日　　时　　分　至　　年　　月　　日　　时　　分

国网安徽省电力有限公司

1　工作范围

本作业指导书适用于国网安徽省电力有限公司＿＿＿＿＿＿＿＿＿＿作业。

2　作业方法

运用绝缘操作杆法进行的作业。

3　引用文件

1.《国家电网公司电力安全工作规程》(以下简称《安规》)(配电部分);
2.《配电网检修规程》(Q/GDW 11261—2014);
3.《配电网技术导则》(Q/GDW 10370—2016);
4.《10 kV 配网不停电作业规范》(Q/GDW 10520—2016);
5.《配电网施工检修工艺规范》(Q/GDW 10742—2016);
6.《配电线路带电作业技术导则》(GB/T 18857—2019)。

4　作业前准备

4.1　准备工作安排

√	序号	内容	标　　准	备注
	1	现场勘察	1. 由工作负责人或工作票签发人组织到现场进行勘察,以便掌握同杆(塔)架设线路及其方位、电气间距、作业现场条件和环境; 2. 确定作业方法、所需工具、材料以及应采取的措施。	
	2	气象条件	1. 根据本地气象预报,判断是否符合《安规》对带电作业的要求; 2. 风力大于 10 m/s 或相对湿度大于 80%时,不宜作业。	
	3	办理工作票	1. 在生产管理系统(PMS2.0)中开具工作票; 2. 确认工作地段、配网运行方式,确定预申请停用重合闸的线路名称。	

4.2　人员要求

√	序号	内　　容	备注
	1	作业人员必须持有带电作业有效资格证和实践工作经验。	
	2	作业人员应身体健康,无妨碍作业的生理和心理障碍。	
	3	本年度《安规》考试合格。	

4.3 工器具

√	序号	工器具名称		规格	单位	数量	备注
	1	绝缘防护用具	绝缘手套	10 kV	双	2	带防刺穿作用
	2		绝缘安全帽	10 kV	顶	2	
	3		绝缘披肩	10 kV	套	2	
	4		双重保护绝缘安全带	10 kV	副	2	
	5	绝缘遮蔽用具	导线遮蔽罩	10 kV	个	若干	
	6		绝缘子遮蔽罩	10 kV	个	若干	
	7		横担遮蔽罩	10 kV	个	若干	
	8	绝缘工具	绝缘操作杆	10 kV	个	若干	根据具体工作内容配置
	9		绝缘锁杆	10 kV	根	2	
	10		绝缘传递绳	12 mm	根	1	
	11		绝缘杆套筒扳手	10 kV	把	2	
	12		线夹安装工具	10 kV	套	1	
	13		绝缘线径测量仪	10 kV	套	1	
	14		绝缘测量杆	10 kV	根	1	
	15		绝缘杆式导线清扫刷	10 kV	副	1	
	16		绝缘导线剥皮器	10 kV	套	1	
	17	其他	绝缘电阻测试仪	2500 V及以上	套	1	
	18		电流检测仪	10 kV	套	1	
	19		验电器	10 kV	套	1	
	20		脚扣		副	1	
	21		温湿度仪/风速仪		套	1	
	22		绝缘手套检测仪		副	1	
	23		护目镜		副	2	

4.4 材料

√	序号	名称	规格	单位	数量	备注
	1	线夹		只	若干	
	2	导线		米	若干	

4.5　危险点分析及预控

√	序号	危　险　点	预 控 措 施
	1	高空作业时违反配电《安规》进行操作，可能引起高空坠落。	高空作业时，必须正确使用安全带并戴安全帽，将安全带系在牢固部件上且位置合理，便于作业。
	2	杆上电工与邻近带电体及接地体的安全距离不够，可能引起相间短路、接地事故。	1. 杆上电工人体与邻近带电体的安全距离不得小于 0.4 m，绝缘操作杆的有效绝缘长度不得小于 0.7 m，绝缘绳索的有效绝缘长度不得小于 0.4 m； 2. 不满足安全距离时，应采取绝缘隔离措施。
	3	监护人指挥发令信息不畅，导致杆上电工误操作。	保持通信通畅，杆上电工收到监护人的指令后，应回复确认。
	4	带负荷断、接引线，造成人员电弧灼伤。	带电断、接引线时，应先确认后端所有断路器(开关)、隔离开关(刀闸)已断开，变压器、电压互感器已退出运行。
	5	引线摆动，导致相间短路或单相接地。	安装引线及线夹时，应用绝缘锁杆固定好待接引线，并选择合理路径上升；对带电体及接地体做好绝缘遮蔽措施。

4.6　安全措施

√	序号	内　　容
	1	如遇雷电(听见雷声、看见闪电)雪雹、雨雾不得进行带电作业，风力大于 10 m/s 或相对湿度大于 80%时，也不宜进行带电作业。
	2	作业前，需确认线路无接地、绝缘良好、线路上无人工作且相位无误。
	3	在运输过程中，绝缘工具应装在专用工具袋、工具箱或专用工具车内，以防受潮和损伤。
	4	带电作业必须设人监护，监护人不得直接操作，监护的范围不得超过一个作业点。
	5	作业现场应设围栏及警示牌，禁止无关人员进入或在工作现场逗留。
	6	使用合格的绝缘安全工器具，使用前应做好检查。
	7	作业过程中如设备突然停电，杆上电工应视设备仍然带电并立即停止操作，工作负责人应尽快与调度联系查明原因。
	8	作业时，杆上电工对相邻带电体的间隙距离，以及作业工具的最小有效绝缘长度都应满足规程要求。

续表

√	序号	内　　容
	9	在接近带电体的过程中，应从下方依次验电；对人体可能触及范围内的构件亦应验电，确认无漏电现象。
	10	作业过程中有可能引起不同电位设备之间发生短路或接地故障时，应在设备间设置绝缘遮蔽。

4.7 人员分工

√	序号	作 业 人 员	作 业 项 目
	1	工作负责人	
	2	杆上电工	
	3	地面电工	

5 作业程序

5.1 开工

√	序号	内　　容	责任人签字
	1	工作负责人联系调度，办理工作票开工（本项目一般无需停用重合闸）。	
	2	调度许可工作。	
	3	工作负责人组织全体工作人员现场列队宣读工作票，交待工作任务、安全措施、注意事项，确认工作班成员并让其签名后，宣布开始工作的命令。	

5.2 作业内容及标准

√	序号	作业内容	作业标准及步骤	安全措施及注意事项	备注
	1	进入现场	1. 整理材料，对安全用具、绝缘工具进行检查； 2. 检查作业点及相邻杆塔杆根、基础、拉线情况。	1. 对绝缘工具应使用绝缘测试仪进行分段绝缘检测，确保绝缘电阻值不低于 700 MΩ； 2. 杆上电工检查电杆根部、基础和拉线是否牢固； 3. 需确认新安装的避雷器试验报告合格，并使用绝缘测试仪确认其绝缘性能完好。	

续表

√	序号	作业内容	作业标准及步骤	安全措施及注意事项	备注
	2	验电	1. 杆上电工登杆移至合适工作位置,系好后备保护绳; 2. 对三相导线及横担进行验电,确认线路无漏电。	1. 登杆及移位过程中不得失去一重保护,两人选择合适路径,交替登杆; 2. 验电顺序:带电体→绝缘子→横担→带电体; 3. 验电时保证人体与带电体有0.4 m及以上的安全距离,绝缘操作杆有0.7 m及以上的有效绝缘长度。	
	3	对带电体、接地体进行遮蔽	杆上电工相互配合对带电导线及横担进行绝缘遮蔽。	1. 杆上电工用绝缘操作杆按照“从近到远、从下到上、先带电体后接地体”的遮蔽原则对不能满足安全距离的带电体和接地体进行绝缘遮蔽; 2. 遮蔽时保证人体与带电体有0.4 m及以上的安全距离,绝缘操作杆有0.7 m及以上的有效绝缘长度。	
	4	接分支线路引线	1. 1号电工用绝缘操作杆测量三相引线长度并分别在适当位置切断三相引线,同时剥除三相引线绝缘皮; 2. 1号电工使用绝缘测试仪分别检测三相待接引流线对地绝缘良好,并确认空载; 3. 2号电工调整工作斗位置后,1号电工使用绝缘杆游标卡尺测量绝缘导线外径;根据测量结果,2号电工选择适当的刀具安装到绝缘杆式导线剥皮器上; 4. 1号电工操作绝缘杆式导线剥皮器依次剥除三相主导线搭接位置处的绝缘层; 5. 1号电工调整J形线夹螺栓,使J形线夹连接主导线侧的开口向上,并将线夹安装到J形线夹安装工具上,旋紧压簧使J形线夹固定牢固;	1. 三相引线连接,可按由复杂到简单、先难后易的原则进行,先中间相、后远边相,最后近边相,也可视现场实际情况从远到近依次进行; 2. 在作业时,要注意带电上引线与横担及邻相导线的安全距离。	

续表

√	序号	作业内容	作业标准及步骤	安全措施及注意事项	备注
			6. 1号电工用钢丝刷清除导线、引线连接处导线上的氧化层； 7. 2号电工使用绝缘卡线勾卡紧中相待接引流线； 8. 1号电工操作J形线夹安装工具，将J形线夹主导线开口侧安装到中相导线上； 9. 2号电工操作绝缘卡线勾，将中相待接引流线安装到J形线夹的引线线槽内； 10. 1号电工使用电动扳手、棘轮扳手，旋紧J形线夹安装工具的传动杆，直至J形线夹两楔块紧密贴合； 11. 2号电工使用拉(合)闸操作杆，旋松J形线夹安装工具的压簧，1号电工取下J形线夹安装工具，并检查安装质量符合要求； 12. 1号电工根据绝缘导线外径测量结果，按照绝缘护罩相应的刻度去除多余部分，将绝缘护罩嵌入护罩安装工具卡槽内(注意绝缘罩卡槽方向)并揭下绝缘护罩的防粘层； 13. 1号电工操作绝缘护罩安装工具将绝缘护罩垂直安装到J形线夹上； 14. 2号电工使用绝缘卡线勾调整引流线角度，使其定位于护罩的引流线槽内； 15. 2号电工使用拉(合)闸操作杆向下闭合绝缘护罩安装工具的开口，并将拉(合)闸操作杆传递给1号电工；		

续表

√	序号	作业内容	作业标准及步骤	安全措施及注意事项	备注
			16. 2 号电工首先在非引流线侧的主导线下方使用绝缘夹钳按照由内至外的顺序逐点夹紧绝缘护罩的黏结口,使绝缘护罩与主导线贴合紧密,再按照由上到下的顺序将绝缘护罩非引流线侧的开口逐点夹紧; 17. 2 号电工使用绝缘夹钳在引流线侧的主导线下方按照由内至外的顺序逐点夹紧,使绝缘护罩与主导线贴合紧密;再将引流线处的护罩按照由内至外的顺序逐点夹紧,使绝缘护罩与引流线贴合紧密; 18. 2 号电工使用绝缘夹钳将绝缘护罩其余开口全部逐点夹紧后,1 号电工取下绝缘护罩安装工具,并检查安装质量符合要求; 19. 其余两相引线连接按相同的方法进行。		
	5	拆除绝缘遮蔽措施	杆上电工拆除绝缘遮蔽用具,确认杆上已无遗留物后,返回地面。	1. 杆上电工拆除绝缘遮蔽措施时应戴绝缘手套,且顺序应正确; 2. 严禁同时拆除不同电位的遮蔽体。	

5.3　竣工

√	序号	内　容	负责人签字
	1	工作负责人全面检查作业完成情况并点评(班后会)。	
	2	清理现场的工器具、材料,撤离作业现场。	
	3	通知调度恢复重合闸,办理终结工作票。	

6 验收总结

<table>
<tr><th>序号</th><th colspan="2">验收总结</th></tr>
<tr><td>1</td><td>验收评价</td><td></td></tr>
<tr><td>2</td><td>存在问题及处理意见</td><td></td></tr>
</table>

7 作业指导书执行情况评估

<table>
<tr><td rowspan="4">评估内容</td><td rowspan="2">符合性</td><td>优</td><td></td><td>可操作项</td><td></td></tr>
<tr><td>良</td><td></td><td>不可操作项</td><td></td></tr>
<tr><td rowspan="2">可操作性</td><td>优</td><td></td><td>建议修改项</td><td></td></tr>
<tr><td>良</td><td></td><td>遗漏项</td><td></td></tr>
<tr><td>存在问题</td><td colspan="5"></td></tr>
<tr><td>改进意见</td><td colspan="5"></td></tr>
</table>

编号：××××-××-××-12

Ⅰ-12 10 kV带电接引线标准化作业指导书

（接耐张杆引线）

编写人：__________ ________年______月______日

审核人：__________ ________年______月______日

批准人：__________ ________年______月______日

工作负责人：__________

作业日期： 年 月 日 时 分 至 年 月 日 时 分

国网安徽省电力有限公司

1 工作范围

本作业指导书适用于国网安徽省电力有限公司____________________作业。

2 作业方法

运用绝缘操作杆法进行的作业。

3 引用文件

1.《国家电网公司电力安全工作规程》(以下简称《安规》)(配电部分);
2.《配电网检修规程》(Q/GDW 11261—2014);
3.《配电网技术导则》(Q/GDW 10370—2016);
4.《10 kV 配网不停电作业规范》(Q/GDW 10520—2016);
5.《配电网施工检修工艺规范》(Q/GDW 10742—2016);
6.《配电线路带电作业技术导则》(GB/T 18857—2019)。

4 作业前准备

4.1 准备工作安排

√	序号	内容	标　准	备注
	1	现场勘察	1. 由工作负责人或工作票签发人组织到现场进行勘察,以便掌握同杆(塔)架设线路及其方位、电气间距、作业现场条件和环境; 2. 确定作业方法、所需工具、材料以及应采取的措施。	
	2	气象条件	1. 根据本地气象预报,判断是否符合《安规》对带电作业的要求; 2. 风力大于 10 m/s 或相对湿度大于 80%时,不宜作业。	
	3	办理工作票	1. 在生产管理系统(PMS2.0)中开具工作票; 2. 确认工作地段、配网运行方式,确定预申请停用重合闸的线路名称。	

4.2 人员要求

√	序号	内　容	备注
	1	作业人员必须持有带电作业有效资格证和实践工作经验。	
	2	作业人员应身体健康,无妨碍作业的生理和心理障碍。	
	3	本年度《安规》考试合格。	

4.3 工器具

√	序号	工器具名称		规格	单位	数量	备注
	1	绝缘防护用具	绝缘手套	10 kV	双	2	带防刺穿作用
	2		绝缘安全帽	10 kV	顶	2	
	3		绝缘披肩	10 kV	套	2	
	4		双重保护绝缘安全带	10 kV	副	2	
	5	绝缘遮蔽用具	导线遮蔽罩	10 kV	个	若干	
	6		绝缘子遮蔽罩	10 kV	个	若干	
	7		横担遮蔽罩	10 kV	个	若干	
	8	绝缘工具	绝缘操作杆	10 kV	个	若干	根据具体工作内容配置
	9		绝缘锁杆	10 kV	根	2	
	10		绝缘传递绳	12 mm	根	1	
	11		绝缘杆套筒扳手	10 kV	把	2	
	12		线夹安装工具	10 kV	套	1	
	13		绝缘线径测量仪	10 kV	套	1	
	14		绝缘测量杆	10 kV	根	1	
	15		绝缘杆式导线清扫刷	10 kV	副	1	
	16		绝缘导线剥皮器	10 kV	套	1	
	17	其他	绝缘电阻测试仪	2500 V及以上	套	1	
	18		电流检测仪	10 kV	套	1	
	19		验电器	10 kV	套	1	
	20		脚扣		副	1	
	21		温湿度仪/风速仪		套	1	
	22		绝缘手套检测仪		副	1	
	23		护目镜		副	2	

4.4 材料

√	序号	名称	规格	单位	数量	备注
	1	线夹		只	若干	
	2	导线		米	若干	

4.5 危险点分析及预控

√	序号	危 险 点	预 控 措 施
	1	高空作业时违反配电《安规》进行操作，可能引起高空坠落。	高空作业时，必须正确使用安全带并戴安全帽，将安全带系在牢固部件上且位置合理，便于作业。
	2	杆上电工与邻近带电体及接地体的安全距离不够，可能引起相间短路、接地事故。	1. 杆上电工人体与邻近带电体的安全距离不得小于0.4 m，绝缘操作杆的有效绝缘长度不得小于0.7 m，绝缘绳索的有效绝缘长度不得小于0.4 m； 2. 不满足安全距离时，应采取绝缘隔离措施。
	3	监护人指挥发令信息不畅，导致杆上电工误操作。	保持通信通畅，杆上电工收到监护人的指令后，应回复确认。
	4	带负荷断、接引线，造成人员电弧灼伤。	带电断、接引线时，应先确认后端所有断路器（开关）、隔离开关（刀闸）已断开，变压器、电压互感器已退出运行。
	5	引线摆动，导致相间短路或单相接地。	安装引线及线夹时，应用绝缘锁杆固定好待接引线，并选择合理路径上升；对带电体及接地体做好绝缘遮蔽措施。

4.6 安全措施

√	序号	内 容
	1	如遇雷电（听见雷声、看见闪电）雪雹、雨雾不得进行带电作业，风力大于 10 m/s 或相对湿度大于 80%时，也不宜进行带电作业。
	2	作业前，需确认线路无接地、绝缘良好、线路上无人工作且相位无误。
	3	在运输过程中，绝缘工具应装在专用工具袋、工具箱或专用工具车内，以防受潮和损伤。
	4	带电作业必须设人监护，监护人不得直接操作，监护的范围不得超过一个作业点。
	5	作业现场应设围栏及警示牌，禁止无关人员进入或在工作现场逗留。
	6	使用合格的绝缘安全工器具，使用前应做好检查。
	7	作业过程中如设备突然停电，杆上电工应视设备仍然带电并立即停止操作，工作负责人应尽快与调度联系查明原因。
	8	作业时，杆上电工对相邻带电体的间隙距离，以及作业工具的最小有效绝缘长度都应满足规程要求。

续表

√	序号	内　　容
	9	在接近带电体的过程中,应从下方依次验电;对人体可能触及范围内的构件亦应验电,确认无漏电现象。
	10	作业过程中有可能引起不同电位设备之间发生短路或接地故障时,应在设备间设置绝缘遮蔽。

4.7　人员分工

√	序号	作 业 人 员	作 业 项 目
	1	工作负责人	
	2	杆上电工	
	3	地面电工	

5　作业程序

5.1　开工

√	序号	内　　容	责任人签字
	1	工作负责人联系调度,办理工作票开工(本项目一般无需停用重合闸)。	
	2	调度许可工作。	
	3	工作负责人组织全体工作人员现场列队宣读工作票,交待工作任务、安全措施、注意事项,确认工作班成员并让其签名后,宣布开始工作的命令。	

5.2　作业内容及标准

√	序号	作业内容	作业标准及步骤	安全措施及注意事项	备注
	1	进入现场	1. 整理材料,对安全用具、绝缘工具进行检查; 2. 检查作业点及相邻杆塔杆根、基础、拉线情况。	1. 对绝缘工具应使用绝缘测试仪进行分段绝缘检测,确保绝缘电阻值不低于 700 MΩ; 2. 杆上电工检查电杆根部、基础和拉线是否牢固; 3. 需确认新安装的避雷器试验报告合格,并使用绝缘测试仪确认其绝缘性能完好。	

续表

√	序号	作业内容	作业标准及步骤	安全措施及注意事项	备注
	2	验电	1. 杆上电工登杆移至合适工作位置,系好后备保护绳; 2. 对三相导线及横担进行验电,确认线路无漏电。	1. 登杆及移位过程中不得失去一重保护,两人选择合适路径,交替登杆; 2. 验电顺序:带电体→绝缘子→横担→带电体; 3. 验电时保证人体与带电体有0.4 m及以上的安全距离,绝缘操作杆有0.7 m及以上的有效绝缘长度。	
	3	对带电体、接地体进行遮蔽	杆上电工相互配合对带电导线及横担进行绝缘遮蔽。	1. 杆上电工用绝缘操作杆按照"从近到远、从下到上、先带电体后接地体"的遮蔽原则对不能满足安全距离的带电体和接地体进行绝缘遮蔽; 2. 遮蔽时保证人体与带电体有0.4 m及以上的安全距离,绝缘操作杆有0.7 m及以上的有效绝缘长度。	
	4	接耐张杆引流线	1. 杆上电工使用绝缘测量杆测量三相上引线长度;如待接引流线为绝缘线,应在引流线端头部分剥除三相待接引流线的绝缘外皮; 2. 杆上电工调整位置至耐张横担下方,并与带电线路保持0.4 m以上的安全距离,以最小范围打开中相绝缘遮蔽,用导线清扫刷清除连接处导线上的氧化层;如导线为绝缘线,应先剥除绝缘外皮,再进行清除连接处导线上的氧化层; 3. 杆上电工安装接续线夹,连接牢固后,迅速恢复绝缘遮蔽;如为绝缘线应恢复接续线夹处的绝缘及密封; 4. 其余两相引线连接按相同方法进行。	1. 三相熔断器引线连接应按先中间、后两侧的顺序进行; 2. 在作业时,要注意带电上引线与横担及邻相导线的安全距离。	

续表

√	序号	作业内容	作业标准及步骤	安全措施及注意事项	备注
	5	拆除绝缘遮蔽措施	杆上电工拆除绝缘遮蔽用具，确认杆上已无遗留物后，返回地面。	1. 杆上电工拆除绝缘遮蔽措施时应戴绝缘手套，且顺序应正确； 2. 严禁同时拆除不同电位的遮蔽体。	

5.3　竣工

√	序号	内　　容	负责人签字
	1	工作负责人全面检查作业完成情况并点评(班后会)。	
	2	清理现场的工器具、材料，撤离作业现场。	
	3	通知调度恢复重合闸，办理终结工作票。	

6　验收总结

<table>
<tr><th>序号</th><th colspan="2">验 收 总 结</th></tr>
<tr><td>1</td><td>验收评价</td><td></td></tr>
<tr><td>2</td><td>存在问题及处理意见</td><td></td></tr>
</table>

7　作业指导书执行情况评估

<table>
<tr><td rowspan="4">评估内容</td><td rowspan="2">符合性</td><td>优</td><td></td><td>可操作项</td><td></td></tr>
<tr><td>良</td><td></td><td>不可操作项</td><td></td></tr>
<tr><td rowspan="2">可操作性</td><td>优</td><td></td><td>建议修改项</td><td></td></tr>
<tr><td>良</td><td></td><td>遗漏项</td><td></td></tr>
<tr><td>存在问题</td><td colspan="5"></td></tr>
<tr><td>改进意见</td><td colspan="5"></td></tr>
</table>

编号:××××-××-××-13

Ⅰ-13　10 kV 带电接引线标准化作业指导书

(使用自动接火装置)

编写人:________________　　　　________年______月______日

审核人:________________　　　　________年______月______日

批准人:________________　　　　________年______月______日

工作负责人:____________

作业日期:　　年　月　日　时　分　至　　年　月　日　时　分

国网安徽省电力有限公司

1 工作范围

本作业指导书适用于国网安徽省电力有限公司________________作业。

2 作业方法

运用绝缘操作杆法进行的作业。

3 引用文件

1.《国家电网公司电力安全工作规程》(以下简称《安规》)(配电部分);
2.《配电网检修规程》(Q/GDW 11261—2014);
3.《配电网技术导则》(Q/GDW 10370—2016);
4.《10 kV 配网不停电作业规范》(Q/GDW 10520—2016);
5.《配电网施工检修工艺规范》(Q/GDW 10742—2016);
6.《配电线路带电作业技术导则》(GB/T 18857—2019);
7.《10 kV 架空绝缘线路穿刺线夹带电接火装置技术条件》(Q/GDW12-007—2017)。

4 作业前准备

4.1 准备工作安排

√	序号	内容	标 准	备注
	1	现场勘察	1. 由工作负责人或工作票签发人组织到现场进行勘察,以便掌握同杆(塔)架设线路及其方位、电气间距、作业现场条件和环境; 2. 确定作业方法、所需工具、材料以及应采取的措施。	
	2	气象条件	1. 根据本地气象预报,判断是否符合《安规》对带电作业的要求; 2. 风力大于 10 m/s 或相对湿度大于 80%时,不宜作业。	
	3	办理工作票	1. 在生产管理系统(PMS2.0)中开具工作票; 2. 确认工作地段、配网运行方式,确定预申请停用重合闸的线路名称。	

4.2 人员要求

√	序号	内 容	备注
	1	作业人员必须持有带电作业有效资格证和实践工作经验。	
	2	作业人员应身体健康,无妨碍作业的生理和心理障碍。	
	3	本年度《安规》考试合格。	

4.3 工器具

√	序号	工器具名称		规格	单位	数量	备注
	1	绝缘防护用具	绝缘手套	10 kV	双	2	带防刺穿作用
	2		绝缘安全帽	10 kV	顶	2	
	3		绝缘披肩	10 kV	套	2	
	4		双重保护绝缘安全带	10 kV	副	2	
	5	绝缘遮蔽用具	导线遮蔽罩	10 kV	个	若干	
	6		绝缘子遮蔽罩	10 kV	个	若干	
	7		横担遮蔽罩	10 kV	个	若干	
	8	绝缘工具	绝缘操作杆	10 kV	个	若干	根据具体工作内容配置
	9		绝缘锁杆	10 kV	根	2	
	10		绝缘传递绳	12 mm	根	1	
	11		绝缘杆套筒扳手	10 kV	把	2	
	12		10 kV 架空绝缘线路穿刺线夹带电作业自动接火装置	10 kV	套	1	
	13		绝缘线径测量仪	10 kV	套	1	
	14		绝缘测量杆	10 kV	根	1	
	15	其他	绝缘电阻测试仪	2500 V 及以上	套	1	
	16		电流检测仪	10 kV	套	1	
	17		验电器	10 kV	套	1	
	18		脚扣		副	1	
	19		温湿度仪/风速仪		套	1	
	20		绝缘手套检测仪		副	1	
	21		护目镜		副	2	

4.4 材料

√	序号	名称	规格	单位	数量	备注
	1	穿刺线夹	JJC10	只	3	根据线型选择具体型号
	2	导线		米	若干	

4.5　危险点分析及预控

√	序号	危　险　点	预　控　措　施
	1	高空作业时违反配电《安规》进行操作，可能引起高空坠落。	高空作业时，必须正确使用安全带并戴安全帽，将安全带系在牢固部件上且位置合理，便于作业。
	2	杆上电工与邻近带电体及接地体的安全距离不够，可能引起相间短路、接地事故。	1. 杆上电工人体与邻近带电体的安全距离不得小于 0.4 m，绝缘操作杆的有效绝缘长度不得小于 0.7 m，绝缘绳索的有效绝缘长度不得小于 0.4 m； 2. 不满足安全距离时，应采取绝缘隔离措施。
	3	监护人指挥发令信息不畅，导致杆上电工误操作。	保持通信通畅，杆上电工收到监护人的指令后，应回复确认。
	4	带负荷断、接引线，造成人员电弧灼伤。	带电断、接引线时，应先确认后端所有断路器(开关)、隔离开关(刀闸)已断开，变压器、电压互感器已退出运行。
	5	引线摆动，导致相间短路或单相接地。	安装引线及线夹时，应用绝缘锁杆固定好待接引线，并选择合理路径上升；对带电体及接地体做好绝缘遮蔽措施。

4.6　安全措施

√	序号	内　　容
	1	如遇雷电(听见雷声、看见闪电)雪雹、雨雾不得进行带电作业，风力大于 10 m/s 或相对湿度大于 80%时，也不宜进行带电作业。
	2	作业前，需确认线路无接地、绝缘良好、线路上无人工作且相位无误。
	3	在运输过程中，绝缘工具应装在专用工具袋、工具箱或专用工具车内，以防受潮和损伤。
	4	带电作业必须设人监护，监护人不得直接操作，监护的范围不得超过一个作业点。
	5	作业现场应设围栏及警示牌，禁止无关人员进入或在工作现场逗留。
	6	使用合格的绝缘安全工器具，使用前应做好检查。
	7	作业过程中如设备突然停电，杆上电工应视设备仍然带电并立即停止操作，工作负责人应尽快与调度联系查明原因。
	8	作业时，杆上电工对相邻带电体的间隙距离，以及作业工具的最小有效绝缘长度都应满足规程要求。

续表

√	序号	内　容
	9	在接近带电体的过程中，应从下方依次验电；对人体可能触及范围内的构件亦应验电，确认无漏电现象。
	10	作业过程中有可能引起不同电位设备之间发生短路或接地故障时，应在设备间设置绝缘遮蔽。

4.7 人员分工

√	序号	作 业 人 员	作 业 项 目
	1	工作负责人	
	2	杆上电工	
	3	地面电工	

5 作业程序

5.1 开工

√	序号	内　容	责任人签字
	1	工作负责人联系调度，办理工作票开工（本项目一般无需停用重合闸）。	
	2	调度许可工作。	
	3	工作负责人组织全体工作人员现场列队宣读工作票，交待工作任务、安全措施、注意事项，确认工作班成员并让其签名后，宣布开始工作的命令。	

5.2 作业内容及标准

√	序号	作业内容	作业标准及步骤	安全措施及注意事项	备注
	1	进入现场	1. 整理材料，对安全用具、绝缘工具进行检查； 2. 检查作业点及相邻杆塔杆根、基础、拉线情况。	1. 对绝缘工具应使用绝缘测试仪进行分段绝缘检测，确保绝缘电阻值不低于 700 MΩ； 2. 杆上电工检查电杆根部、基础和拉线是否牢固； 3. 需确认新安装的避雷器试验报告合格，并使用绝缘测试仪确认其绝缘性能完好。	

续表

√	序号	作业内容	作业标准及步骤	安全措施及注意事项	备注
	2	验电	1. 杆上电工登杆移至合适工作位置,系好后备保护绳; 2. 对三相导线及横担进行验电,确认线路无漏电。	1. 登杆及移位过程中不得失去一重保护,两人选择合适路径,交替登杆; 2. 验电顺序:带电体→绝缘子→横担→带电体; 3. 验电时保证人体与带电体有0.4 m及以上的安全距离,绝缘操作杆有0.7 m及以上的有效绝缘长度。	
	3	对带电体、接地体进行遮蔽	杆上电工相互配合对带电导线及横担进行绝缘遮蔽。	1. 杆上电工用绝缘操作杆按照"从近到远、从下到上、先带电体后接地体"的遮蔽原则对不能满足安全距离的带电体和接地体进行绝缘遮蔽; 2. 遮蔽时保证人体与带电体有0.4 m及以上的安全距离,绝缘操作杆有0.7 m及以上的有效绝缘长度。	
	4	测量引线长度	杆上电工使用绝缘测量杆测量三相上引线长度,由地面电工做好上引线,由杆上电工安装在熔断器上桩头。	测量时保证人体与带电体有0.4 m及以上的安全距离,绝缘操作杆有0.7 m的有效绝缘长度。	
	5	使用自动接火装置安装三相引线	1. 杆上电工将穿刺线夹安装在自动接火装置线夹固定槽内,中相下引线穿入线夹副线槽内并锁紧; 2. 将自动接火装置举至中相导线连接位置,将接火装置利用导向槽挂至主导线上并锁定,按下紧固按钮将穿刺线夹固定在主导线上,直至扭力螺母自动脱离,按下解锁按钮将自动接火装置与主导线自动脱离; 3. 另外两相流程与中相流程一致。	安装引线时保证人体与带电体有0.4 m及以上的安全距离,绝缘操作杆有0.7 m及以上的有效绝缘长度,两人配合防止自动接火装置摆动。	

续表

√	序号	作业内容	作业标准及步骤	安全措施及注意事项	备注
	6	拆除绝缘遮蔽措施	杆上电工拆除绝缘遮蔽用具，确认杆上已无遗留物后，返回地面。	1. 杆上电工拆除绝缘遮蔽措施时应戴绝缘手套，且顺序应正确； 2. 严禁同时拆除不同电位的遮蔽体。	

5.3 竣工

√	序号	内　　容	负责人签字
	1	工作负责人全面检查作业完成情况并点评(班后会)。	
	2	清理现场的工器具、材料，撤离作业现场。	
	3	通知调度恢复重合闸，办理终结工作票。	

6 验收总结

序号	验 收 总 结	
1	验收评价	
2	存在问题及处理意见	

7 作业指导书执行情况评估

评估内容	符合性	优		可操作项	
		良		不可操作项	
	可操作性	优		建议修改项	
		良		遗漏项	
存在问题					
改进意见					

Ⅱ 二 类 作 业

编号：××××-××-××-14

Ⅱ-01　10 kV 带电消缺及装拆附件标准化作业指导书

（清除异物）

编写人：________________　　　　　________年______月______日

审核人：________________　　　　　________年______月______日

批准人：________________　　　　　________年______月______日

工作负责人：____________

作业日期：　　年　　月　　日　　时　　分　至　　年　　月　　日　　时　　分

国网安徽省电力有限公司

1　工作范围

本作业指导书适用于国网安徽省电力有限公司＿＿＿＿＿＿＿＿＿＿＿作业。

2　作业方法

运用绝缘手套法进行的作业。

3　引用文件

1.《国家电网公司电力安全工作规程》(以下简称《安规》)(配电部分);
2.《配电网检修规程》(Q/GDW 11261—2014);
3.《配电网技术导则》(Q/GDW 10370—2016);
4.《10 kV 配网不停电作业规范》(Q/GDW 10520—2016);
5.《配电网施工检修工艺规范》(Q/GDW 10742—2016);
6.《配电线路带电作业技术导则》(GB/T 18857—2019)。

4　作业前准备

4.1　准备工作安排

√	序号	内容	标　　准	备注
	1	现场勘察	1. 由工作负责人或工作票签发人组织到现场进行勘察,以便掌握同杆(塔)架设线路及其方位、电气间距、作业现场条件和环境; 2. 确定作业方法、所需工具、材料以及应采取的措施。	
	2	车辆检查	按公司车辆使用管理规定有关内容对车辆进行使用前检查。	
	3	气象条件	1. 根据本地气象预报,判断是否符合《安规》对带电作业的要求; 2. 风力大于 10 m/s 或相对湿度大于 80%时,不宜作业。	
	4	办理工作票	1. 在生产管理系统(PMS2.0)中开具工作票; 2. 确认工作地段、配网运行方式,确定预申请停用重合闸的线路名称。	

4.2　人员要求

√	序号	内　　容	备注
	1	作业人员必须持有带电作业有效资格证和实践工作经验。	
	2	作业人员应身体健康,无妨碍作业的生理和心理障碍。	
	3	本年度《安规》考试合格。	

4.3 工器具

√	序号	工器具名称		规格	单位	数量	备注
	1	作业车辆	绝缘斗臂车	10 kV	辆	1	
	2	绝缘防护用具	绝缘手套	10 kV	双	2	带防刺穿作用
	3		绝缘安全帽	10 kV	顶	2	
	4		绝缘服	10 kV	套	2	
	5		绝缘安全带	10 kV	副	2	
	6	绝缘遮蔽用具	导线遮蔽罩	10 kV	个	若干	
	7		绝缘毯	10 kV	个	若干	
	8		横担遮蔽罩	10 kV	个	若干	
	9		熔断器遮蔽罩	10 kV	个	若干	
	10	绝缘工具	绝缘传递绳	12 mm	根	1	
	11		绝缘测距杆(绳)	10 kV	副	1	
	12		绝缘杆式导线清扫刷	10 kV	副	1	
	13		绝缘锁杆	10 kV	副	1	
	14	其他	绝缘电阻测试仪	2500 V及以上	套	1	
	15		验电器	10 kV	套	1	
	16		温湿度仪/风速仪		套	1	
	17		绝缘手套检测仪		副	1	

4.4 材料

√	序号	名称	规格	单位	数量	备注

4.5 危险点分析及预控

√	序号	危 险 点	预 控 措 施
	1	高空作业时违反配电《安规》进行操作,可能引起高空坠落。	高空作业时,必须正确使用安全带并戴安全帽,将安全带系在牢固部件上且位置合理,便于作业。

续表

√	序号	危　险　点	预 控 措 施
	2	带电作业人员与邻近带电体及接地体的安全距离不够,可能引起相间短路、接地事故。	作业人员与邻近带电体的距离不得小于 0.4 m,与邻相的安全距离不得小于 0.6 m,使用绝缘操作杆的有效绝缘长度不得小于 0.7 m。
	3	绝缘斗臂车支车时,车腿支持点土壤松软或埋有市政管网设施,使车体倾斜,造成翻车。	遇到松软土壤时,支腿下加垫枕木或钢板且不得超过两块。
	4	绝缘斗臂车液压机构渗漏油,可能引起支腿、绝缘臂、工作斗泄压。	绝缘斗臂车使用前应认真检查,并在预定位置试操作一次,确认各液压部分运转良好,无渗漏油现象,方可操作。
	5	监护人指挥发令信息不畅,导致带电操作人员误操作。	保持通讯通畅,操作人员收到监护人的指令后,应回复确认。

4.6　安全措施

√	序号	内　　容
	1	如遇雷电(听见雷声、看见闪电)雪雹、雨雾不得进行带电作业,风力大于 10 m/s 或相对湿度大于 80%时,也不宜进行带电作业。
	2	作业前,需确认线路无接地、绝缘良好、线路上无人工作且相位无误。
	3	在运输过程中,绝缘工具应装在专用工具袋、工具箱或专用工具车内,以防受潮和损伤。
	4	带电作业必须设人监护,监护人不得直接操作,监护的范围不得超过一个作业点。
	5	作业现场应设围栏及警示牌,禁止无关人员进入或在工作现场逗留。
	6	使用合格的绝缘安全工器具,使用前应做好检查。
	7	作业过程中,如设备突然停电,作业人员应视设备仍然带电,并立即停止操作,工作负责人尽快与调度联系查明原因。
	8	作业过程中,绝缘斗臂车的发动机不得熄火,起升、下降、回转速度不得大于 0.5 m/s。
	9	在接近带电体的过程中,应从下方依次验电;对人体可能触及范围内的构件亦应验电,确认无漏电现象。
	10	作业过程中有可能引起不同电位设备之间发生短路或接地故障时,应在设备间设置绝缘遮蔽。

4.7 人员分工

√	序号	作 业 人 员	作 业 项 目
	1	工作负责人	
	2	杆上电工	
	3	地面电工	

5 作业程序

5.1 开工

√	序号	内 容	责任人签字
	1	工作负责人联系调度，办理工作票开工（本项目一般无需停用重合闸）。	
	2	调度许可工作。	
	3	工作负责人组织全体工作人员现场列队宣读工作票，交待工作任务、安全措施、注意事项，确认工作班成员并让其签名后，宣布开始工作的命令。	

5.2 作业内容及标准

√	序号	作业内容	作业标准及步骤	安全措施及注意事项	备注
	1	现场布置	1. 绝缘斗臂车操作员将绝缘斗臂车停在工作点的最佳位置，并装设车体接地线； 2. 作业现场应设安全围栏、悬挂警示牌。	1. 遇到松软土壤时，支腿下加垫枕木且不得超过两块，呈八角形45°摆放； 2. 车工作处地面应坚实、平整，地面坡度超过7°； 3. 支腿伸出车体找平后，车辆前后高度不应大于3°； 4. 车体接地体埋棒插入地层深度不小于0.4 m； 5. 在作业点下方按坠落半径设置安全围栏，车辆后方10 m放置交通警示牌。	

续表

√	序号	作业内容	作业标准及步骤	安全措施及注意事项	备注
	2	工器具检查	1. 地面电工将按要求将工器具摆放在防潮的帆布上； 2. 斗内电工对绝缘工器具进行外观检查与检测； 3. 绝缘斗臂车操作员将空斗试操作一次。	1. 防潮帆布应设置在杆上落物区半径之外； 2. 将绝缘工器具与非绝缘工器具分开摆放； 3. 使用前应用2500 V的绝缘摇表检查并确保其绝缘阻值不小于700 MΩ； 4. 绝缘工器具外观应符合使用安全要求,如无破损、划伤、受潮等； 5. 确认液压传动、回转、升降、伸缩系统工作正常、操作灵活,制动装置可靠。	
	3	验电	按照导线→绝缘子→横担→导线的顺序进行验电,确认无漏电现象。	1. 人体与邻近带电体的距离不得小于0.4 m； 2. 绝缘杆的有效绝缘长度不得小于0.7 m。	
	4	设置绝缘遮蔽、隔离措施	斗内电工转移工作斗到内边侧导线合适位置。	1. 应注意绝缘斗臂车周围杆塔、线路等情况,转移工作斗时,绝缘臂的金属部位与带电体和地电位物体的距离大于0.9 m； 2. 作业过程中,绝缘斗臂车起升、下降、回转速度不得大于0.5 m/s； 3. 作业时,上节绝缘臂的伸出长度应大于等于1 m,绝缘斗、臂离带电体物体的距离应大于1 m,人体与相邻带电体的安全距离应大于0.6 m。	
			斗内电工使用导线遮蔽罩、绝缘毯等遮蔽用具将作业范围内带电导线和接地部分进行绝缘遮蔽、隔离。	1. 斗内电工设置绝缘遮蔽措施时按“由近至远、从大到小、从低到高”原则进行； 2. 使用绝缘操作杆时,有效绝缘长度应大于0.7 m； 3. 绝缘遮蔽应严实、牢固,导线遮蔽罩间重叠部分应大于15 cm,遮蔽范围应比人体活动范围增加0.4 m； 4. 绝缘斗内双人工作时,禁止两人同时接触不同的电位体。	

续表

√	序号	作业内容	作业标准及步骤	安全措施及注意事项	备注
	5	清除异物	1. 斗内电工拆除异物时，需站在上风侧，应采取措施防止异物落下伤人等； 2. 地面电工配合斗内电工将异物放至地面。	1. 人体与邻近带电体的距离不得小于0.4 m； 2. 绝缘杆的有效绝缘长度不得小于0.7 m； 3. 绝缘斗内双人工作时，禁止两人同时接触不同的电位体。	
	6	拆除绝缘遮蔽措施	斗内电工拆除绝缘遮蔽用具，确认杆上已无遗留物后，转移工作斗至地面。	1. 斗内电工拆除绝缘遮蔽措施时应戴绝缘手套，且顺序应正确； 2. 拆除绝缘毯时，应轻托慢起，防止拉伤绝缘层； 3. 严禁同时拆除不同电位的遮蔽体。	

5.3 竣工

√	序号	内　容	负责人签字
	1	工作负责人全面检查作业完成情况并点评(班后会)。	
	2	清理现场的工器具、材料，撤离作业现场。	
	3	通知调度恢复重合闸，办理终结工作票。	

5.4 消缺记录

√	序号	作 业 内 容	负责人签字

6 验收总结

序号	验 收 总 结	
1	验收评价	
2	存在问题及处理意见	

7　作业指导书执行情况评估

<table>
<tr><td rowspan="4">评估内容</td><td rowspan="2">符合性</td><td>优</td><td></td><td>可操作项</td><td></td></tr>
<tr><td>良</td><td></td><td>不可操作项</td><td></td></tr>
<tr><td rowspan="2">可操作性</td><td>优</td><td></td><td>建议修改项</td><td></td></tr>
<tr><td>良</td><td></td><td>遗漏项</td><td></td></tr>
<tr><td>存在问题</td><td colspan="5"></td></tr>
<tr><td>改进意见</td><td colspan="5"></td></tr>
</table>

编号：××××-××-××-15

Ⅱ-02 10 kV 带电消缺及装拆附件标准化作业指导书

（扶正绝缘子）

编写人：＿＿＿＿＿＿＿＿　　＿＿＿＿年＿＿＿月＿＿＿日

审核人：＿＿＿＿＿＿＿＿　　＿＿＿＿年＿＿＿月＿＿＿日

批准人：＿＿＿＿＿＿＿＿　　＿＿＿＿年＿＿＿月＿＿＿日

工作负责人：＿＿＿＿＿＿

作业日期：　　年　　月　　日　　时　　分　　至　　年　　月　　日　　时　　分

国网安徽省电力有限公司

1　工作范围

本作业指导书适用于国网安徽省电力有限公司____________________作业。

2　作业方法

运用绝缘手套法进行的作业。

3　引用文件

1.《国家电网公司电力安全工作规程》(以下简称《安规》)(配电部分);
2.《配电网检修规程》(Q/GDW 11261—2014);
3.《配电网技术导则》(Q/GDW 10370—2016);
4.《10 kV 配网不停电作业规范》(Q/GDW 10520—2016);
5.《配电网施工检修工艺规范》(Q/GDW 10742—2016);
6.《配电线路带电作业技术导则》(GB/T 18857—2019)。

4　作业前准备

4.1　准备工作安排

√	序号	内容	标　　准	备注
	1	现场勘察	1. 由工作负责人或工作票签发人组织到现场进行勘察,以便掌握同杆(塔)架设线路及其方位、电气间距、作业现场条件和环境; 2. 确定作业方法、所需工具、材料以及应采取的措施。	
	2	车辆检查	按公司车辆使用管理规定有关内容对车辆进行使用前检查。	
	3	气象条件	1. 根据本地气象预报,判断是否符合《安规》对带电作业的要求; 2. 风力大于 10 m/s 或相对湿度大于 80%时,不宜作业。	
	4	办理工作票	1. 在生产管理系统(PMS2.0)中开具工作票; 2. 确认工作地段、配网运行方式,确定预申请停用重合闸的线路名称。	

4.2　人员要求

√	序号	内　　容	备注
	1	作业人员必须持有带电作业有效资格证和实践工作经验。	
	2	作业人员应身体健康,无妨碍作业的生理和心理障碍。	
	3	本年度《安规》考试合格。	

4.3 工器具

√	序号	工器具名称		规格	单位	数量	备注
	1	作业车辆	绝缘斗臂车	10 kV	辆	1	
	2	绝缘防护用具	绝缘手套	10 kV	双	2	带防刺穿作用
	3		绝缘安全帽	10 kV	顶	2	
	4		绝缘服	10 kV	套	2	
	5		绝缘安全带	10 kV	副	2	
	6	绝缘遮蔽用具	导线遮蔽罩	10 kV	个	若干	
	7		绝缘毯	10 kV	个	若干	
	8		横担遮蔽罩	10 kV	个	若干	
	9		熔断器遮蔽罩	10 kV	个	若干	
	10	绝缘工具	绝缘传递绳	12 mm	根	1	
	11		绝缘测距杆(绳)	10 kV	副	1	
	12		绝缘杆式导线清扫刷	10 kV	副	1	
	13		绝缘锁杆	10 kV	副	1	
	14	其他	绝缘电阻测试仪	2500 V及以上	套	1	
	15		验电器	10 kV	套	1	
	16		温湿度仪/风速仪		套	1	
	17		绝缘手套检测仪		副	1	

4.4 材料

√	序号	名称	规格	单位	数量	备注

4.5 危险点分析及预控

√	序号	危　险　点	预 控 措 施
	1	高空作业时违反配电《安规》进行操作,可能引起高空坠落。	高空作业时,必须正确使用安全带并戴安全帽,将安全带系在牢固部件上且位置合理,便于作业。

续表

√	序号	危　险　点	预 控 措 施
	2	斗内电工与邻近带电体及接地体的安全距离不够,可能引起相间短路、接地事故。	斗内电工与邻近带电体的距离不得小于 0.4 m,与邻相的安全距离不得小于 0.6 m,距离不足时应进行绝缘遮蔽;使用绝缘操作杆的有效绝缘长度不得小于 0.7 m。
	3	绝缘斗臂车支车时,车腿支持点土壤松软或埋有市政管网设施,使车体倾斜,造成翻车。	遇到松软土壤时,支腿下加垫枕木或钢板且不得超过两块。
	4	绝缘斗臂车液压机构渗漏油,可能引起支腿、绝缘臂、工作斗泄压。	绝缘斗臂车使用前应认真检查,并在预定位置试操作一次,确认各液压部分运转良好,无渗漏油现象,方可操作。
	5	监护人指挥发令信息不畅,导致带电操作人员误操作。	保持通讯通畅,操作人员收到监护人的指令后,应回复确认。

4.6　安全措施

√	序号	内　　容
	1	如遇雷电(听见雷声、看见闪电)雪雹、雨雾不得进行带电作业,风力大于 10 m/s 或相对湿度大于 80%时,也不宜进行带电作业。
	2	作业前,需确认线路无接地、绝缘良好、线路上无人工作且相位无误。
	3	在运输过程中,绝缘工具应装在专用工具袋、工具箱或专用工具车内,以防受潮和损伤。
	4	带电作业必须设人监护,监护人不得直接操作,监护的范围不得超过一个作业点。
	5	作业现场应设围栏及警示牌,禁止无关人员进入或在工作现场逗留。
	6	使用合格的绝缘安全工器具,使用前应做好检查。
	7	作业过程中,如设备突然停电,作业人员应视设备仍然带电,并立即停止操作,工作负责人尽快与调度联系查明原因。
	8	作业过程中,绝缘斗臂车的发动机不得熄火,起升、下降、回转速度不得大于 0.5 m/s。
	9	在接近带电体的过程中,应从下方依次验电;对人体可能触及范围内的构件亦应验电,确认无漏电现象。
	10	作业过程中有可能引起不同电位设备之间发生短路或接地故障时,应在设备间设置绝缘遮蔽。

4.7 人员分工

√	序号	作业人员	作业项目
	1	工作负责人	
	2	杆上电工	
	3	地面电工	

5 作业程序

5.1 开工

√	序号	内容	责任人签字
	1	工作负责人联系调度，办理工作票开工（本项目一般无需停用重合闸）。	
	2	调度许可工作。	
	3	工作负责人组织全体工作人员现场列队宣读工作票，交待工作任务、安全措施、注意事项，确认工作班成员并让其签名后，宣布开始工作的命令。	

5.2 作业内容及标准

√	序号	作业内容	作业标准及步骤	安全措施及注意事项	备注
	1	现场布置	1. 绝缘斗臂车操作员将绝缘斗臂车停在工作点的最佳位置，并装设车体接地线； 2. 作业现场应设安全围栏、悬挂警示牌。	1. 遇到松软土壤时，支腿下加垫枕木且不得超过两块，呈八角形 45°摆放； 2. 车工作处地面应坚实、平整，地面坡度超过 7°； 3. 支腿伸出车体找平后，车辆前后高度不应大于 3°； 4. 车体接地体埋棒插入地层深度不小于 0.4 m； 5. 在作业点下方按坠落半径设置安全围栏，车辆后方 10 m 放置交通警示牌。	

续表

√	序号	作业内容	作业标准及步骤	安全措施及注意事项	备注
	2	工器具检查	1. 地面电工将按要求将工器具摆放在防潮的帆布上； 2. 斗内电工对绝缘工器具进行外观检查与检测； 3. 绝缘斗臂车操作员将空斗试操作一次。	1. 防潮帆布应设置在杆上落物区半径之外； 2. 将绝缘工器具与非绝缘工器具分开摆放； 3. 使用前应用 2500 V 的绝缘摇表检查并确保其绝缘阻值不小于 700 MΩ； 4. 绝缘工器具外观应符合使用安全要求，如无破损、划伤、受潮等； 5. 确认液压传动、回转、升降、伸缩系统工作正常、操作灵活，制动装置可靠。	
	3	验电	按照导线→绝缘子→横担→导线的顺序进行验电，确认无漏电现象。	1. 人体与邻近带电体的距离不得小于 0.4 m； 2. 绝缘杆的有效绝缘长度不得小于 0.7 m。	
	4	设置绝缘遮蔽、隔离措施	斗内电工转移工作斗到内边侧导线合适位置。	1. 应注意绝缘斗臂车周围杆塔、线路等情况，转移工作斗时，绝缘臂的金属部位与带电体和地电位物体的距离大于 0.9 m； 2. 作业过程中，绝缘斗臂车起升、下降、回转速度不得大于 0.5 m/s； 3. 作业时，上节绝缘臂的伸出长度应大于等于 1 m，绝缘斗、臂离带电体物体的距离应大于 1 m，人体与相邻带电体的安全距离应大于 0.6 m。	
			斗内电工使用导线遮蔽罩、绝缘毯等遮蔽用具将作业范围内带电导线和接地部分进行绝缘遮蔽、隔离。	1. 斗内电工设置绝缘遮蔽措施时按“由近至远、从大到小、从低到高”原则进行； 2. 使用绝缘操作杆时，有效绝缘长度应大于 0.7 m； 3. 绝缘遮蔽应严实、牢固，导线遮蔽罩间重叠部分应大于 15 cm，遮蔽范围应比人体活动范围增加 0.4 m； 4. 绝缘斗内双人工作时，禁止两人同时接触不同的电位体。	

续表

√	序号	作业内容	作业标准及步骤	安全措施及注意事项	备注
	5	扶正绝缘子	1. 斗内电工扶正绝缘子，紧固绝缘子螺栓； 2. 如需扶正中间相绝缘子，则两边相和中间相不能满足安全距离，带电体和接地体均需进行绝缘遮蔽。	1. 人体与邻近带电体的距离不得小于0.4 m； 2. 绝缘杆的有效绝缘长度不得小于0.7 m； 3. 绝缘斗内双人工作时，禁止两人同时接触不同的电位体。	
	6	拆除绝缘遮蔽措施	斗内电工拆除绝缘遮蔽用具，确认杆上已无遗留物后，转移工作斗至地面。	1. 斗内电工拆除绝缘遮蔽措施时应戴绝缘手套，且顺序应正确； 2. 拆除绝缘毯时，应轻托慢起，防止拉伤绝缘层； 3. 严禁同时拆除不同电位的遮蔽体。	

5.3 竣工

√	序号	内　容	负责人签字
	1	工作负责人全面检查作业完成情况并点评（班后会）。	
	2	清理现场的工器具、材料，撤离作业现场。	
	3	通知调度恢复重合闸，办理终结工作票。	

5.4 消缺记录

√	序号	作 业 内 容	负责人签字

6 验收总结

序号	验 收 总 结	
1	验收评价	
2	存在问题及处理意见	

7　作业指导书执行情况评估

<table>
<tr><td rowspan="4">评估内容</td><td rowspan="2">符合性</td><td>优</td><td></td><td>可操作项</td><td></td></tr>
<tr><td>良</td><td></td><td>不可操作项</td><td></td></tr>
<tr><td rowspan="2">可操作性</td><td>优</td><td></td><td>建议修改项</td><td></td></tr>
<tr><td>良</td><td></td><td>遗漏项</td><td></td></tr>
<tr><td>存在问题</td><td colspan="5"></td></tr>
<tr><td>改进意见</td><td colspan="5"></td></tr>
</table>

编号：××××-××-××-16

Ⅱ-03 10 kV 带电消缺及装拆附件标准化作业指导书

（修补导线及调节导线弧垂）

编写人：________________ ________年______月______日

审核人：________________ ________年______月______日

批准人：________________ ________年______月______日

工作负责人：____________

作业日期： 年 月 日 时 分 至 年 月 日 时 分

国网安徽省电力有限公司

1　工作范围

本作业指导书适用于国网安徽省电力有限公司____________________作业。

2　作业方法

运用绝缘手套法进行的作业。

3　引用文件

1.《国家电网公司电力安全工作规程》(以下简称《安规》)(配电部分);
2.《配电网检修规程》(Q/GDW 11261—2014);
3.《配电网技术导则》(Q/GDW 10370—2016);
4.《10 kV配网不停电作业规范》(Q/GDW 10520—2016);
5.《配电网施工检修工艺规范》(Q/GDW 10742—2016);
6.《配电线路带电作业技术导则》(GB/T 18857—2019)。

4　作业前准备

4.1　准备工作安排

√	序号	内容	标　准	备注
	1	现场勘察	1. 由工作负责人或工作票签发人组织到现场进行勘察,以便掌握同杆(塔)架设线路及其方位、电气间距、作业现场条件和环境; 2. 确定作业方法、所需工具、材料以及应采取的措施。	
	2	车辆检查	按公司车辆使用管理规定有关内容对车辆进行使用前检查。	
	3	气象条件	1. 根据本地气象预报,判断是否符合《安规》对带电作业的要求; 2. 风力大于10 m/s或相对湿度大于80%时,不宜作业。	
	4	办理工作票	1. 在生产管理系统(PMS2.0)中开具工作票; 2. 确认工作地段、配网运行方式,确定预申请停用重合闸的线路名称。	

4.2　人员要求

√	序号	内　容	备注
	1	作业人员必须持有带电作业有效资格证和实践工作经验。	
	2	作业人员应身体健康,无妨碍作业的生理和心理障碍。	
	3	本年度《安规》考试合格。	

4.3 工器具

√	序号	工器具名称		规格	单位	数量	备注
	1	作业车辆	绝缘斗臂车	10 kV	辆	1	
	2	绝缘防护用具	绝缘手套	10 kV	双	2	带防刺穿作用
	3		绝缘安全帽	10 kV	顶	2	
	4		绝缘服	10 kV	套	2	
	5		绝缘安全带	10 kV	副	2	
	6	绝缘遮蔽用具	导线遮蔽罩	10 kV	个	若干	
	7		绝缘毯	10 kV	个	若干	
	8		横担遮蔽罩	10 kV	个	若干	
	9		熔断器遮蔽罩	10 kV	个	若干	
	10	绝缘工具	绝缘传递绳	12 mm	根	1	
	11		绝缘测距杆(绳)	10 kV	副	1	
	12		绝缘杆式导线清扫刷	10 kV	副	1	
	13		绝缘锁杆	10 kV	副	1	
	14	其他	绝缘电阻测试仪	2500 V 及以上	套	1	
	15		验电器	10 kV	套	1	
	16		温湿度仪/风速仪		套	1	
	17		绝缘手套检测仪		副	1	

4.4 材料

√	序号	名称	规格	单位	数量	备注

4.5 危险点分析及预控

√	序号	危 险 点	预 控 措 施
	1	高空作业时违反配电《安规》进行操作，可能引起高空坠落。	高空作业时，必须正确使用安全带并戴安全帽，将安全带系在牢固部件上且位置合理，便于作业。

续表

√	序号	危　险　点	预 控 措 施
	2	斗内电工与邻近带电体及接地体的安全距离不够,可能引起相间短路、接地事故。	斗内电工与邻近带电体的距离不得小于0.4 m,与邻相的安全距离不得小于0.6 m,距离不足时应进行绝缘遮蔽;使用绝缘操作杆的有效绝缘长度不得小于0.7 m。
	3	绝缘斗臂车支车时,车腿支持点土壤松软或埋有市政管网设施,使车体倾斜,造成翻车。	遇到松软土壤时,支腿下加垫枕木或钢板且不得超过两块。
	4	绝缘斗臂车液压机构渗漏油,可能引起支腿、绝缘臂、工作斗泄压。	绝缘斗臂车使用前应认真检查,并在预定位置试操作一次,确认各液压部分运转良好,无渗漏油现象,方可操作。
	5	监护人指挥发令信息不畅,导致带电操作人员误操作。	保持通讯通畅,操作人员收到监护人的指令后,应回复确认。

4.6　安全措施

√	序号	内　　容
	1	如遇雷电(听见雷声、看见闪电)雪雹、雨雾不得进行带电作业,风力大于10 m/s或相对湿度大于80%时,也不宜进行带电作业。
	2	作业前,需确认线路无接地、绝缘良好、线路上无人工作且相位无误。
	3	在运输过程中,绝缘工具应装在专用工具袋、工具箱或专用工具车内,以防受潮和损伤。
	4	带电作业必须设人监护,监护人不得直接操作,监护的范围不得超过一个作业点。
	5	作业现场应设围栏及警示牌,禁止无关人员进入或在工作现场逗留。
	6	使用合格的绝缘安全工器具,使用前应做好检查。
	7	作业过程中,如设备突然停电,作业人员应视设备仍然带电,并立即停止操作,工作负责人尽快与调度联系查明原因。
	8	作业过程中,绝缘斗臂车的发动机不得熄火,起升、下降、回转速度不得大于0.5 m/s。
	9	在接近带电体的过程中,应从下方依次验电;对人体可能触及范围内的构件亦应验电,确认无漏电现象。
	10	作业过程中有可能引起不同电位设备之间发生短路或接地故障时,应在设备间设置绝缘遮蔽。
	11	禁止同时接触未接通或已断开的导线的两个断头,以防人体串入电路。

4.7 人员分工

√	序号	作业人员	作业项目
	1	工作负责人	
	2	杆上电工	
	3	地面电工	

5 作业程序

5.1 开工

√	序号	内容	责任人签字
	1	工作负责人联系调度，办理工作票开工（本项目一般无需停用重合闸）。	
	2	调度许可工作。	
	3	工作负责人组织全体工作人员现场列队宣读工作票，交待工作任务、安全措施、注意事项，确认工作班成员并让其签名后，宣布开始工作的命令。	

5.2 作业内容及标准

√	序号	作业内容	作业标准及步骤	安全措施及注意事项	备注
	1	现场布置	1. 绝缘斗臂车操作员将绝缘斗臂车停在工作点的最佳位置，并装设车体接地线； 2. 作业现场应设安全围栏、悬挂警示牌。	1. 遇到松软土壤时，支腿下加垫枕木且不得超过两块，呈八角形 45°摆放； 2. 车工作处地面应坚实、平整，地面坡度超过 7°； 3. 支腿伸出车体找平后，车辆前后高度不应大于 3°； 4. 车体接地体埋棒插入地层深度不小于 0.4 m； 5. 在作业点下方按坠落半径设置安全围栏，车辆后方 10 m 放置交通警示牌。	

续表

√	序号	作业内容	作业标准及步骤	安全措施及注意事项	备注
	2	工器具检查	1. 地面电工将按要求将工器具摆放在防潮的帆布上; 2. 斗内电工对绝缘工器具进行外观检查与检测; 3. 绝缘斗臂车操作员将空斗试操作一次。	1. 防潮帆布应设置在杆上落物区半径之外; 2. 将绝缘工器具与非绝缘工器具分开摆放; 3. 使用前应用 2500 V 的绝缘摇表检查并确保其绝缘阻值不小于 700 MΩ; 4. 绝缘工器具外观应符合使用安全要求,如无破损、划伤、受潮等; 5. 确认液压传动、回转、升降、伸缩系统工作正常、操作灵活,制动装置可靠。	
	3	验电	按照导线→绝缘子→横担→导线的顺序进行验电,确认无漏电现象。	1. 人体与邻近带电体的距离不得小于 0.4 m; 2. 绝缘杆的有效绝缘长度不得小于 0.7 m。	
	4	设置绝缘遮蔽、隔离措施	斗内电工转移工作斗到内边侧导线合适位置。	1. 应注意绝缘斗臂车周围杆塔、线路等情况,转移工作斗时,绝缘臂的金属部位与带电体和地电位物体的距离大于 0.9 m; 2. 作业过程中,绝缘斗臂车起升、下降、回转速度不得大于 0.5 m/s; 3. 作业时,上节绝缘臂的伸出长度应大于等于 1 m,绝缘斗、臂离带电体物体的距离应大于 1 m,人体与相邻带电体的安全距离应大于 0.6 m。	
			斗内电工使用导线遮蔽罩、绝缘毯等遮蔽用具将作业范围内带电导线和接地部分进行绝缘遮蔽、隔离。	1. 斗内电工设置绝缘遮蔽措施时按"由近至远、从大到小、从低到高"原则进行; 2. 使用绝缘操作杆时,有效绝缘长度应大于 0.7 m; 3. 绝缘遮蔽应严实、牢固,导线遮蔽罩间重叠部分应大于 15 cm,遮蔽范围应比人体活动范围增加 0.4 m; 4. 绝缘斗内双人工作时,禁止两人同时接触不同的电位体。	

续表

√	序号	作业内容	作业标准及步骤	安全措施及注意事项	备注
	5	修补导线	1. 斗内电工将绝缘斗调整至导线修补点附近适当位置，观察导线损伤情况并汇报给工作负责人，由工作负责人决定修补方案； 2. 斗内电工按照“从近到远、从下到上、先带电体后接地体”的遮蔽原则对作业范围内的所有带电体和接地体进行绝缘遮蔽； 3. 斗内电工按照工作负责人所列方案对损伤导线进行修补。	1. 人体与邻近带电体的距离不得小于0.4 m； 2. 绝缘杆的有效绝缘长度不得小于0.7 m； 3. 绝缘斗内双人工作时，禁止两人同时接触不同的电位体； 4. 较长绑线在移动过程中或在一端进行绑扎时，应采取防止绑线接近邻近有电设备的安全措施； 5. 根据导线损伤情况，由工作负责人决定是否采取防止作业过程中导线断线的安全措施。	
	6	调节导线弧垂	1. 斗内电工将绝缘斗调整到近边相导线外侧适当位置，将绝缘绳套安装在耐张横担上，安装绝缘紧线器，收紧导线，并安装防止跑线的后备保护绳； 2. 斗内电工视导线弧垂大小调整耐张线夹内的导线； 3. 其余两相调节导线弧垂工作按相同方法进行。	1. 人体与邻近带电体的距离不得小于0.4 m； 2. 绝缘杆的有效绝缘长度不得小于0.7 m； 3. 绝缘斗内双人工作时，禁止两人同时接触不同的电位体。	
	7	拆除绝缘遮蔽措施	斗内电工拆除绝缘遮蔽用具，确认杆上已无遗留物后，转移工作斗至地面。	1. 斗内电工拆除绝缘遮蔽措施时应戴绝缘手套，且顺序应正确； 2. 拆除绝缘毯时，应轻托慢起，防止拉伤绝缘层； 3. 严禁同时拆除不同电位的遮蔽体。	

5.3　竣工

√	序号	内　　容	负责人签字
	1	工作负责人全面检查作业完成情况并点评(班后会)。	
	2	清理现场的工器具、材料,撤离作业现场。	
	3	通知调度恢复重合闸,办理终结工作票。	

5.4　消缺记录

√	序号	作 业 内 容	负责人签字

6　验收总结

序号	验 收 总 结	
1	验收评价	
2	存在问题及处理意见	

7　作业指导书执行情况评估

<table>
<tr><td rowspan="4">评估内容</td><td rowspan="2">符合性</td><td>优</td><td></td><td>可操作项</td><td></td></tr>
<tr><td>良</td><td></td><td>不可操作项</td><td></td></tr>
<tr><td rowspan="2">可操作性</td><td>优</td><td></td><td>建议修改项</td><td></td></tr>
<tr><td>良</td><td></td><td>遗漏项</td><td></td></tr>
<tr><td>存在问题</td><td colspan="5"></td></tr>
<tr><td>改进意见</td><td colspan="5"></td></tr>
</table>

编号：××××-××-××-17

Ⅱ-04　10 kV 带电消缺及装拆附件标准化作业指导书

（处理绝缘导线异响）

编写人：________________　　　　________年______月______日

审核人：________________　　　　________年______月______日

批准人：________________　　　　________年______月______日

工作负责人：____________

作业日期：　　年　　月　　日　　时　　分　　至　　年　　月　　日　　时　　分

国网安徽省电力有限公司

1　工作范围

本作业指导书适用于国网安徽省电力有限公司＿＿＿＿＿＿＿＿＿＿＿作业。

2　作业方法

运用绝缘手套法进行的作业。

3　引用文件

1.《国家电网公司电力安全工作规程》(以下简称《安规》)(配电部分)；
2.《配电网检修规程》(Q/GDW 11261—2014)；
3.《配电网技术导则》(Q/GDW 10370—2016)；
4.《10 kV 配网不停电作业规范》(Q/GDW 10520—2016)；
5.《配电网施工检修工艺规范》(Q/GDW 10742—2016)；
6.《配电线路带电作业技术导则》(GB/T 18857—2019)。

4　作业前准备

4.1　准备工作安排

√	序号	内容	标　　准	备注
	1	现场勘察	1. 由工作负责人或工作票签发人组织到现场进行勘察，以便掌握同杆(塔)架设线路及其方位、电气间距、作业现场条件和环境； 2. 确定作业方法、所需工具、材料以及应采取的措施。	
	2	车辆检查	按公司车辆使用管理规定有关内容对车辆进行使用前检查。	
	3	气象条件	1. 根据本地气象预报，判断是否符合《安规》对带电作业的要求； 2. 风力大于 10 m/s 或相对湿度大于 80%时，不宜作业。	
	4	办理工作票	1. 在生产管理系统(PMS2.0)中开具工作票； 2. 确认工作地段、配网运行方式，确定预申请停用重合闸的线路名称。	

4.2　人员要求

√	序号	内　　容	备注
	1	作业人员必须持有带电作业有效资格证和实践工作经验。	
	2	作业人员应身体健康，无妨碍作业的生理和心理障碍。	
	3	本年度《安规》考试合格。	

4.3 工器具

<table>
<tr><th>√</th><th>序号</th><th colspan="2">工器具名称</th><th>规格</th><th>单位</th><th>数量</th><th>备注</th></tr>
<tr><td></td><td>1</td><td>作业车辆</td><td>绝缘斗臂车</td><td>10 kV</td><td>辆</td><td>1</td><td></td></tr>
<tr><td></td><td>2</td><td rowspan="4">绝缘防护用具</td><td>绝缘手套</td><td>10 kV</td><td>双</td><td>2</td><td>带防刺穿作用</td></tr>
<tr><td></td><td>3</td><td>绝缘安全帽</td><td>10 kV</td><td>顶</td><td>2</td><td></td></tr>
<tr><td></td><td>4</td><td>绝缘服</td><td>10 kV</td><td>套</td><td>2</td><td></td></tr>
<tr><td></td><td>5</td><td>绝缘安全带</td><td>10 kV</td><td>副</td><td>2</td><td></td></tr>
<tr><td></td><td>6</td><td rowspan="4">绝缘遮蔽用具</td><td>导线遮蔽罩</td><td>10 kV</td><td>个</td><td>若干</td><td></td></tr>
<tr><td></td><td>7</td><td>绝缘毯</td><td>10 kV</td><td>个</td><td>若干</td><td></td></tr>
<tr><td></td><td>8</td><td>横担遮蔽罩</td><td>10 kV</td><td>个</td><td>若干</td><td></td></tr>
<tr><td></td><td>9</td><td>熔断器遮蔽罩</td><td>10 kV</td><td>个</td><td>若干</td><td></td></tr>
<tr><td></td><td>10</td><td rowspan="4">绝缘工具</td><td>绝缘传递绳</td><td>12 mm</td><td>根</td><td>1</td><td></td></tr>
<tr><td></td><td>11</td><td>绝缘测距杆(绳)</td><td>10 kV</td><td>副</td><td>1</td><td></td></tr>
<tr><td></td><td>12</td><td>绝缘杆式导线清扫刷</td><td>10 kV</td><td>副</td><td>1</td><td></td></tr>
<tr><td></td><td>13</td><td>绝缘锁杆</td><td>10 kV</td><td>副</td><td>1</td><td></td></tr>
<tr><td></td><td>14</td><td rowspan="4">其他</td><td>绝缘电阻测试仪</td><td>2500 V及以上</td><td>套</td><td>1</td><td></td></tr>
<tr><td></td><td>15</td><td>验电器</td><td>10 kV</td><td>套</td><td>1</td><td></td></tr>
<tr><td></td><td>16</td><td>温湿度仪/风速仪</td><td></td><td>套</td><td>1</td><td></td></tr>
<tr><td></td><td>17</td><td>绝缘手套检测仪</td><td></td><td>副</td><td>1</td><td></td></tr>
</table>

4.4 材料

√	序号	名称	规格	单位	数量	备注

4.5 危险点分析及预控

√	序号	危　险　点	预 控 措 施
	1	高空作业时违反配电《安规》进行操作，可能引起高空坠落。	高空作业时，必须正确使用安全带并戴安全帽，将安全带系在牢固部件上且位置合理，便于作业。

续表

√	序号	危　险　点	预 控 措 施
	2	斗内电工与邻近带电体及接地体的安全距离不够,可能引起相间短路、接地事故。	斗内电工与邻近带电体的距离不得小于0.4 m,与邻相的安全距离不得小于0.6 m,距离不足时应进行绝缘遮蔽;使用绝缘操作杆的有效绝缘长度不得小于0.7 m。
	3	绝缘斗臂车支车时,车腿支持点土壤松软或埋有市政管网设施,使车体倾斜,造成翻车。	遇到松软土壤时,支腿下加垫枕木或钢板且不得超过两块。
	4	绝缘斗臂车液压机构渗漏油,可能引起支腿、绝缘臂、工作斗泄压。	绝缘斗臂车使用前应认真检查,并在预定位置试操作一次,确认各液压部分运转良好,无渗漏油现象,方可操作。
	5	监护人指挥发令信息不畅,导致带电操作人员误操作。	保持通讯通畅,操作人员收到监护人的指令后,应回复确认。

4.6　安全措施

√	序号	内　　容
	1	如遇雷电(听见雷声、看见闪电)雪雹、雨雾不得进行带电作业,风力大于10 m/s或相对湿度大于80%时,也不宜进行带电作业。
	2	作业前,需确认线路无接地、绝缘良好、线路上无人工作且相位无误。
	3	在运输过程中,绝缘工具应装在专用工具袋、工具箱或专用工具车内,以防受潮和损伤。
	4	带电作业必须设人监护,监护人不得直接操作,监护的范围不得超过一个作业点。
	5	作业现场应设围栏及警示牌,禁止无关人员进入或在工作现场逗留。
	6	使用合格的绝缘安全工器具,使用前应做好检查。
	7	作业过程中,如设备突然停电,作业人员应视设备仍然带电,并立即停止操作,工作负责人尽快与调度联系查明原因。
	8	作业过程中,绝缘斗臂车的发动机不得熄火,起升、下降、回转速度不得大于0.5 m/s。
	9	在接近带电体的过程中,应从下方依次验电;对人体可能触及范围内的构件亦应验电,确认无漏电现象。
	10	作业过程中有可能引起不同电位设备之间发生短路或接地故障时,应在设备间设置绝缘遮蔽。
	11	禁止同时接触未接通或已断开的导线的两个断头,以防人体串入电路。

4.7 人员分工

√	序号	作 业 人 员	作 业 项 目
	1	工作负责人	
	2	杆上电工	
	3	地面电工	

5 作业程序

5.1 开工

√	序号	内 容	责任人签字
	1	工作负责人联系调度，办理工作票开工（本项目一般无需停用重合闸）。	
	2	调度许可工作。	
	3	工作负责人组织全体工作人员现场列队宣读工作票，交待工作任务、安全措施、注意事项，确认工作班成员并让其签名后，宣布开始工作的命令。	

5.2 作业内容及标准

√	序号	作业内容	作业标准及步骤	安全措施及注意事项	备注
	1	现场布置	1. 绝缘斗臂车操作员将绝缘斗臂车停在工作点的最佳位置，并装设车体接地线； 2. 作业现场应设安全围栏、悬挂警示牌。	1. 遇到松软土壤时，支腿下加垫枕木且不得超过两块，呈八角形45°摆放； 2. 车工作处地面应坚实、平整，地面坡度超过7°； 3. 支腿伸出车体找平后，车辆前后高度不应大于3°； 4. 车体接地体埋棒插入地层深度不小于0.4 m； 5. 在作业点下方按坠落半径设置安全围栏，车辆后方10 m放置交通警示牌。	

续表

√	序号	作业内容	作业标准及步骤	安全措施及注意事项	备注
	2	工器具检查	1. 地面电工将按要求将工器具摆放在防潮的帆布上; 2. 斗内电工对绝缘工器具进行外观检查与检测; 3. 绝缘斗臂车操作员将空斗试操作一次。	1. 防潮帆布应设置在杆上落物区半径之外; 2. 将绝缘工器具与非绝缘工器具分开摆放; 3. 使用前应用 2500 V 的绝缘摇表检查并确保其绝缘阻值不小于 700 MΩ; 4. 绝缘工器具外观应符合使用安全要求,如无破损、划伤、受潮等; 5. 确认液压传动、回转、升降、伸缩系统工作正常、操作灵活,制动装置可靠。	
	3	验电	按照导线→绝缘子→横担→导线的顺序进行验电,确认无漏电现象。	1. 人体与邻近带电体的距离不得小于 0.4 m; 2. 绝缘杆的有效绝缘长度不得小于0.7 m。	
	4	设置绝缘遮蔽、隔离措施	斗内电工转移工作斗到内边侧导线合适位置。	1. 应注意绝缘斗臂车周围杆塔、线路等情况,转移工作斗时,绝缘臂的金属部位与带电体和地电位物体的距离大于 0.9 m; 2. 作业过程中,绝缘斗臂车起升、下降、回转速度不得大于 0.5 m/s。 3. 作业时,上节绝缘臂的伸出长度应大于等于 1 m,绝缘斗、臂离带电体物体的距离应大于 1 m,人体与相邻带电体的安全距离应大于0.6 m。	
			斗内电工使用导线遮蔽罩、绝缘毯等遮蔽用具将作业范围内带电导线和接地部分进行绝缘遮蔽、隔离。	1. 斗内电工设置绝缘遮蔽措施时按"由近至远、从大到小、从低到高"原则进行; 2. 使用绝缘操作杆时,有效绝缘长度应大于 0.7 m; 3. 绝缘遮蔽应严实、牢固,导线遮蔽罩间重叠部分应大于 15 cm,遮蔽范围应比人体活动范围增加 0.4 m; 4. 绝缘斗内双人工作时,禁止两人同时接触不同的电位体。	

续表

√	序号	作业内容	作业标准及步骤	安全措施及注意事项	备注
	5	处理绝缘导线异响	绝缘导线对耐张线夹放电异响： 1. 斗内电工穿戴好绝缘防护用具，进入绝缘斗，挂好安全带保险钩； 2. 斗内电工将绝缘斗调整到适当位置，判断放电异响位置，并进行验电； 3. 斗内电工操作斗臂车定位于距缺陷部位合适位置； 4. 斗内电工使用验电器对线路中的耐张绝缘子、横担等进行验电； 5. 若检测出耐张绝缘子带电，则应在缺陷电杆电源侧寻找可断、接引流线处，进行带电断引流线作业，再对此缺陷杆进行停电处理； 6. 若检测出悬式绝缘子不带电、耐张线夹带电，斗内电工将耳朵贴在绝缘杆另一端，根据异响强弱判定缺陷具体位置； 7. 斗内电工将绝缘斗调整至近边相导线适当位置，按照“从近到远、从下到上、先带电体后接地体”的遮蔽原则，对作业范围内的所有带电体和接地体进行绝缘遮蔽，其余两相绝缘遮蔽按照相同方法进行； 8. 斗内电工以最小范围分别打开横担遮蔽和缺陷相导线遮蔽，安装好绝缘紧线器并收紧使导线不承载，同时安装好绝缘保险绳，迅速恢复遮蔽； 9. 斗内电工确认绝缘紧线器承力无误后，打开耐张线夹处绝缘遮蔽，拆除耐张线夹与导线固定的紧固螺栓；	1. 人体与邻近带电体的距离不得小于0.4 m； 2. 绝缘杆的有效绝缘长度不得小于0.7 m； 3. 绝缘斗内双人工作时，禁止两人同时接触不同的电位体。	

续表

√	序号	作业内容	作业标准及步骤	安全措施及注意事项	备注
			10. 斗内电工观察缺陷情况,使用绝缘自粘带对导线绝缘破损缺陷部位进行包缠,使导线恢复绝缘性能; 11. 将恢复绝缘性能的导线与耐张线夹可靠固定,并检查确认缺陷已消除,迅速恢复遮蔽; 12. 斗内电工操作绝缘紧线器使悬式绝缘子逐渐承力,确认无误后,取下绝缘紧线器和绝缘保险绳,迅速恢复遮蔽; 13. 斗内电工采用上述方法对其他缺陷相进行处理。		
			绝缘导线对柱式绝缘子放电异响: 1. 斗内电工穿戴好绝缘防护用具,进入绝缘斗,挂好安全带保险钩; 2. 斗内电工操作斗臂车定位于距缺陷部位合适位置; 3. 斗内电工使用验电器对线路中的柱式绝缘子、横担进行验电; 4. 若检测出柱式绝缘子带电,则应在缺陷电杆电源侧寻找可断、接引流线处,进行带电断引流线作业,再对此缺陷杆进行停电处理; 5. 斗内电工将绝缘斗调整至近边相导线适当位置,按照“从近到远、从下到上、先带电体后接地体”的遮蔽原则,对作业范围内的所有带电体和接地体进行绝缘遮蔽,其余两相绝缘遮蔽按照相同方法进行;	1. 人体与邻近带电体的距离不得小于0.4 m; 2. 绝缘杆的有效绝缘长度不得小于0.7 m; 3. 绝缘斗内双人工作时,禁止两人同时接触不同的电位体。	

续表

√	序号	作业内容	作业标准及步骤	安全措施及注意事项	备注
			6. 将缺陷相导线遮蔽罩旋转，使开口朝上，使用斗臂车上小吊吊住导线并确认可靠； 7. 取下绝缘子遮蔽罩，使用绝缘毯对柱式绝缘子底部接地体进行绝缘遮蔽； 8. 拆除绝缘子绑扎线后，操作绝缘小吊臂起吊导线脱离柱式绝缘子至 0.4 m 的安全距离以外； 9. 利用绝缘自粘带对导线绝缘破损部分进行包缠，使导线恢复绝缘性能； 10. 操作绝缘小吊臂，将恢复绝缘性能的导线降落至绝缘子顶部线槽内可靠固定，并检查确认缺陷已消除，迅速恢复遮蔽； 11. 斗内电工采用上述方法对其他缺陷相进行处理。		
			隔离开关引线端子处： 1. 斗内电工穿戴好绝缘防护用具，进入绝缘斗，挂好安全带保险钩； 2. 斗内电工操作斗臂车定位于距缺陷部位合适位置； 3. 观察连接点是否有较为明显的烧灼痕迹，结合测温仪，综合判断缺陷具体情况及位置； 4. 检查隔离开关处于断开状态； 5. 斗内电工将绝缘斗调整至近边相导线适当位置，按照“从近到远、从下到上、先带电体后接地体”的遮蔽原则，对作业范围内的所有带电体和接地体进行绝缘遮蔽，其余两相绝缘遮蔽按照相同方法进行；	1. 人体与邻近带电体的距离不得小于 0.4 m； 2. 绝缘杆的有效绝缘长度不得小于 0.7 m； 3. 绝缘斗内双人工作时，禁止两人同时接触不同的电位体。	

续表

√	序号	作业内容	作业标准及步骤	安全措施及注意事项	备注
			6. 斗内电工移动工作斗至隔离开关下方，使用绝缘操作杆拉开隔离开关； 7. 打开该相隔离开关引流线与主导线连接点的绝缘遮蔽，拆除引流线与主导线的连接并将引流线可靠固定后，迅速恢复绝缘遮蔽； 8. 打开缺陷点紧固螺栓，根据缺陷点烧灼实际情况，对应采取紧固螺栓、更换本相引流线或隔离开关工作并恢复绝缘遮蔽； 9. 将隔离开关引流线与主导线搭接好后，检查确认缺陷已消除，对导线搭接点进行绝缘密封后并迅速恢复遮蔽，使用绝缘操作杆合上隔离开关； 10. 斗内电工采用上述方法对其他缺陷相进行处理。		
			引流线线夹连接点不良引发异响： 1. 观察连接点是否有较为明显的烧灼痕迹，结合测温仪，综合判断缺陷情况及具体位置，断开引流线下方所带全部负荷； 2. 斗内电工将绝缘斗调整至近边相导线适当位置，按照“从近到远、从下到上、先带电体后接地体”的遮蔽原则，对作业范围内的所有带电体和接地体进行绝缘遮蔽，其余两相绝缘遮蔽按照相同方法进行； 3. 斗内电工移动工作斗至缺陷相，打开缺陷相引流线与主导线连接点的绝缘遮蔽，拆除引流线与主导线的连接并将引流线可靠固定；	1. 人体与邻近带电体的距离不得小于 0.4 m； 2. 绝缘杆的有效绝缘长度不得小于 0.7 m； 3. 绝缘斗内双人工作时，禁止两人同时接触不同的电位体。	

续表

√	序号	作业内容	作业标准及步骤	安全措施及注意事项	备注
			4. 分别检查连接点两侧导线连接面烧灼情况，根据实际缺陷情况进行处理； 5. 使用新的线夹重新进行引流线与主导线的搭接工作，检查确认缺陷已消除，对导线搭接点进行绝缘密封后并迅速恢复遮蔽； 6. 斗内电工采用上述方法对其他缺陷相进行处理。		
	6	拆除绝缘遮蔽措施	斗内电工拆除绝缘遮蔽用具，确认杆上已无遗留物后，转移工作斗至地面。	1. 斗内电工拆除绝缘遮蔽措施时应戴绝缘手套，且顺序应正确； 2. 拆除绝缘毯时，应轻托慢起，防止拉伤绝缘层； 3. 严禁同时拆除不同电位的遮蔽体。	

5.3 竣工

√	序号	内　　容	负责人签字
	1	工作负责人全面检查作业完成情况并点评(班后会)。	
	2	清理现场的工器具、材料，撤离作业现场。	
	3	通知调度恢复重合闸，办理终结工作票。	

5.4 消缺记录

√	序号	作 业 内 容	负责人签字

6 验收总结

序号	验 收 总 结	
1	验收评价	
2	存在问题及处理意见	

7 作业指导书执行情况评估

<table>
<tr><td rowspan="4">评估内容</td><td rowspan="2">符合性</td><td>优</td><td></td><td>可操作项</td><td></td></tr>
<tr><td>良</td><td></td><td>不可操作项</td><td></td></tr>
<tr><td rowspan="2">可操作性</td><td>优</td><td></td><td>建议修改项</td><td></td></tr>
<tr><td>良</td><td></td><td>遗漏项</td><td></td></tr>
<tr><td>存在问题</td><td colspan="5"></td></tr>
<tr><td>改进意见</td><td colspan="5"></td></tr>
</table>

编号：××××-××-××-18

Ⅱ-05　10 kV 带电消缺及装拆附件标准化作业指导书

（拆除退役设备）

编写人：________________　　　　________年______月______日

审核人：________________　　　　________年______月______日

批准人：________________　　　　________年______月______日

工作负责人：____________

作业日期：　　年　　月　　日　　时　　分　至　　年　　月　　日　　时　　分

国网安徽省电力有限公司

1　工作范围

本作业指导书适用于国网安徽省电力有限公司____________________作业。

2　作业方法

运用绝缘手套法进行的作业。

3　引用文件

1.《国家电网公司电力安全工作规程》(以下简称《安规》)(配电部分);
2.《配电网检修规程》(Q/GDW 11261—2014);
3.《配电网技术导则》(Q/GDW 10370—2016);
4.《10 kV 配网不停电作业规范》(Q/GDW 10520—2016);
5.《配电网施工检修工艺规范》(Q/GDW 10742—2016);
6.《配电线路带电作业技术导则》(GB/T 18857—2019)。

4　作业前准备

4.1　准备工作安排

√	序号	内容	标　　准	备注
	1	现场勘察	1. 由工作负责人或工作票签发人组织到现场进行勘察,以便掌握同杆(塔)架设线路及其方位、电气间距、作业现场条件和环境; 2. 确定作业方法、所需工具、材料以及应采取的措施。	
	2	车辆检查	按公司车辆使用管理规定有关内容对车辆进行使用前检查。	
	3	气象条件	1. 根据本地气象预报,判断是否符合《安规》对带电作业的要求; 2. 风力大于 10 m/s 或相对湿度大于 80%时,不宜作业。	
	4	办理工作票	1. 在生产管理系统(PMS2.0)中开具工作票; 2. 确认工作地段、配网运行方式,确定预申请停用重合闸的线路名称。	

4.2　人员要求

√	序号	内　　容	备注
	1	作业人员必须持有带电作业有效资格证和实践工作经验。	
	2	作业人员应身体健康,无妨碍作业的生理和心理障碍。	
	3	本年度《安规》考试合格。	

4.3 工器具

√	序号	工器具名称		规格	单位	数量	备注
	1	作业车辆	绝缘斗臂车	10 kV	辆	1	
	2	绝缘防护用具	绝缘手套	10 kV	双	2	带防刺穿作用
	3		绝缘安全帽	10 kV	顶	2	
	4		绝缘服	10 kV	套	2	
	5		绝缘安全带	10 kV	副	2	
	6	绝缘遮蔽用具	导线遮蔽罩	10 kV	个	若干	
	7		绝缘毯	10 kV	个	若干	
	8		横担遮蔽罩	10 kV	个	若干	
	9		熔断器遮蔽罩	10 kV	个	若干	
	10	绝缘工具	绝缘传递绳	12 mm	根	1	
	11		绝缘测距杆(绳)	10 kV	副	1	
	12		绝缘杆式导线清扫刷	10 kV	副	1	
	13		绝缘锁杆	10 kV	副	1	
	14	其他	绝缘电阻测试仪	2500 V及以上	套	1	
	15		验电器	10 kV	套	1	
	16		温湿度仪/风速仪		套	1	
	17		绝缘手套检测仪		副	1	

4.4 材料

√	序号	名称	规格	单位	数量	备注

4.5 危险点分析及预控

√	序号	危　险　点	预 控 措 施
	1	高空作业时违反配电《安规》进行操作，可能引起高空坠落。	高空作业时，必须正确使用安全带并戴安全帽，将安全带系在牢固部件上且位置合理，便于作业。

续表

√	序号	危　险　点	预　控　措　施
	2	斗内电工与邻近带电体及接地体的安全距离不够,可能引起相间短路、接地事故。	斗内电工与邻近带电体的距离不得小于 0.4 m,与邻相的安全距离不得小于 0.6 m,距离不足时应进行绝缘遮蔽;使用绝缘操作杆的有效绝缘长度不得小于 0.7 m。
	3	绝缘斗臂车支车时,车腿支持点土壤松软或埋有市政管网设施,使车体倾斜,造成翻车。	遇到松软土壤时,支腿下加垫枕木或钢板且不得超过两块。
	4	绝缘斗臂车液压机构渗漏油,可能引起支腿、绝缘臂、工作斗泄压。	绝缘斗臂车使用前应认真检查,并在预定位置试操作一次,确认各液压部分运转良好,无渗漏油现象,方可操作。
	5	监护人指挥发令信息不畅,导致带电操作人员误操作。	保持通讯通畅,操作人员收到监护人的指令后,应回复确认。

4.6　安全措施

√	序号	内　　容
	1	如遇雷电(听见雷声、看见闪电)雪雹、雨雾不得进行带电作业,风力大于 10 m/s 或相对湿度大于 80%时,也不宜进行带电作业。
	2	作业前,需确认线路无接地、绝缘良好、线路上无人工作且相位无误。
	3	在运输过程中,绝缘工具应装在专用工具袋、工具箱或专用工具车内,以防受潮和损伤。
	4	带电作业必须设人监护,监护人不得直接操作,监护的范围不得超过一个作业点。
	5	作业现场应设围栏及警示牌,禁止无关人员进入或在工作现场逗留。
	6	使用合格的绝缘安全工器具,使用前应做好检查。
	7	作业过程中,如设备突然停电,作业人员应视设备仍然带电,并立即停止操作,工作负责人尽快与调度联系查明原因。
	8	作业过程中,绝缘斗臂车的发动机不得熄火,起升、下降、回转速度不得大于 0.5 m/s。
	9	在接近带电体的过程中,应从下方依次验电;对人体可能触及范围内的构件亦应验电,确认无漏电现象。
	10	作业过程中有可能引起不同电位设备之间发生短路或接地故障时,应在设备间设置绝缘遮蔽。
	11	禁止同时接触未接通或已断开的导线的两个断头,以防人体串入电路。

4.7 人员分工

√	序号	作业人员	作业项目
	1	工作负责人	
	2	杆上电工	
	3	地面电工	

5 作业程序

5.1 开工

√	序号	内容	责任人签字
	1	工作负责人联系调度，办理工作票开工（本项目一般无需停用重合闸）。	
	2	调度许可工作。	
	3	工作负责人组织全体工作人员现场列队宣读工作票，交待工作任务、安全措施、注意事项，确认工作班成员并让其签名后，宣布开始工作的命令。	

5.2 作业内容及标准

√	序号	作业内容	作业标准及步骤	安全措施及注意事项	备注
	1	现场布置	1. 绝缘斗臂车操作员将绝缘斗臂车停在工作点的最佳位置，并装设车体接地线； 2. 作业现场应设安全围栏、悬挂警示牌。	1. 遇到松软土壤时，支腿下加垫枕木且不得超过两块，呈八角形 45°摆放； 2. 车工作处地面应坚实、平整，地面坡度超过 7°； 3. 支腿伸出车体找平后，车辆前后高度不应大于 3°； 4. 车体接地体埋棒插入地层深度不小于 0.4 m； 5. 在作业点下方按坠落半径设置安全围栏，车辆后方 10 m 放置交通警示牌。	

续表

√	序号	作业内容	作业标准及步骤	安全措施及注意事项	备注
	2	工器具检查	1. 地面电工将按要求将工器具摆放在防潮的帆布上; 2. 斗内电工对绝缘工器具进行外观检查与检测; 3. 绝缘斗臂车操作员将空斗试操作一次。	1. 防潮帆布应设置在杆上落物区半径之外; 2. 将绝缘工器具与非绝缘工器具分开摆放; 3. 使用前应用2500 V的绝缘摇表检查并确保其绝缘阻值不小于700 MΩ; 4. 绝缘工器具外观应符合使用安全要求,如无破损、划伤、受潮等; 5. 确认液压传动、回转、升降、伸缩系统工作正常、操作灵活,制动装置可靠。	
	3	验电	按照导线→绝缘子→横担→导线的顺序进行验电,确认无漏电现象。	1. 人体与邻近带电体的距离不得小于0.4 m; 2. 绝缘杆的有效绝缘长度不得小于0.7 m。	
	4	设置绝缘遮蔽、隔离措施	斗内电工转移工作斗到内边侧导线合适位置。	1. 应注意绝缘斗臂车周围杆塔、线路等情况,转移工作斗时,绝缘臂的金属部位与带电体和地电位物体的距离大于0.9 m; 2. 作业过程中,绝缘斗臂车起升、下降、回转速度不得大于0.5 m/s; 3. 作业时,上节绝缘臂的伸出长度应大于等于1 m,绝缘斗、臂离带电体物体的距离应大于1 m,人体与相邻带电体的安全距离应大于0.6 m。	
			斗内电工使用导线遮蔽罩、绝缘毯等遮蔽用具将作业范围内带电导线和接地部分进行绝缘遮蔽、隔离。	1. 斗内电工设置绝缘遮蔽措施时按“由近至远、从大到小、从低到高”原则进行; 2. 使用绝缘操作杆时,有效绝缘长度应大于0.7 m; 3. 绝缘遮蔽应严实、牢固,导线遮蔽罩间重叠部分应大于15 cm,遮蔽范围应比人体活动范围增加0.4 m; 4. 绝缘斗内双人工作时,禁止两人同时接触不同的电位体。	

续表

√	序号	作业内容	作业标准及步骤	安全措施及注意事项	备注
	5	拆除退役设备	1. 斗内电工拆除退役设备时,需采取措施防止退役设备落下伤人等; 2. 地面电工配合将退役设备放至地面。	1. 人体与邻近带电体的距离不得小于0.4 m; 2. 绝缘杆的有效绝缘长度不得小于0.7 m; 3. 绝缘斗内双人工作时,禁止两人同时接触不同的电位体。	
	7	拆除绝缘遮蔽措施	斗内电工拆除绝缘遮蔽用具,确认杆上已无遗留物后,转移工作斗至地面。	1. 斗内电工拆除绝缘遮蔽措施时应戴绝缘手套,且顺序应正确; 2. 拆除绝缘毯时,应轻托慢起,防止拉伤绝缘层; 3. 严禁同时拆除不同电位的遮蔽体。	

5.3 竣工

√	序号	内　　容	负责人签字
	1	工作负责人全面检查作业完成情况并点评(班后会)。	
	2	清理现场的工器具、材料,撤离作业现场。	
	3	通知调度恢复重合闸,办理终结工作票。	

5.4 消缺记录

√	序号	作 业 内 容	负责人签字

6 验收总结

序号	验 收 总 结	
1	验收评价	
2	存在问题及处理意见	

7　作业指导书执行情况评估

<table>
<tr><td rowspan="4">评估内容</td><td rowspan="2">符合性</td><td>优</td><td></td><td>可操作项</td><td></td></tr>
<tr><td>良</td><td></td><td>不可操作项</td><td></td></tr>
<tr><td rowspan="2">可操作性</td><td>优</td><td></td><td>建议修改项</td><td></td></tr>
<tr><td>良</td><td></td><td>遗漏项</td><td></td></tr>
<tr><td>存在问题</td><td colspan="5"></td></tr>
<tr><td>改进意见</td><td colspan="5"></td></tr>
</table>

编号：××××-××-××-19

Ⅱ-06 10 kV 带电消缺及装拆附件标准化作业指导书

（更换拉线）

编写人：________________ ________年______月______日

审核人：________________ ________年______月______日

批准人：________________ ________年______月______日

工作负责人：____________

作业日期： 年 月 日 时 分 至 年 月 日 时 分

国网安徽省电力有限公司

1　工作范围

本作业指导书适用于国网安徽省电力有限公司____________________作业。

2　作业方法

运用绝缘操作杆法进行的作业。

3　引用文件

1.《国家电网公司电力安全工作规程》(以下简称《安规》)(配电部分);
2.《配电网检修规程》(Q/GDW 11261—2014);
3.《配电网技术导则》(Q/GDW 10370—2016);
4.《10 kV配网不停电作业规范》(Q/GDW 10520—2016);
5.《配电网施工检修工艺规范》(Q/GDW 10742—2016);
6.《配电线路带电作业技术导则》(GB/T 18857—2019)。

4　作业前准备

4.1　准备工作安排

√	序号	内容	标　准	备注
	1	现场勘察	1. 由工作负责人或工作票签发人组织到现场进行勘察,以便掌握同杆(塔)架设线路及其方位、电气间距、作业现场条件和环境; 2. 确定作业方法、所需工具、材料以及应采取的措施。	
	2	车辆检查	按公司车辆使用管理规定有关内容对车辆进行使用前检查。	
	3	气象条件	1. 根据本地气象预报,判断是否符合《安规》对带电作业的要求; 2. 风力大于10 m/s或相对湿度大于80%时,不宜作业。	
	4	办理工作票	1. 在生产管理系统(PMS2.0)中开具工作票; 2. 确认工作地段、配网运行方式,确定预申请停用重合闸的线路名称。	

4.2　人员要求

√	序号	内　容	备注
	1	作业人员必须持有带电作业有效资格证和实践工作经验。	
	2	作业人员应身体健康,无妨碍作业的生理和心理障碍。	
	3	本年度《安规》考试合格。	

4.3 工器具

√	序号	工器具名称		规格	单位	数量	备注
	1	作业车辆	绝缘斗臂车	10 kV	辆	1	
	2	绝缘防护用具	绝缘手套	10 kV	双	2	带防刺穿作用
	3		绝缘安全帽	10 kV	顶	2	
	4		绝缘服	10 kV	套	2	
	5		绝缘安全带	10 kV	副	2	
	6	绝缘遮蔽用具	导线遮蔽罩	10 kV	个	若干	
	7		绝缘毯	10 kV	个	若干	
	8		横担遮蔽罩	10 kV	个	若干	
	9		熔断器遮蔽罩	10 kV	个	若干	
	10	绝缘工具	绝缘传递绳	12 mm	根	1	
	11		绝缘测距杆(绳)	10 kV	副	1	
	12		绝缘杆式导线清扫刷	10 kV	副	1	
	13		绝缘锁杆	10 kV	副	1	
	14	其他	绝缘电阻测试仪	2500 V及以上	套	1	
	15		验电器	10 kV	套	1	
	16		温湿度仪/风速仪		套	1	
	17		绝缘手套检测仪		副	1	

4.4 材料

√	序号	名称	规格	单位	数量	备注

4.5 危险点分析及预控

√	序号	危 险 点	预 控 措 施
	1	高空作业时违反配电《安规》进行操作,可能引起高空坠落。	高空作业时,必须正确使用安全带并戴安全帽,将安全带系在牢固部件上且位置合理,便于作业。

续表

√	序号	危　险　点	预 控 措 施
	2	斗内电工与邻近带电体及接地体的安全距离不够,可能引起相间短路、接地事故。	斗内电工与邻近带电体的距离不得小于 0.4 m,与邻相的安全距离不得小于 0.6 m,距离不足时应进行绝缘遮蔽;使用绝缘操作杆的有效绝缘长度不得小于 0.7 m。
	3	绝缘斗臂车支车时,车腿支持点土壤松软或埋有市政管网设施,使车体倾斜,造成翻车。	遇到松软土壤时,支腿下加垫枕木或钢板且不得超过两块。
	4	绝缘斗臂车液压机构渗漏油,可能引起支腿、绝缘臂、工作斗泄压。	绝缘斗臂车使用前应认真检查,并在预定位置试操作一次,确认各液压部分运转良好,无渗漏油现象,方可操作。
	5	监护人指挥发令信息不畅,导致带电操作人员误操作。	保持通讯通畅,操作人员收到监护人的指令后,应回复确认。

4.6　安全措施

√	序号	内　　容
	1	如遇雷电(听见雷声、看见闪电)雪雹、雨雾不得进行带电作业,风力大于 10 m/s 或相对湿度大于 80%时,也不宜进行带电作业。
	2	作业前,需确认线路无接地、绝缘良好、线路上无人工作且相位无误。
	3	在运输过程中,绝缘工具应装在专用工具袋、工具箱或专用工具车内,以防受潮和损伤。
	4	带电作业必须设人监护,监护人不得直接操作,监护的范围不得超过一个作业点。
	5	作业现场应设围栏及警示牌,禁止无关人员进入或在工作现场逗留。
	6	使用合格的绝缘安全工器具,使用前应做好检查。
	7	作业过程中,如设备突然停电,作业人员应视设备仍然带电,并立即停止操作,工作负责人尽快与调度联系查明原因。
	8	作业过程中,绝缘斗臂车的发动机不得熄火,起升、下降、回转速度不得大于 0.5 m/s。
	9	在接近带电体的过程中,应从下方依次验电;对人体可能触及范围内的构件亦应验电,确认无漏电现象。
	10	作业过程中有可能引起不同电位设备之间发生短路或接地故障时,应在设备间设置绝缘遮蔽。

4.7 人员分工

√	序号	作业人员	作业项目
	1	工作负责人	
	2	杆上电工	
	3	地面电工	

5 作业程序

5.1 开工

√	序号	内容	责任人签字
	1	工作负责人联系调度，办理工作票开工（本项目一般无需停用重合闸）。	
	2	调度许可工作。	
	3	工作负责人组织全体工作人员现场列队宣读工作票，交待工作任务、安全措施、注意事项，确认工作班成员并让其签名后，宣布开始工作的命令。	

5.2 作业内容及标准

√	序号	作业内容	作业标准及步骤	安全措施及注意事项	备注
	1	现场布置	1. 绝缘斗臂车操作员将绝缘斗臂车停在工作点的最佳位置，并装设车体接地线； 2. 作业现场应设安全围栏、悬挂警示牌。	1. 遇到松软土壤时，支腿下加垫枕木且不得超过两块，呈八角形 45°摆放； 2. 车工作处地面应坚实、平整，地面坡度超过 7°； 3. 支腿伸出车体找平后，车辆前后高度不应大于 3°； 4. 车体接地体埋棒插入地层深度不小于 0.4 m； 5. 在作业点下方按坠落半径设置安全围栏，车辆后方 10 m 放置交通警示牌。	

续表

√	序号	作业内容	作业标准及步骤	安全措施及注意事项	备注
	2	工器具检查	1. 地面电工将按要求将工器具摆放在防潮的帆布上； 2. 斗内电工对绝缘工器具进行外观检查与检测； 3. 绝缘斗臂车操作员将空斗试操作一次。	1. 防潮帆布应设置在杆上落物区半径之外； 2. 将绝缘工器具与非绝缘工器具分开摆放； 3. 使用前应用 2500 V 的绝缘摇表检查并确保其绝缘阻值不小于 700 MΩ； 4. 绝缘工器具外观应符合使用安全要求，如无破损、划伤、受潮等； 5. 确认液压传动、回转、升降、伸缩系统工作正常、操作灵活，制动装置可靠。	
	3	验电	按照导线→绝缘子→横担→导线的顺序进行验电，确认无漏电现象。	1. 人体与邻近带电体的距离不得小于 0.4 m； 2. 绝缘杆的有效绝缘长度不得小于 0.7 m。	
	4	设置绝缘遮蔽、隔离措施	斗内电工转移工作斗到内边侧导线合适位置。	1. 应注意绝缘斗臂车周围杆塔、线路等情况，转移工作斗时，绝缘臂的金属部位与带电体和地电位物体的距离大于 0.9 m； 2. 作业过程中，绝缘斗臂车起升、下降、回转速度不得大于 0.5 m/s； 3. 作业时，上节绝缘臂的伸出长度应大于等于 1 m，绝缘斗、臂离带电体物体的距离应大于 1 m，人体与相邻带电体的安全距离应大于 0.6 m。	
			斗内电工使用导线遮蔽罩、绝缘毯等遮蔽用具将作业范围内带电导线和接地部分进行绝缘遮蔽、隔离。	1. 斗内电工设置绝缘遮蔽措施时按“由近至远、从大到小、从低到高”原则进行； 2. 使用绝缘操作杆时，有效绝缘长度应大于 0.7 m； 3. 绝缘遮蔽应严实、牢固，导线遮蔽罩间重叠部分应大于 15 cm，遮蔽范围应比人体活动范围增加 0.4 m； 4. 绝缘斗内双人工作时，禁止两人同时接触不同的电位体。	

续表

√	序号	作业内容	作业标准及步骤	安全措施及注意事项	备注
	5	更换拉线	1. 斗内电工打开需要更换拉线抱箍位置的绝缘遮蔽； 2. 地面电工使用绝缘绳将新的拉线抱箍和拉线分别传递给斗内电工；传递拉线时地面电工用绝缘绳控制拉线方向； 3. 斗内电工在旧抱箍下方安装新拉线抱箍和拉线，安装好后立即恢复绝缘遮蔽； 4. 斗内电工操作绝缘斗至安全区域； 5. 施工配合人员站在绝缘垫上，使用紧线器收紧拉线，并进行新拉线UT楔形线夹的制作； 6. 施工配合人员检查新拉线受力无问题后拆除新拉线上的紧线器； 7. 施工配合人员站在绝缘垫上，使用紧线器收紧旧拉线，缓慢松开旧拉线UT线夹螺栓，使拉线不承力； 8. 斗内电工操作绝缘斗至旧拉线抱箍处，打开绝缘遮蔽，拆除旧拉线及抱箍，并使用绝缘传递绳将旧拉线和拉线抱箍分别传递至地面；传递拉线时地面电工用绝缘绳控制拉线方向； 9. 施工配合人员拆除旧拉线的紧线器； 10. 斗内电工检查拉线与带电体安全距离及杆上施工质量满足要求。	1. 人体与邻近带电体的距离不得小于0.4 m； 2. 绝缘杆的有效绝缘长度不得小于0.7 m； 3. 绝缘斗内双人工作时，禁止两人同时接触不同的电位体。	

续表

√	序号	作业内容	作业标准及步骤	安全措施及注意事项	备注
	6	拆除绝缘遮蔽措施	斗内电工拆除绝缘遮蔽用具,确认杆上已无遗留物后,转移工作斗至地面。	1. 斗内电工拆除绝缘遮蔽措施时应戴绝缘手套,且顺序应正确; 2. 拆除绝缘毯时,应轻托慢起,防止拉伤绝缘层; 3. 严禁同时拆除不同电位的遮蔽体。	

5.3 竣工

√	序号	内容	负责人签字
	1	工作负责人全面检查作业完成情况并点评(班后会)。	
	2	清理现场的工器具、材料,撤离作业现场。	
	3	通知调度恢复重合闸,办理终结工作票。	

5.4 消缺记录

√	序号	作业内容	负责人签字

6 验收总结

序号	验收总结	
1	验收评价	
2	存在问题及处理意见	

7 作业指导书执行情况评估

<table>
<tr><td rowspan="4">评估内容</td><td rowspan="2">符合性</td><td>优</td><td></td><td>可操作项</td><td></td></tr>
<tr><td>良</td><td></td><td>不可操作项</td><td></td></tr>
<tr><td rowspan="2">可操作性</td><td>优</td><td></td><td>建议修改项</td><td></td></tr>
<tr><td>良</td><td></td><td>遗漏项</td><td></td></tr>
<tr><td>存在问题</td><td colspan="5"></td></tr>
<tr><td>改进意见</td><td colspan="5"></td></tr>
</table>

编号：××××-××-××-20

Ⅱ-07 10 kV 带电消缺及装拆附件标准化作业指导书

（拆除非承力拉线）

编写人：________________ ________年______月______日

审核人：________________ ________年______月______日

批准人：________________ ________年______月______日

工作负责人：____________

作业日期： 年 月 日 时 分 至 年 月 日 时 分

国网安徽省电力有限公司

1 工作范围

本作业指导书适用于国网安徽省电力有限公司____________________作业。

2 作业方法

运用绝缘手套法进行的作业。

3 引用文件

1.《国家电网公司电力安全工作规程》(以下简称《安规》)(配电部分);
2.《配电网检修规程》(Q/GDW 11261—2014);
3.《配电网技术导则》(Q/GDW 10370—2016);
4.《10 kV 配网不停电作业规范》(Q/GDW 10520—2016);
5.《配电网施工检修工艺规范》(Q/GDW 10742—2016);
6.《配电线路带电作业技术导则》(GB/T 18857—2019)。

4 作业前准备

4.1 准备工作安排

√	序号	内容	标　准	备注
	1	现场勘察	1. 由工作负责人或工作票签发人组织到现场进行勘察,以便掌握同杆(塔)架设线路及其方位、电气间距、作业现场条件和环境; 2. 确定作业方法、所需工具、材料以及应采取的措施。	
	2	车辆检查	按公司车辆使用管理规定有关内容对车辆进行使用前检查。	
	3	气象条件	1. 根据本地气象预报,判断是否符合《安规》对带电作业的要求; 2. 风力大于 10 m/s 或相对湿度大于 80%时,不宜作业。	
	4	办理工作票	1. 在生产管理系统(PMS2.0)中开具工作票; 2. 确认工作地段、配网运行方式,确定预申请停用重合闸的线路名称。	

4.2 人员要求

√	序号	内　容	备注
	1	作业人员必须持有带电作业有效资格证和实践工作经验。	
	2	作业人员应身体健康,无妨碍作业的生理和心理障碍。	
	3	本年度《安规》考试合格。	

4.3　工器具

√	序号	工器具名称		规格	单位	数量	备注
	1	作业车辆	绝缘斗臂车	10 kV	辆	1	
	2	绝缘防护用具	绝缘手套	10 kV	双	2	带防刺穿作用
	3		绝缘安全帽	10 kV	顶	2	
	4		绝缘服	10 kV	套	2	
	5		绝缘安全带	10 kV	副	2	
	6	绝缘遮蔽用具	导线遮蔽罩	10 kV	个	若干	
	7		绝缘毯	10 kV	个	若干	
	8		横担遮蔽罩	10 kV	个	若干	
	9		熔断器遮蔽罩	10 kV	个	若干	
	10	绝缘工具	绝缘传递绳	12 mm	根	1	
	11		绝缘测距杆(绳)	10 kV	副	1	
	12		绝缘杆式导线清扫刷	10 kV	副	1	
	13		绝缘锁杆	10 kV	副	1	
	14	其他	绝缘电阻测试仪	2500 V 及以上	套	1	
	15		验电器	10 kV	套	1	
	16		温湿度仪/风速仪		套	1	
	17		绝缘手套检测仪		副	1	

4.4　材料

√	序号	名称	规格	单位	数量	备注

4.5　危险点分析及预控

√	序号	危　险　点	预 控 措 施
	1	高空作业时违反配电《安规》进行操作,可能引起高空坠落。	高空作业时,必须正确使用安全带并戴安全帽,将安全带系在牢固部件上且位置合理,便于作业。

续表

√	序号	危 险 点	预 控 措 施
	2	斗内电工与邻近带电体及接地体的安全距离不够，可能引起相间短路、接地事故。	斗内电工与邻近带电体的距离不得小于0.4 m，与邻相的安全距离不得小于0.6 m，距离不足时应进行绝缘遮蔽；使用绝缘操作杆的有效绝缘长度不得小于0.7 m。
	3	绝缘斗臂车支车时，车腿支持点土壤松软或埋有市政管网设施，使车体倾斜，造成翻车。	遇到松软土壤时，支腿下加垫枕木或钢板且不得超过两块。
	4	绝缘斗臂车液压机构渗漏油，可能引起支腿、绝缘臂、工作斗泄压。	绝缘斗臂车使用前应认真检查，并在预定位置试操作一次，确认各液压部分运转良好，无渗漏油现象，方可操作。
	5	监护人指挥发令信息不畅，导致带电操作人员误操作。	保持通讯通畅，操作人员收到监护人的指令后，应回复确认。

4.6 安全措施

√	序号	内 容
	1	如遇雷电(听见雷声、看见闪电)雪雹、雨雾不得进行带电作业，风力大于10 m/s或相对湿度大于80%时，也不宜进行带电作业。
	2	作业前，需确认线路无接地、绝缘良好、线路上无人工作且相位无误。
	3	在运输过程中，绝缘工具应装在专用工具袋、工具箱或专用工具车内，以防受潮和损伤。
	4	带电作业必须设人监护，监护人不得直接操作，监护的范围不得超过一个作业点。
	5	作业现场应设围栏及警示牌，禁止无关人员进入或在工作现场逗留。
	6	使用合格的绝缘安全工器具，使用前应做好检查。
	7	作业过程中，如设备突然停电，作业人员应视设备仍然带电，并立即停止操作，工作负责人尽快与调度联系查明原因。
	8	作业过程中，绝缘斗臂车的发动机不得熄火，起升、下降、回转速度不得大于0.5 m/s。
	9	在接近带电体的过程中，应从下方依次验电；对人体可能触及范围内的构件亦应验电，确认无漏电现象。
	10	作业过程中有可能引起不同电位设备之间发生短路或接地故障时，应在设备间设置绝缘遮蔽。

4.7　人员分工

√	序号	作 业 人 员	作 业 项 目
	1	工作负责人	
	2	杆上电工	
	3	地面电工	

5　作业程序

5.1　开工

√	序号	内　　容	责任人签字
	1	工作负责人联系调度,办理工作票开工(本项目一般无需停用重合闸)。	
	2	调度许可工作。	
	3	工作负责人组织全体工作人员现场列队宣读工作票,交待工作任务、安全措施、注意事项,确认工作班成员并让其签名后,宣布开始工作的命令。	

5.2　作业内容及标准

√	序号	作业内容	作业标准及步骤	安全措施及注意事项	备注
	1	现场布置	1. 绝缘斗臂车操作员将绝缘斗臂车停在工作点的最佳位置,并装设车体接地线; 2. 作业现场应设安全围栏、悬挂警示牌。	1. 遇到松软土壤时,支腿下加垫枕木且不得超过两块,呈八角形 45°摆放; 2. 车工作处地面应坚实、平整,地面坡度超过 7°; 3. 支腿伸出车体找平后,车辆前后高度不应大于 3°; 4. 车体接地体埋棒插入地层深度不小于 0.4 m; 5. 在作业点下方按坠落半径设置安全围栏,车辆后方 10 m 放置交通警示牌。	

续表

√	序号	作业内容	作业标准及步骤	安全措施及注意事项	备注
	2	工器具检查	1. 地面电工将按要求将工器具摆放在防潮的帆布上； 2. 斗内电工对绝缘工器具进行外观检查与检测； 3. 绝缘斗臂车操作员将空斗试操作一次。	1. 防潮帆布应设置在杆上落物区半径之外； 2. 将绝缘工器具与非绝缘工器具分开摆放； 3. 使用前应用 2500 V 的绝缘摇表检查并确保其绝缘阻值不小于 700 MΩ； 4. 绝缘工器具外观应符合使用安全要求，如无破损、划伤、受潮等； 5. 确认液压传动、回转、升降、伸缩系统工作正常、操作灵活，制动装置可靠。	
	3	验电	按照导线→绝缘子→横担→导线的顺序进行验电，确认无漏电现象。	1. 人体与邻近带电体的距离不得小于 0.4 m； 2. 绝缘杆的有效绝缘长度不得小于 0.7 m。	
	4	设置绝缘遮蔽、隔离措施	斗内电工转移工作斗到内边侧导线合适位置。	1. 应注意绝缘斗臂车周围杆塔、线路等情况，转移工作斗时，绝缘臂的金属部位与带电体和地电位物体的距离大于 0.9 m； 2. 作业过程中，绝缘斗臂车起升、下降、回转速度不得大于 0.5 m/s； 3. 作业时，上节绝缘臂的伸出长度应大于等于 1 m，绝缘斗、臂离带电体物体的距离应大于 1 m，人体与相邻带电体的安全距离应大于 0.6 m。	
			斗内电工使用导线遮蔽罩、绝缘毯等遮蔽用具将作业范围内带电导线和接地部分进行绝缘遮蔽、隔离。	1. 斗内电工设置绝缘遮蔽措施时按“由近至远、从大到小、从低到高”原则进行； 2. 使用绝缘操作杆时，有效绝缘长度应大于 0.7 m； 3. 绝缘遮蔽应严实、牢固，导线遮蔽罩间重叠部分应大于 15 cm，遮蔽范围应比人体活动范围增加 0.4 m； 4. 绝缘斗内双人工作时，禁止两人同时接触不同的电位体。	

续表

√	序号	作业内容	作业标准及步骤	安全措施及注意事项	备注
	5	拆除非承力拉线	1. 施工配合人员站在绝缘垫上,使用紧线器收紧拉线; 2. 确认拉线不受力后,拆除下楔形线夹与拉线棍的连接,缓慢放松紧线器; 3. 斗内电工操作工作斗至工作位置,打开拉线抱箍与楔形线夹连接处的绝缘遮蔽;斗内电工拆除拉线抱箍与上楔形线夹的连接后立即恢复拉线抱箍遮蔽; 4. 斗内电工使用绝缘传递绳将拉线传至地面,拆除拉线抱箍。	1. 人体与邻近带电体的距离不得小于 0.4 m; 2. 绝缘杆的有效绝缘长度不得小于 0.7 m; 3. 绝缘斗内双人工作时,禁止两人同时接触不同的电位体。	
	6	拆除绝缘遮蔽措施	斗内电工拆除绝缘遮蔽用具,确认杆上已无遗留物后,转移工作斗至地面。	1. 斗内电工拆除绝缘遮蔽措施时应戴绝缘手套,且顺序应正确; 2. 拆除绝缘毯时,应轻托慢起,防止拉伤绝缘层; 3. 严禁同时拆除不同电位的遮蔽体。	

5.3 竣工

√	序号	内　　容	负责人签字
	1	工作负责人全面检查作业完成情况并点评(班后会)。	
	2	清理现场的工器具、材料,撤离作业现场。	
	3	通知调度恢复重合闸,办理终结工作票。	

5.4 消缺记录

√	序号	作 业 内 容	负责人签字

6 验收总结

序号	验收总结	
1	验收评价	
2	存在问题及处理意见	

7 作业指导书执行情况评估

<table>
<tr><td rowspan="4">评估内容</td><td rowspan="2">符合性</td><td>优</td><td></td><td>可操作项</td><td></td></tr>
<tr><td>良</td><td></td><td>不可操作项</td><td></td></tr>
<tr><td rowspan="2">可操作性</td><td>优</td><td></td><td>建议修改项</td><td></td></tr>
<tr><td>良</td><td></td><td>遗漏项</td><td></td></tr>
<tr><td>存在问题</td><td colspan="5"></td></tr>
<tr><td>改进意见</td><td colspan="5"></td></tr>
</table>

编号:××××-××-××-21

Ⅱ-08 10 kV 带电消缺及装拆附件标准化作业指导书

(加装接地环)

编写人:________________ ________年______月______日

审核人:________________ ________年______月______日

批准人:________________ ________年______月______日

工作负责人:____________

作业日期: 年 月 日 时 分 至 年 月 日 时 分

国网安徽省电力有限公司

1 工作范围

本作业指导书适用于国网安徽省电力有限公司____________________作业。

2 作业方法

运用绝缘手套法进行的作业。

3 引用文件

1.《国家电网公司电力安全工作规程》(以下简称《安规》)(配电部分);
2.《配电网检修规程》(Q/GDW 11261—2014);
3.《配电网技术导则》(Q/GDW 10370—2016);
4.《10 kV 配网不停电作业规范》(Q/GDW 10520—2016);
5.《配电网施工检修工艺规范》(Q/GDW 10742—2016);
6.《配电线路带电作业技术导则》(GB/T 18857—2019)。

4 作业前准备

4.1 准备工作安排

√	序号	内容	标　　准	备注
	1	现场勘察	1. 由工作负责人或工作票签发人组织到现场进行勘察,以便掌握同杆(塔)架设线路及其方位、电气间距、作业现场条件和环境; 2. 确定作业方法、所需工具、材料以及应采取的措施。	
	2	车辆检查	按公司车辆使用管理规定有关内容对车辆进行使用前检查。	
	3	气象条件	1. 根据本地气象预报,判断是否符合《安规》对带电作业的要求; 2. 风力大于 10 m/s 或相对湿度大于 80%时,不宜作业。	
	4	办理工作票	1. 在生产管理系统(PMS2.0)中开具工作票; 2. 确认工作地段、配网运行方式,确定预申请停用重合闸的线路名称。	

4.2 人员要求

√	序号	内　　容	备注
	1	作业人员必须持有带电作业有效资格证和实践工作经验。	
	2	作业人员应身体健康,无妨碍作业的生理和心理障碍。	
	3	本年度《安规》考试合格。	

4.3　工器具

√	序号	工器具名称		规格	单位	数量	备注
	1	作业车辆	绝缘斗臂车	10 kV	辆	1	
	2	绝缘防护用具	绝缘手套	10 kV	双	2	带防刺穿作用
	3		绝缘安全帽	10 kV	顶	2	
	4		绝缘服	10 kV	套	2	
	5		绝缘安全带	10 kV	副	2	
	6	绝缘遮蔽用具	导线遮蔽罩	10 kV	个	若干	
	7		绝缘毯	10 kV	个	若干	
	8		横担遮蔽罩	10 kV	个	若干	
	9		熔断器遮蔽罩	10 kV	个	若干	
	10	绝缘工具	绝缘传递绳	12 mm	根	1	
	11		绝缘测距杆(绳)	10 kV	副	1	
	12		绝缘杆式导线清扫刷	10 kV	副	1	
	13		绝缘锁杆	10 kV	副	1	
	14	其他	绝缘电阻测试仪	2500 V 及以上	套	1	
	15		验电器	10 kV	套	1	
	16		温湿度仪/风速仪		套	1	
	17		绝缘手套检测仪		副	1	

4.4　材料

√	序号	名称	规格	单位	数量	备注
	1	接地环			只	

4.5　危险点分析及预控

√	序号	危　险　点	预 控 措 施
	1	高空作业时违反配电《安规》进行操作,可能引起高空坠落。	高空作业时,必须正确使用安全带并戴安全帽,将安全带系在牢固部件上且位置合理,便于作业。

续表

√	序号	危　险　点	预 控 措 施
	2	斗内电工与邻近带电体及接地体的安全距离不够，可能引起相间短路、接地事故。	斗内电工与邻近带电体的距离不得小于0.4 m，与邻相的安全距离不得小于0.6 m，距离不足时应进行绝缘遮蔽；使用绝缘操作杆的有效绝缘长度不得小于0.7 m。
	3	绝缘斗臂车支车时，车腿支持点土壤松软或埋有市政管网设施，使车体倾斜，造成翻车。	遇到松软土壤时，支腿下加垫枕木或钢板且不得超过两块。
	4	绝缘斗臂车液压机构渗漏油，可能引起支腿、绝缘臂、工作斗泄压。	绝缘斗臂车使用前应认真检查，并在预定位置试操作一次，确认各液压部分运转良好，无渗漏油现象，方可操作。
	5	监护人指挥发令信息不畅，导致带电操作人员误操作。	保持通讯通畅，操作人员收到监护人的指令后，应回复确认。

4.6　安全措施

√	序号	内　　容
	1	如遇雷电（听见雷声、看见闪电）雪雹、雨雾不得进行带电作业，风力大于10 m/s或相对湿度大于80%时，也不宜进行带电作业。
	2	作业前，需确认线路无接地、绝缘良好、线路上无人工作且相位无误。
	3	在运输过程中，绝缘工具应装在专用工具袋、工具箱或专用工具车内，以防受潮和损伤。
	4	带电作业必须设人监护，监护人不得直接操作，监护的范围不得超过一个作业点。
	5	作业现场应设围栏及警示牌，禁止无关人员进入或在工作现场逗留。
	6	使用合格的绝缘安全工器具，使用前应做好检查。
	7	作业过程中，如设备突然停电，作业人员应视设备仍然带电，并立即停止操作，工作负责人尽快与调度联系查明原因。
	8	作业过程中，绝缘斗臂车的发动机不得熄火，起升、下降、回转速度不得大于0.5 m/s。
	9	在接近带电体的过程中，应从下方依次验电；对人体可能触及范围内的构件亦应验电，确认无漏电现象。
	10	作业过程中有可能引起不同电位设备之间发生短路或接地故障时，应在设备间设置绝缘遮蔽。

4.7　人员分工

√	序号	作 业 人 员	作 业 项 目
	1	工作负责人	
	2	杆上电工	
	3	地面电工	

5　作业程序

5.1　开工

√	序号	内　　容	责任人签字
	1	工作负责人联系调度,办理工作票开工(本项目一般无需停用重合闸)。	
	2	调度许可工作。	
	3	工作负责人组织全体工作人员现场列队宣读工作票,交待工作任务、安全措施、注意事项,确认工作班成员并让其签名后,宣布开始工作的命令。	

5.2　作业内容及标准

√	序号	作业内容	作业标准及步骤	安全措施及注意事项	备注
	1	现场布置	1. 绝缘斗臂车操作员将绝缘斗臂车停在工作点的最佳位置,并装设车体接地线; 2. 作业现场应设安全围栏、悬挂警示牌。	1. 遇到松软土壤时,支腿下加垫枕木且不得超过两块,呈八角形 45°摆放; 2. 车工作处地面应坚实、平整,地面坡度超过 7°; 3. 支腿伸出车体找平后,车辆前后高度不应大于 3°; 4. 车体接地体埋棒插入地层深度不小于 0.4 m; 5. 在作业点下方按坠落半径设置安全围栏,车辆后方 10 m 放置交通警示牌。	

续表

√	序号	作业内容	作业标准及步骤	安全措施及注意事项	备注
	2	工器具检查	1. 地面电工将按要求将工器具摆放在防潮的帆布上； 2. 斗内电工对绝缘工器具进行外观检查与检测； 3. 绝缘斗臂车操作员将空斗试操作一次。	1. 防潮帆布应设置在杆上落物区半径之外； 2. 将绝缘工器具与非绝缘工器具分开摆放； 3. 使用前应用 2500 V 的绝缘摇表检查并确保其绝缘阻值不小于 700 MΩ； 4. 绝缘工器具外观应符合使用安全要求，如无破损、划伤、受潮等； 5. 确认液压传动、回转、升降、伸缩系统工作正常、操作灵活，制动装置可靠。	
	3	验电	按照导线→绝缘子→横担→导线的顺序进行验电，确认无漏电现象。	1. 人体与邻近带电体的距离不得小于 0.4 m； 2. 绝缘杆的有效绝缘长度不得小于 0.7 m。	
	4	设置绝缘遮蔽、隔离措施	斗内电工转移工作斗到内边侧导线合适位置。	1. 应注意绝缘斗臂车周围杆塔、线路等情况，转移工作斗时，绝缘臂的金属部位与带电体和地电位物体的距离大于 0.9 m； 2. 作业过程中，绝缘斗臂车起升、下降、回转速度不得大于 0.5 m/s； 3. 作业时，上节绝缘臂的伸出长度应大于等于 1 m，绝缘斗、臂离带电体物体的距离应大于 1 m，人体与相邻带电体的安全距离应大于 0.6 m。	
			斗内电工使用导线遮蔽罩、绝缘毯等遮蔽用具将作业范围内带电导线和接地部分进行绝缘遮蔽、隔离。	1. 斗内电工设置绝缘遮蔽措施时按“由近至远、从大到小、从低到高”原则进行； 2. 使用绝缘操作杆时，有效绝缘长度应大于 0.7 m； 3. 绝缘遮蔽应严实、牢固，导线遮蔽罩间重叠部分应大于 15 cm，遮蔽范围应比人体活动范围增加 0.4 m； 4. 绝缘斗内双人工作时，禁止两人同时接触不同的电位体。	

续表

√	序号	作业内容	作业标准及步骤	安全措施及注意事项	备注
	5	加装接地环	1. 斗内电工将绝缘斗调整到中间相导线下侧,安装验电接地环; 2. 其余两相验电接地环安装工作按相同方法进行(应先中间相、后远边相、最后近边相顺序,也可视现场实际情况由远到近依次进行); 3. 工作结束后,按照“从远到近、从上到下、先接地体后带电体”拆除绝缘遮蔽的原则拆除杆上绝缘遮蔽隔离措施,绝缘斗退出有电工作区域,作业人员返回地面。	1. 人体与邻近带电体的距离不得小于0.4 m; 2. 绝缘杆的有效绝缘长度不得小于0.7 m; 3. 绝缘斗内双人工作时,禁止两人同时接触不同的电位体。	
	6	拆除绝缘遮蔽措施	斗内电工拆除绝缘遮蔽用具,确认杆上已无遗留物后,转移工作斗至地面。	1. 斗内电工拆除绝缘遮蔽措施时应戴绝缘手套,且顺序应正确; 2. 拆除绝缘毯时,应轻托慢起,防止拉伤绝缘层; 3. 严禁同时拆除不同电位的遮蔽体。	

5.3　竣工

√	序号	内　　容	负责人签字
	1	工作负责人全面检查作业完成情况并点评(班后会)。	
	2	清理现场的工器具、材料,撤离作业现场。	
	3	通知调度恢复重合闸,办理终结工作票。	

5.4　消缺记录

√	序号	作 业 内 容	负责人签字

6 验收总结

序号	验收总结	
1	验收评价	
2	存在问题及处理意见	

7 作业指导书执行情况评估

<table>
<tr><td rowspan="4">评估内容</td><td rowspan="2">符合性</td><td>优</td><td></td><td>可操作项</td><td></td></tr>
<tr><td>良</td><td></td><td>不可操作项</td><td></td></tr>
<tr><td rowspan="2">可操作性</td><td>优</td><td></td><td>建议修改项</td><td></td></tr>
<tr><td>良</td><td></td><td>遗漏项</td><td></td></tr>
<tr><td>存在问题</td><td colspan="5"></td></tr>
<tr><td>改进意见</td><td colspan="5"></td></tr>
</table>

编号：××××-××-××-22

Ⅱ-09　10 kV 带电消缺及装拆附件标准化作业指导书

（加装或拆除接触设备套管、故障指示仪、驱鸟器等）

编写人：________________　　　　________年______月______日

审核人：________________　　　　________年______月______日

批准人：________________　　　　________年______月______日

工作负责人：____________

作业日期：　　年　　月　　日　　时　　分　至　　年　　月　　日　　时　　分

国网安徽省电力有限公司

1 工作范围

本作业指导书适用于国网安徽省电力有限公司________________作业。

2 作业方法

运用绝缘手套法进行的作业。

3 引用文件

1.《国家电网公司电力安全工作规程》(以下简称《安规》)(配电部分);
2.《配电网检修规程》(Q/GDW 11261—2014);
3.《配电网技术导则》(Q/GDW 10370—2016);
4.《10 kV 配网不停电作业规范》(Q/GDW 10520—2016);
5.《配电网施工检修工艺规范》(Q/GDW 10742—2016);
6.《配电线路带电作业技术导则》(GB/T 18857—2019)。

4 作业前准备

4.1 准备工作安排

√	序号	内容	标　　准	备注
	1	现场勘察	1. 由工作负责人或工作票签发人组织到现场进行勘察,以便掌握同杆(塔)架设线路及其方位、电气间距、作业现场条件和环境; 2. 确定作业方法、所需工具、材料以及应采取的措施。	
	2	车辆检查	按公司车辆使用管理规定有关内容对车辆进行使用前检查。	
	3	气象条件	1. 根据本地气象预报,判断是否符合《安规》对带电作业的要求; 2. 风力大于 10 m/s 或相对湿度大于 80%时,不宜作业。	
	4	办理工作票	1. 在生产管理系统(PMS2.0)中开具工作票; 2. 确认工作地段、配网运行方式,确定预申请停用重合闸的线路名称。	

4.2 人员要求

√	序号	内　　容	备注
	1	作业人员必须持有带电作业有效资格证和实践工作经验。	
	2	作业人员应身体健康,无妨碍作业的生理和心理障碍。	
	3	本年度《安规》考试合格。	

4.3　工器具

√	序号	工器具名称		规格	单位	数量	备注
	1	作业车辆	绝缘斗臂车	10 kV	辆	1	
	2	绝缘防护用具	绝缘手套	10 kV	双	2	带防刺穿作用
	3		绝缘安全帽	10 kV	顶	2	
	4		绝缘服	10 kV	套	2	
	5		绝缘安全带	10 kV	副	2	
	6	绝缘遮蔽用具	导线遮蔽罩	10 kV	个	若干	
	7		绝缘毯	10 kV	个	若干	
	8		横担遮蔽罩	10 kV	个	若干	
	9		熔断器遮蔽罩	10 kV	个	若干	
	10	绝缘工具	绝缘传递绳	12 mm	根	1	
	11		绝缘测距杆(绳)	10 kV	副	1	
	12		绝缘杆式导线清扫刷	10 kV	副	1	
	13		绝缘锁杆	10 kV	副	1	
	14	其他	绝缘电阻测试仪	2500 V 及以上	套	1	
	15		验电器	10 kV	套	1	
	16		温湿度仪/风速仪		套	1	
	17		绝缘手套检测仪		副	1	

4.4　材料

√	序号	名称	规格	单位	数量	备注
	1	接触设备套管		只		
	2	故障指示器		只		
	3	驱鸟器		只		

4.5 危险点分析及预控

√	序号	危 险 点	预 控 措 施
	1	高空作业时违反配电《安规》进行操作，可能引起高空坠落。	高空作业时，必须正确使用安全带并戴安全帽，将安全带系在牢固部件上且位置合理，便于作业。
	2	斗内电工与邻近带电体及接地体的安全距离不够，可能引起相间短路、接地事故。	斗内电工与邻近带电体的距离不得小于0.4 m，与邻相的安全距离不得小于0.6 m，距离不足时应进行绝缘遮蔽；使用绝缘操作杆的有效绝缘长度不得小于0.7 m。
	3	绝缘斗臂车支车时，车腿支持点土壤松软或埋有市政管网设施，使车体倾斜，造成翻车。	遇到松软土壤时，支腿下加垫枕木或钢板且不得超过两块。
	4	绝缘斗臂车液压机构渗漏油，可能引起支腿、绝缘臂、工作斗泄压。	绝缘斗臂车使用前应认真检查，并在预定位置试操作一次，确认各液压部分运转良好，无渗漏油现象，方可操作。
	5	监护人指挥发令信息不畅，导致带电操作人员误操作。	保持通讯通畅，操作人员收到监护人的指令后，应回复确认。

4.6 安全措施

√	序号	内 容
	1	如遇雷电（听见雷声、看见闪电）雪雹、雨雾不得进行带电作业，风力大于10 m/s或相对湿度大于80%时，也不宜进行带电作业。
	2	作业前，需确认线路无接地、绝缘良好、线路上无人工作且相位无误。
	3	在运输过程中，绝缘工具应装在专用工具袋、工具箱或专用工具车内，以防受潮和损伤。
	4	带电作业必须设人监护，监护人不得直接操作，监护的范围不得超过一个作业点。
	5	作业现场应设围栏及警示牌，禁止无关人员进入或在工作现场逗留。
	6	使用合格的绝缘安全工器具，使用前应做好检查。
	7	作业过程中，如设备突然停电，作业人员应视设备仍然带电，并立即停止操作，工作负责人尽快与调度联系查明原因。
	8	作业过程中，绝缘斗臂车的发动机不得熄火，起升、下降、回转速度不得大于0.5 m/s。
	9	在接近带电体的过程中，应从下方依次验电；对人体可能触及范围内的构件亦应验电，确认无漏电现象。
	10	作业过程中有可能引起不同电位设备之间发生短路或接地故障时，应在设备间设置绝缘遮蔽。

4.7　人员分工

√	序号	作业人员	作业项目
	1	工作负责人	
	2	杆上电工	
	3	地面电工	

5　作业程序

5.1　开工

√	序号	内　容	责任人签字
	1	工作负责人联系调度,办理工作票开工(本项目一般无需停用重合闸)。	
	2	调度许可工作。	
	3	工作负责人组织全体工作人员现场列队宣读工作票,交待工作任务、安全措施、注意事项,确认工作班成员并让其签名后,宣布开始工作的命令。	

5.2　作业内容及标准

√	序号	作业内容	作业标准及步骤	安全措施及注意事项	备注
	1	现场布置	1. 绝缘斗臂车操作员将绝缘斗臂车停在工作点的最佳位置,并装设车体接地线; 2. 作业现场应设安全围栏、悬挂警示牌。	1. 遇到松软土壤时,支腿下加垫枕木且不得超过两块,呈八角形 45°摆放; 2. 车工作处地面应坚实、平整,地面坡度超过 7°; 3. 支腿伸出车体找平后,车辆前后高度不应大于 3°; 4. 车体接地体埋棒插入地层深度不小于 0.4 m; 5. 在作业点下方按坠落半径设置安全围栏,车辆后方 10 m 放置交通警示牌。	

续表

√	序号	作业内容	作业标准及步骤	安全措施及注意事项	备注
	2	工器具检查	1. 地面电工将按要求将工器具摆放在防潮的帆布上； 2. 斗内电工对绝缘工器具进行外观检查与检测； 3. 绝缘斗臂车操作员将空斗试操作一次。	1. 防潮帆布应设置在杆上落物区半径之外； 2. 将绝缘工器具与非绝缘工器具分开摆放； 3. 使用前应用 2500 V 的绝缘摇表检查并确保其绝缘阻值不小于 700 MΩ； 4. 绝缘工器具外观应符合使用安全要求，如无破损、划伤、受潮等； 5. 确认液压传动、回转、升降、伸缩系统工作正常、操作灵活，制动装置可靠。	
	3	验电	按照导线→绝缘子→横担→导线的顺序进行验电，确认无漏电现象。	1. 人体与邻近带电体的距离不得小于 0.4 m； 2. 绝缘杆的有效绝缘长度不得小于 0.7 m。	
	4	设置绝缘遮蔽、隔离措施	斗内电工转移工作斗到内边侧导线合适位置。	1. 应注意绝缘斗臂车周围杆塔、线路等情况，转移工作斗时，绝缘臂的金属部位与带电体和地电位物体的距离大于 0.9 m； 2. 作业过程中，绝缘斗臂车起升、下降、回转速度不得大于 0.5 m/s； 3. 作业时，上节绝缘臂的伸出长度应大于等于 1 m，绝缘斗、臂离带电体物体的距离应大于 1 m，人体与相邻带电体的安全距离应大于 0.6 m。	
			斗内电工使用导线遮蔽罩、绝缘毯等遮蔽用具将作业范围内带电导线和接地部分进行绝缘遮蔽、隔离。	1. 斗内电工设置绝缘遮蔽措施时按“由近至远、从大到小、从低到高”原则进行； 2. 使用绝缘操作杆时，有效绝缘长度应大于 0.7 m； 3. 绝缘遮蔽应严实、牢固，导线遮蔽罩间重叠部分应大于 15 cm，遮蔽范围应比人体活动范围增加 0.4 m； 4. 绝缘斗内双人工作时，禁止两人同时接触不同的电位体。	

续表

√	序号	作业内容	作业标准及步骤	安全措施及注意事项	备注
	5	清除异物	1. 斗内电工拆除异物时，需站在上风侧，应采取措施防止异物落下伤人等； 2. 地面电工配合将异物放至地面。	1. 人体与邻近带电体的距离不得小于0.4 m； 2. 绝缘杆的有效绝缘长度不得小于0.7 m； 3. 绝缘斗内双人工作时，禁止两人同时接触不同的电位体。	
	6	加装接触设备套管	1. 斗内电工将绝缘套管安装到相应导线上，绝缘套管之间应紧密连接，绝缘套管开口向下； 2. 其余两相按相同方法进行。	1. 人体与邻近带电体的距离不得小于0.4 m； 2. 绝缘杆的有效绝缘长度不得小于0.7 m； 3. 绝缘斗内双人工作时，禁止两人同时接触不同的电位体。	
	7	拆除接触设备套管	1. 斗内电工将绝缘斗调整至中间相适当位置，将绝缘套管开口向上，拉到绝缘套管安装工具的导入槽上，拆除中间相导线上绝缘套管； 2. 其余两相按相同方法进行；拆除绝缘套管可按照先中间相、再远边相、最后近边相的顺序进行。	1. 人体与邻近带电体的距离不得小于0.4 m； 2. 绝缘杆的有效绝缘长度不得小于0.7 m； 3. 绝缘斗内双人工作时，禁止两人同时接触不同的电位体。	
	8	加装故障指示仪	1. 斗内电工将绝缘斗调整到中间相导线下侧，将故障指示仪安装在导线上，安装完毕后拆除中间相绝缘遮蔽措施；其余两相按相同方法进行； 2. 加装故障指示仪应先中间相、再远边相、最后近边相顺序，也可视现场实际情况由远到近依次进行。	1. 人体与邻近带电体的距离不得小于0.4 m； 2. 绝缘杆的有效绝缘长度不得小于0.7 m； 3. 绝缘斗内双人工作时，禁止两人同时接触不同的电位体。	

续表

√	序号	作业内容	作业标准及步骤	安全措施及注意事项	备注
	9	拆除故障指示仪	1. 斗内电工将绝缘斗调整到中间相导线下侧，将故障指示仪拆除，拆除完毕后拆除中间相绝缘遮蔽措施；其余两相按相同方法进行； 2. 拆除故障指示仪应先中间相、再远边相、最后近边相顺序，也可视现场实际情况由远到近依次进行。	1. 人体与邻近带电体的距离不得小于0.4 m； 2. 绝缘杆的有效绝缘长度不得小于0.7 m； 3. 绝缘斗内双人工作时，禁止两人同时接触不同的电位体。	
	10	加装驱鸟器	1. 斗内电工将绝缘斗调整到需安装驱鸟器的横担处，将驱鸟器安装到横担上，并紧固螺栓； 2. 加装驱鸟器应按照先远后近的顺序，也可视现场实际情况由近到远依次进行。	1. 人体与邻近带电体的距离不得小于0.4 m； 2. 绝缘杆的有效绝缘长度不得小于0.7 m； 3. 绝缘斗内双人工作时，禁止两人同时接触不同的电位体。	
	11	拆除驱鸟器	1. 斗内电工将绝缘斗调整到需拆除驱鸟器的横担处，将驱鸟器螺栓松开，将驱鸟器取下； 2. 拆除驱鸟器应按照先远后近的顺序，也可视现场实际情况由近到远依次进行。	1. 人体与邻近带电体的距离不得小于0.4 m； 2. 绝缘杆的有效绝缘长度不得小于0.7 m； 3. 绝缘斗内双人工作时，禁止两人同时接触不同的电位体。	
	12	拆除绝缘遮蔽措施	斗内电工拆除绝缘遮蔽用具，确认杆上已无遗留物后，转移工作斗至地面。	1. 斗内电工拆除绝缘遮蔽措施时应戴绝缘手套，且顺序应正确； 2. 拆除绝缘毯时，应轻托慢起，防止拉伤绝缘层； 3. 严禁同时拆除不同电位的遮蔽体。	

5.3　竣工

√	序号	内　　容	负责人签字
	1	工作负责人全面检查作业完成情况并点评(班后会)。	
	2	清理现场的工器具、材料,撤离作业现场。	
	3	通知调度恢复重合闸,办理终结工作票。	

5.4　消缺记录

√	序号	作 业 内 容	负责人签字

6　验收总结

序号	验 收 总 结	
1	验收评价	
2	存在问题及处理意见	

7　作业指导书执行情况评估

评估内容	符合性	优		可操作项	
		良		不可操作项	
	可操作性	优		建议修改项	
		良		遗漏项	
存在问题					
改进意见					

编号：××××-××-××-23

Ⅱ-10 10 kV 带电辅助加装或拆除绝缘遮蔽标准化作业指导书

编写人：________________ ________年______月______日

审核人：________________ ________年______月______日

批准人：________________ ________年______月______日

工作负责人：____________

作业日期： 年 月 日 时 分 至 年 月 日 时 分

国网安徽省电力有限公司

1　工作范围

本作业指导书适用于国网安徽省电力有限公司____________________作业。

2　作业方法

运用绝缘手套法进行的作业。

3　引用文件

1.《国家电网公司电力安全工作规程》(以下简称《安规》)(配电部分)；
2.《配电网检修规程》(Q/GDW 11261—2014)；
3.《配电网技术导则》(Q/GDW 10370—2016)；
4.《10 kV配网不停电作业规范》(Q/GDW 10520—2016)；
5.《配电网施工检修工艺规范》(Q/GDW 10742—2016)；
6.《配电线路带电作业技术导则》(GB/T 18857—2019)。

4　作业前准备

4.1　准备工作安排

√	序号	内容	标　　准	备注
	1	现场勘察	1. 由工作负责人或工作票签发人组织到现场进行勘察，以便掌握同杆(塔)架设线路及其方位、电气间距、作业现场条件和环境； 2. 确定作业方法、所需工具、材料以及应采取的措施。	
	2	车辆检查	按公司车辆使用管理规定有关内容对车辆进行使用前检查。	
	3	气象条件	1. 根据本地气象预报，判断是否符合《安规》对带电作业的要求； 2. 风力大于10 m/s或相对湿度大于80%时，不宜作业。	
	4	办理工作票	1. 在生产管理系统(PMS2.0)中开具工作票； 2. 确认工作地段、配网运行方式，确定预申请停用重合闸的线路名称。	

4.2　人员要求

√	序号	内　　容	备注
	1	作业人员必须持有带电作业有效资格证和实践工作经验。	
	2	作业人员应身体健康，无妨碍作业的生理和心理障碍。	
	3	本年度《安规》考试合格。	

4.3　工器具

√	序号	工器具名称		规格	单位	数量	备注
	1	作业车辆	绝缘斗臂车	10 kV	辆	1	
	2	绝缘防护用具	绝缘手套	10 kV	双	2	带防刺穿作用
	3		绝缘安全帽	10 kV	顶	2	
	4		绝缘服	10 kV	套	2	
	5		绝缘安全带	10 kV	副	2	
	6	绝缘遮蔽用具	导线遮蔽罩	10 kV	个	若干	
	7		绝缘毯	10 kV	个	若干	
	8		横担遮蔽罩	10 kV	个	若干	
	9		熔断器遮蔽罩	10 kV	个	若干	
	10	绝缘工具	绝缘传递绳	12 mm	根	1	
	11	其他	绝缘电阻测试仪	2500 V及以上	套	1	
	12		验电器	10 kV	套	1	
	13		温湿度仪/风速仪		套	1	
	14		绝缘手套检测仪		副	1	

4.4　材料

√	序号	名称	规格	单位	数量	备注

4.5　危险点分析及预控

√	序号	危　险　点	预　控　措　施
	1	高空作业时违反配电《安规》进行操作，可能引起高空坠落。	高空作业时，必须正确使用安全带并戴安全帽，将安全带系在牢固部件上且位置合理，便于作业。
	2	带电作业人员与邻近带电体及接地体的安全距离不够，可能引起相间短路、接地事故。	作业人员与邻近带电体的距离不得小于 0.4 m，与邻相的安全距离不得小于 0.6 m，使用绝缘操作杆的有效绝缘长度不得小于 0.7 m。

续表

√	序号	危　险　点	预 控 措 施
	3	绝缘斗臂车支车时，车腿支持点土壤松软或埋有市政管网设施，使车体倾斜，造成翻车。	遇到松软土壤时，支腿下加垫枕木或钢板且不得超过两块。
	4	绝缘斗臂车液压机构渗漏油，可能引起支腿、绝缘臂、工作斗泄压。	绝缘斗臂车使用前应认真检查，并在预定位置试操作一次，确认各液压部分运转良好，无渗漏油现象，方可操作。
	5	监护人指挥发令信息不畅，导致带电操作人员误操作。	保持通讯通畅，操作人员收到监护人的指令后，应回复确认。

4.6　安全措施

√	序号	内　　容
	1	如遇雷电（听见雷声、看见闪电）雪雹、雨雾不得进行带电作业，风力大于10 m/s或相对湿度大于80%时，也不宜进行带电作业。
	2	作业前，需确认线路无接地、绝缘良好、线路上无人工作且相位无误。
	3	在运输过程中，绝缘工具应装在专用工具袋、工具箱或专用工具车内，以防受潮和损伤。
	4	带电作业必须设人监护，监护人不得直接操作，监护的范围不得超过一个作业点。
	5	作业现场应设围栏及警示牌，禁止无关人员进入或在工作现场逗留。
	6	使用合格的绝缘安全工器具，使用前应做好检查。
	7	作业过程中，如设备突然停电，作业人员应视设备仍然带电，并立即停止操作，工作负责人尽快与调度联系查明原因。
	8	作业过程中，绝缘斗臂车的发动机不得熄火，起升、下降、回转速度不得大于0.5 m/s。
	9	在接近带电体的过程中，应从下方依次验电；对人体可能触及范围内的构件亦应验电，确认无漏电现象。
	10	作业过程中有可能引起不同电位设备之间发生短路或接地故障时，应在设备间设置绝缘遮蔽。

4.7　人员分工

√	序号	作 业 人 员	作 业 项 目
	1	工作负责人	
	2	杆上电工	
	3	地面电工	

5 作业程序

5.1 开工

√	序号	内　容	责任人签字
	1	工作负责人联系调度，办理工作票开工（本项目一般无需停用重合闸）。	
	2	调度许可工作。	
	3	工作负责人组织全体工作人员现场列队宣读工作票，交待工作任务、安全措施、注意事项，确认工作班成员并让其签名后，宣布开始工作的命令。	

5.2 作业内容及标准

√	序号	作业内容	作业标准及步骤	安全措施及注意事项	备注
	1	现场布置	1. 绝缘斗臂车操作员将绝缘斗臂车停在工作点的最佳位置，并装设车体接地线； 2. 作业现场应设安全围栏、悬挂警示牌。	1. 遇到松软土壤时，支腿下加垫枕木且不得超过两块，呈八角形45°摆放； 2. 车工作处地面应坚实、平整，地面坡度超过7°； 3. 支腿伸出车体找平后，车辆前后高度不应大于3°； 4. 车体接地体埋棒插入地层深度不小于0.4 m； 5. 在作业点下方按坠落半径设置安全围栏，车辆后方10 m放置交通警示牌。	
	2	工器具检查	1. 地面电工将按要求将工器具摆放在防潮的帆布上； 2. 斗内电工对绝缘工器具进行外观检查与检测； 3. 绝缘斗臂车操作员将空斗试操作一次。	1. 防潮帆布应设置在杆上落物区半径之外； 2. 将绝缘工器具与非绝缘工器具分开摆放； 3. 使用前应用2500 V的绝缘摇表检查并确保其绝缘阻值不小于700 MΩ； 4. 绝缘工器具外观应符合使用安全要求，如无破损、划伤、受潮等； 5. 确认液压传动、回转、升降、伸缩系统工作正常、操作灵活，制动装置可靠。	

续表

√	序号	作业内容	作业标准及步骤	安全措施及注意事项	备注
	3	验电	按照导线→绝缘子→横担→导线的顺序进行验电，确认无漏电现象。	1. 人体与邻近带电体的距离不得小于0.4 m； 2. 绝缘杆的有效绝缘长度不得小于0.7 m。	
	4	装设绝缘遮蔽	1. 斗内电工将绝缘斗调整至近边相导线适当位置，按照“从近到远、从下到上、先带电体后接地体”的遮蔽原则对作业范围内的所有带电体和接地体进行绝缘遮蔽； 2. 其余两相按相同方法进行； 3. 绝缘遮蔽用具的安装，可按由简单到复杂、先易后难的原则进行，先近（内侧）后远（外侧），或根据现场情况先两边相、后中间相；遮蔽用具之间的重叠部分不得小于150 mm； 4. 绝缘斗退出有电工作区域，作业人员返回地面。	1. 应注意绝缘斗臂车周围杆塔、线路等情况，转移工作斗时，绝缘臂的金属部位与带电体和地电位物体的距离大于1 m； 2. 作业过程中，绝缘斗臂车起升、下降、回转速度不得大于0.5 m/s； 3. 作业时，上节绝缘臂的伸出长度应大于等于1 m，绝缘斗、臂离带电体物体的距离应大于1 m，人体与相邻带电体的安全距离应大于0.6 m。	
	5	拆除绝缘遮蔽	1. 斗内电工将绝缘斗调整至中间相适当位置，将中间相的绝缘遮蔽用具拆除； 2. 其余两相按相同方法进行； 3. 绝缘遮蔽用具的拆除，按照“从远到近、从上到下、先接地体后带电体”的原则拆除绝缘遮蔽；可由复杂到简单、先难后易的原则进行，先中间相、后远边相、最后近边相，也可视现场实际情况从远到近依次进行； 4. 绝缘斗退出有电工作区域，作业人员返回地面。	1. 斗内电工拆除绝缘遮蔽措施时应戴绝缘手套，且顺序应正确； 2. 拆除绝缘毯时，应轻托慢起，防止拉伤绝缘层； 3. 严禁同时拆除不同电位的遮蔽体。	

5.3 竣工

<table>
<tr><th>√</th><th>序号</th><th>内　容</th><th>负责人签字</th></tr>
<tr><td></td><td>1</td><td>工作负责人全面检查作业完成情况并点评(班后会)。</td><td rowspan="3"></td></tr>
<tr><td></td><td>2</td><td>清理现场的工器具、材料,撤离作业现场。</td></tr>
<tr><td></td><td>3</td><td>通知调度恢复重合闸,办理终结工作票。</td></tr>
</table>

5.4 消缺记录

<table>
<tr><th>√</th><th>序号</th><th>作 业 内 容</th><th>负责人签字</th></tr>
<tr><td></td><td></td><td></td><td rowspan="3"></td></tr>
<tr><td></td><td></td><td></td></tr>
<tr><td></td><td></td><td></td></tr>
</table>

6 验收总结

<table>
<tr><th>序号</th><th colspan="2">验 收 总 结</th></tr>
<tr><td>1</td><td>验收评价</td><td></td></tr>
<tr><td>2</td><td>存在问题及处理意见</td><td></td></tr>
</table>

7 作业指导书执行情况评估

<table>
<tr><td rowspan="4">评估内容</td><td rowspan="2">符合性</td><td>优</td><td rowspan="4"></td><td>可操作项</td><td></td></tr>
<tr><td>良</td><td>不可操作项</td><td></td></tr>
<tr><td rowspan="2">可操作性</td><td>优</td><td>建议修改项</td><td></td></tr>
<tr><td>良</td><td>遗漏项</td><td></td></tr>
<tr><td>存在问题</td><td colspan="5"></td></tr>
<tr><td>改进意见</td><td colspan="5"></td></tr>
</table>

编号：××××-××-××-24

Ⅱ-11　10 kV 带电更换避雷器标准化作业指导书

编写人：________________　　　　________年______月______日

审核人：________________　　　　________年______月______日

批准人：________________　　　　________年______月______日

工作负责人：____________

作业日期：　　年　　月　　日　　时　　分　至　　年　　月　　日　　时　　分

国网安徽省电力有限公司

1 工作范围

本作业指导书适用于国网安徽省电力有限公司____________________作业。

2 作业方法

运用绝缘手套法进行的作业。

3 引用文件

1.《国家电网公司电力安全工作规程》(以下简称《安规》)(配电部分);
2.《配电网检修规程》(Q/GDW 11261—2014);
3.《配电网技术导则》(Q/GDW 10370—2016);
4.《10 kV 配网不停电作业规范》(Q/GDW 10520—2016);
5.《配电网施工检修工艺规范》(Q/GDW 10742—2016);
6.《配电线路带电作业技术导则》(GB/T 18857—2019)。

4 作业前准备

4.1 准备工作安排

√	序号	内容	标准	备注
	1	现场勘察	1. 由工作负责人或工作票签发人组织到现场进行勘察,以便掌握同杆(塔)架设线路及其方位、电气间距、作业现场条件和环境; 2. 确定作业方法、所需工具、材料以及应采取的措施。	
	2	车辆检查	按公司车辆使用管理规定有关内容对车辆进行使用前检查。	
	3	气象条件	1. 根据本地气象预报,判断是否符合《安规》对带电作业的要求; 2. 风力大于 10 m/s 或相对湿度大于 80%时,不宜作业。	
	4	办理工作票	1. 在生产管理系统(PMS2.0)中开具工作票; 2. 确认工作地段、配网运行方式,确定预申请停用重合闸的线路名称。	

4.2 人员要求

√	序号	内容	备注
	1	作业人员必须持有带电作业有效资格证和实践工作经验。	
	2	作业人员应身体健康,无妨碍作业的生理和心理障碍。	
	3	本年度《安规》考试合格。	

4.3 工器具

√	序号	工器具名称		规格	单位	数量	备注
	1	作业车辆	绝缘斗臂车	10 kV	辆	1	
	2	绝缘防护用具	绝缘手套	10 kV	双	2	带防刺穿作用
	3		绝缘安全帽	10 kV	顶	2	
	4		绝缘服	10 kV	套	2	
	5		绝缘安全带	10 kV	副	2	
	6	绝缘遮蔽用具	绝缘隔板	10 kV	个	若干	
	7	绝缘工具	绝缘传递绳	12 mm	根	1	
	8		绝缘锁杆	10 kV	副	1	
	9	其他	绝缘电阻测试仪	2500 V及以上	套	1	
	10		验电器	10 kV	套	1	
	11		护目镜		套	1	
	12		温湿度仪/风速仪		套	1	
	13		绝缘手套检测仪		副	1	

4.4 材料

√	序号	名称	规格	单位	数量	备注
	1	避雷器		只		

4.5 危险点分析及预控

√	序号	危 险 点	预 控 措 施
	1	高空作业时违反配电《安规》进行操作，可能引起高空坠落。	高空作业时，必须正确使用安全带并戴安全帽，将安全带系在牢固部件上且位置合理，便于作业。
	2	带电作业人员与邻近带电体及接地体的安全距离不够，可能引起相间短路、接地事故。	作业人员与邻近带电体的距离不得小于0.4 m，与邻相的安全距离不得小于0.6 m，使用绝缘操作杆的有效绝缘长度不得小于0.7 m。

续表

√	序号	危　险　点	预 控 措 施
	3	绝缘斗臂车支车时，车腿支持点土壤松软或埋有市政管网设施，使车体倾斜，造成翻车。	遇到松软土壤时，支腿下加垫枕木或钢板且不得超过两块。
	4	绝缘斗臂车液压机构渗漏油，可能引起支腿、绝缘臂、工作斗泄压。	绝缘斗臂车使用前应认真检查，并在预定位置试操作一次，确认各液压部分运转良好，无渗漏油现象，方可操作。
	5	监护人指挥发令信息不畅，导致带电操作人员误操作。	保持通讯通畅，操作人员收到监护人的指令后，应回复确认。

4.6　安全措施

√	序号	内　　容
	1	如遇雷电(听见雷声、看见闪电)雪雹、雨雾不得进行带电作业，风力大于 10 m/s 或相对湿度大于 80%时，也不宜进行带电作业。
	2	作业前，需确认线路无接地、绝缘良好、线路上无人工作且相位无误。
	3	在运输过程中，绝缘工具应装在专用工具袋、工具箱或专用工具车内，以防受潮和损伤。
	4	带电作业必须设人监护，监护人不得直接操作，监护的范围不得超过一个作业点。
	5	作业现场应设围栏及警示牌，禁止无关人员进入或在工作现场逗留。
	6	使用合格的绝缘安全工器具，使用前应做好检查。
	7	作业过程中，如设备突然停电，作业人员应视设备仍然带电，并立即停止操作，工作负责人尽快与调度联系查明原因。
	8	作业过程中，绝缘斗臂车的发动机不得熄火，起升、下降、回转速度不得大于 0.5 m/s。
	9	在接近带电体的过程中，应从下方依次验电；对人体可能触及范围内的构件亦应验电，确认无漏电现象。
	10	作业过程中有可能引起不同电位设备之间发生短路或接地故障时，应在设备间设置绝缘遮蔽。
	11	禁止同时接触未接通或已断开的导线的两个断头，以防人体串入电路。

4.7　人员分工

√	序号	作 业 人 员	作 业 项 目
	1	工作负责人	
	2	杆上电工	
	3	地面电工	

5 作业程序

5.1 开工

√	序号	内　　容	责任人签字
	1	工作负责人联系调度，办理工作票开工（本项目一般无需停用重合闸）。	
	2	调度许可工作。	
	3	工作负责人组织全体工作人员现场列队宣读工作票，交待工作任务、安全措施、注意事项，确认工作班成员并让其签名后，宣布开始工作的命令。	

5.2 作业内容及标准

√	序号	作业内容	作业标准及步骤	安全措施及注意事项	备注
	1	现场布置	1. 绝缘斗臂车操作员将绝缘斗臂车停在工作点的最佳位置，并装设车体接地线； 2. 作业现场应设安全围栏、悬挂警示牌。	1. 遇到松软土壤时，支腿下加垫枕木且不得超过两块，呈八角形 45°摆放； 2. 车工作处地面应坚实、平整，地面坡度超过 7°； 3. 支腿伸出车体找平后，车辆前后高度不应大于 3°； 4. 车体接地体埋棒插入地层深度不小于 0.4 m； 5. 在作业点下方按坠落半径设置安全围栏，车辆后方 10 m 放置交通警示牌。	
	2	工器具检查	1. 地面电工将按要求将工器具摆放在防潮的帆布上； 2. 斗内电工对绝缘工器具进行外观检查与检测； 3. 绝缘斗臂车操作员将空斗试操作一次。	1. 防潮帆布应设置在杆上落物区半径之外； 2. 将绝缘工器具与非绝缘工器具分开摆放； 3. 使用前应用 2500 V 的绝缘摇表检查并确保其绝缘阻值不小于 700 MΩ； 4. 绝缘工器具外观应符合使用安全要求，如无破损、划伤、受潮等； 5. 确认液压传动、回转、升降、伸缩系统工作正常、操作灵活，制动装置可靠。	

续表

√	序号	作业内容	作业标准及步骤	安全措施及注意事项	备注
	3	验电	按照导线→绝缘子→横担→导线的顺序进行验电，确认无漏电现象。	1. 人体与邻近带电体的距离不得小于0.4 m； 2. 绝缘杆的有效绝缘长度不得小于0.7 m。	
	4	设置绝缘遮蔽、隔离措施	斗内电工转移工作斗到内边侧导线合适位置。	1. 应注意绝缘斗臂车周围杆塔、线路等情况，转移工作斗时，绝缘臂的金属部位与带电体和地电位物体的距离大于0.9 m； 2. 作业过程中，绝缘斗臂车起升、下降、回转速度不得大于0.5 m/s； 3. 作业时，上节绝缘臂的伸出长度应大于等于1 m，绝缘斗、臂离带电体物体的距离应大于1 m，人体与相邻带电体的安全距离应大于0.6 m。	
			斗内电工使用导线遮蔽罩、绝缘毯等遮蔽用具将作业范围内带电导线和接地部分进行绝缘遮蔽、隔离。	1. 斗内电工设置绝缘遮蔽措施时按“由近至远、从大到小、从低到高”原则进行； 2. 使用绝缘操作杆时，有效绝缘长度应大于0.7 m； 3. 绝缘遮蔽应严实、牢固，导线遮蔽罩间重叠部分应大于15 cm，遮蔽范围应比人体活动范围增加0.4 m； 4. 绝缘斗内双人工作时，禁止两人同时接触不同的电位体。	
	5	更换避雷器	1. 斗内电工将绝缘斗调整至避雷器横担下适当位置，使用断线剪将近边相避雷器引线从主导线(或其他搭接部位)拆除，妥善固定引线；	1. 使用断线剪，按照先两边相、后中间相原则 将避雷器三相引线从主导线(或其他搭接部位)拆除，妥善固定引线； 2. 先断避雷器上引线，后断下引线； 3. 避雷器瓷件完好，检测合格才能安装；	

续表

√	序号	作业内容	作业标准及步骤	安全措施及注意事项	备注
			2. 其余两相避雷器退出运行按相同方法进行；三相避雷器接线器的拆除，可按由简单到复杂、先易后难的原则进行，先近（内侧）后远（外侧），或根据现场情况先两边相、后中间相； 3. 斗内电工更换新避雷器，在避雷器接线柱上安装好引线并妥善固定，恢复绝缘遮蔽隔离措施； 4. 斗内电工将绝缘斗调整至避雷器横担下适当位置，安装三相避雷器接地线，将中间相避雷器上引线与主导线进行搭接； 5. 其余两相避雷器上引线与主导线的搭接按相同的方法进行。三相避雷器上引线与主导线的搭接，可按由复杂到简单、先难后易的原则进行，先远（外侧）后近（内侧），或根据现场情况先中间相、后两边相。	4. 避雷器接线柱上安装好引线并妥善固定； 5. 先接避雷器下桩头，后接上桩头； 6. 搭接三相引线按先中间相、后两边相的原则进行； 7. 搭接一相后，立即对其恢复绝缘遮蔽隔离措施。	
	6	拆除绝缘遮蔽措施	斗内电工拆除绝缘遮蔽用具，确认杆上已无遗留物后，转移工作斗至地面。	1. 斗内电工拆除绝缘遮蔽措施时应戴绝缘手套，且顺序应正确； 2. 拆除绝缘毯时，应轻托慢起，防止拉伤绝缘层； 3. 严禁同时拆除不同电位的遮蔽体。	

5.3　竣工

√	序号	内　　容	负责人签字
	1	工作负责人全面检查作业完成情况并点评（班后会）。	
	2	清理现场的工器具、材料，撤离作业现场。	
	3	通知调度恢复重合闸，办理终结工作票。	

6 验收总结

<table>
<tr><th>序号</th><th colspan="2">验 收 总 结</th></tr>
<tr><td>1</td><td>验收评价</td><td></td></tr>
<tr><td>2</td><td>存在问题及处理意见</td><td></td></tr>
</table>

7 作业指导书执行情况评估

<table>
<tr><td rowspan="4">评估内容</td><td rowspan="2">符合性</td><td>优</td><td></td><td>可操作项</td><td></td></tr>
<tr><td>良</td><td></td><td>不可操作项</td><td></td></tr>
<tr><td rowspan="2">可操作性</td><td>优</td><td></td><td>建议修改项</td><td></td></tr>
<tr><td>良</td><td></td><td>遗漏项</td><td></td></tr>
<tr><td>存在问题</td><td colspan="5"></td></tr>
<tr><td>改进意见</td><td colspan="5"></td></tr>
</table>

编号：××××-××-××-25

Ⅱ-12　10 kV 带电断引线标准化作业指导书

（断熔断器上引线）

编写人：________________　　　　　　________年______月______日

审核人：________________　　　　　　________年______月______日

批准人：________________　　　　　　________年______月______日

工作负责人：____________

作业日期：　　年　　月　　日　　时　　分　至　　年　　月　　日　　时　　分

国网安徽省电力有限公司

1 工作范围

本作业指导书适用于国网安徽省电力有限公司____________________作业。

2 作业方法

运用绝缘手套法进行的作业。

3 引用文件

1.《国家电网公司电力安全工作规程》(以下简称《安规》)(配电部分);
2.《配电网检修规程》(Q/GDW 11261—2014);
3.《配电网技术导则》(Q/GDW 10370—2016);
4.《10 kV 配网不停电作业规范》(Q/GDW 10520—2016);
5.《配电网施工检修工艺规范》(Q/GDW 10742—2016);
6.《配电线路带电作业技术导则》(GB/T 18857—2019)。

4 作业前准备

4.1 准备工作安排

√	序号	内容	标　　准	备注
	1	现场勘察	1. 由工作负责人或工作票签发人组织到现场进行勘察,以便掌握同杆(塔)架设线路及其方位、电气间距、作业现场条件和环境; 2. 确定作业方法、所需工具、材料以及应采取的措施。	
	2	车辆检查	按公司车辆使用管理规定有关内容对车辆进行使用前检查。	
	3	气象条件	1. 根据本地气象预报,判断是否符合《安规》对带电作业的要求; 2. 风力大于 10 m/s 或相对湿度大于 80%时,不宜作业。	
	4	办理工作票	1. 在生产管理系统(PMS2.0)中开具工作票; 2. 确认工作地段、配网运行方式,确定预申请停用重合闸的线路名称。	

4.2 人员要求

√	序号	内　　容	备注
	1	作业人员必须持有带电作业有效资格证和实践工作经验。	
	2	作业人员应身体健康,无妨碍作业的生理和心理障碍。	
	3	本年度《安规》考试合格。	

4.3　工器具

√	序号	工器具名称		规格	单位	数量	备注
	1	作业车辆	绝缘斗臂车	10 kV	辆	1	
	2	绝缘防护用具	绝缘手套	10 kV	双	2	带防刺穿作用
	3		绝缘安全帽	10 kV	顶	2	
	4		绝缘服	10 kV	套	2	
	5		绝缘安全带	10 kV	副	2	
	6	绝缘遮蔽用具	导线遮蔽罩	10 kV	个	若干	
	7		绝缘毯	10 kV	个	若干	
	8		横担遮蔽罩	10 kV	个	若干	
	9		熔断器遮蔽罩	10 kV	个	若干	
	10	绝缘工具	绝缘传递绳	12 mm	根	1	
	11		绝缘锁杆	10 kV	副	1	
	12	其他	绝缘电阻测试仪	2500 V 及以上	套	1	
	13		电流检测仪	10 kV	套	1	
	14		验电器	10 kV	套	1	
	15		护目镜	—	副	2	
	16		温湿度仪/风速仪		套	1	
	17		绝缘手套检测仪		副	1	

4.4　材料

√	序号	名称	规格	单位	数量	备注

4.5　危险点分析及预控

√	序号	危　险　点	预 控 措 施
	1	高空作业时违反配电《安规》进行操作，可能引起高空坠落。	高空作业时，必须正确使用安全带并戴安全帽，将安全带系在牢固部件上且位置合理，便于作业。

续表

√	序号	危 险 点	预 控 措 施
	2	斗内电工与邻近带电体及接地体的安全距离不够，可能引起相间短路、接地事故。	斗内电工与邻近带电体的距离不得小于0.4 m，与邻相的安全距离不得小于0.6 m，距离不足时应进行绝缘遮蔽；使用绝缘操作杆的有效绝缘长度不得小于0.7 m。
	3	绝缘斗臂车支车时，车腿支持点土壤松软或埋有市政管网设施，使车体倾斜，造成翻车。	遇到松软土壤时，支腿下加垫枕木或钢板且不得超过两块。
	4	绝缘斗臂车液压机构渗漏油，可能引起支腿、绝缘臂、工作斗泄压。	绝缘斗臂车使用前应认真检查，并在预定位置试操作一次，确认各液压部分运转良好，无渗漏油现象，方可操作。
	5	监护人指挥发令信息不畅，导致带电操作人员误操作。	保持通讯通畅，操作人员收到监护人的指令后，应回复确认。

4.6 安全措施

√	序号	内 容
	1	如遇雷电(听见雷声、看见闪电)雪雹、雨雾不得进行带电作业，风力大于10 m/s或相对湿度大于80%时，也不宜进行带电作业。
	2	作业前，需确认线路无接地、绝缘良好、线路上无人工作且相位无误。
	3	在运输过程中，绝缘工具应装在专用工具袋、工具箱或专用工具车内，以防受潮和损伤。
	4	带电作业必须设人监护，监护人不得直接操作，监护的范围不得超过一个作业点。
	5	作业现场应设围栏及警示牌，禁止无关人员进入或在工作现场逗留。
	6	使用合格的绝缘安全工器具，使用前应做好检查。
	7	作业过程中，如设备突然停电，作业人员应视设备仍然带电，并立即停止操作，工作负责人尽快与调度联系查明原因。
	8	作业过程中，绝缘斗臂车的发动机不得熄火，起升、下降、回转速度不得大于0.5 m/s。
	9	在接近带电体的过程中，应从下方依次验电；对人体可能触及范围内的构件亦应验电，确认无漏电现象。
	10	作业过程中有可能引起不同电位设备之间发生短路或接地故障时，应在设备间设置绝缘遮蔽。
	11	禁止同时接触未接通或已断开的导线的两个断头，以防人体串入电路。

4.7　人员分工

√	序号	作业人员	作业项目
	1	工作负责人	
	2	杆上电工	
	3	地面电工	

5　作业程序

5.1　开工

√	序号	内　　容	责任人签字
	1	工作负责人联系调度,办理工作票开工(本项目一般无需停用重合闸)。	
	2	调度许可工作。	
	3	工作负责人组织全体工作人员现场列队宣读工作票,交待工作任务、安全措施、注意事项,确认工作班成员并让其签名后,宣布开始工作的命令。	

5.2　作业内容及标准

√	序号	作业内容	作业标准及步骤	安全措施及注意事项	备注
	1	现场布置	1. 绝缘斗臂车操作员将绝缘斗臂车停在工作点的最佳位置,并装设车体接地线; 2. 作业现场应设安全围栏、悬挂警示牌。	1. 遇到松软土壤时,支腿下加垫枕木且不得超过两块,呈八角形45°摆放; 2. 车工作处地面应坚实、平整,地面坡度超过7°; 3. 支腿伸出车体找平后,车辆前后高度不应大于3°; 4. 车体接地体埋棒插入地层深度不小于0.4 m; 5. 在作业点下方按坠落半径设置安全围栏,车辆后方10 m放置交通警示牌。	

续表

√	序号	作业内容	作业标准及步骤	安全措施及注意事项	备注
	2	工器具检查	1. 地面电工将按要求将工器具摆放在防潮的帆布上； 2. 斗内电工对绝缘工器具进行外观检查与检测； 3. 绝缘斗臂车操作员将空斗试操作一次。	1. 防潮帆布应设置在杆上落物区半径之外； 2. 将绝缘工器具与非绝缘工器具分开摆放； 3. 使用前应用 2500 V 的绝缘摇表检查并确保其绝缘阻值不小于 700 MΩ； 4. 绝缘工器具外观应符合使用安全要求，如无破损、划伤、受潮等； 5. 确认液压传动、回转、升降、伸缩系统工作正常、操作灵活，制动装置可靠。	
	3	验电	按照导线→绝缘子→横担→导线的顺序进行验电，确认无漏电现象。	1. 人体与邻近带电体的距离不得小于 0.4 m； 2. 绝缘杆的有效绝缘长度不得小于 0.7 m。	
	4	设置绝缘遮蔽、隔离措施	斗内电工转移工作斗到内边侧导线合适位置。	1. 应注意绝缘斗臂车周围杆塔、线路等情况，转移工作斗时，绝缘臂的金属部位与带电体和地电位物体的距离大于 0.9 m； 2. 作业过程中，绝缘斗臂车起升、下降、回转速度不得大于0.5 m/s； 3. 作业时，上节绝缘臂的伸出长度应大于等于 1 m，绝缘斗、臂离带电体物体的距离应大于1 m，人体与相邻带电体的安全距离应大于 0.6 m。	
			斗内电工使用导线遮蔽罩、绝缘毯等遮蔽用具将作业范围内带电导线和接地部分进行绝缘遮蔽、隔离。	1. 斗内电工设置绝缘遮蔽措施时按“由近至远、从大到小、从低到高”原则进行； 2. 使用绝缘操作杆时，有效绝缘长度应大于 0.7 m； 3. 绝缘遮蔽应严实、牢固，导线遮蔽罩间重叠部分应大于 15 cm，遮蔽范围应比人体活动范围增加 0.4 m； 4. 绝缘斗内双人工作时，禁止两人同时接触不同的电位体。	

续表

√	序号	作业内容	作业标准及步骤	安全措施及注意事项	备注
	5	断熔断器上引线	1. 斗内电工调整工作斗至近边相合适位置,用绝缘锁杆将熔断器上引线临时固定在主导线上,然后拆除线夹; 2. 斗内电工调整工作位置后,用绝缘锁杆将上引线线头脱离主导线,妥善固定;恢复主导线绝缘遮蔽; 3. 其余两相断开熔断器上引线拆除工作按相同方法进行。	1. 作业人员戴护目镜; 2. 断引线前,确保后端线路“三无一良”(无接地、无负荷、无人工作、绝缘良好); 3. 禁止作业人员串入电路; 4. 如导线为绝缘线,熔断器上引线拆除后应恢复导线的绝缘; 5. 三相熔断器上引线的拆除顺序应是先两边相、再中间相。	
	6	拆除绝缘遮蔽措施	斗内电工拆除绝缘遮蔽用具,确认杆上已无遗留物后,转移工作斗至地面。	1. 斗内电工拆除绝缘遮蔽措施时应戴绝缘手套,且顺序应正确; 2. 拆除绝缘毯时,应轻托慢起,防止拉伤绝缘层; 3. 严禁同时拆除不同电位的遮蔽体。	

5.3 竣工

√	序号	内容	负责人签字
	1	工作负责人全面检查作业完成情况并点评(班后会)。	
	2	清理现场的工器具、材料,撤离作业现场。	
	3	通知调度恢复重合闸,办理终结工作票。	

6 验收总结

序号	验收总结	
1	验收评价	
2	存在问题及处理意见	

7　作业指导书执行情况评估

<table>
<tr><td rowspan="4">评估内容</td><td rowspan="2">符合性</td><td>优</td><td></td><td>可操作项</td><td></td></tr>
<tr><td>良</td><td></td><td>不可操作项</td><td></td></tr>
<tr><td rowspan="2">可操作性</td><td>优</td><td></td><td>建议修改项</td><td></td></tr>
<tr><td>良</td><td></td><td>遗漏项</td><td></td></tr>
<tr><td>存在问题</td><td colspan="5"></td></tr>
<tr><td>改进意见</td><td colspan="5"></td></tr>
</table>

编号：××××-××-××-26

Ⅱ-13 10 kV 带电断引线标准化作业指导书

（断分支线路引线）

编写人：________________ ________年______月______日

审核人：________________ ________年______月______日

批准人：________________ ________年______月______日

工作负责人：____________

作业日期： 年 月 日 时 分 至 年 月 日 时 分

国网安徽省电力有限公司

1　工作范围

本作业指导书适用于国网安徽省电力有限公司____________________作业。

2　作业方法

运用绝缘手套法进行的作业。

3　引用文件

1.《国家电网公司电力安全工作规程》(以下简称《安规》)(配电部分)；
2.《配电网检修规程》(Q/GDW 11261—2014)；
3.《配电网技术导则》(Q/GDW 10370—2016)；
4.《10 kV 配网不停电作业规范》(Q/GDW 10520—2016)；
5.《配电网施工检修工艺规范》(Q/GDW 10742—2016)；
6.《配电线路带电作业技术导则》(GB/T 18857—2019)。

4　作业前准备

4.1　准备工作安排

√	序号	内容	标　　准	备注
	1	现场勘察	1. 由工作负责人或工作票签发人组织到现场进行勘察，以便掌握同杆(塔)架设线路及其方位、电气间距、作业现场条件和环境； 2. 确定作业方法、所需工具、材料以及应采取的措施。	
	2	车辆检查	按公司车辆使用管理规定有关内容对车辆进行使用前检查。	
	3	气象条件	1. 根据本地气象预报，判断是否符合《安规》对带电作业的要求； 2. 风力大于 10 m/s 或相对湿度大于 80%时，不宜作业。	
	4	办理工作票	1. 在生产管理系统(PMS2.0)中开具工作票； 2. 确认工作地段、配网运行方式，确定预申请停用重合闸的线路名称。	

4.2　人员要求

√	序号	内　　容	备注
	1	作业人员必须持有带电作业有效资格证和实践工作经验。	
	2	作业人员应身体健康，无妨碍作业的生理和心理障碍。	
	3	本年度《安规》考试合格。	

4.3　工器具

√	序号	工器具名称		规格	单位	数量	备注
	1	作业车辆	绝缘斗臂车	10 kV	辆	1	
	2	绝缘防护用具	绝缘手套	10 kV	双	2	带防刺穿作用
	3		绝缘安全帽	10 kV	顶	2	
	4		绝缘服	10 kV	套	2	
	5		绝缘安全带	10 kV	副	2	
	6	绝缘遮蔽用具	导线遮蔽罩	10 kV	个	若干	
	7		绝缘毯	10 kV	个	若干	
	8		横担遮蔽罩	10 kV	个	若干	
	9	绝缘工具	绝缘传递绳	12 mm	根	1	
	10		绝缘锁杆	10 kV	副	1	
	11	其他	绝缘电阻测试仪	2500 V及以上	套	1	
	12		电流检测仪	10 kV	套	1	
	13		验电器	10 kV	套	1	
	14		护目镜	—	副	2	
	15		温湿度仪/风速仪		套	1	
	16		绝缘手套检测仪		副	1	

4.4　材料

√	序号	名称	规格	单位	数量	备注

4.5　危险点分析及预控

√	序号	危　险　点	预 控 措 施
	1	高空作业时违反配电《安规》进行操作，可能引起高空坠落。	高空作业时，必须正确使用安全带并戴安全帽，将安全带系在牢固部件上且位置合理，便于作业。

续表

√	序号	危 险 点	预 控 措 施
	2	斗内电工与邻近带电体及接地体的安全距离不够，可能引起相间短路、接地事故。	斗内电工与邻近带电体的距离不得小于0.4 m，与邻相的安全距离不得小于0.6 m，距离不足时应进行绝缘遮蔽；使用绝缘操作杆的有效绝缘长度不得小于0.7 m。
	3	绝缘斗臂车支车时，车腿支持点土壤松软或埋有市政管网设施，使车体倾斜，造成翻车。	遇到松软土壤时，支腿下加垫枕木或钢板且不得超过两块。
	4	绝缘斗臂车液压机构渗漏油，可能引起支腿、绝缘臂、工作斗泄压。	绝缘斗臂车使用前应认真检查，并在预定位置试操作一次，确认各液压部分运转良好，无渗漏油现象，方可操作。
	5	监护人指挥发令信息不畅，导致带电操作人员误操作。	保持通讯通畅，操作人员收到监护人的指令后，应回复确认。

4.6 安全措施

√	序号	内 容
	1	如遇雷电（听见雷声、看见闪电）雪雹、雨雾不得进行带电作业，风力大于10 m/s或相对湿度大于80%时，也不宜进行带电作业。
	2	作业前，需确认线路无接地、绝缘良好、线路上无人工作且相位无误。
	3	在运输过程中，绝缘工具应装在专用工具袋、工具箱或专用工具车内，以防受潮和损伤。
	4	带电作业必须设人监护，监护人不得直接操作，监护的范围不得超过一个作业点。
	5	作业现场应设围栏及警示牌，禁止无关人员进入或在工作现场逗留。
	6	使用合格的绝缘安全工器具，使用前应做好检查。
	7	作业过程中，如设备突然停电，作业人员应视设备仍然带电，并立即停止操作，工作负责人尽快与调度联系查明原因。
	8	作业过程中，绝缘斗臂车的发动机不得熄火，起升、下降、回转速度不得大于0.5 m/s。
	9	在接近带电体的过程中，应从下方依次验电；对人体可能触及范围内的构件亦应验电，确认无漏电现象。
	10	作业过程中有可能引起不同电位设备之间发生短路或接地故障时，应在设备间设置绝缘遮蔽。
	11	禁止同时接触未接通或已断开的导线的两个断头，以防人体串入电路。

4.7 人员分工

√	序号	作 业 人 员	作 业 项 目
	1	工作负责人	
	2	杆上电工	
	3	地面电工	

5 作业程序

5.1 开工

√	序号	内 容	责任人签字
	1	工作负责人联系调度,办理工作票开工(本项目一般无需停用重合闸)。	
	2	调度许可工作。	
	3	工作负责人组织全体工作人员现场列队宣读工作票,交待工作任务、安全措施、注意事项,确认工作班成员并让其签名后,宣布开始工作的命令。	

5.2 作业内容及标准

√	序号	作业内容	作业标准及步骤	安全措施及注意事项	备注
	1	现场布置	1. 绝缘斗臂车操作员将绝缘斗臂车停在工作点的最佳位置,并装设车体接地线; 2. 作业现场应设安全围栏、悬挂警示牌。	1. 遇到松软土壤时,支腿下加垫枕木且不得超过两块,呈八角形 45°摆放; 2. 车工作处地面应坚实、平整,地面坡度超过 7°; 3. 支腿伸出车体找平后,车辆前后高度不应大于 3°; 4. 车体接地体埋棒插入地层深度不小于 0.4 m; 5. 在作业点下方按坠落半径设置安全围栏,车辆后方 10 m 放置交通警示牌。	

续表

√	序号	作业内容	作业标准及步骤	安全措施及注意事项	备注
	2	工器具检查	1. 地面电工将按要求将工器具摆放在防潮的帆布上； 2. 斗内电工对绝缘工器具进行外观检查与检测； 3. 绝缘斗臂车操作员将空斗试操作一次。	1. 防潮帆布应设置在杆上落物区半径之外； 2. 将绝缘工器具与非绝缘工器具分开摆放； 3. 使用前应用 2500 V 的绝缘摇表检查并确保其绝缘阻值不小于 700 MΩ； 4. 绝缘工器具外观应符合使用安全要求，如无破损、划伤、受潮等； 5. 确认液压传动、回转、升降、伸缩系统工作正常、操作灵活，制动装置可靠。	
	3	验电	按照导线→绝缘子→横担→导线的顺序进行验电，确认无漏电现象。	1. 人体与邻近带电体的距离不得小于 0.4 m； 2. 绝缘杆的有效绝缘长度不得小于 0.7 m。	
	4	设置绝缘遮蔽、隔离措施	斗内电工转移工作斗到内边侧导线合适位置。	1. 应注意绝缘斗臂车周围杆塔、线路等情况，转移工作斗时，绝缘臂的金属部位与带电体和地电位物体的距离大于 0.9 m； 2. 作业过程中，绝缘斗臂车起升、下降、回转速度不得大于0.5 m/s； 3. 作业时，上节绝缘臂的伸出长度应大于等于 1 m，绝缘斗、臂离带电体物体的距离应大于1 m，人体与相邻带电体的安全距离应大于 0.6 m。	
			斗内电工使用导线遮蔽罩、绝缘毯等遮蔽用具将作业范围内带电导线和接地部分进行绝缘遮蔽、隔离。	1. 斗内电工设置绝缘遮蔽措施时按“由近至远、从大到小、从低到高”原则进行； 2. 使用绝缘操作杆时，有效绝缘长度应大于 0.7 m； 3. 绝缘遮蔽应严实、牢固，导线遮蔽罩间重叠部分应大于 15 cm，遮蔽范围应比人体活动范围增加 0.4 m； 4. 绝缘斗内双人工作时，禁止两人同时接触不同的电位体。	

续表

√	序号	作业内容	作业标准及步骤	安全措施及注意事项	备注
	5	断分支线路引线	1. 斗内电工将绝缘斗调整到近边相导线外侧适当位置,使用绝缘锁杆将分支线路引线线头与主导线临时固定后,拆除接续线夹; 2. 斗内电工转移绝缘斗位置,用绝缘锁杆将已断开的分支线路引线线头脱离主导线,临时固定在分支线路同相导线上; 3. 其余两相引线拆除工作按相同方法进行。	1. 作业人员应戴护目镜; 2. 断引线前,确保后端线路"三无一良"(无接地、无负荷、无人工作、绝缘良好); 3. 空载电流应不大于5 A,大于0.1 A时应使用专用的消弧开关; 4. 禁止作业人员串入电路; 5. 如断开的支接引线过后需要恢复,应采取拆除接引线夹方式进行,将已断开的支接引线固定在同相位的支接导线上; 6. 如导线为绝缘线,引流线拆除后应恢复导线的绝缘; 7. 拆除引线次序可按照先近边相、后远边相、最后中间相,也可视现场情况由近到远依次进行。	
	6	拆除绝缘遮蔽措施	斗内电工拆除绝缘遮蔽用具,确认杆上已无遗留物后,转移工作斗至地面。	1. 斗内电工拆除绝缘遮蔽措施时应戴绝缘手套,且顺序应正确; 2. 拆除绝缘毯时,应轻托慢起,防止拉伤绝缘层; 3. 严禁同时拆除不同电位的遮蔽体。	

5.3　竣工

√	序号	内　　容	负责人签字
	1	工作负责人全面检查作业完成情况并点评(班后会)。	
	2	清理现场的工器具、材料,撤离作业现场。	
	3	通知调度恢复重合闸,办理终结工作票。	

6　验收总结

序号	验 收 总 结	
1	验收评价	
2	存在问题及处理意见	

7 作业指导书执行情况评估

<table>
<tr><td rowspan="4">评估内容</td><td rowspan="2">符合性</td><td>优</td><td></td><td>可操作项</td><td></td></tr>
<tr><td>良</td><td></td><td>不可操作项</td><td></td></tr>
<tr><td rowspan="2">可操作性</td><td>优</td><td></td><td>建议修改项</td><td></td></tr>
<tr><td>良</td><td></td><td>遗漏项</td><td></td></tr>
<tr><td>存在问题</td><td colspan="5"></td></tr>
<tr><td>改进意见</td><td colspan="5"></td></tr>
</table>

编号：××××-××-××-27

Ⅱ-14　10 kV 带电断引线标准化作业指导书

（断耐张杆引线）

编写人：________________　　　　________年______月______日

审核人：________________　　　　________年______月______日

批准人：________________　　　　________年______月______日

工作负责人：____________

作业日期：　　年　　月　　日　　时　　分　至　　年　　月　　日　　时　　分

国网安徽省电力有限公司

1 工作范围

本作业指导书适用于国网安徽省电力有限公司____________________作业。

2 作业方法

运用绝缘手套法进行的作业。

3 引用文件

1.《国家电网公司电力安全工作规程》(以下简称《安规》)(配电部分);
2.《配电网检修规程》(Q/GDW 11261—2014);
3.《配电网技术导则》(Q/GDW 10370—2016);
4.《10 kV 配网不停电作业规范》(Q/GDW 10520—2016);
5.《配电网施工检修工艺规范》(Q/GDW 10742—2016);
6.《配电线路带电作业技术导则》(GB/T 18857—2019)。

4 作业前准备

4.1 准备工作安排

√	序号	内容	标　　准	备注
	1	现场勘察	1. 由工作负责人或工作票签发人组织到现场进行勘察,以便掌握同杆(塔)架设线路及其方位、电气间距、作业现场条件和环境; 2. 确定作业方法、所需工具、材料以及应采取的措施。	
	2	车辆检查	按公司车辆使用管理规定有关内容对车辆进行使用前检查。	
	3	气象条件	1. 根据本地气象预报,判断是否符合《安规》对带电作业的要求; 2. 风力大于 10 m/s 或相对湿度大于 80%时,不宜作业。	
	4	办理工作票	1. 在生产管理系统(PMS2.0)中开具工作票; 2. 确认工作地段、配网运行方式,确定预申请停用重合闸的线路名称。	

4.2 人员要求

√	序号	内　　容	备注
	1	作业人员必须持有带电作业有效资格证和实践工作经验。	
	2	作业人员应身体健康,无妨碍作业的生理和心理障碍。	
	3	本年度《安规》考试合格。	

4.3　工器具

√	序号	工器具名称		规格	单位	数量	备注
	1	作业车辆	绝缘斗臂车	10 kV	辆	1	
	2	绝缘防护用具	绝缘手套	10 kV	双	2	带防刺穿作用
	3		绝缘安全帽	10 kV	顶	2	
	4		绝缘服	10 kV	套	2	
	5		绝缘安全带	10 kV	副	2	
	6	绝缘遮蔽用具	导线遮蔽罩	10 kV	个	若干	
	7		绝缘毯	10 kV	个	若干	
	8		横担遮蔽罩	10 kV	个	若干	
	9	绝缘工具	绝缘传递绳	12 mm	根	1	
	10		绝缘锁杆	10 kV	副	1	
	11	其他	绝缘电阻测试仪	2500 V及以上	套	1	
	12		电流检测仪	10 kV	套	1	
	13		验电器	10 kV	套	1	
	14		护目镜	—	副	2	
	15		温湿度仪/风速仪		套	1	
	16		绝缘手套检测仪		副	1	

4.4　材料

√	序号	名称	规格	单位	数量	备注

4.5　危险点分析及预控

√	序号	危　险　点	预 控 措 施
	1	高空作业时违反配电《安规》进行操作，可能引起高空坠落。	高空作业时，必须正确使用安全带并戴安全帽，将安全带系在牢固部件上且位置合理，便于作业。

续表

√	序号	危　险　点	预 控 措 施
	2	斗内电工与邻近带电体及接地体的安全距离不够，可能引起相间短路、接地事故。	斗内电工与邻近带电体的距离不得小于0.4 m，与邻相的安全距离不得小于0.6 m，距离不足时应进行绝缘遮蔽；使用绝缘操作杆的有效绝缘长度不得小于0.7 m。
	3	绝缘斗臂车支车时，车腿支持点土壤松软或埋有市政管网设施，使车体倾斜，造成翻车。	遇到松软土壤时，支腿下加垫枕木或钢板且不得超过两块。
	4	绝缘斗臂车液压机构渗漏油，可能引起支腿、绝缘臂、工作斗泄压。	绝缘斗臂车使用前应认真检查，并在预定位置试操作一次，确认各液压部分运转良好，无渗漏油现象，方可操作。
	5	监护人指挥发令信息不畅，导致带电操作人员误操作。	保持通讯通畅，操作人员收到监护人的指令后，应回复确认。

4.6　安全措施

√	序号	内　　容
	1	如遇雷电(听见雷声、看见闪电)雪雹、雨雾不得进行带电作业，风力大于10 m/s或相对湿度大于80%时，也不宜进行带电作业。
	2	作业前，需确认线路无接地、绝缘良好、线路上无人工作且相位无误。
	3	在运输过程中，绝缘工具应装在专用工具袋、工具箱或专用工具车内，以防受潮和损伤。
	4	带电作业必须设人监护，监护人不得直接操作，监护的范围不得超过一个作业点。
	5	作业现场应设围栏及警示牌，禁止无关人员进入或在工作现场逗留。
	6	使用合格的绝缘安全工器具，使用前应做好检查。
	7	作业过程中，如设备突然停电，作业人员应视设备仍然带电，并立即停止操作，工作负责人尽快与调度联系查明原因。
	8	作业过程中，绝缘斗臂车的发动机不得熄火，起升、下降、回转速度不得大于0.5 m/s。
	9	在接近带电体的过程中，应从下方依次验电；对人体可能触及范围内的构件亦应验电，确认无漏电现象。
	10	作业过程中有可能引起不同电位设备之间发生短路或接地故障时，应在设备间设置绝缘遮蔽。
	11	禁止同时接触未接通或已断开的导线的两个断头，以防人体串入电路。

4.7 人员分工

√	序号	作业人员	作业项目
	1	工作负责人	
	2	杆上电工	
	3	地面电工	

5 作业程序

5.1 开工

√	序号	内容	责任人签字
	1	工作负责人联系调度,办理工作票开工(本项目一般无需停用重合闸)。	
	2	调度许可工作。	
	3	工作负责人组织全体工作人员现场列队宣读工作票,交待工作任务、安全措施、注意事项,确认工作班成员并让其签名后,宣布开始工作的命令。	

5.2 作业内容及标准

√	序号	作业内容	作业标准及步骤	安全措施及注意事项	备注
	1	现场布置	1. 绝缘斗臂车操作员将绝缘斗臂车停在工作点的最佳位置,并装设车体接地线; 2. 作业现场应设安全围栏、悬挂警示牌。	1. 遇到松软土壤时,支腿下加垫枕木且不得超过两块,呈八角形 45°摆放; 2. 车工作处地面应坚实、平整,地面坡度超过 7°; 3. 支腿伸出车体找平后,车辆前后高度不应大于 3°; 4. 车体接地体埋棒插入地层深度不小于 0.4 m; 5. 在作业点下方按坠落半径设置安全围栏,车辆后方 10 m 放置交通警示牌。	

续表

√	序号	作业内容	作业标准及步骤	安全措施及注意事项	备注
	2	工器具检查	1. 地面电工将按要求将工器具摆放在防潮的帆布上； 2. 斗内电工对绝缘工器具进行外观检查与检测； 3. 绝缘斗臂车操作员将空斗试操作一次。	1. 防潮帆布应设置在杆上落物区半径之外； 2. 将绝缘工器具与非绝缘工器具分开摆放； 3. 使用前应用 2500 V 的绝缘摇表检查并确保其绝缘阻值不小于 700 MΩ； 4. 绝缘工器具外观应符合使用安全要求，如无破损、划伤、受潮等； 5. 确认液压传动、回转、升降、伸缩系统工作正常、操作灵活，制动装置可靠。	
	3	验电	按照导线→绝缘子→横担→导线的顺序进行验电，确认无漏电现象。	1. 人体与邻近带电体的距离不得小于 0.4 m； 2. 绝缘杆的有效绝缘长度不得小于 0.7 m。	
	4	设置绝缘遮蔽、隔离措施	斗内电工转移工作斗到内边侧导线合适位置。	1. 应注意绝缘斗臂车周围杆塔、线路等情况，转移工作斗时，绝缘臂的金属部位与带电体和地电位物体的距离大于 0.9 m； 2. 作业过程中，绝缘斗臂车起升、下降、回转速度不得大于0.5 m/s； 3. 作业时，上节绝缘臂的伸出长度应大于等于 1 m，绝缘斗、臂离带电体物体的距离应大于1 m，人体与相邻带电体的安全距离应大于 0.6 m。	
			斗内电工使用导线遮蔽罩、绝缘毯等遮蔽用具将作业范围内带电导线和接地部分进行绝缘遮蔽、隔离。	1. 斗内电工设置绝缘遮蔽措施时按“由近至远、从大到小、从低到高”原则进行； 2. 使用绝缘操作杆时，有效绝缘长度应大于 0.7 m； 3. 绝缘遮蔽应严实、牢固，导线遮蔽罩间重叠部分应大于 15 cm，遮蔽范围应比人体活动范围增加 0.4 m； 4. 绝缘斗内双人工作时，禁止两人同时接触不同的电位体。	

续表

√	序号	作业内容	作业标准及步骤	安全措施及注意事项	备注
	5	断耐张杆引线	1. 斗内电工将绝缘斗调整到近边相导线外侧适当位置,拆除接续线夹; 2. 斗内电工调整绝缘斗位置,将已断开的耐张杆引流线线头脱离电源侧带电导线,临时固定在同相负荷侧导线上; 3. 其余两相引线拆除工作按相同方法进行。	1. 作业人员戴护目镜; 2. 断引线前,确保后端线路“三无一良”(无接地、无负荷、无人工作、绝缘良好); 3. 空载电流应不大于5 A,大于0.1 A时应使用专用的消弧开关; 4. 禁止作业人员串入电路; 5. 如断开的支接引线过后需要恢复,应采取拆除接引线夹方式进行,将已断开的支接引线固定在同相位的支接导线上; 6. 如断开支线引线不需恢复,可在支线耐张线夹处剪断; 7. 如导线为绝缘线,引流线拆除后应恢复导线的绝缘; 8. 拆除引线次序可按照先近边相、后远边相、最后中间相,也可视现场情况由近到远依次进行。	
	6	拆除绝缘遮蔽措施	斗内电工拆除绝缘遮蔽用具,确认杆上已无遗留物后,转移工作斗至地面。	1. 斗内电工拆除绝缘遮蔽措施时应戴绝缘手套,且顺序应正确; 2. 拆除绝缘毯时,应轻托慢起,防止拉伤绝缘层; 3. 严禁同时拆除不同电位的遮蔽体。	

5.3　竣工

√	序号	内　　容	负责人签字
	1	工作负责人全面检查作业完成情况并点评(班后会)。	
	2	清理现场的工器具、材料,撤离作业现场。	
	3	通知调度恢复重合闸,办理终结工作票。	

6　验收总结

序号	验 收 总 结	
1	验收评价	
2	存在问题及处理意见	

7 作业指导书执行情况评估

<table>
<tr><td rowspan="4">评估内容</td><td rowspan="2">符合性</td><td>优</td><td></td><td>可操作项</td><td></td></tr>
<tr><td>良</td><td></td><td>不可操作项</td><td></td></tr>
<tr><td rowspan="2">可操作性</td><td>优</td><td></td><td>建议修改项</td><td></td></tr>
<tr><td>良</td><td></td><td>遗漏项</td><td></td></tr>
<tr><td>存在问题</td><td colspan="5"></td></tr>
<tr><td>改进意见</td><td colspan="5"></td></tr>
</table>

编号：××××-××-××-28

Ⅱ-15　10 kV 带电接引线标准化作业指导书

（接熔断器上引线）

编写人：________________　　　　　　________年______月______日

审核人：________________　　　　　　________年______月______日

批准人：________________　　　　　　________年______月______日

工作负责人：____________

作业日期：　　年　　月　　日　　时　　分　至　　年　　月　　日　　时　　分

国网安徽省电力有限公司

1 工作范围

本作业指导书适用于国网安徽省电力有限公司____________________作业。

2 作业方法

运用绝缘手套法进行的作业。

3 引用文件

1.《国家电网公司电力安全工作规程》(以下简称《安规》)(配电部分);
2.《配电网检修规程》(Q/GDW 11261—2014);
3.《配电网技术导则》(Q/GDW 10370—2016);
4.《10 kV 配网不停电作业规范》(Q/GDW 10520—2016);
5.《配电网施工检修工艺规范》(Q/GDW 10742—2016);
6.《配电线路带电作业技术导则》(GB/T 18857—2019)。

4 作业前准备

4.1 准备工作安排

√	序号	内容	标　　准	备注
	1	现场勘察	1. 由工作负责人或工作票签发人组织到现场进行勘察,以便掌握同杆(塔)架设线路及其方位、电气间距、作业现场条件和环境; 2. 确定作业方法、所需工具、材料以及应采取的措施。	
	2	车辆检查	按公司车辆使用管理规定有关内容对车辆进行使用前检查。	
	3	气象条件	1. 根据本地气象预报,判断是否符合《安规》对带电作业的要求; 2. 风力大于 10 m/s 或相对湿度大于 80%时,不宜作业。	
	4	办理工作票	1. 在生产管理系统(PMS2.0)中开具工作票; 2. 确认工作地段、配网运行方式,确定预申请停用重合闸的线路名称。	

4.2 人员要求

√	序号	内　　容	备注
	1	作业人员必须持有带电作业有效资格证和实践工作经验。	
	2	作业人员应身体健康,无妨碍作业的生理和心理障碍。	
	3	本年度《安规》考试合格。	

4.3　工器具

√	序号	工器具名称		规格	单位	数量	备注
	1	作业车辆	绝缘斗臂车	10 kV	辆	1	
	2	绝缘防护用具	绝缘手套	10 kV	双	2	带防刺穿作用
	3		绝缘安全帽	10 kV	顶	2	
	4		绝缘服	10 kV	套	2	
	5		绝缘安全带	10 kV	副	2	
	6	绝缘遮蔽用具	导线遮蔽罩	10 kV	个	若干	
	7		绝缘毯	10 kV	个	若干	
	8		横担遮蔽罩	10 kV	个	若干	
	9		熔断器遮蔽罩	10 kV	个	若干	
	10	绝缘工具	绝缘传递绳	12 mm	根	1	
	11		绝缘测距杆(绳)	10 kV	副	1	
	12		导线清扫刷	10 kV	副	1	
	13		绝缘锁杆	10 kV	副	1	
	14	其他	绝缘电阻测试仪	2500 V 及以上	套	1	
	15		验电器	10 kV	套	1	
	16		护目镜	—	副	2	
	17		温湿度仪/风速仪		套	1	
	18		绝缘手套检测仪		副	1	

4.4　材料

√	序号	名称	规格	单位	数量	备注
	1	导线		米		
	2	线夹		只		

4.5　危险点分析及预控

√	序号	危　险　点	预 控 措 施
	1	高空作业时违反配电《安规》进行操作，可能引起高空坠落。	高空作业时，必须正确使用安全带并戴安全帽，将安全带系在牢固部件上且位置合理，便于作业。

续表

√	序号	危　险　点	预　控　措　施
	2	斗内电工与邻近带电体及接地体的安全距离不够，可能引起相间短路、接地事故。	斗内电工与邻近带电体的距离不得小于0.4 m，与邻相的安全距离不得小于0.6 m，距离不足时应进行绝缘遮蔽；使用绝缘操作杆的有效绝缘长度不得小于0.7 m。
	3	绝缘斗臂车支车时，车腿支持点土壤松软或埋有市政管网设施，使车体倾斜，造成翻车。	遇到松软土壤时，支腿下加垫枕木或钢板且不得超过两块。
	4	绝缘斗臂车液压机构渗漏油，可能引起支腿、绝缘臂、工作斗泄压。	绝缘斗臂车使用前应认真检查，并在预定位置试操作一次，确认各液压部分运转良好，无渗漏油现象，方可操作。
	5	监护人指挥发令信息不畅，导致带电操作人员误操作。	保持通讯通畅，操作人员收到监护人的指令后，应回复确认。

4.6　安全措施

√	序号	内　　容
	1	如遇雷电(听见雷声、看见闪电)雪雹、雨雾不得进行带电作业，风力大于10 m/s或相对湿度大于80%时，也不宜进行带电作业。
	2	作业前，需确认线路无接地、绝缘良好、线路上无人工作且相位无误。
	3	在运输过程中，绝缘工具应装在专用工具袋、工具箱或专用工具车内，以防受潮和损伤。
	4	带电作业必须设人监护，监护人不得直接操作，监护的范围不得超过一个作业点。
	5	作业现场应设围栏及警示牌，禁止无关人员进入或在工作现场逗留。
	6	使用合格的绝缘安全工器具，使用前应做好检查。
	7	作业过程中，如设备突然停电，作业人员应视设备仍然带电，并立即停止操作，工作负责人尽快与调度联系查明原因。
	8	作业过程中，绝缘斗臂车的发动机不得熄火，起升、下降、回转速度不得大于0.5 m/s。
	9	在接近带电体的过程中，应从下方依次验电；对人体可能触及范围内的构件亦应验电，确认无漏电现象。
	10	作业过程中有可能引起不同电位设备之间发生短路或接地故障时，应在设备间设置绝缘遮蔽。
	11	禁止同时接触未接通或已断开的导线的两个断头，以防人体串入电路。

4.7 人员分工

√	序号	作 业 人 员	作 业 项 目
	1	工作负责人	
	2	杆上电工	
	3	地面电工	

5 作业程序

5.1 开工

√	序号	内 容	责任人签字
	1	工作负责人联系调度,办理工作票开工(本项目一般无需停用重合闸)。	
	2	调度许可工作。	
	3	工作负责人组织全体工作人员现场列队宣读工作票,交待工作任务、安全措施、注意事项,确认工作班成员并让其签名后,宣布开始工作的命令。	

5.2 作业内容及标准

√	序号	作业内容	作业标准及步骤	安全措施及注意事项	备注
	1	现场布置	1. 绝缘斗臂车操作员将绝缘斗臂车停在工作点的最佳位置,并装设车体接地线; 2. 作业现场应设安全围栏、悬挂警示牌。	1. 遇到松软土壤时,支腿下加垫枕木且不得超过两块,呈八角形 45°摆放; 2. 车工作处地面应坚实、平整,地面坡度超过 7°; 3. 支腿伸出车体找平后,车辆前后高度不应大于 3°; 4. 车体接地体埋棒插入地层深度不小于 0.4 m; 5. 在作业点下方按坠落半径设置安全围栏,车辆后方 10 m 放置交通警示牌。	

续表

√	序号	作业内容	作业标准及步骤	安全措施及注意事项	备注
	2	工器具检查	1. 地面电工将按要求将工器具摆放在防潮的帆布上； 2. 斗内电工对绝缘工器具进行外观检查与检测； 3. 绝缘斗臂车操作员将空斗试操作一次。	1. 防潮帆布应设置在杆上落物区半径之外； 2. 将绝缘工器具与非绝缘工器具分开摆放； 3. 使用前应用 2500 V 的绝缘摇表检查并确保其绝缘阻值不小于 700 MΩ； 4. 绝缘工器具外观应符合使用安全要求，如无破损、划伤、受潮等； 5. 确认液压传动、回转、升降、伸缩系统工作正常、操作灵活，制动装置可靠。	
	3	验电	按照导线→绝缘子→横担→导线的顺序进行验电，确认无漏电现象。	1. 人体与邻近带电体的距离不得小于 0.4 m； 2. 绝缘杆的有效绝缘长度不得小于 0.7 m。	
	4	设置绝缘遮蔽、隔离措施	斗内电工转移工作斗到内边侧导线合适位置。	1. 应注意绝缘斗臂车周围杆塔、线路等情况，转移工作斗时，绝缘臂的金属部位与带电体和地电位物体的距离大于 0.9 m； 2. 作业过程中，绝缘斗臂车起升、下降、回转速度不得大于0.5 m/s； 3. 作业时，上节绝缘臂的伸出长度应大于等于 1 m，绝缘斗、臂离带电体物体的距离应大于1 m，人体与相邻带电体的安全距离应大于 0.6 m。	
			斗内电工使用导线遮蔽罩、绝缘毯等遮蔽用具将作业范围内带电导线和接地部分进行绝缘遮蔽、隔离。	1. 斗内电工设置绝缘遮蔽措施时按“由近至远、从大到小、从低到高”原则进行； 2. 使用绝缘操作杆时，有效绝缘长度应大于 0.7 m； 3. 绝缘遮蔽应严实、牢固，导线遮蔽罩间重叠部分应大于 15 cm，遮蔽范围应比人体活动范围增加 0.4 m； 4. 绝缘斗内双人工作时，禁止两人同时接触不同的电位体。	

续表

√	序号	作业内容	作业标准及步骤	安全措施及注意事项	备注
	5	接熔断器上引线	1. 斗内电工将绝缘斗调整至熔断器横担下方,并与有电线路保持 0.4 m 以上安全距离,用绝缘测量杆测量三相引线长度,根据长度做好连接的准备工作; 2. 斗内电工将绝缘斗调整到中间相导线下侧适当位置,使用清扫刷清除连接处导线上的氧化层; 3. 斗内电工将熔断器上引线与主导线进行可靠连接,恢复接续线夹处的绝缘及密封,并迅速恢复绝缘遮蔽; 4. 其余两相引线连接按相同方法进行。	1. 斗内电工应戴护目镜; 2. 待接引流线如为绝缘线,剥皮长度应比接续线夹长 2 cm,且端头应有防止松散的措施; 3. 斗臂车绝缘斗在有电工作区域转移时,应缓慢移动,动作要平稳;绝缘斗臂车作业时,发动机不能熄火(电能驱动型除外),以保证液压系统处于工作状态; 4. 作业过程中禁止摘下绝缘防护用具; 5. 三相熔断器引线连接,可按由复杂到简单、先难后易的原则进行,先中间相、后远边相、最后近边相,也可视现场实际情况从远到近依次进行。	
	6	拆除绝缘遮蔽措施	斗内电工拆除绝缘遮蔽用具,确认杆上已无遗留物后,转移工作斗至地面。	1. 斗内电工拆除绝缘遮蔽措施时应戴绝缘手套,且顺序应正确; 2. 拆除绝缘毯时,应轻托慢起,防止拉伤绝缘层; 3. 严禁同时拆除不同电位的遮蔽体。	

5.3　竣工

√	序号	内　　容	负责人签字
	1	工作负责人全面检查作业完成情况并点评(班后会)。	
	2	清理现场的工器具、材料,撤离作业现场。	
	3	通知调度恢复重合闸,办理终结工作票。	

6　验收总结

序号	验收总结	
1	验收评价	
2	存在问题及处理意见	

7　作业指导书执行情况评估

<table>
<tr><td rowspan="4">评估内容</td><td rowspan="2">符合性</td><td>优</td><td></td><td>可操作项</td><td></td></tr>
<tr><td>良</td><td></td><td>不可操作项</td><td></td></tr>
<tr><td rowspan="2">可操作性</td><td>优</td><td></td><td>建议修改项</td><td></td></tr>
<tr><td>良</td><td></td><td>遗漏项</td><td></td></tr>
<tr><td>存在问题</td><td colspan="5"></td></tr>
<tr><td>改进意见</td><td colspan="5"></td></tr>
</table>

编号：××××-××-××-29

Ⅱ-16 10 kV 带电接引线标准化作业指导书

（接分支线路引线）

编写人：________________　　　　　　________年______月______日

审核人：________________　　　　　　________年______月______日

批准人：________________　　　　　　________年______月______日

工作负责人：____________

作业日期：　　年　　月　　日　　时　　分　至　　年　　月　　日　　时　　分

国网安徽省电力有限公司

1 工作范围

本作业指导书适用于国网安徽省电力有限公司__________________作业。

2 作业方法

运用绝缘手套法进行的作业。

3 引用文件

1.《国家电网公司电力安全工作规程》(以下简称《安规》)(配电部分);
2.《配电网检修规程》(Q/GDW 11261—2014);
3.《配电网技术导则》(Q/GDW 10370—2016);
4.《10 kV 配网不停电作业规范》(Q/GDW 10520—2016);
5.《配电网施工检修工艺规范》(Q/GDW 10742—2016);
6.《配电线路带电作业技术导则》(GB/T 18857—2019)。

4 作业前准备

4.1 准备工作安排

√	序号	内容	标　　准	备注
	1	现场勘察	1. 由工作负责人或工作票签发人组织到现场进行勘察,以便掌握同杆(塔)架设线路及其方位、电气间距、作业现场条件和环境; 2. 确定作业方法、所需工具、材料以及应采取的措施。	
	2	车辆检查	按公司车辆使用管理规定有关内容对车辆进行使用前检查。	
	3	气象条件	1. 根据本地气象预报,判断是否符合《安规》对带电作业的要求; 2. 风力大于 10 m/s 或相对湿度大于 80%时,不宜作业。	
	4	办理工作票	1. 在生产管理系统(PMS2.0)中开具工作票; 2. 确认工作地段、配网运行方式,确定预申请停用重合闸的线路名称。	

4.2 人员要求

√	序号	内　　容	备注
	1	作业人员必须持有带电作业有效资格证和实践工作经验。	
	2	作业人员应身体健康,无妨碍作业的生理和心理障碍。	
	3	本年度《安规》考试合格。	

4.3　工器具

√	序号	工器具名称		规格	单位	数量	备注
	1	作业车辆	绝缘斗臂车	10 kV	辆	1	
	2	绝缘防护用具	绝缘手套	10 kV	双	2	带防刺穿作用
	3		绝缘安全帽	10 kV	顶	2	
	4		绝缘服	10 kV	套	2	
	5		绝缘安全带	10 kV	副	2	
	6	绝缘遮蔽用具	导线遮蔽罩	10 kV	个	若干	
	7		绝缘毯	10 kV	个	若干	
	8		横担遮蔽罩	10 kV	个	若干	
	9	绝缘工具	绝缘传递绳	12 mm	根	1	
	10		绝缘测距杆(绳)	10 kV	副	1	
	11		导线清扫刷	10 kV	副	1	
	12		绝缘锁杆	10 kV	副	1	
	13	其他	绝缘电阻测试仪	2500 V 及以上	套	1	
	14		验电器	10 kV	套	1	
	15		护目镜	—	副	2	
	16		温湿度仪/风速仪		套	1	
	17		绝缘手套检测仪		副	1	

4.4　材料

√	序号	名称	规格	单位	数量	备注
	1	导线			米	
	2	线夹			只	

4.5　危险点分析及预控

√	序号	危　险　点	预 控 措 施
	1	高空作业时违反配电《安规》进行操作，可能引起高空坠落。	高空作业时，必须正确使用安全带并戴安全帽，将安全带系在牢固部件上且位置合理，便于作业。

续表

√	序号	危 险 点	预 控 措 施
	2	斗内电工与邻近带电体及接地体的安全距离不够，可能引起相间短路、接地事故。	斗内电工与邻近带电体的距离不得小于0.4 m，与邻相的安全距离不得小于0.6 m，距离不足时应进行绝缘遮蔽；使用绝缘操作杆的有效绝缘长度不得小于0.7 m。
	3	绝缘斗臂车支车时，车腿支持点土壤松软或埋有市政管网设施，使车体倾斜，造成翻车。	遇到松软土壤时，支腿下加垫枕木或钢板且不得超过两块。
	4	绝缘斗臂车液压机构渗漏油，可能引起支腿、绝缘臂、工作斗泄压。	绝缘斗臂车使用前应认真检查，并在预定位置试操作一次，确认各液压部分运转良好，无渗漏油现象，方可操作。
	5	监护人指挥发令信息不畅，导致带电操作人员误操作。	保持通讯通畅，操作人员收到监护人的指令后，应回复确认。

4.6 安全措施

√	序号	内 容
	1	如遇雷电(听见雷声、看见闪电)雪雹、雨雾不得进行带电作业，风力大于10 m/s或相对湿度大于80%时，也不宜进行带电作业。
	2	作业前，需确认线路无接地、绝缘良好、线路上无人工作且相位无误。
	3	在运输过程中，绝缘工具应装在专用工具袋、工具箱或专用工具车内，以防受潮和损伤。
	4	带电作业必须设人监护，监护人不得直接操作，监护的范围不得超过一个作业点。
	5	作业现场应设围栏及警示牌，禁止无关人员进入或在工作现场逗留。
	6	使用合格的绝缘安全工器具，使用前应做好检查。
	7	作业过程中，如设备突然停电，作业人员应视设备仍然带电，并立即停止操作，工作负责人尽快与调度联系查明原因。
	8	作业过程中，绝缘斗臂车的发动机不得熄火，起升、下降、回转速度不得大于0.5 m/s。
	9	在接近带电体的过程中，应从下方依次验电；对人体可能触及范围内的构件亦应验电，确认无漏电现象。
	10	作业过程中有可能引起不同电位设备之间发生短路或接地故障时，应在设备间设置绝缘遮蔽。
	11	禁止同时接触未接通或已断开的导线的两个断头，以防人体串入电路。

4.7　人员分工

√	序号	作 业 人 员	作 业 项 目
	1	工作负责人	
	2	杆上电工	
	3	地面电工	

5　作业程序

5.1　开工

√	序号	内　　容	责任人签字
	1	工作负责人联系调度,办理工作票开工(本项目一般无需停用重合闸)。	
	2	调度许可工作。	
	3	工作负责人组织全体工作人员现场列队宣读工作票,交待工作任务、安全措施、注意事项,确认工作班成员并让其签名后,宣布开始工作的命令。	

5.2　作业内容及标准

√	序号	作业内容	作业标准及步骤	安全措施及注意事项	备注
	1	现场布置	1. 绝缘斗臂车操作员将绝缘斗臂车停在工作点的最佳位置,并装设车体接地线; 2. 作业现场应设安全围栏、悬挂警示牌。	1. 遇到松软土壤时,支腿下加垫枕木且不得超过两块,呈八角形 45°摆放; 2. 车工作处地面应坚实、平整,地面坡度超过 7°; 3. 支腿伸出车体找平后,车辆前后高度不应大于 3°; 4. 车体接地体埋棒插入地层深度不小于 0.4 m; 5. 在作业点下方按坠落半径设置安全围栏,车辆后方 10 m 放置交通警示牌。	

续表

√	序号	作业内容	作业标准及步骤	安全措施及注意事项	备注
	2	工器具检查	1. 地面电工将按要求将工器具摆放在防潮的帆布上； 2. 斗内电工对绝缘工器具进行外观检查与检测； 3. 绝缘斗臂车操作员将空斗试操作一次。	1. 防潮帆布应设置在杆上落物区半径之外； 2. 将绝缘工器具与非绝缘工器具分开摆放； 3. 使用前应用 2500 V 的绝缘摇表检查并确保其绝缘阻值不小于 700 MΩ； 4. 绝缘工器具外观应符合使用安全要求，如无破损、划伤、受潮等； 5. 确认液压传动、回转、升降、伸缩系统工作正常、操作灵活，制动装置可靠。	
	3	验电	按照导线→绝缘子→横担→导线的顺序进行验电，确认无漏电现象。	1. 人体与邻近带电体的距离不得小于 0.4 m； 2. 绝缘杆的有效绝缘长度不得小于 0.7 m。	
	4	设置绝缘遮蔽、隔离措施	斗内电工转移工作斗到内边侧导线合适位置。	1. 应注意绝缘斗臂车周围杆塔、线路等情况，转移工作斗时，绝缘臂的金属部位与带电体和地电位物体的距离大于 0.9 m； 2. 作业过程中，绝缘斗臂车起升、下降、回转速度不得大于0.5 m/s； 3. 作业时，上节绝缘臂的伸出长度应大于等于 1 m，绝缘斗、臂离带电体物体的距离应大于1 m，人体与相邻带电体的安全距离应大于 0.6 m。	
			斗内电工使用导线遮蔽罩、绝缘毯等遮蔽用具将作业范围内带电导线和接地部分进行绝缘遮蔽、隔离。	1. 斗内电工设置绝缘遮蔽措施时按“由近至远、从大到小、从低到高”原则进行； 2. 使用绝缘操作杆时，有效绝缘长度应大于 0.7 m； 3. 绝缘遮蔽应严实、牢固，导线遮蔽罩间重叠部分应大于 15 cm，遮蔽范围应比人体活动范围增加 0.4 m； 4. 绝缘斗内双人工作时，禁止两人同时接触不同的电位体。	

续表

√	序号	作业内容	作业标准及步骤	安全措施及注意事项	备注
	5	接分支线路引线	1. 斗内电工将绝缘斗调整至分支线路横担下方,测量三相待接引线的长度,根据长度做好连接的准备工作; 2. 斗内电工将绝缘斗调整到中间相导线下侧适当位置,以最小范围打开中相绝缘遮蔽,用导线清扫刷清除连接处导线上的氧化层; 3. 斗内电工安装接续线夹,连接牢固后,恢复接续线夹处的绝缘及密封,并迅速恢复绝缘遮蔽; 4. 其余两相引线连接按相同方法进行。	1. 作业人员戴护目镜; 2. 如待接引流线为绝缘线,应在引流线端头部分剥除三相带接引流线的绝缘外皮; 3. 如导线为绝缘线,应先剥除绝缘外皮,再进行清除连接处导线上的氧化层; 4. 斗臂车绝缘斗在有电工作区域转移时,应缓慢移动,动作要平稳;绝缘斗臂车作业时,发动机不能熄火(电能驱动型除外),以保证液压系统处于工作状态; 5. 作业过程中禁止摘下绝缘防护用具; 6. 三相引线连接,可按由复杂到简单、先难后易的原则进行,先中间相、后远边相、最后近边相,也可视现场实际情况从远到近依次进行。	
	6	拆除绝缘遮蔽措施	斗内电工拆除绝缘遮蔽用具,确认杆上已无遗留物后,转移工作斗至地面。	1. 斗内电工拆除绝缘遮蔽措施时应戴绝缘手套,且顺序应正确; 2. 拆除绝缘毯时,应轻托慢起,防止拉伤绝缘层; 3. 严禁同时拆除不同电位的遮蔽体。	

5.3　竣工

√	序号	内　　容	负责人签字
	1	工作负责人全面检查作业完成情况并点评(班后会)。	
	2	清理现场的工器具、材料,撤离作业现场。	
	3	通知调度恢复重合闸,办理终结工作票。	

6　验收总结

序号	验收总结	
1	验收评价	
2	存在问题及处理意见	

7 作业指导书执行情况评估

<table>
<tr><td rowspan="4">评估内容</td><td rowspan="2">符合性</td><td>优</td><td></td><td>可操作项</td><td></td></tr>
<tr><td>良</td><td></td><td>不可操作项</td><td></td></tr>
<tr><td rowspan="2">可操作性</td><td>优</td><td></td><td>建议修改项</td><td></td></tr>
<tr><td>良</td><td></td><td>遗漏项</td><td></td></tr>
<tr><td>存在问题</td><td colspan="5"></td></tr>
<tr><td>改进意见</td><td colspan="5"></td></tr>
</table>

编号：××××-××-××-30

Ⅱ-17 10 kV 带电接引线标准化作业指导书

（接耐张杆引线）

编写人：________________　　　　________年______月______日

审核人：________________　　　　________年______月______日

批准人：________________　　　　________年______月______日

工作负责人：____________

作业日期：　年　月　日　时　分　至　年　月　日　时　分

国网安徽省电力有限公司

1 工作范围

本作业指导书适用于国网安徽省电力有限公司____________________作业。

2 作业方法

运用绝缘手套法进行的作业。

3 引用文件

1.《国家电网公司电力安全工作规程》(以下简称《安规》)(配电部分);
2.《配电网检修规程》(Q/GDW 11261—2014);
3.《配电网技术导则》(Q/GDW 10370—2016);
4.《10 kV 配网不停电作业规范》(Q/GDW 10520—2016);
5.《配电网施工检修工艺规范》(Q/GDW 10742—2016);
6.《配电线路带电作业技术导则》(GB/T 18857—2019)。

4 作业前准备

4.1 准备工作安排

√	序号	内容	标　　准	备注
	1	现场勘察	1. 由工作负责人或工作票签发人组织到现场进行勘察,以便掌握同杆(塔)架设线路及其方位、电气间距、作业现场条件和环境; 2. 确定作业方法、所需工具、材料以及应采取的措施。	
	2	车辆检查	按公司车辆使用管理规定有关内容对车辆进行使用前检查。	
	3	气象条件	1. 根据本地气象预报,判断是否符合《安规》对带电作业的要求; 2. 风力大于 10 m/s 或相对湿度大于 80%时,不宜作业。	
	4	办理工作票	1. 在生产管理系统(PMS2.0)中开具工作票; 2. 确认工作地段、配网运行方式,确定预申请停用重合闸的线路名称。	

4.2 人员要求

√	序号	内　　容	备注
	1	作业人员必须持有带电作业有效资格证和实践工作经验。	
	2	作业人员应身体健康,无妨碍作业的生理和心理障碍。	
	3	本年度《安规》考试合格。	

4.3　工器具

√	序号	工器具名称		规格	单位	数量	备注
	1	作业车辆	绝缘斗臂车	10 kV	辆	1	
	2	绝缘防护用具	绝缘手套	10 kV	双	2	带防刺穿作用
	3		绝缘安全帽	10 kV	顶	2	
	4		绝缘服	10 kV	套	2	
	5		绝缘安全带	10 kV	副	2	
	6	绝缘遮蔽用具	导线遮蔽罩	10 kV	个	若干	
	7		绝缘毯	10 kV	个	若干	
	8		横担遮蔽罩	10 kV	个	若干	
	9	绝缘工具	绝缘传递绳	12 mm	根	1	
	10		绝缘测距杆(绳)	10 kV	副	1	
	11		导线清扫刷	10 kV	副	1	
	12		绝缘锁杆	10 kV	副	1	
	13	其他	绝缘电阻测试仪	2500 V 及以上	套	1	
	14		验电器	10 kV	套	1	
	15		护目镜	—	副	2	
	16		温湿度仪/风速仪		套	1	
	17		绝缘手套检测仪		副	1	

4.4　材料

√	序号	名称	规格	单位	数量	备注
	1	导线			米	
	2	线夹			只	

4.5　危险点分析及预控

√	序号	危　险　点	预 控 措 施
	1	高空作业时违反配电《安规》进行操作，可能引起高空坠落。	高空作业时，必须正确使用安全带并戴安全帽，将安全带系在牢固部件上且位置合理，便于作业。

续表

√	序号	危 险 点	预 控 措 施
	2	斗内电工与邻近带电体及接地体的安全距离不够，可能引起相间短路、接地事故。	斗内电工与邻近带电体的距离不得小于0.4 m，与邻相的安全距离不得小于0.6 m，距离不足时应进行绝缘遮蔽；使用绝缘操作杆的有效绝缘长度不得小于0.7 m。
	3	绝缘斗臂车支车时，车腿支持点土壤松软或埋有市政管网设施，使车体倾斜，造成翻车。	遇到松软土壤时，支腿下加垫枕木或钢板且不得超过两块。
	4	绝缘斗臂车液压机构渗漏油，可能引起支腿、绝缘臂、工作斗泄压。	绝缘斗臂车使用前应认真检查，并在预定位置试操作一次，确认各液压部分运转良好，无渗漏油现象，方可操作。
	5	监护人指挥发令信息不畅，导致带电操作人员误操作。	保持通讯通畅，操作人员收到监护人的指令后，应回复确认。

4.6 安全措施

√	序号	内 容
	1	如遇雷电（听见雷声、看见闪电）雪雹、雨雾不得进行带电作业，风力大于10 m/s或相对湿度大于80%时，也不宜进行带电作业。
	2	作业前，需确认线路无接地、绝缘良好、线路上无人工作且相位无误。
	3	在运输过程中，绝缘工具应装在专用工具袋、工具箱或专用工具车内，以防受潮和损伤。
	4	带电作业必须设人监护，监护人不得直接操作，监护的范围不得超过一个作业点。
	5	作业现场应设围栏及警示牌，禁止无关人员进入或在工作现场逗留。
	6	使用合格的绝缘安全工器具，使用前应做好检查。
	7	作业过程中，如设备突然停电，作业人员应视设备仍然带电，并立即停止操作，工作负责人尽快与调度联系查明原因。
	8	作业过程中，绝缘斗臂车的发动机不得熄火，起升、下降、回转速度不得大于0.5 m/s。
	9	在接近带电体的过程中，应从下方依次验电；对人体可能触及范围内的构件亦应验电，确认无漏电现象。
	10	作业过程中有可能引起不同电位设备之间发生短路或接地故障时，应在设备间设置绝缘遮蔽。
	11	禁止同时接触未接通或已断开的导线的两个断头，以防人体串入电路。

4.7　人员分工

√	序号	作 业 人 员	作 业 项 目
	1	工作负责人	
	2	杆上电工	
	3	地面电工	

5　作业程序

5.1　开工

√	序号	内　　容	责任人签字
	1	工作负责人联系调度,办理工作票开工(本项目一般无需停用重合闸)。	
	2	调度许可工作。	
	3	工作负责人组织全体工作人员现场列队宣读工作票,交待工作任务、安全措施、注意事项,确认工作班成员并让其签名后,宣布开始工作的命令。	

5.2　作业内容及标准

√	序号	作业内容	作业标准及步骤	安全措施及注意事项	备注
	1	现场布置	1. 绝缘斗臂车操作员将绝缘斗臂车停在工作点的最佳位置,并装设车体接地线; 2. 作业现场应设安全围栏、悬挂警示牌。	1. 遇到松软土壤时,支腿下加垫枕木且不得超过两块,呈八角形 45°摆放; 2. 车工作处地面应坚实、平整,地面坡度超过 7°; 3. 支腿伸出车体找平后,车辆前后高度不应大于 3°; 4. 车体接地体埋棒插入地层深度不小于 0.4 m; 5. 在作业点下方按坠落半径设置安全围栏,车辆后方 10 m 放置交通警示牌。	

续表

√	序号	作业内容	作业标准及步骤	安全措施及注意事项	备注
	2	工器具检查	1. 地面电工将按要求将工器具摆放在防潮的帆布上； 2. 斗内电工对绝缘工器具进行外观检查与检测； 3. 绝缘斗臂车操作员将空斗试操作一次。	1. 防潮帆布应设置在杆上落物区半径之外； 2. 将绝缘工器具与非绝缘工器具分开摆放； 3. 使用前应用 2500 V 的绝缘摇表检查并确保其绝缘阻值不小于 700 MΩ； 4. 绝缘工器具外观应符合使用安全要求，如无破损、划伤、受潮等； 5. 确认液压传动、回转、升降、伸缩系统工作正常、操作灵活，制动装置可靠。	
	3	验电	按照导线→绝缘子→横担→导线的顺序进行验电，确认无漏电现象。	1. 人体与邻近带电体的距离不得小于 0.4 m； 2. 绝缘杆的有效绝缘长度不得小于 0.7 m。	
	4	设置绝缘遮蔽、隔离措施	斗内电工转移工作斗到内边侧导线合适位置。	1. 应注意绝缘斗臂车周围杆塔、线路等情况，转移工作斗时，绝缘臂的金属部位与带电体和地电位物体的距离大于 0.9 m； 2. 作业过程中，绝缘斗臂车起升、下降、回转速度不得大于0.5 m/s； 3. 作业时，上节绝缘臂的伸出长度应大于等于 1 m，绝缘斗、臂离带电体物体的距离应大于1 m，人体与相邻带电体的安全距离应大于 0.6 m。	
			斗内电工使用导线遮蔽罩、绝缘毯等遮蔽用具将作业范围内带电导线和接地部分进行绝缘遮蔽、隔离。	1. 斗内电工设置绝缘遮蔽措施时按“由近至远、从大到小、从低到高”原则进行； 2. 使用绝缘操作杆时，有效绝缘长度应大于 0.7 m； 3. 绝缘遮蔽应严实、牢固，导线遮蔽罩间重叠部分应大于 15 cm，遮蔽范围应比人体活动范围增加 0.4 m； 4. 绝缘斗内双人工作时，禁止两人同时接触不同的电位体。	

续表

√	序号	作业内容	作业标准及步骤	安全措施及注意事项	备注
	5	接耐张杆引线	1. 斗内电工将绝缘斗调整至耐张横担下方，测量三相待接引线长度，根据长度做好连接的准备工作；如待接引流线为绝缘线，应在引流线端头部分剥除三相带接引流线的绝缘外皮； 2. 斗内电工将绝缘斗调整到中间相导线下侧适当位置，以最小范围打开中相绝缘遮蔽，用导线清扫刷清除连接处导线上的氧化层； 3. 斗内电工安装接续线夹，连接牢固后，如为绝缘线，应恢复接续线夹处的绝缘及密封，并迅速恢复绝缘遮蔽； 4. 其余两相引线连接按相同方法进行。	1. 作业人员戴护目镜； 2. 如待接引流线为绝缘线，应在引流线端头部分剥除三相带接引流线的绝缘外皮； 3. 如导线为绝缘线，应先剥除绝缘外皮，再进行清除连接处导线上的氧化层； 4. 斗臂车绝缘斗在有电工作区域转移时，应缓慢移动，动作要平稳；绝缘斗臂车作业时，发动机不能熄火(电能驱动型除外)，以保证液压系统处于工作状态； 5. 作业过程中禁止摘下绝缘防护用具； 6. 三相引线连接，可按由复杂到简单、先难后易的原则进行，先中间相、后远边相、最后近边相，也可视现场实际情况从远到近依次进行。	
	6	拆除绝缘遮蔽措施	斗内电工拆除绝缘遮蔽用具，确认杆上已无遗留物后，转移工作斗至地面。	1. 斗内电工拆除绝缘遮蔽措施时应戴绝缘手套，且顺序应正确； 2. 拆除绝缘毯时，应轻托慢起，防止拉伤绝缘层； 3. 严禁同时拆除不同电位的遮蔽体。	

5.3　竣工

√	序号	内　　容	负责人签字
	1	工作负责人全面检查作业完成情况并点评(班后会)。	
	2	清理现场的工器具、材料，撤离作业现场。	
	3	通知调度恢复重合闸，办理终结工作票。	

6 验收总结

<table>
<tr><th>序号</th><th colspan="2">验 收 总 结</th></tr>
<tr><td>1</td><td>验收评价</td><td></td></tr>
<tr><td>2</td><td>存在问题及处理意见</td><td></td></tr>
</table>

7 作业指导书执行情况评估

<table>
<tr><td rowspan="4">评估内容</td><td rowspan="2">符合性</td><td>优</td><td></td><td>可操作项</td><td></td></tr>
<tr><td>良</td><td></td><td>不可操作项</td><td></td></tr>
<tr><td rowspan="2">可操作性</td><td>优</td><td></td><td>建议修改项</td><td></td></tr>
<tr><td>良</td><td></td><td>遗漏项</td><td></td></tr>
<tr><td>存在问题</td><td colspan="5"></td></tr>
<tr><td>改进意见</td><td colspan="5"></td></tr>
</table>

编号：××××-××-××-31

Ⅱ-18　10 kV 带电更换熔断器标准化作业指导书

编写人：＿＿＿＿＿＿＿＿　＿＿＿＿年＿＿＿月＿＿＿日

审核人：＿＿＿＿＿＿＿＿　＿＿＿＿年＿＿＿月＿＿＿日

批准人：＿＿＿＿＿＿＿＿　＿＿＿＿年＿＿＿月＿＿＿日

工作负责人：＿＿＿＿＿＿

作业日期：　年　月　日　时　分　至　年　月　日　时　分

国网安徽省电力有限公司

1 工作范围

本作业指导书适用于国网安徽省电力有限公司__________________作业。

2 作业方法

运用绝缘手套法进行的作业。

3 引用文件

1.《国家电网公司电力安全工作规程》(以下简称《安规》)(配电部分);
2.《配电网检修规程》(Q/GDW 11261—2014);
3.《配电网技术导则》(Q/GDW 10370—2016);
4.《10 kV 配网不停电作业规范》(Q/GDW 10520—2016);
5.《配电网施工检修工艺规范》(Q/GDW 10742—2016);
6.《配电线路带电作业技术导则》(GB/T 18857—2019)。

4 作业前准备

4.1 准备工作安排

√	序号	内容	标　　准	备注
	1	现场勘察	1. 由工作负责人或工作票签发人组织到现场进行勘察,以便掌握同杆(塔)架设线路及其方位、电气间距、作业现场条件和环境; 2. 确定作业方法、所需工具、材料以及应采取的措施。	
	2	车辆检查	按公司车辆使用管理规定有关内容对车辆进行使用前检查。	
	3	气象条件	1. 根据本地气象预报,判断是否符合《安规》对带电作业的要求; 2. 风力大于 10 m/s 或相对湿度大于 80%时,不宜作业。	
	4	办理工作票	1. 在生产管理系统(PMS2.0)中开具工作票; 2. 确认工作地段、配网运行方式,确定预申请停用重合闸的线路名称。	

4.2 人员要求

√	序号	内　　容	备注
	1	作业人员必须持有带电作业有效资格证和实践工作经验。	
	2	作业人员应身体健康,无妨碍作业的生理和心理障碍。	
	3	本年度《安规》考试合格。	

4.3　工器具

√	序号	工器具名称		规格	单位	数量	备注
	1	作业车辆	绝缘斗臂车	10 kV	辆	1	
	2	绝缘防护用具	绝缘手套	10 kV	双	2	带防刺穿作用
	3		绝缘安全帽	10 kV	顶	2	
	4		绝缘服	10 kV	套	2	
	5		绝缘安全带	10 kV	副	2	
	6	绝缘遮蔽用具	导线遮蔽罩	10 kV	个	若干	
	7		跳线遮蔽罩	10 kV	个	若干	
	8		绝缘毯	10 kV	个	若干	
	9		熔断器遮蔽罩	10 kV	个	若干	
	10	绝缘工具	绝缘传递绳	12 mm	根	1	
	11		绝缘操作杆	10 kV	副	1	
	12	其他	绝缘电阻测试仪	2500 V及以上	套	1	
	13		验电器	10 kV	套	1	
	14		护目镜	—	副	2	
	15		温湿度仪/风速仪		套	1	
	16		绝缘手套检测仪		副	1	

4.4　材料

√	序号	名称	规格	单位	数量	备注
	1	熔断器				

4.5　危险点分析及预控

√	序号	危　险　点	预 控 措 施
	1	高空作业时违反配电《安规》进行操作，可能引起高空坠落。	高空作业时，必须正确使用安全带并戴安全帽，将安全带系在牢固部件上且位置合理，便于作业。
	2	带电作业人员与邻近带电体及接地体的安全距离不够，可能引起相间短路、接地事故。	作业人员与邻近带电体的距离不得小于 0.4 m，与邻相的安全距离不得小于 0.6 m，使用绝缘操作杆的有效绝缘长度不得小于 0.7 m。

续表

√	序号	危　险　点	预 控 措 施
	3	绝缘斗臂车支车时，车腿支持点土壤松软或埋有市政管网设施，使车体倾斜，造成翻车。	遇到松软土壤时，支腿下加垫枕木或钢板且不得超过两块。
	4	绝缘斗臂车液压机构渗漏油，可能引起支腿、绝缘臂、工作斗泄压。	绝缘斗臂车使用前应认真检查，并在预定位置试操作一次，确认各液压部分运转良好，无渗漏油现象，方可操作。
	5	监护人指挥发令信息不畅，导致带电操作人员误操作。	保持通讯通畅，操作人员收到监护人的指令后，应回复确认。

4.6 安全措施

√	序号	内　　容
	1	如遇雷电(听见雷声、看见闪电)雪雹、雨雾不得进行带电作业，风力大于 10 m/s 或相对湿度大于 80%时，也不宜进行带电作业。
	2	作业前，需确认线路无接地、绝缘良好、线路上无人工作且相位无误。
	3	在运输过程中，绝缘工具应装在专用工具袋、工具箱或专用工具车内，以防受潮和损伤。
	4	带电作业必须设人监护，监护人不得直接操作，监护的范围不得超过一个作业点。
	5	作业现场应设围栏及警示牌，禁止无关人员进入或在工作现场逗留。
	6	使用合格的绝缘安全工器具，使用前应做好检查。
	7	作业过程中，如设备突然停电，作业人员应视设备仍然带电，并立即停止操作，工作负责人尽快与调度联系查明原因。
	8	作业过程中，绝缘斗臂车的发动机不得熄火，起升、下降、回转速度不得大于 0.5 m/s。
	9	在接近带电体的过程中，应从下方依次验电；对人体可能触及范围内的构件亦应验电，确认无漏电现象。
	10	作业过程中有可能引起不同电位设备之间发生短路或接地故障时，应在设备间设置绝缘遮蔽。
	11	禁止同时接触未接通或已断开的导线的两个断头，以防人体串入电路。

4.7　人员分工

√	序号	作 业 人 员	作 业 项 目
	1	工作负责人	
	2	杆上电工	
	3	地面电工	

5　作业程序

5.1　开工

√	序号	内　　容	责任人签字
	1	工作负责人联系调度,办理工作票开工(本项目一般无需停用重合闸)。	
	2	调度许可工作。	
	3	工作负责人组织全体工作人员现场列队宣读工作票,交待工作任务、安全措施、注意事项,确认工作班成员并让其签名后,宣布开始工作的命令。	

5.2　作业内容及标准

√	序号	作业内容	作业标准及步骤	安全措施及注意事项	备注
	1	现场布置	1. 绝缘斗臂车操作员将绝缘斗臂车停在工作点的最佳位置,并装设车体接地线; 2. 作业现场应设安全围栏、悬挂警示牌。	1. 遇到松软土壤时,支腿下加垫枕木且不得超过两块,呈八角形 45°摆放; 2. 车工作处地面应坚实、平整,地面坡度超过 7°; 3. 支腿伸出车体找平后,车辆前后高度不应大于 3°; 4. 车体接地体埋棒插入地层深度不小于 0.4 m; 5. 在作业点下方按坠落半径设置安全围栏,车辆后方 10 m 放置交通警示牌。	

续表

√	序号	作业内容	作业标准及步骤	安全措施及注意事项	备注
	2	工器具检查	1. 地面电工将按要求将工器具摆放在防潮的帆布上； 2. 斗内电工对绝缘工器具进行外观检查与检测； 3. 绝缘斗臂车操作员将空斗试操作一次。	1. 防潮帆布应设置在杆上落物区半径之外； 2. 将绝缘工器具与非绝缘工器具分开摆放； 3. 使用前应用 2500 V 的绝缘摇表检查并确保其绝缘阻值不小于 700 MΩ； 4. 绝缘工器具外观应符合使用安全要求，如无破损、划伤、受潮等； 5. 确认液压传动、回转、升降、伸缩系统工作正常、操作灵活，制动装置可靠。	
	3	验电	按照导线→绝缘子→横担→导线的顺序进行验电，确认无漏电现象。	1. 人体与邻近带电体的距离不得小于 0.4 m； 2. 绝缘杆的有效绝缘长度不得小于 0.7 m。	
	4	设置绝缘遮蔽、隔离措施	斗内电工转移工作斗到内边侧导线合适位置。	1. 应注意绝缘斗臂车周围杆塔、线路等情况，转移工作斗时，绝缘臂的金属部位与带电体和地电位物体的距离大于 0.9 m； 2. 作业过程中，绝缘斗臂车起升、下降、回转速度不得大于0.5 m/s； 3. 作业时，上节绝缘臂的伸出长度应大于等于 1 m，绝缘斗、臂离带电体物体的距离应大于1 m，人体与相邻带电体的安全距离应大于 0.6 m。	
			斗内电工使用导线遮蔽罩、绝缘毯等遮蔽用具将作业范围内带电导线和接地部分进行绝缘遮蔽、隔离。	1. 斗内电工设置绝缘遮蔽措施时按“由近至远、从大到小、从低到高”原则进行； 2. 使用绝缘操作杆时，有效绝缘长度应大于 0.7 m； 3. 绝缘遮蔽应严实、牢固，导线遮蔽罩间重叠部分应大于 15 cm，遮蔽范围应比人体活动范围增加 0.4 m； 4. 绝缘斗内双人工作时，禁止两人同时接触不同的电位体。	

续表

√	序号	作业内容	作业标准及步骤	安全措施及注意事项	备注
	5	更换三相熔断器	1. 斗内电工在中相熔断器前方，以最小范围打开绝缘遮蔽，拆除熔断器上桩头引线螺栓；调整绝缘斗位置后将断开的上引线端头可靠固定在同相上引线上，并恢复绝缘遮蔽； 2. 斗内电工拆除熔断器下桩头引线螺栓，更换熔断器；斗内电工对新安装熔断器进行分合情况检查，最后将熔断器置于拉开位置，连接好下引线； 3. 斗内电工将绝缘斗调整到中间相上引线合适位置，打开绝缘遮蔽，将熔断器上桩头引线螺栓连接好，并迅速恢复中相绝缘遮蔽； 4. 其余两相熔断器的更换按相同方法进行。	1. 作业人员戴护目镜； 2. 断、接引线前，熔断器应在分闸位置； 3. 严禁取下绝缘手套拆除或安装熔断器； 4. 跌落式熔断器熔管轴线与地面的垂线夹角为15°～30°。	
		仅更换近边相熔断器	1. 在近边相与中间相之间加装隔离挡板，按照“从近到远、从下到上、先带电体后接地体”的遮蔽原则对作业范围内的所有带电体和接地体进行绝缘遮蔽； 2. 以最小范围打开绝缘遮蔽，拆除近边相熔断器上桩头引线螺栓；调整绝缘斗位置后将断开的上引线端头可靠固定在同相上引线上，并迅速恢复绝缘遮蔽；	1. 作业人员戴护目镜； 2. 断、接引线前，熔断器应在分闸位置； 3. 严禁取下绝缘手套拆除或安装熔断器； 4. 跌落式熔断器熔管轴线与地面的垂线夹角为15°～30°。	

续表

√	序号	作业内容	作业标准及步骤	安全措施及注意事项	备注
			3. 斗内电工拆除熔断器下桩头螺栓，更换近边相熔断器，连接好下引线并恢复绝缘遮蔽； 4. 斗内电工将绝缘斗调整到近边相上引线合适位置，打开绝缘遮蔽，将熔断器上桩头引线螺栓连接好，并迅速恢复近边相绝缘遮蔽。		
		仅更换远边相熔断器	1. 在外边相与中间相之间加装隔离挡板，按照“从近到远、从下到上、先带电体后接地体”的遮蔽原则对作业范围内的所有带电体和接地体进行绝缘遮蔽； 2. 以最小范围打开绝缘遮蔽，拆除外边相熔断器上桩头引线螺栓；调整绝缘斗位置后，将断开的上引线端头可靠固定在同相上引线上，并迅速恢复绝缘遮蔽； 3. 斗内电工拆除熔断器下桩头螺栓，更换远边相熔断器，连接好下引线并恢复绝缘遮蔽； 4. 斗内电工将绝缘斗调整到远边相上引线合适位置，打开绝缘遮蔽，将熔断器上桩头引线螺栓连接好，并迅速恢复远边相绝缘遮蔽。	1. 作业人员戴护目镜； 2. 断、接引线前，熔断器应在分闸位置； 3. 严禁取下绝缘手套拆除或安装熔断器； 4. 跌落式熔断器熔管轴线与地面的垂线夹角为15°～30°。	

续表

√	序号	作业内容	作业标准及步骤	安全措施及注意事项	备注
		仅更换中相熔断器	1. 斗内电工将绝缘斗调整至近边相与中相熔断器前方适当位置，在近边相与中间相之间加装隔离挡板； 2. 斗内电工将绝缘斗调整至外边相与中相熔断器前方适当位置，在外边相与中间相之间加装隔离挡板； 3. 按照“从近到远、从下到上、先带电体后接地体”的遮蔽原则对作业范围内的所有带电体和接地体进行绝缘遮蔽； 4. 以最小范围打开绝缘遮蔽，拆除中间相熔断器上桩头引线螺栓，调整绝缘斗位置后，将断开的上引线端头可靠固定在同相上引线上，并迅速恢复绝缘遮蔽； 5. 斗内电工拆除熔断器下桩头螺栓，更换近边相熔断器，连接好下引线并恢复绝缘遮蔽； 6. 斗内电工将绝缘斗调整到中间相上引线合适位置，打开绝缘遮蔽，将熔断器上桩头引线螺栓连接好，并迅速恢复中间相绝缘遮蔽。	1. 作业人员戴护目镜； 2. 断、接引线前，熔断器应在分闸位置； 3. 严禁取下绝缘手套拆除或安装熔断器； 4. 跌落式熔断器熔管轴线与地面的垂线夹角为 15°～30°。	
	6	拆除绝缘遮蔽措施	斗内电工拆除绝缘遮蔽用具，确认杆上已无遗留物后，转移工作斗至地面。	1. 斗内电工拆除绝缘遮蔽措施时应戴绝缘手套，且顺序应正确； 2. 拆除绝缘毯时，应轻托慢起，防止拉伤绝缘层； 3. 严禁同时拆除不同电位的遮蔽体。	

5.3 竣工

√	序号	内容	负责人签字
	1	工作负责人全面检查作业完成情况并点评(班后会)。	
	2	清理现场的工器具、材料,撤离作业现场。	
	3	通知调度恢复重合闸,办理终结工作票。	

6 验收总结

序号	验收总结	
1	验收评价	
2	存在问题及处理意见	

7 作业指导书执行情况评估

<table>
<tr><td rowspan="4">评估内容</td><td rowspan="2">符合性</td><td>优</td><td></td><td>可操作项</td><td></td></tr>
<tr><td>良</td><td></td><td>不可操作项</td><td></td></tr>
<tr><td rowspan="2">可操作性</td><td>优</td><td></td><td>建议修改项</td><td></td></tr>
<tr><td>良</td><td></td><td>遗漏项</td><td></td></tr>
<tr><td>存在问题</td><td colspan="5"></td></tr>
<tr><td>改进意见</td><td colspan="5"></td></tr>
</table>

编号：××××-××-××-32

Ⅱ-19　10 kV 带电更换熔断器标准化作业指导书

（车用绝缘横担法）

编写人：________________　　　　________年______月______日

审核人：________________　　　　________年______月______日

批准人：________________　　　　________年______月______日

工作负责人：____________

作业日期：　　年　　月　　日　　时　　分　至　　年　　月　　日　　时　　分

国网安徽省电力有限公司

1 工作范围

本作业指导书适用于国网安徽省电力有限公司____________________作业。

2 作业方法

运用绝缘手套法进行的作业。

3 引用文件

1.《国家电网公司电力安全工作规程》(以下简称《安规》)(配电部分);
2.《配电网检修规程》(Q/GDW 11261—2014);
3.《配电网技术导则》(Q/GDW 10370—2016);
4.《10 kV 配网不停电作业规范》(Q/GDW 10520—2016);
5.《配电网施工检修工艺规范》(Q/GDW 10742—2016);
6.《配电线路带电作业技术导则》(GB/T 18857—2019)。

4 作业前准备

4.1 准备工作安排

√	序号	内容	标　　准	备注
	1	现场勘察	1. 由工作负责人或工作票签发人组织到现场进行勘察,以便掌握同杆(塔)架设线路及其方位、电气间距、作业现场条件和环境; 2. 确定作业方法、所需工具、材料以及应采取的措施。	
	2	车辆检查	按公司车辆使用管理规定有关内容对车辆进行使用前检查。	
	3	气象条件	1. 根据本地气象预报,判断是否符合《安规》对带电作业的要求; 2. 风力大于 10 m/s 或相对湿度大于 80%时,不宜作业。	
	4	办理工作票	1. 在生产管理系统(PMS2.0)中开具工作票; 2. 确认工作地段、配网运行方式,确定预申请停用重合闸的线路名称。	

4.2 人员要求

√	序号	内　　容	备注
	1	作业人员必须持有带电作业有效资格证和实践工作经验。	
	2	作业人员应身体健康,无妨碍作业的生理和心理障碍。	
	3	本年度《安规》考试合格。	

4.3　工器具

√	序号	工器具名称		规格	单位	数量	备注
	1	作业车辆	绝缘斗臂车	10 kV	辆	1	
	2	绝缘防护用具	绝缘手套	10 kV	双	2	带防刺穿作用
	3		绝缘安全帽	10 kV	顶	2	
	4		绝缘服	10 kV	套	2	
	5		绝缘安全带	10 kV	副	2	
	6	绝缘遮蔽用具	导线遮蔽罩	10 kV	个	若干	
	7		跳线遮蔽罩	10 kV	个	若干	
	8		绝缘毯	10 kV	个	若干	
	9		绝缘子遮蔽罩	10 kV	个	若干	
	10		横担遮蔽罩	10 kV	个	若干	
	11	绝缘工具	绝缘传递绳	12 mm	根	1	
	12		绝缘操作杆	10 kV	副	1	
	13	其他	绝缘电阻测试仪	2500 V 及以上	套	1	
	14		验电器	10 kV	套	1	
	15		护目镜	—	副	2	
	16		温湿度仪/风速仪		套	1	
	17		绝缘手套检测仪		副	1	

4.4　材料

√	序号	名称	规格	单位	数量	备注
	1	绝缘子		只	若干	

4.5　危险点分析及预控

√	序号	危　险　点	预 控 措 施
	1	高空作业时违反配电《安规》进行操作，可能引起高空坠落。	高空作业时，必须正确使用安全带并戴安全帽，将安全带系在牢固部件上且位置合理，便于作业。

续表

√	序号	危　险　点	预 控 措 施
	2	斗内电工与邻近带电体及接地体的安全距离不够，可能引起相间短路、接地事故。	斗内电工与邻近带电体的距离不得小于0.4 m，与邻相的安全距离不得小于0.6 m，距离不足时应进行绝缘遮蔽；使用绝缘操作杆的有效绝缘长度不得小于0.7 m。
	3	绝缘斗臂车支车时，车腿支持点土壤松软或埋有市政管网设施，使车体倾斜，造成翻车。	遇到松软土壤时，支腿下加垫枕木或钢板且不得超过两块。
	4	绝缘斗臂车液压机构渗漏油，可能引起支腿、绝缘臂、工作斗泄压。	绝缘斗臂车使用前应认真检查，并在预定位置试操作一次，确认各液压部分运转良好，无渗漏油现象，方可操作。
	5	监护人指挥发令信息不畅，导致带电操作人员误操作。	保持通讯通畅，操作人员收到监护人的指令后，应回复确认。

4.6　安全措施

√	序号	内　　容
	1	如遇雷电(听见雷声、看见闪电)雪雹、雨雾不得进行带电作业，风力大于10 m/s或相对湿度大于80%时，也不宜进行带电作业。
	2	作业前，需确认线路无接地、绝缘良好、线路上无人工作且相位无误。
	3	在运输过程中，绝缘工具应装在专用工具袋、工具箱或专用工具车内，以防受潮和损伤。
	4	带电作业必须设人监护，监护人不得直接操作，监护的范围不得超过一个作业点。
	5	作业现场应设围栏及警示牌，禁止无关人员进入或在工作现场逗留。
	6	使用合格的绝缘安全工器具，使用前应做好检查。
	7	作业过程中，如设备突然停电，作业人员应视设备仍然带电，并立即停止操作，工作负责人尽快与调度联系查明原因。
	8	作业过程中，绝缘斗臂车的发动机不得熄火，起升、下降、回转速度不得大于0.5 m/s。
	9	在接近带电体的过程中，应从下方依次验电；对人体可能触及范围内的构件亦应验电，确认无漏电现象。
	10	作业过程中有可能引起不同电位设备之间发生短路或接地故障时，应在设备间设置绝缘遮蔽。

4.7　人员分工

√	序号	作业人员	作业项目
	1	工作负责人	
	2	斗内电工	
	3	地面电工	

5　作业程序

5.1　开工

√	序号	内　　容	责任人签字
	1	工作负责人联系调度,办理工作票开工(本项目一般无需停用重合闸)。	
	2	调度许可工作。	
	3	工作负责人组织全体工作人员现场列队宣读工作票,交待工作任务、安全措施、注意事项,确认工作班成员并让其签名后,宣布开始工作的命令。	

5.2　作业内容及标准

√	序号	作业内容	作业标准及步骤	安全措施及注意事项	备注
	1	现场布置	1. 绝缘斗臂车操作员将绝缘斗臂车停在工作点的最佳位置,并装设车体接地线; 2. 作业现场应设安全围栏、悬挂警示牌。	1. 遇到松软土壤时,支腿下加垫枕木且不得超过两块,呈八角形 45°摆放; 2. 车工作处地面应坚实、平整,地面坡度超过 7°; 3. 支腿伸出车体找平后,车辆前后高度不应大于 3°; 4. 车体接地体埋棒插入地层深度不小于 0.4 m; 5. 在作业点下方按坠落半径设置安全围栏,车辆后方 10 m 放置交通警示牌。	

续表

√	序号	作业内容	作业标准及步骤	安全措施及注意事项	备注
	2	工器具检查	1. 地面电工将按要求将工器具摆放在防潮的帆布上； 2. 斗内电工对绝缘工器具进行外观检查与检测； 3. 绝缘斗臂车操作员将空斗试操作一次。	1. 防潮帆布应设置在杆上落物区半径之外； 2. 将绝缘工器具与非绝缘工器具分开摆放； 3. 使用前应用 2500 V 的绝缘摇表检查并确保其绝缘阻值不小于 700 MΩ； 4. 绝缘工器具外观应符合使用安全要求，如无破损、划伤、受潮等； 5. 确认液压传动、回转、升降、伸缩系统工作正常、操作灵活，制动装置可靠。	
	3	验电	按照导线→绝缘子→横担→导线的顺序进行验电，确认无漏电现象。	1. 人体与邻近带电体的距离不得小于 0.4 m； 2. 绝缘杆的有效绝缘长度不得小于 0.7 m。	
	4	设置绝缘遮蔽、隔离措施	斗内电工转移工作斗到内边侧导线合适位置。	1. 应注意绝缘斗臂车周围杆塔、线路等情况，转移工作斗时，绝缘臂的金属部位与带电体和地电位物体的距离大于 0.9 m； 2. 作业过程中，绝缘斗臂车起升、下降、回转速度不得大于0.5 m/s； 3. 作业时，上节绝缘臂的伸出长度应大于等于 1 m，绝缘斗、臂离带电体物体的距离应大于1 m，人体与相邻带电体的安全距离应大于 0.6 m。	
			斗内电工使用导线遮蔽罩、绝缘毯等遮蔽用具将作业范围内带电导线和接地部分进行绝缘遮蔽、隔离。	1. 斗内电工设置绝缘遮蔽措施时按“由近至远、从大到小、从低到高”原则进行； 2. 使用绝缘操作杆时，有效绝缘长度应大于 0.7 m； 3. 绝缘遮蔽应严实、牢固，导线遮蔽罩间重叠部分应大于 15 cm，遮蔽范围应比人体活动范围增加 0.4 m； 4. 绝缘斗内双人工作时，禁止两人同时接触不同的电位体。	

续表

√	序号	作业内容	作业标准及步骤	安全措施及注意事项	备注
	5	更换绝缘子	1. 斗内电工将绝缘斗返回地面,由地面电工协助在吊臂上组装绝缘横担返回中间相导线下准备支撑导线; 2. 斗内电工调整吊臂使中间相导线置于绝缘横担上的滑轮内,然后扣好保险环; 3. 斗内电工操作将绝缘支杆缓缓上升,使绝缘横担受力;斗内电工拆除导线绑扎线;恢复绝缘导线绝缘遮蔽;缓缓支撑起中间相导线并锁定绝缘横担,提升高度应不小于0.4 m; 4. 斗内电工更换绝缘子,并对新安装绝缘子进行绝缘遮蔽; 5. 斗内电工操作将绝缘横担缓缓下降,使中间相导线下降至中间相绝缘子顶槽内停止,使用绑扎线将中间相导线固定在绝缘子上,恢复绝缘遮蔽,打开绝缘横担滑轮保险,操作吊臂使绝缘横担缓缓脱离导线;其余两相按相同方法进行。	1. 更换瓷瓶前确认瓷件是否完好; 2. 导线遮蔽罩搭接部分不小于15 cm; 3. 拆除直线瓷瓶绑扎线时,绑扎线的展放长度不应超过10 cm; 4. 瓷瓶更换一相完毕,立即进行遮蔽; 5. 更换绝缘子过程中严禁取下绝缘手套。	
	6	拆除绝缘遮蔽措施	斗内电工拆除绝缘遮蔽用具,确认杆上已无遗留物后,转移工作斗至地面。	1. 斗内电工拆除绝缘遮蔽措施时应戴绝缘手套,且顺序应正确; 2. 拆除绝缘毯时,应轻托慢起,防止拉伤绝缘层; 3. 严禁同时拆除不同电位的遮蔽体。	

5.3 竣工

<table>
<tr><th>√</th><th>序号</th><th>内　容</th><th>负责人签字</th></tr>
<tr><td></td><td>1</td><td>工作负责人全面检查作业完成情况并点评(班后会)。</td><td rowspan="3"></td></tr>
<tr><td></td><td>2</td><td>清理现场的工器具、材料,撤离作业现场。</td></tr>
<tr><td></td><td>3</td><td>通知调度恢复重合闸,办理终结工作票。</td></tr>
</table>

5.4 消缺记录

<table>
<tr><th>√</th><th>序号</th><th>作 业 内 容</th><th>负责人签字</th></tr>
<tr><td></td><td></td><td></td><td rowspan="3"></td></tr>
<tr><td></td><td></td><td></td></tr>
<tr><td></td><td></td><td></td></tr>
</table>

6 验收总结

<table>
<tr><th>序号</th><th colspan="2">验 收 总 结</th></tr>
<tr><td>1</td><td>验收评价</td><td></td></tr>
<tr><td>2</td><td>存在问题及处理意见</td><td></td></tr>
</table>

7 作业指导书执行情况评估

<table>
<tr><td rowspan="4">评估内容</td><td rowspan="2">符合性</td><td>优</td><td></td><td>可操作项</td><td></td></tr>
<tr><td>良</td><td></td><td>不可操作项</td><td></td></tr>
<tr><td rowspan="2">可操作性</td><td>优</td><td></td><td>建议修改项</td><td></td></tr>
<tr><td>良</td><td></td><td>遗漏项</td><td></td></tr>
<tr><td>存在问题</td><td colspan="5"></td></tr>
<tr><td>改进意见</td><td colspan="5"></td></tr>
</table>

编号：××××-××-××-33

Ⅱ-20　10 kV 带电更换直线杆绝缘子标准化作业指导书

（绝缘小吊臂法）

编写人：________________　　　　________年______月______日

审核人：________________　　　　________年______月______日

批准人：________________　　　　________年______月______日

工作负责人：____________

作业日期：　　年　　月　　日　　时　　分　至　　年　　月　　日　　时　　分

国网安徽省电力有限公司

1 工作范围

本作业指导书适用于国网安徽省电力有限公司__________________作业。

2 作业方法

运用绝缘手套法进行的作业。

3 引用文件

1.《国家电网公司电力安全工作规程》(以下简称《安规》)(配电部分);
2.《配电网检修规程》(Q/GDW 11261—2014);
3.《配电网技术导则》(Q/GDW 10370—2016);
4.《10 kV 配网不停电作业规范》(Q/GDW 10520—2016);
5.《配电网施工检修工艺规范》(Q/GDW 10742—2016);
6.《配电线路带电作业技术导则》(GB/T 18857—2019)。

4 作业前准备

4.1 准备工作安排

√	序号	内容	标　准	备注
	1	现场勘察	1. 由工作负责人或工作票签发人组织到现场进行勘察,以便掌握同杆(塔)架设线路及其方位、电气间距、作业现场条件和环境; 2. 确定作业方法、所需工具、材料以及应采取的措施。	
	2	车辆检查	按公司车辆使用管理规定有关内容对车辆进行使用前检查。	
	3	气象条件	1. 根据本地气象预报,判断是否符合《安规》对带电作业的要求; 2. 风力大于 10 m/s 或相对湿度大于 80%时,不宜作业。	
	4	办理工作票	1. 在生产管理系统(PMS2.0)中开具工作票; 2. 确认工作地段、配网运行方式,确定预申请停用重合闸的线路名称。	

4.2 人员要求

√	序号	内　容	备注
	1	作业人员必须持有带电作业有效资格证和实践工作经验。	
	2	作业人员应身体健康,无妨碍作业的生理和心理障碍。	
	3	本年度《安规》考试合格。	

4.3　工器具

√	序号	工器具名称		规格	单位	数量	备注
	1	作业车辆	绝缘斗臂车	10 kV	辆	1	
	2	绝缘防护用具	绝缘手套	10 kV	双	2	带防刺穿作用
	3		绝缘安全帽	10 kV	顶	2	
	4		绝缘服	10 kV	套	2	
	5		绝缘安全带	10 kV	副	2	
	6	绝缘遮蔽用具	导线遮蔽罩	10 kV	个	若干	
	7		跳线遮蔽罩	10 kV	个	若干	
	8		绝缘毯	10 kV	个	若干	
	9		绝缘子遮蔽罩	10 kV	个	若干	
	10		横担遮蔽罩	10 kV	个	若干	
	11	绝缘工具	绝缘传递绳	12 mm	根	1	
	12		绝缘操作杆	10 kV	副	1	
	13	其他	绝缘电阻测试仪	2500 V 及以上	套	1	
	14		验电器	10 kV	套	1	
	15		护目镜	—	副	2	
	16		温湿度仪/风速仪		套	1	
	17		绝缘手套检测仪		副	1	

4.4　材料

√	序号	名称	规格	单位	数量	备注
	1	绝缘子		只	若干	

4.5　危险点分析及预控

√	序号	危　险　点	预 控 措 施
	1	高空作业时违反配电《安规》进行操作,可能引起高空坠落。	高空作业时,必须正确使用安全带并戴安全帽,将安全带系在牢固部件上且位置合理,便于作业。

续表

√	序号	危险点	预控措施
	2	斗内电工与邻近带电体及接地体的安全距离不够，可能引起相间短路、接地事故。	斗内电工与邻近带电体的距离不得小于0.4 m，与邻相的安全距离不得小于0.6 m，距离不足时应进行绝缘遮蔽；使用绝缘操作杆的有效绝缘长度不得小于0.7 m。
	3	绝缘斗臂车支车时，车腿支持点土壤松软或埋有市政管网设施，使车体倾斜，造成翻车。	遇到松软土壤时，支腿下加垫枕木或钢板且不得超过两块。
	4	绝缘斗臂车液压机构渗漏油，可能引起支腿、绝缘臂、工作斗泄压。	绝缘斗臂车使用前应认真检查，并在预定位置试操作一次，确认各液压部分运转良好，无渗漏油现象，方可操作。
	5	监护人指挥发令信息不畅，导致带电操作人员误操作。	保持通讯通畅，操作人员收到监护人的指令后，应回复确认。

4.6 安全措施

√	序号	内容
	1	如遇雷电(听见雷声、看见闪电)雪雹、雨雾不得进行带电作业，风力大于10 m/s或相对湿度大于80%时，也不宜进行带电作业。
	2	作业前，需确认线路无接地、绝缘良好、线路上无人工作且相位无误。
	3	在运输过程中，绝缘工具应装在专用工具袋、工具箱或专用工具车内，以防受潮和损伤。
	4	带电作业必须设人监护，监护人不得直接操作，监护的范围不得超过一个作业点。
	5	作业现场应设围栏及警示牌，禁止无关人员进入或在工作现场逗留。
	6	使用合格的绝缘安全工器具，使用前应做好检查。
	7	作业过程中，如设备突然停电，作业人员应视设备仍然带电，并立即停止操作，工作负责人尽快与调度联系查明原因。
	8	作业过程中，绝缘斗臂车的发动机不得熄火，起升、下降、回转速度不得大于0.5 m/s。
	9	在接近带电体的过程中，应从下方依次验电；对人体可能触及范围内的构件亦应验电，确认无漏电现象。
	10	作业过程中有可能引起不同电位设备之间发生短路或接地故障时，应在设备间设置绝缘遮蔽。

4.7　人员分工

√	序号	作 业 人 员	作 业 项 目
	1	工作负责人	
	2	斗内电工	
	3	地面电工	

5　作业程序

5.1　开工

√	序号	内　　容	责任人签字
	1	工作负责人联系调度,办理工作票开工(本项目一般无需停用重合闸)。	
	2	调度许可工作。	
	3	工作负责人组织全体工作人员现场列队宣读工作票,交待工作任务、安全措施、注意事项,确认工作班成员并让其签名后,宣布开始工作的命令。	

5.2　作业内容及标准

√	序号	作业内容	作业标准及步骤	安全措施及注意事项	备注
	1	现场布置	1. 绝缘斗臂车操作员将绝缘斗臂车停在工作点的最佳位置,并装设车体接地线; 2. 作业现场应设安全围栏、悬挂警示牌。	1. 遇到松软土壤时,支腿下加垫枕木且不得超过两块,呈八角形 45°摆放; 2. 车工作处地面应坚实、平整,地面坡度超过 7°; 3. 支腿伸出车体找平后,车辆前后高度不应大于 3°; 4. 车体接地体埋棒插入地层深度不小于 0.4 m; 5. 在作业点下方按坠落半径设置安全围栏,车辆后方 10 m 放置交通警示牌。	

续表

√	序号	作业内容	作业标准及步骤	安全措施及注意事项	备注
	2	工器具检查	1. 地面电工将按要求将工器具摆放在防潮的帆布上； 2. 斗内电工对绝缘工器具进行外观检查与检测； 3. 绝缘斗臂车操作员将空斗试操作一次。	1. 防潮帆布应设置在杆上落物区半径之外； 2. 将绝缘工器具与非绝缘工器具分开摆放； 3. 使用前应用 2500 V 的绝缘摇表检查并确保其绝缘阻值不小于 700 MΩ； 4. 绝缘工器具外观应符合使用安全要求，如无破损、划伤、受潮等； 5. 确认液压传动、回转、升降、伸缩系统工作正常、操作灵活，制动装置可靠。	
	3	验电	按照导线→绝缘子→横担→导线的顺序进行验电，确认无漏电现象。	1. 人体与邻近带电体的距离不得小于 0.4 m； 2. 绝缘杆的有效绝缘长度不得小于 0.7 m。	
	4	设置绝缘遮蔽、隔离措施	斗内电工转移工作斗到内边侧导线合适位置。	1. 应注意绝缘斗臂车周围杆塔、线路等情况，转移工作斗时，绝缘臂的金属部位与带电体和地电位物体的距离大于 0.9 m； 2. 作业过程中，绝缘斗臂车起升、下降、回转速度不得大于0.5 m/s； 3. 作业时，上节绝缘臂的伸出长度应大于等于 1 m，绝缘斗、臂离带电体物体的距离应大于1 m，人体与相邻带电体的安全距离应大于 0.6 m。	
			斗内电工使用导线遮蔽罩、绝缘毯等遮蔽用具将作业范围内带电导线和接地部分进行绝缘遮蔽、隔离。	1. 斗内电工设置绝缘遮蔽措施时按“由近至远、从大到小、从低到高”原则进行； 2. 使用绝缘操作杆时，有效绝缘长度应大于 0.7 m； 3. 绝缘遮蔽应严实、牢固，导线遮蔽罩间重叠部分应大于 15 cm，遮蔽范围应比人体活动范围增加 0.4 m； 4. 绝缘斗内双人工作时，禁止两人同时接触不同的电位体。	

续表

√	序号	作业内容	作业标准及步骤	安全措施及注意事项	备注
	5	更换绝缘子	1. 斗内电工将导线遮蔽罩旋转,使开口朝上,将绝缘绳套套在导线遮蔽罩上,使用绝缘小吊勾勾住绝缘绳套,并确认可靠; 2. 取下绝缘子遮蔽罩,拆除绝缘子绑扎线。拆除绑扎线后,操作绝缘小吊臂起吊导线脱离绝缘子,提升高度应不小于0.4 m,搭接导线遮蔽罩; 3. 更换绝缘子后,迅速恢复绝缘子底部的绝缘遮蔽; 4. 操作绝缘小吊臂,降落导线,将搭接在一起的导线遮蔽罩分开,将导线落下至绝缘子顶部线槽内; 5. 使用绝缘子绑扎线将导线与绝缘子固定牢固,剪去多余的绑扎线,迅速恢复绝缘遮蔽。其余两相绝缘子按相同方法进行。	1. 更换瓷瓶前确认瓷件是否完好; 2. 提升高度应不小于0.4 m,导线遮蔽罩搭接部分不小于15 cm; 3. 拆除直线瓷瓶绑扎线时,绑扎线的展放长度不应超过10 cm; 4. 瓷瓶更换一相完毕,立即进行遮蔽; 5. 更换绝缘子过程中严禁取下绝缘手套。	
	6	拆除绝缘遮蔽措施	斗内电工拆除绝缘遮蔽用具,确认杆上已无遗留物后,转移工作斗至地面。	1. 斗内电工拆除绝缘遮蔽措施时应戴绝缘手套,且顺序应正确; 2. 拆除绝缘毯时,应轻托慢起,防止拉伤绝缘层; 3. 严禁同时拆除不同电位的遮蔽体。	

5.3 竣工

√	序号	内　容	负责人签字
	1	工作负责人全面检查作业完成情况并点评(班后会)。	
	2	清理现场的工器具、材料,撤离作业现场。	
	3	通知调度恢复重合闸,办理终结工作票。	

5.4 消缺记录

√	序号	作 业 内 容	负责人签字

6 验收总结

序号	验 收 总 结	
1	验收评价	
2	存在问题及处理意见	

7 作业指导书执行情况评估

评估内容	符合性	优		可操作项	
		良		不可操作项	
	可操作性	优		建议修改项	
		良		遗漏项	
存在问题					
改进意见					

编号：××××-××-××-34

Ⅱ-21　10 kV 带电更换直线杆绝缘子及横担标准化作业指导书

编写人：＿＿＿＿＿＿＿＿＿＿　　　　＿＿＿＿年＿＿＿月＿＿＿日

审核人：＿＿＿＿＿＿＿＿＿＿　　　　＿＿＿＿年＿＿＿月＿＿＿日

批准人：＿＿＿＿＿＿＿＿＿＿　　　　＿＿＿＿年＿＿＿月＿＿＿日

工作负责人：＿＿＿＿＿＿＿＿

作业日期：　　年　月　日　时　分　至　　年　月　日　时　分

国网安徽省电力有限公司

1 工作范围

本作业指导书适用于国网安徽省电力有限公司____________________作业。

2 作业方法

运用绝缘手套法进行的作业。

3 引用文件

1.《国家电网公司电力安全工作规程》(以下简称《安规》)(配电部分);
2.《配电网检修规程》(Q/GDW 11261—2014);
3.《配电网技术导则》(Q/GDW 10370—2016);
4.《10 kV 配网不停电作业规范》(Q/GDW 10520—2016);
5.《配电网施工检修工艺规范》(Q/GDW 10742—2016);
6.《配电线路带电作业技术导则》(GB/T 18857—2019)。

4 作业前准备

4.1 准备工作安排

√	序号	内容	标　准	备注
	1	现场勘察	1. 由工作负责人或工作票签发人组织到现场进行勘察,以便掌握同杆(塔)架设线路及其方位、电气间距、作业现场条件和环境; 2. 确定作业方法、所需工具、材料以及应采取的措施。	
	2	车辆检查	按公司车辆使用管理规定有关内容对车辆进行使用前检查。	
	3	气象条件	1. 根据本地气象预报,判断是否符合《安规》对带电作业的要求; 2. 风力大于 10 m/s 或相对湿度大于 80%时,不宜作业。	
	4	办理工作票	1. 在生产管理系统(PMS2.0)中开具工作票; 2. 确认工作地段、配网运行方式,确定预申请停用重合闸的线路名称。	

4.2 人员要求

√	序号	内　容	备注
	1	作业人员必须持有带电作业有效资格证和实践工作经验。	
	2	作业人员应身体健康,无妨碍作业的生理和心理障碍。	
	3	本年度《安规》考试合格。	

4.3　工器具

√	序号	工器具名称		规格	单位	数量	备注
	1	作业车辆	绝缘斗臂车	10 kV	辆	1	
	2	绝缘防护用具	绝缘安全帽	10 kV	顶	2	
	3		绝缘服	10 kV	套	2	
	4		绝缘安全带	10 kV	副	2	
	6	绝缘遮蔽用具	导线遮蔽罩	10 kV	个	若干	
	7		跳线遮蔽罩	10 kV	个	若干	
	8		绝缘毯	10 kV	个	若干	
	9		绝缘子遮蔽罩	10 kV	个	若干	
	10		横担遮蔽罩	10 kV	个	若干	
	11	绝缘工具	绝缘传递绳	12 mm	根	1	
	12		绝缘绳套	10 kV	副	1	
	13		绝缘操作杆	10 kV	副	1	
	14		绝缘横担	10 kV	副	1	
	13	其他	绝缘电阻测试仪	2500 V 及以上	套	1	
	14		验电器	10 kV	套	1	
	15		护目镜	—	副	2	
	16		温湿度仪/风速仪		套	1	
	17		绝缘手套检测仪		副	1	

4.4　材料

√	序号	名称	规格	单位	数量	备注
	1	绝缘子		只	若干	
	2	横担		副	1	

4.5　危险点分析及预控

√	序号	危　险　点	预 控 措 施
	1	高空作业时违反配电《安规》进行操作，可能引起高空坠落。	高空作业时，必须正确使用安全带并戴安全帽，将安全带系在牢固部件上且位置合理，便于作业。

续表

√	序号	危　险　点	预 控 措 施
	2	斗内电工与邻近带电体及接地体的安全距离不够，可能引起相间短路、接地事故。	斗内电工与邻近带电体的距离不得小于0.4 m，与邻相的安全距离不得小于0.6 m，距离不足时应进行绝缘遮蔽；使用绝缘操作杆的有效绝缘长度不得小于0.7 m。
	3	绝缘斗臂车支车时，车腿支持点土壤松软或埋有市政管网设施，使车体倾斜，造成翻车。	遇到松软土壤时，支腿下加垫枕木或钢板且不得超过两块。
	4	绝缘斗臂车液压机构渗漏油，可能引起支腿、绝缘臂、工作斗泄压。	绝缘斗臂车使用前应认真检查，并在预定位置试操作一次，确认各液压部分运转良好，无渗漏油现象，方可操作。
	5	监护人指挥发令信息不畅，导致带电操作人员误操作。	保持通讯通畅，操作人员收到监护人的指令后，应回复确认。

4.6 安全措施

√	序号	内　　容
	1	如遇雷电(听见雷声、看见闪电)雪雹、雨雾不得进行带电作业，风力大于10 m/s或相对湿度大于80%时，也不宜进行带电作业。
	2	作业前，需确认线路无接地、绝缘良好、线路上无人工作且相位无误。
	3	在运输过程中，绝缘工具应装在专用工具袋、工具箱或专用工具车内，以防受潮和损伤。
	4	带电作业必须设人监护，监护人不得直接操作，监护的范围不得超过一个作业点。
	5	作业现场应设围栏及警示牌，禁止无关人员进入或在工作现场逗留。
	6	使用合格的绝缘安全工器具，使用前应做好检查。
	7	作业过程中，如设备突然停电，作业人员应视设备仍然带电，并立即停止操作，工作负责人尽快与调度联系查明原因。
	8	作业过程中，绝缘斗臂车的发动机不得熄火，起升、下降、回转速度不得大于0.5 m/s。
	9	在接近带电体的过程中，应从下方依次验电；对人体可能触及范围内的构件亦应验电，确认无漏电现象。
	10	作业过程中有可能引起不同电位设备之间发生短路或接地故障时，应在设备间设置绝缘遮蔽。

4.7　人员分工

√	序号	作 业 人 员	作 业 项 目
	1	工作负责人	
	2	斗内电工	
	3	地面电工	

5　作业程序

5.1　开工

√	序号	内　　容	责任人签字
	1	工作负责人联系调度，办理工作票开工（本项目一般无需停用重合闸）。	
	2	调度许可工作。	
	3	工作负责人组织全体工作人员现场列队宣读工作票，交待工作任务、安全措施、注意事项，确认工作班成员并让其签名后，宣布开始工作的命令。	

5.2　作业内容及标准

√	序号	作业内容	作业标准及步骤	安全措施及注意事项	备注
	1	现场布置	1. 绝缘斗臂车操作员将绝缘斗臂车停在工作点的最佳位置，并装设车体接地线； 2. 作业现场应设安全围栏、悬挂警示牌。	1. 遇到松软土壤时，支腿下加垫枕木且不得超过两块，呈八角形45°摆放； 2. 车工作处地面应坚实、平整，地面坡度超过7°； 3. 支腿伸出车体找平后，车辆前后高度不应大于3°； 4. 车体接地体埋棒插入地层深度不小于0.4 m； 5. 在作业点下方按坠落半径设置安全围栏，车辆后方10 m放置交通警示牌。	

续表

√	序号	作业内容	作业标准及步骤	安全措施及注意事项	备注
	2	工器具检查	1. 地面电工将按要求将工器具摆放在防潮的帆布上； 2. 斗内电工对绝缘工器具进行外观检查与检测； 3. 绝缘斗臂车操作员将空斗试操作一次。	1. 防潮帆布应设置在杆上落物区半径之外； 2. 将绝缘工器具与非绝缘工器具分开摆放； 3. 使用前应用 2500 V 的绝缘摇表检查并确保其绝缘阻值不小于 700 MΩ； 4. 绝缘工器具外观应符合使用安全要求，如无破损、划伤、受潮等； 5. 确认液压传动、回转、升降、伸缩系统工作正常、操作灵活，制动装置可靠。	
	3	验电	按照导线→绝缘子→横担→导线的顺序进行验电，确认无漏电现象。	1. 人体与邻近带电体的距离不得小于 0.4 m； 2. 绝缘杆的有效绝缘长度不得小于 0.7 m。	
	4	设置绝缘遮蔽、隔离措施	斗内电工转移工作斗到内边侧导线合适位置。	1. 应注意绝缘斗臂车周围杆塔、线路等情况，转移工作斗时，绝缘臂的金属部位与带电体和地电位物体的距离大于 0.9 m； 2. 作业过程中，绝缘斗臂车起升、下降、回转速度不得大于0.5 m/s； 3. 作业时，上节绝缘臂的伸出长度应大于等于 1 m，绝缘斗、臂离带电体物体的距离应大于1 m，人体与相邻带电体的安全距离应大于 0.6 m。	
			斗内电工使用导线遮蔽罩、绝缘毯等遮蔽用具将作业范围内带电导线和接地部分进行绝缘遮蔽、隔离。	1. 斗内电工设置绝缘遮蔽措施时按“由近至远、从大到小、从低到高”原则进行； 2. 使用绝缘操作杆时，有效绝缘长度应大于 0.7 m； 3. 绝缘遮蔽应严实、牢固，导线遮蔽罩间重叠部分应大于 15 cm，遮蔽范围应比人体活动范围增加 0.4 m； 4. 绝缘斗内双人工作时，禁止两人同时接触不同的电位体。	

续表

√	序号	作业内容	作业标准及步骤	安全措施及注意事项	备注
	5	更换直线横担（一般情况）	1. 斗内电工互相配合，在电杆高出横担约 0.4 m 的位置安装绝缘横担； 2. 斗内电工将绝缘斗调整到近边相外侧适当位置，使用绝缘斗小吊绳固定导线，收紧小吊绳，使其受力； 3. 斗内电工拆除绝缘子绑扎线，调整吊臂提升导线使近边相导线置于临时支撑横担上的固定槽内，然后扣好保险环； 4. 远边相按照相同方法进行； 5. 斗内电工互相配合拆除旧绝缘子及横担，安装新绝缘子及横担，并对新安装绝缘子及横担设置绝缘遮蔽； 6. 斗内电工调整绝缘斗到远边相外侧适当位置，使用小吊绳将远边相导线缓缓放入已更换的新绝缘子顶槽内，使用绑扎线固定，恢复绝缘遮蔽； 7. 近边相按照相同方法进行； 8. 斗内电工互相配合拆除杆上临时支撑横担。	1. 转移导线前，明确两边临近杆塔导线绑扎情况，以免在导线转移中，引起临近杆塔导线垂落、接地事故； 2. 导线绝缘横担上的滑轮槽应调整为与导线间距相等位置；滑轮槽应有闭锁装置，防止导线脱落； 3. 提升导线时，要缓慢进行，以防导线晃动，造成相间短路； 4. 拆除直线瓷瓶绑扎线时，绑扎线的展放长度不应超过 10 cm； 5. 将两边相导线（三角形排列）转移至绝缘横担后，提升导线不小于 0.4 m（两辆绝缘斗臂车）；如水平排列，需将三相导线均转移至绝缘横担上； 6. 地面电工登杆组装横担，导线需提升不小于 1.0 m； 7. 拆除旧横担前，先拆除旧瓷瓶；安装新横担时，先安装横担，再安装新瓷瓶； 8. 拆除、安装横担前横担两端头采用绝缘包裹； 9. 安装时，横担应水平牢固，横担端部上下歪斜不应大于 20 mm，横担端部左右扭斜不应大于 20 mm； 10. 新横担、新绝缘子安装完毕后，应立即对其进行遮蔽，绝缘子绝缘遮蔽后只露出绑扎丝部位； 11. 绑扎过程中，扎线的展放长度程度不应大于 10 cm； 12. 下降导线时，要缓慢进行，以防导线晃动，造成相间短路。	
		更换直线横担（绝缘斗臂车配有绝缘横担组合，且导线采用水平排列时）	1. 绝缘遮蔽措施完成后，将绝缘斗返回地面，斗内电工在地面电工协助下在吊臂上组装绝缘横担后返回导线下准备支撑导线；	1. 转移导线前，明确两边临近杆塔导线绑扎情况，以免在导线转移中，引起临近杆塔导线垂落、接地事故； 2. 导线绝缘横担上的滑轮槽应调为整与导线间距相等位置；滑轮槽应有闭锁装置，防止导线脱落；	

续表

√	序号	作业内容	作业标准及步骤	安全措施及注意事项	备注
			2. 斗内电工调整吊臂使三相导线分别置于绝缘横担上的滑轮内，然后扣好保险环； 3 斗内电工操作将绝缘横担缓缓上升，使绝缘横担受力；拆除导线绑扎线，缓缓支撑起三相导线，提升高度应不少于0.4 m； 4. 斗内电工在地面电工配合下更换直线横担，并安装绝缘子，恢复绝缘遮蔽措施； 5. 斗内电工操作将绝缘横担缓缓下降，使中相导线下降至中相绝缘子线槽，用绑扎线固定；打开中相滑轮保险后，继续下降绝缘横担，并按相同方法分别固定两边相导线。	3. 提升导线时，要缓慢进行，以防导线晃动，造成相间短路； 4. 拆除直线瓷瓶绑扎线时，绑扎线的展放长度不应超过 10 cm； 5. 将两边相导线(三角形排列)转移至绝缘横担后，提升导线不小于 0.4 m(两辆绝缘斗臂车)；如水平排列，需将三相导线均转移至绝缘横担上； 6. 地面电工登杆组装横担，导线需提升不小于 1.0 m； 7. 拆除旧横担前，先拆除旧瓷瓶，安装新横担时，安装好横担后，再安装新瓷瓶； 8. 拆除、安装横担前横担两端头采用绝缘包裹； 9. 横担应安装水平牢固；横担端部上下歪斜不应大于 20 mm，横担端部左右扭斜不应大于 20 mm； 10. 新横担、新绝缘子安装完毕后，应立即对其遮蔽，绝缘子绝缘遮蔽后只露出绑扎丝部位； 11. 绑扎过程中，扎线的展放长度程度不应大于 10 cm； 12. 下降导线时，要缓慢进行，以防导线晃动，造成相间短路。	
	6	拆除绝缘遮蔽措施	斗内电工拆除绝缘遮蔽用具，确认杆上已无遗留物后，转移工作斗至地面。	1. 斗内电工拆除绝缘遮蔽措施时应戴绝缘手套，且顺序应正确； 2. 拆除绝缘毯时，应轻托慢起，防止拉伤绝缘层； 3. 严禁同时拆除不同电位的遮蔽体。	

5.3 竣工

√	序号	内　容	负责人签字
	1	工作负责人全面检查作业完成情况并点评(班后会)。	
	2	清理现场的工器具、材料，撤离作业现场。	
	3	通知调度恢复重合闸，办理终结工作票。	

5.4　消缺记录

√	序号	作 业 内 容	负责人签字

6　验收总结

序号	验 收 总 结	
1	验收评价	
2	存在问题及处理意见	

7　作业指导书执行情况评估

<table>
<tr><td rowspan="4">评估内容</td><td rowspan="2">符合性</td><td>优</td><td></td><td>可操作项</td><td></td></tr>
<tr><td>良</td><td></td><td>不可操作项</td><td></td></tr>
<tr><td rowspan="2">可操作性</td><td>优</td><td></td><td>建议修改项</td><td></td></tr>
<tr><td>良</td><td></td><td>遗漏项</td><td></td></tr>
<tr><td>存在问题</td><td colspan="5"></td></tr>
<tr><td>改进意见</td><td colspan="5"></td></tr>
</table>

编号:××××-××-××-35

Ⅱ-22　10 kV 带电更换耐张杆绝缘子串标准化作业指导书

编写人:________________　　　　　　________年______月______日

审核人:________________　　　　　　________年______月______日

批准人:________________　　　　　　________年______月______日

工作负责人:____________

作业日期:　　年　　月　　日　　时　　分　至　　年　　月　　日　　时　　分

国网安徽省电力有限公司

1　工作范围

本作业指导书适用于国网安徽省电力有限公司____________________作业。

2　作业方法

运用绝缘手套法进行的作业。

3　引用文件

1.《国家电网公司电力安全工作规程》(以下简称《安规》)(配电部分);
2.《配电网检修规程》(Q/GDW 11261—2014);
3.《配电网技术导则》(Q/GDW 10370—2016);
4.《10 kV 配网不停电作业规范》(Q/GDW 10520—2016);
5.《配电网施工检修工艺规范》(Q/GDW 10742—2016);
6.《配电线路带电作业技术导则》(GB/T 18857—2019)。

4　作业前准备

4.1　准备工作安排

√	序号	内容	标　准	备注
	1	现场勘察	1. 由工作负责人或工作票签发人组织到现场进行勘察,以便掌握同杆(塔)架设线路及其方位、电气间距、作业现场条件和环境; 2. 确定作业方法、所需工具、材料以及应采取的措施。	
	2	车辆检查	按公司车辆使用管理规定有关内容对车辆进行使用前检查。	
	3	气象条件	1. 根据本地气象预报,判断是否符合《安规》对带电作业的要求; 2. 风力大于 10 m/s 或相对湿度大于 80%时,不宜作业。	
	4	办理工作票	1. 在生产管理系统(PMS2.0)中开具工作票; 2. 确认工作地段、配网运行方式,确定预申请停用重合闸的线路名称。	

4.2　人员要求

√	序号	内　容	备注
	1	作业人员必须持有带电作业有效资格证和实践工作经验。	
	2	作业人员应身体健康,无妨碍作业的生理和心理障碍。	
	3	本年度《安规》考试合格。	

4.3 工器具

√	序号	工器具名称		规格	单位	数量	备注
	1	作业车辆	绝缘斗臂车	10 kV	辆	1	
	2	绝缘防护用具	绝缘手套	10 kV	双	2	带防刺穿作用
	3		绝缘安全帽	10 kV	顶	2	
	4		绝缘服	10 kV	套	2	
	5		绝缘安全带	10 kV	副	2	
	6	绝缘遮蔽用具	导线遮蔽罩	10 kV	个	若干	
	7		跳线遮蔽罩	10 kV	个	若干	
	8		绝缘毯	10 kV	个	若干	
	9		绝缘子遮蔽罩	10 kV	个	若干	
	10		横担遮蔽罩	10 kV	个	若干	
	11	绝缘工具	绝缘传递绳	12 mm	根	1	
	12		绝缘操作杆	10 kV	副	1	
	13		绝缘紧线器	10 kV	套	1	
	14		绝缘保护绳(带绝缘绳套)	10 kV	套	1	
	15	其他	绝缘电阻测试仪	2500 V 及以上	套	1	
	16		卡线器	10 kV	套	1	
	17		验电器	10 kV	套	1	
	18		护目镜	—	副	2	
	19		温湿度仪/风速仪		套	1	
	20		绝缘手套检测仪		副	1	

4.4 材料

√	序号	名称	规格	单位	数量	备注
	1	悬式绝缘子				

4.5　危险点分析及预控

√	序号	危　险　点	预 控 措 施
	1	高空作业时违反配电《安规》进行操作，可能引起高空坠落。	高空作业时，必须正确使用安全带并戴安全帽，将安全带系在牢固部件上且位置合理，便于作业。
	2	斗内电工与邻近带电体及接地体的安全距离不够，可能引起相间短路、接地事故。	斗内电工与邻近带电体的距离不得小于0.4 m，与邻相的安全距离不得小于0.6 m，距离不足时应进行绝缘遮蔽；使用绝缘操作杆的有效绝缘长度不得小于0.7 m。
	3	绝缘斗臂车支车时，车腿支持点土壤松软或埋有市政管网设施，使车体倾斜，造成翻车。	遇到松软土壤时，支腿下加垫枕木或钢板且不得超过两块。
	4	绝缘斗臂车液压机构渗漏油，可能引起支腿、绝缘臂、工作斗泄压。	绝缘斗臂车使用前应认真检查，并在预定位置试操作一次，确认各液压部分运转良好，无渗漏油现象，方可操作。
	5	监护人指挥发令信息不畅，导致带电操作人员误操作。	保持通讯通畅，操作人员收到监护人的指令后，应回复确认。

4.6　安全措施

√	序号	内　　容
	1	如遇雷电（听见雷声、看见闪电）雪雹、雨雾不得进行带电作业，风力大于10 m/s或相对湿度大于80%时，也不宜进行带电作业。
	2	作业前，需确认线路无接地、绝缘良好、线路上无人工作且相位无误。
	3	在运输过程中，绝缘工具应装在专用工具袋、工具箱或专用工具车内，以防受潮和损伤。
	4	带电作业必须设人监护，监护人不得直接操作，监护的范围不得超过一个作业点。
	5	作业现场应设围栏及警示牌，禁止无关人员进入或在工作现场逗留。
	6	使用合格的绝缘安全工器具，使用前应做好检查。
	7	作业过程中，如设备突然停电，作业人员应视设备仍然带电，并立即停止操作，工作负责人尽快与调度联系查明原因。
	8	作业过程中，绝缘斗臂车的发动机不得熄火，起升、下降、回转速度不得大于0.5 m/s。
	9	在接近带电体的过程中，应从下方依次验电；对人体可能触及范围内的构件亦应验电，确认无漏电现象。
	10	作业过程中有可能引起不同电位设备之间发生短路或接地故障时，应在设备间设置绝缘遮蔽。

4.7 人员分工

√	序号	作业人员	作业项目
	1	工作负责人	
	2	斗内电工	
	3	地面电工	

5 作业程序

5.1 开工

√	序号	内容	责任人签字
	1	工作负责人联系调度，办理工作票开工（本项目一般无需停用重合闸）。	
	2	调度许可工作。	
	3	工作负责人组织全体工作人员现场列队宣读工作票，交待工作任务、安全措施、注意事项，确认工作班成员并让其签名后，宣布开始工作的命令。	

5.2 作业内容及标准

√	序号	作业内容	作业标准及步骤	安全措施及注意事项	备注
	1	现场布置	1. 绝缘斗臂车操作员将绝缘斗臂车停在工作点的最佳位置，并装设车体接地线； 2. 作业现场应设安全围栏、悬挂警示牌。	1. 遇到松软土壤时，支腿下加垫枕木且不得超过两块，呈八角形45°摆放； 2. 车工作处地面应坚实、平整，地面坡度超过7°； 3. 支腿伸出车体找平后，车辆前后高度不应大于3°； 4. 车体接地体埋棒插入地层深度不小于0.4 m； 5. 在作业点下方按坠落半径设置安全围栏，车辆后方10 m放置交通警示牌。	

续表

√	序号	作业内容	作业标准及步骤	安全措施及注意事项	备注
	2	工器具检查	1. 地面电工将按要求将工器具摆放在防潮的帆布上； 2. 斗内电工对绝缘工器具进行外观检查与检测； 3. 绝缘斗臂车操作员将空斗试操作一次。	1. 防潮帆布应设置在杆上落物区半径之外； 2. 将绝缘工器具与非绝缘工器具分开摆放； 3. 使用前应用2500 V的绝缘摇表检查并确保其绝缘阻值不小于700 MΩ； 4. 绝缘工器具外观应符合使用安全要求，如无破损、划伤、受潮等； 5. 确认液压传动、回转、升降、伸缩系统工作正常、操作灵活，制动装置可靠。	
	3	验电	按照导线→绝缘子→横担→导线的顺序进行验电，确认无漏电现象。	1. 人体与邻近带电体的距离不得小于0.4 m； 2. 绝缘杆的有效绝缘长度不得小于0.7 m。	
	4	设置绝缘遮蔽、隔离措施	斗内电工转移工作斗到内边侧导线合适位置。	1. 应注意绝缘斗臂车周围杆塔、线路等情况，转移工作斗时，绝缘臂的金属部位与带电体和地电位物体的距离大于0.9 m； 2. 作业过程中，绝缘斗臂车起升、下降、回转速度不得大于0.5 m/s； 3. 作业时，上节绝缘臂的伸出长度应大于等于1 m，绝缘斗、臂离带电体物体的距离应大于1 m，人体与相邻带电体的安全距离应大于0.6 m。	
			斗内电工使用导线遮蔽罩、绝缘毯等遮蔽用具将作业范围内带电导线和接地部分进行绝缘遮蔽、隔离。	1. 斗内电工设置绝缘遮蔽措施时按“由近至远、从大到小、从低到高”原则进行； 2. 使用绝缘操作杆时，有效绝缘长度应大于0.7 m； 3. 绝缘遮蔽应严实、牢固，导线遮蔽罩间重叠部分应大于15 cm，遮蔽范围应比人体活动范围增加0.4 m； 4. 绝缘斗内双人工作时，禁止两人同时接触不同的电位体。	

续表

√	序号	作业内容	作业标准及步骤	安全措施及注意事项	备注
	5	更换耐张绝缘子串	1. 斗内电工将绝缘斗调整到近边相导线外侧适当位置，将绝缘绳套安装在耐张横担上，安装绝缘紧线器，在紧线器外侧加装后备保护绳； 2. 斗内电工收紧导线至耐张绝缘子松弛，并拉紧后备保护绝缘绳套； 3. 斗内电工脱开耐张线夹与耐张绝缘子串之间的弯头挂板，恢复耐张线夹处的绝缘遮蔽措施； 4. 斗内电工拆除旧耐张绝缘子，安装新耐张绝缘子，并进行绝缘遮蔽； 5. 斗内电工将耐张线夹与耐张绝缘子连接安装好，恢复绝缘遮蔽； 6. 斗内电工松开后备保护绝缘绳套并放松紧线器，使绝缘子受力后，拆下紧线器、后备保护绳套及绝缘绳套。	1. 绝缘绳套不应拴在绝缘遮蔽材料上，以免破坏遮蔽用具； 2. 紧线器的绝缘绳套的有效绝缘长度不应小于 0.4 m，悬挂横担的位置尽量靠近绝缘子串且受力后不能触及绝缘子串瓷裙； 3. 卡线器安装完毕后，应及时恢复绝缘遮蔽隔离措施； 4. 紧线装置的规格应与导线的规格及张力荷载相匹配； 5. 安装导线后备保护绳的规格应与导线的张力荷载相匹配； 6. 紧线器及后备保护绳受力点应在不同的牢固构件上； 7. 紧线前，应检查两侧拉线、杆塔以及紧线侧临近杆塔导线固定是否牢靠； 8. 使用紧线器的力度要适宜，使绝缘子串能脱离即可，不宜过度过牵引； 9. 移动绝缘子串与导线连接处的绝缘遮蔽，露出连接螺栓即可，不应大范围拆除绝缘遮蔽； 10. 绝缘子串脱离导线后，应立即对耐张线夹处进行绝缘遮蔽； 11. 松开绝缘子串与角铁连接前，绝缘子串应先系好绝缘传递绳； 12. 在横担上挂新绝缘子串时，挂好后，再解除绝缘传递绳，然后立即对新安装的绝缘子串用绝缘毯进行绝缘遮蔽，只露出碗头挂板； 13. 绝缘子串安装螺丝穿向符合配网安装要求； 14. 挂好中相导线，拆除导线侧卡线器后，应立即恢复导线侧绝缘遮蔽； 15. 根据现场实际，也可按先两侧、后中间的步骤操作； 16. 过程中需要操作连接部位螺栓时，若临时移动或拆除绝缘遮蔽，操作后应立即恢复绝缘遮蔽。	

续表

√	序号	作业内容	作业标准及步骤	安全措施及注意事项	备注
	6	拆除绝缘遮蔽措施	斗内电工拆除绝缘遮蔽用具，确认杆上已无遗留物后，转移工作斗至地面。	1. 斗内电工拆除绝缘遮蔽措施时应戴绝缘手套，且顺序应正确； 2. 拆除绝缘毯时，应轻托慢起，防止拉伤绝缘层； 3. 严禁同时拆除不同电位的遮蔽体。	

5.3　竣工

√	序号	内　　容	负责人签字
	1	工作负责人全面检查作业完成情况并点评(班后会)。	
	2	清理现场的工器具、材料，撤离作业现场。	
	3	通知调度恢复重合闸，办理终结工作票。	

5.4　消缺记录

√	序号	作 业 内 容	负责人签字

6　验收总结

序号	验 收 总 结	
1	验收评价	
2	存在问题及处理意见	

7 作业指导书执行情况评估

<table>
<tr><td rowspan="4">评估内容</td><td rowspan="2">符合性</td><td>优</td><td></td><td>可操作项</td><td></td></tr>
<tr><td>良</td><td></td><td>不可操作项</td><td></td></tr>
<tr><td rowspan="2">可操作性</td><td>优</td><td></td><td>建议修改项</td><td></td></tr>
<tr><td>良</td><td></td><td>遗漏项</td><td></td></tr>
<tr><td>存在问题</td><td colspan="5"></td></tr>
<tr><td>改进意见</td><td colspan="5"></td></tr>
</table>

编号：××××-××-××-36

Ⅱ-23 10 kV 带电更换柱上开关或隔离开关标准化作业指导书

编写人：________________ ________年______月______日

审核人：________________ ________年______月______日

批准人：________________ ________年______月______日

工作负责人：____________

作业日期： 年 月 日 时 分 至 年 月 日 时 分

国网安徽省电力有限公司

1 工作范围

本作业指导书适用于国网安徽省电力有限公司__________________作业。

2 作业方法

运用绝缘手套法进行的作业。

3 引用文件

1.《国家电网公司电力安全工作规程》(以下简称《安规》)(配电部分);
2.《配电网检修规程》(Q/GDW 11261—2014);
3.《配电网技术导则》(Q/GDW 10370—2016);
4.《10 kV 配网不停电作业规范》(Q/GDW 10520—2016);
5.《配电网施工检修工艺规范》(Q/GDW 10742—2016);
6.《配电线路带电作业技术导则》(GB/T 18857—2019)。

4 作业前准备

4.1 准备工作安排

√	序号	内容	标　准	备注
	1	现场勘察	1. 由工作负责人或工作票签发人组织到现场进行勘察,以便掌握同杆(塔)架设线路及其方位、电气间距、作业现场条件和环境; 2. 确定作业方法、所需工具、材料以及应采取的措施。	
	2	车辆检查	按公司车辆使用管理规定有关内容对车辆进行使用前检查。	
	3	气象条件	1. 根据本地气象预报,判断是否符合《安规》对带电作业的要求; 2. 风力大于 10 m/s 或相对湿度大于 80%时,不宜作业。	
	4	办理工作票	1. 在生产管理系统(PMS2.0)中开具工作票; 2. 确认工作地段、配网运行方式,确定预申请停用重合闸的线路名称。	

4.2 人员要求

√	序号	内　容	备注
	1	作业人员必须持有带电作业有效资格证和实践工作经验。	
	2	作业人员应身体健康,无妨碍作业的生理和心理障碍。	
	3	本年度《安规》考试合格。	

4.3　工器具

√	序号	工器具名称		规格	单位	数量	备注
	1	作业车辆	绝缘斗臂车	10 kV	辆	1	
	2	绝缘防护用具	绝缘手套	10 kV	双	2	带防刺穿作用
	3		绝缘安全帽	10 kV	顶	2	
	4		绝缘服	10 kV	套	2	
	5		绝缘安全带	10 kV	副	2	
	6	绝缘遮蔽用具	导线遮蔽罩	10 kV	个	若干	
	7		跳线遮蔽罩	10 kV	个	若干	
	8		绝缘毯	10 kV	个	若干	
	9		横担遮蔽罩	10 kV	个	若干	
	10		绝缘隔板	10 kV	个	若干	
	11	绝缘工具	绝缘传递绳	12 mm	根	1	
	12		绝缘操作杆	10 kV	副	1	
	13		绝缘四爪绳套	10 kV	套	1	
	14		绝缘锁杆	10 kV	套	1	
	15	其他	绝缘电阻测试仪	2500 V 及以上	套	1	
	16		验电器	10 kV	套	1	
	17		护目镜	—	副	2	
	18		温湿度仪/风速仪		套	1	
	19		绝缘手套检测仪		副	1	

4.4　材料

√	序号	名称	规格	单位	数量	备注
	1	柱上开关(隔离开关)		台	1	

4.5 危险点分析及预控

√	序号	危 险 点	预 控 措 施
	1	高空作业时违反配电《安规》进行操作，可能引起高空坠落。	高空作业时，必须正确使用安全带并戴安全帽，将安全带系在牢固部件上且位置合理，便于作业。
	2	斗内电工与邻近带电体及接地体的安全距离不够，可能引起相间短路、接地事故。	斗内电工与邻近带电体的距离不得小于0.4 m，与邻相的安全距离不得小于0.6 m，距离不足时应进行绝缘遮蔽；使用绝缘操作杆的有效绝缘长度不得小于0.7 m。
	3	绝缘斗臂车支车时，车腿支持点土壤松软或埋有市政管网设施，使车体倾斜，造成翻车。	遇到松软土壤时，支腿下加垫枕木或钢板且不得超过两块。
	4	绝缘斗臂车液压机构渗漏油，可能引起支腿、绝缘臂、工作斗泄压。	绝缘斗臂车使用前应认真检查，并在预定位置试操作一次，确认各液压部分运转良好，无渗漏油现象，方可操作。
	5	监护人指挥发令信息不畅，导致带电操作人员误操作。	保持通讯通畅，操作人员收到监护人的指令后，应回复确认。

4.6 安全措施

√	序号	内 容
	1	如遇雷电（听见雷声、看见闪电）雪雹、雨雾不得进行带电作业，风力大于10 m/s或相对湿度大于80%时，也不宜进行带电作业。
	2	作业前，需确认线路无接地、绝缘良好、线路上无人工作且相位无误。
	3	在运输过程中，绝缘工具应装在专用工具袋、工具箱或专用工具车内，以防受潮和损伤。
	4	带电作业必须设人监护，监护人不得直接操作，监护的范围不得超过一个作业点。
	5	作业现场应设围栏及警示牌，禁止无关人员进入或在工作现场逗留。
	6	使用合格的绝缘安全工器具，使用前应做好检查。
	7	作业过程中，如设备突然停电，作业人员应视设备仍然带电，并立即停止操作，工作负责人尽快与调度联系查明原因。
	8	作业过程中，绝缘斗臂车的发动机不得熄火，起升、下降、回转速度不得大于0.5 m/s。
	9	在接近带电体的过程中，应从下方依次验电；对人体可能触及范围内的构件亦应验电，确认无漏电现象。
	10	作业过程中有可能引起不同电位设备之间发生短路或接地故障时，应在设备间设置绝缘遮蔽。
	11	禁止同时接触未接通或已断开的导线的两个断头，以防人体串入电路。

4.7 人员分工

√	序号	作业人员	作业项目
	1	工作负责人	
	2	斗内电工	
	3	地面电工	

5 作业程序

5.1 开工

√	序号	内容	责任人签字
	1	工作负责人联系调度，办理工作票开工（本项目一般无需停用重合闸）。	
	2	调度许可工作。	
	3	工作负责人组织全体工作人员现场列队宣读工作票，交待工作任务、安全措施、注意事项，确认工作班成员并让其签名后，宣布开始工作的命令。	

5.2 作业内容及标准

√	序号	作业内容	作业标准及步骤	安全措施及注意事项	备注
	1	现场布置	1. 绝缘斗臂车操作员将绝缘斗臂车停在工作点的最佳位置，并装设车体接地线； 2. 作业现场应设安全围栏、悬挂警示牌。	1. 遇到松软土壤时，支腿下加垫枕木且不得超过两块，呈八角形45°摆放； 2. 车工作处地面应坚实、平整，地面坡度超过7°； 3. 支腿伸出车体找平后，车辆前后高度不应大于3°； 4. 车体接地体埋棒插入地层深度不小于0.4 m； 5. 在作业点下方按坠落半径设置安全围栏，车辆后方10 m放置交通警示牌。	

续表

√	序号	作业内容	作业标准及步骤	安全措施及注意事项	备注
	2	工器具检查	1. 地面电工将按要求将工器具摆放在防潮的帆布上； 2. 斗内电工对绝缘工器具进行外观检查与检测； 3. 绝缘斗臂车操作员将空斗试操作一次。	1. 防潮帆布应设置在杆上落物区半径之外； 2. 将绝缘工器具与非绝缘工器具分开摆放； 3. 使用前应用 2500 V 的绝缘摇表检查并确保其绝缘阻值不小于 700 MΩ； 4. 绝缘工器具外观应符合使用安全要求，如无破损、划伤、受潮等； 5. 确认液压传动、回转、升降、伸缩系统工作正常、操作灵活，制动装置可靠。	
	3	验电	按照导线→绝缘子→横担→导线的顺序进行验电，确认无漏电现象。	1. 人体与邻近带电体的距离不得小于 0.4 m； 2. 绝缘杆的有效绝缘长度不得小于 0.7 m。	
	4	设置绝缘遮蔽、隔离措施	斗内电工转移工作斗到内边侧导线合适位置。	1. 应注意绝缘斗臂车周围杆塔、线路等情况，转移工作斗时，绝缘臂的金属部位与带电体和地电位物体的距离大于 0.9 m； 2. 作业过程中，绝缘斗臂车起升、下降、回转速度不得大于0.5 m/s； 3. 作业时，上节绝缘臂的伸出长度应大于等于 1 m，绝缘斗、臂离带电体物体的距离应大于1 m，人体与相邻带电体的安全距离应大于 0.6 m。	
			斗内电工使用导线遮蔽罩、绝缘毯等遮蔽用具将作业范围内带电导线和接地部分进行绝缘遮蔽、隔离。	1. 斗内电工设置绝缘遮蔽措施时按“由近至远、从大到小、从低到高”原则进行； 2. 使用绝缘操作杆时，有效绝缘长度应大于 0.7 m； 3. 绝缘遮蔽应严实、牢固，导线遮蔽罩间重叠部分应大于 15 cm，遮蔽范围应比人体活动范围增加 0.4 m； 4. 绝缘斗内双人工作时，禁止两人同时接触不同的电位体。	

续表

√	序号	作业内容	作业标准及步骤	安全措施及注意事项	备注
	5	更换柱上开关或隔离开关	1. 斗内电工按照“从近到远、从下到上、先带电体后接地体”的遮蔽原则对作业范围内的所有带电体和接地体进行绝缘遮蔽，且应遵循：① 对导线、引线、耐张线夹、隔离开关等带电设备进行绝缘遮蔽；② 将两辆绝缘斗分别调整到柱上隔离开关桩头侧，在隔离开关支柱瓷瓶处横向加装绝缘隔板；③ 对绝缘子、横担等设备进行绝缘遮蔽； 2. 斗内电工调整绝缘斗至近边相合适位置处，将柱上隔离开关引线从主导线上拆开，并妥善固定；恢复主导线处绝缘遮蔽措施（带有避雷器的隔离开关引线，应用绝缘锁杆临时固定引线和主导线，待拆除接续线夹后，调整绝缘斗位置后将引线脱离主导线；如隔离开关引线从耐张线夹引出，在加装遮蔽措施后，可从隔离开关接线柱拆开引线，将引线固定在同相主导线上，加装绝缘遮蔽措施）； 3. 其余两相隔离开关按照相同的方法拆除引线；	1. 避雷器可能存在非线性电阻老化的现象，在断开引线时可能有一定的泄漏电流而引发的电弧，宜使用断线剪绝缘杆来断开引线； 2. 断柱上开关引线前，检查柱上开关有无异常，开关必须处于断开位置，并做好防止柱上开关误合措施； 3. 断三相引线时应按“先内边相、再外边相、最后中间相”的顺序进行； 4. 将开关断开的引线固定在同相导线上，然后立即进行绝缘遮蔽； 5. 拆除柱上开关外壳的接地保护线； 6. 待开关吊绳微微吊紧后，再拆除开关座固定螺栓； 7. 柱上开关本体，需加绝缘绳加以控制； 8. 绝缘吊臂下方严禁工作人员通过与逗留； 9. 带开关底座固定螺栓完全固定后，再撤除吊绳； 10. 开关接引前，先安装开关外壳的接地保护线； 11. 开关接引前，开、合调试 3 次，检查开关接触是否符合要求； 12. 开关安装完毕后，各相桩头以及接引中可能触及的部位应采取绝缘隔离措施； 13. 接柱上开关引线前，检查柱上开关有无异常，开关必须处于断开位置，并做好防止隔离开关误合措施； 14. 三相引线的安装应按照“先中间相、在外边相、最后内边相”的顺序依次进行； 15. 操作一相后，应立即进行绝缘遮蔽； 16. 避雷器引线应用绝缘导线； 17. 应按照“先中间相、在外边相、最后内边相”的顺序依次进行。	

续表

√	序号	作业内容	作业标准及步骤	安全措施及注意事项	备注
			4. 一辆绝缘斗臂车斗内电工将绝缘吊臂调整至柱上隔离开关上方合适位置； 5. 斗内电工相互配合更换柱上隔离开关，并进行分、合试操作调试，然后将柱上隔离开关置于断开位置； 6. 斗内电工调整绝缘斗在柱上隔离开关相间、两侧各自桩头上加装绝缘挡板； 7. 斗内电工相互配合恢复中间相柱上隔离开关引线(带有避雷器的隔离开关引线，应用绝缘锁杆临时将引线固定在主导线后再搭接)；恢复新安装柱上隔离开关的绝缘遮蔽措施； 8. 其余两相柱上隔离开关更换按照相同方法进行。		
	6	拆除绝缘遮蔽措施	斗内电工拆除绝缘遮蔽用具，确认杆上已无遗留物后，转移工作斗至地面。	1. 斗内电工拆除绝缘遮蔽措施时应戴绝缘手套，且顺序应正确； 2. 拆除绝缘毯时，应轻托慢起，防止拉伤绝缘层； 3. 严禁同时拆除不同电位的遮蔽体。	

5.3 竣工

√	序号	内　容	负责人签字
	1	工作负责人全面检查作业完成情况并点评(班后会)。	
	2	清理现场的工器具、材料，撤离作业现场。	
	3	通知调度恢复重合闸，办理终结工作票。	

5.4 消缺记录

√	序号	作 业 内 容	负责人签字

6 验收总结

序号	验 收 总 结	
1	验收评价	
2	存在问题及处理意见	

7 作业指导书执行情况评估

<table>
<tr><td rowspan="4">评估内容</td><td rowspan="2">符合性</td><td>优</td><td></td><td>可操作项</td><td></td></tr>
<tr><td>良</td><td></td><td>不可操作项</td><td></td></tr>
<tr><td rowspan="2">可操作性</td><td>优</td><td></td><td>建议修改项</td><td></td></tr>
<tr><td>良</td><td></td><td>遗漏项</td><td></td></tr>
<tr><td>存在问题</td><td colspan="5"></td></tr>
<tr><td>改进意见</td><td colspan="5"></td></tr>
</table>

Ⅲ 三类作业

编号：××××-××-××-37

Ⅲ-01　10 kV 带电更换直线杆绝缘子标准化作业指导书

编写人：＿＿＿＿＿＿＿＿　　＿＿＿＿年＿＿＿月＿＿＿日

审核人：＿＿＿＿＿＿＿＿　　＿＿＿＿年＿＿＿月＿＿＿日

批准人：＿＿＿＿＿＿＿＿　　＿＿＿＿年＿＿＿月＿＿＿日

工作负责人：＿＿＿＿＿＿

作业日期：　　年　　月　　日　　时　　分　　至　　年　　月　　日　　时　　分

国网安徽省电力有限公司

1 工作范围

本作业指导书适用于国网安徽省电力有限公司____________________作业。

2 作业方法

运用绝缘操作杆法进行的作业。

3 引用文件

1.《国家电网公司电力安全工作规程》(以下简称《安规》)(配电部分);
2.《配电网检修规程》(Q/GDW 11261—2014);
3.《配电网技术导则》(Q/GDW 10370—2016);
4.《10 kV 配网不停电作业规范》(Q/GDW 10520—2016);
5.《配电网施工检修工艺规范》(Q/GDW 10742—2016);
6.《配电线路带电作业技术导则》(GB/T 18857—2019)。

4 作业前准备

4.1 准备工作安排

√	序号	内容	标　　准	备注
	1	现场勘察	1. 由工作负责人或工作票签发人组织到现场进行勘察,以便掌握同杆(塔)架设线路及其方位、电气间距、作业现场条件和环境; 2. 确定作业方法、所需工具、材料以及应采取的措施。	
	2	气象条件	1. 根据本地气象预报,判断是否符合《安规》对带电作业的要求; 2. 风力大于 10 m/s 或相对湿度大于 80%时,不宜作业。	
	3	办理工作票	1. 在生产管理系统(PMS2.0)中开具工作票; 2. 确认工作地段、配网运行方式,确定预申请停用重合闸的线路名称。	

4.2 人员要求

√	序号	内　容	备注
	1	作业人员必须持有带电作业有效资格证和实践工作经验。	
	2	作业人员应身体健康,无妨碍作业的生理和心理障碍。	
	3	本年度《安规》考试合格。	

4.3　工器具

√	序号	工器具名称		规格	单位	数量	备注
	1	绝缘防护用具	绝缘手套	10 kV	双	2	带防护手套
	2		绝缘安全帽	10 kV	顶	2	
	3		绝缘安全带	10 kV	副	2	
	4	绝缘遮蔽用具	导线遮蔽罩	10 kV	根	6	
	5		绝缘子遮蔽罩	10 kV	个	3	
	6		横担遮蔽罩	10 kV	个	4	
	7	绝缘工具	绝缘羊角抱杆	10 kV	副	1	或组合式绝缘横担
	8		绝缘支线杆	10 kV	套	1	包含固定器
	9		绝缘拉线杆	10 kV	套	1	包含提升器
	10		绝缘尖嘴钳	10 kV	副	1	
	11		绝缘三齿耙	10 kV	副	1	
	12		绝缘绑扎线剪	10 kV	副	1	
	13		绝缘传递绳	12 mm	根	1	15 m
	14	其他	绝缘电阻测试仪	2500 V及以上	套	1	
	15		验电器	10 kV	套	1	
	16		温湿度仪/风速仪		套	1	

4.4　材料

√	序号	名称	规格	单位	数量	备注
	1	绝缘子		个	3	

4.5 危险点分析及预控

√	序号	危 险 点	预 控 措 施
	1	高空作业时违反《安规》进行操作，可能引起高空坠落。	高空作业时，必须正确使用安全带并戴安全帽，将安全带系在牢固部件上且位置合理，便于作业。
	2	杆上电工与邻近带电体及接地体安全距离不够，可能引起相间短路、接地事故。	1. 杆上电工人体与邻近带电体的距离不得小于0.4 m，绝缘操作杆有效绝缘长度不得小于0.7 m； 2. 不满足安全距离时，应采取绝缘隔离措施。
	3	监护人指挥发令信息不畅，导致带电操作人员误操作。	保持通讯通畅，操作人员收到监护人的指令后，应回复确认。
	4	带负荷断、接引线，造成人员电弧灼伤。	带电断、接引线时，应先确认后端所有断路器（开关）、隔离开关（刀闸）已断开，变压器、电压互感器已退出运行。
	5	异物脱落，导致相间短路或单相接地。	在档距中间部分，高低压同杆架设时，异物坠落撞击低压导线容易引起导线摆动，导致两相短路，因此，清除异物前应做好措施（对异物坠落点下方的低压导线加遮蔽）。

4.6 安全措施

√	序号	内 容
	1	如遇雷电（听见雷声、看见闪电）雪雹、雨雾不得进行带电作业，风力大于10 m/s或相对湿度大于80%时，也不宜进行带电作业。
	2	作业前，需确认线路无接地、绝缘良好、线路上无人工作且相位无误。
	3	在运输过程中，绝缘工具应装在专用工具袋、工具箱或专用工具车内，以防受潮和损伤。
	4	带电作业必须设人监护，监护人不得直接操作，监护的范围不得超过一个作业点。
	5	使用合格的绝缘安全工器具，使用前应做好检查。
	6	作业过程中，如设备突然停电，作业人员应视设备仍然带电，并立即停止操作，工作负责人尽快与调度联系查明原因。
	7	作业时，杆上电工对相邻带电体的间隙距离、作业工具的最小有效绝缘长度都应满足规程要求。

续表

√	序号	内　　容
	8	在接近带电体的过程中，应从下方依次验电；对人体可能触及范围内的构件亦应验电，确认无漏电现象。
	9	作业过程中有可能引起不同电位设备之间发生短路或接地故障时，应在设备间设置绝缘遮蔽。
	10	作业现场应设围栏及警示牌，禁止无关人员进入或在工作现场逗留。

4.7　人员分工

√	序号	作 业 人 员	作 业 项 目
	1	工作负责人	
	2	杆上电工	
	3	地面电工	

5　作业程序

5.1　开工

√	序号	内　　容	责任人签字
	1	工作负责人办理工作票、申请停用重合闸。	
	2	调度通知已停用重合闸，许可工作。	
	3	工作负责人组织全体工作人员戴好安全帽，在现场列队宣读工作票，交待工作任务、安全措施、注意事项，确认工作班成员并让其签字后，宣布开始工作的命令。	

5.2　作业内容及标准

√	序号	作业内容	作业标准及步骤	安全措施及注意事项	备注
	1	登杆验电	杆上电工穿戴好绝缘防护用具，携带绝缘传递绳索登杆至带电线路下方适当位置，使用验电器对导线、绝缘子、横担进行验电，确认无漏电现象。	1. 杆上电工登杆前，应先检查杆根部分基础和拉线是否牢固； 2. 杆上电工人体与邻近带电体的距离不得小于 0.4 m，绝缘杆的有效绝缘长度不得小于 0.7 m。	

续表

√	序号	作业内容	作业标准及步骤	安全措施及注意事项	备注
	2	绝缘遮蔽	1. 杆上电工相互配合使用绝缘操作杆依次对两边相导线、绝缘子和横担设置绝缘遮蔽措施； 2. 杆上电工相互配合对中间相导线和绝缘子设置绝缘遮蔽措施。	1. 遮蔽用具之间的重叠部分不得小于 150 mm； 2. 作业线路下层有低压线路同杆并架时，如妨碍作业，应对作业范围内的相关低压线路采用绝缘遮蔽措施。	
	3	更换绝缘子	1. 杆上电工相互配合在直线横担下方 0.4 m 处装设绝缘羊角抱杆，注意羊角抱杆朝向应与待更换绝缘子位置一致； 2. 杆上电工相互配合拆除导线绑扎线，推动支杆将导线移至绝缘羊角抱杆挂钩内锁定； 3. 杆上电工相互配合使用绝缘羊角抱杆将导线提升至 0.4 m 以上固定； 4. 杆上电工相互配合更换直线杆绝缘子； 5. 杆上电工相互配合使用绝缘羊角抱杆将边相导线降至绝缘子顶槽内，使用绝缘三齿耙绑好绑扎线； 6. 杆上电工相互配合拆除绝缘羊角抱杆，恢复导线、绝缘子的绝缘遮蔽措施； 7. 用同样方法更换另一边相及中相直线绝缘子并恢复导线、绝缘子的绝缘遮蔽措施。	1. 工作人员使用绝缘工具在接触带电导线前应得到工作监护人的许可； 2. 作业中，承力工具有效绝缘长度不得小于 0.4 m，绝缘操作杆的有效绝缘长度应不小于 0.7 m； 3. 作业中，杆上电工应保持对带电体不小于 0.4 m 的安全距离，如不能确保该安全距离，应采用绝缘遮蔽措施； 4. 上、下传递工具、材料均应使用绝缘绳传递，严禁抛掷。	
	4	拆除遮蔽	1. 杆上电工相互配合拆除绝缘羊角抱杆； 2. 杆上电工相互配合拆除中间相直线杆绝缘子及导线的绝缘遮蔽措施； 3. 杆上电工相互配合依次拆除两边相横担遮蔽罩、绝缘子遮蔽罩和导线遮蔽罩。	1. 作业过程中防止高空落物； 2. 严禁同时拆除不同电位的遮蔽体。	

续表

√	序号	作业内容	作业标准及步骤	安全措施及注意事项	备注
	5	撤离杆塔	工作负责人检查检修质量，确认杆上已无遗留物后，作业人员下杆至地面。	作业过程中不得失去安全带的保护。	

5.3　竣工

√	序号	内　容	负责人签字
	1	工作负责人全面检查作业完成情况并点评(班后会)。	
	2	清理现场的工器具、材料，撤离作业现场。	
	3	通知调度恢复重合闸，办理终结工作票。	

6　验收总结

序号	验收总结	
1	验收评价	
2	存在问题及处理意见	

7　作业指导书执行情况评估

评估内容	符合性	优		可操作项	
		良		不可操作项	
	可操作性	优		建议修改项	
		良		遗漏项	
存在问题					
改进意见					

编号：××××-××-××-38

Ⅲ-02 10 kV 带电更换直线杆绝缘子标准化作业指导书

编写人：________________ ________年______月______日

审核人：________________ ________年______月______日

批准人：________________ ________年______月______日

工作负责人：____________

作业日期： 年 月 日 时 分 至 年 月 日 时 分

国网安徽省电力有限公司

1 工作范围

本作业指导书适用于国网安徽省电力有限公司＿＿＿＿＿＿＿＿＿＿作业。

2 作业方法

运用绝缘操作杆法进行的作业。

3 引用文件

1.《国家电网公司电力安全工作规程》(以下简称《安规》)(配电部分)；
2.《配电网检修规程》(Q/GDW 11261—2014)；
3.《配电网技术导则》(Q/GDW 10370—2016)；
4.《10 kV配网不停电作业规范》(Q/GDW 10520—2016)；
5.《配电网施工检修工艺规范》(Q/GDW 10742—2016)；
6.《配电线路带电作业技术导则》(GB/T 18857—2019)。

4 作业前准备

4.1 准备工作安排

√	序号	内容	标　　准	备注
	1	现场勘察	1. 由工作负责人或工作票签发人组织到现场进行勘察，以便掌握同杆(塔)架设线路及其方位、电气间距、作业现场条件和环境； 2. 确定作业方法、所需工具、材料以及应采取的措施。	
	2	气象条件	1. 根据本地气象预报，判断是否符合《安规》对带电作业的要求； 2. 风力大于10 m/s或相对湿度大于80%时，不宜作业。	
	3	办理工作票	1. 在生产管理系统(PMS2.0)中开具工作票； 2. 确认工作地段、配网运行方式，确定预申请停用重合闸的线路名称。	

4.2 人员要求

√	序号	内　　容	备注
	1	作业人员必须持有带电作业有效资格证和实践工作经验。	
	2	作业人员应身体健康，无妨碍作业的生理和心理障碍。	
	3	本年度《安规》考试合格。	

4.3 工器具

√	序号	工器具名称		规格	单位	数量	备注
	1	绝缘防护用具	绝缘手套	10 kV	双	2	带防护手套
	2		绝缘安全帽	10 kV	顶	2	
	3		绝缘安全带	10 kV	副	2	
	4	绝缘遮蔽用具	导线遮蔽罩	10 kV	根	6	
	5		绝缘子遮蔽罩	10 kV	个	3	
	6		横担遮蔽罩	10 kV	个	4	
	7	绝缘工具	多功能绝缘抱杆组合	10 kV	副	1	或组合式绝缘横担
	8		绝缘支线杆	10 kV	套	1	包含固定器
	9		绝缘拉线杆	10 kV	套	1	包含提升器
	10		绝缘尖嘴钳	10 kV	副	1	
	11		绝缘三齿耙	10 kV	副	1	
	12		绝缘绑扎线剪	10 kV	副	1	
	13		绝缘传递绳	12 mm	根	1	
	14	其他	绝缘测试仪	2500 V及以上	套	1	
	15		验电器	10 kV	套	1	
	16		温湿度仪/风速仪		套	1	

4.4 材料

√	序号	名称	规格	单位	数量	备注
	1	绝缘子		个	3	
	2	横担		副	1	

4.5 危险点分析及预控

√	序号	危 险 点	预 控 措 施
	1	高空作业时违反《安规》进行操作,可能引起高空坠落。	高空作业时,必须正确使用安全带并戴安全帽,将安全带系在牢固部件上且位置合理,便于作业。
	2	杆上电工与邻近带电体及接地体安全距离不够,可能引起相间短路、接地事故。	1. 杆上电工人体与邻近带电体的距离不得小于0.4 m,绝缘操作杆有效绝缘长度不得小于0.7 m; 2. 不满足安全距离时,应采取绝缘隔离措施。
	3	监护人指挥发令信息不畅,导致带电操作人员误操作。	保持通讯通畅,操作人员收到监护人的指令后,应回复确认。
	4	带负荷断、接引线,造成人员电弧灼伤。	带电断、接引线时,应先确认后端所有断路器(开关)、隔离开关(刀闸)已断开,变压器、电压互感器已退出运行。
	5	异物脱落,导致相间短路或单相接地。	在档距中间部分,高低压同杆架设时,异物坠落撞击低压导线容易引起导线摆动,导致两相短路,因此,清除异物前应做好措施(对异物坠落点下方的低压导线加遮蔽)。

4.6 安全措施

√	序号	内 容
	1	如遇雷电(听见雷声、看见闪电)雪雹、雨雾不得进行带电作业,风力大于10 m/s或相对湿度大于80%时,也不宜进行带电作业。
	2	作业前,需确认线路无接地、绝缘良好、线路上无人工作且相位无误。
	3	在运输过程中,绝缘工具应装在专用工具袋、工具箱或专用工具车内,以防受潮和损伤。
	4	带电作业必须设人监护,监护人不得直接操作,监护的范围不得超过一个作业点。
	5	使用合格的绝缘安全工器具,使用前应做好检查。
	6	作业过程中,如设备突然停电,作业人员应视设备仍然带电,并立即停止操作,工作负责人尽快与调度联系查明原因。
	7	作业时,杆上电工对相邻带电体的间隙距离、作业工具的最小有效绝缘长度都应满足规程要求。

续表

√	序号	内　　容
	8	在接近带电体的过程中，应从下方依次验电；对人体可能触及范围内的构件亦应验电，确认无漏电现象。
	9	作业过程中有可能引起不同电位设备之间发生短路或接地故障时，应在设备间设置绝缘遮蔽。
	10	作业现场应设围栏及警示牌，禁止无关人员进入或在工作现场逗留。

4.7　人员分工

√	序号	作 业 人 员	作 业 项 目
	1	工作负责人	
	2	斗内电工	
	3	地面电工	

5　作业程序

5.1　开工

√	序号	内　　容	责任人签字
	1	工作负责人办理工作票、申请停用重合闸。	
	2	调度通知已停用重合闸，许可工作。	
	3	工作负责人组织全体工作人员戴好安全帽，在现场列队宣读工作票，交待工作任务、安全措施、注意事项，确认工作班成员并让其签字后，宣布开始工作的命令。	

5.2　作业内容及标准

√	序号	作业内容	作业标准及步骤	安全措施及注意事项	备注
	1	登杆验电	杆上电工穿戴好绝缘防护用具，携带绝缘传递绳索登杆至带电线路下方适当位置，使用验电器对导线、绝缘子、横担进行验电，确认无漏电现象。	1. 杆上电工登杆前，应先检查杆根部分基础和拉线是否牢固； 2. 杆上电工人体与邻近带电体的距离不得小于0.4 m，绝缘杆的有效绝缘长度不得小于0.7 m。	

续表

√	序号	作业内容	作业标准及步骤	安全措施及注意事项	备注
	2	绝缘遮蔽	1. 杆上电工相互配合使用绝缘操作杆依次对两边相导线、绝缘子和横担设置绝缘遮蔽措施； 2. 杆上电工相互配合对中间相导线和绝缘子设置绝缘遮蔽措施。	1. 遮蔽用具之间的重叠部分不得小于 150 mm； 2. 作业线路下层有低压线路同杆并架时，如妨碍作业，应对作业范围内的相关低压线路采用绝缘遮蔽措施。	
	3	绝缘子及横担更换	1. 杆上电工相互配合在直线担下方 0.4 m 处安装多功能绝缘抱杆； 2. 杆上电工操作多功能绝缘抱杆组合，提升其水平绝缘横担，将两边相导线导入线槽中锁定，杆上电工配合依次拆除两边相导线绑扎线； 3. 杆上电工操作多功能绝缘抱杆组合，提升其水平绝缘横担，将中间相导线导入线槽中锁定，杆上电工配合拆除中间相导线绑扎线。	1. 工作人员使用绝缘工具在接触带电导线前应得到工作监护人的许可； 2. 作业中，承力工具有效绝缘长度不得小于 0.4 m，绝缘操作杆的有效绝缘长度应不小于 0.7 m。	
			1. 杆上电工操作多功能绝缘抱杆组合将导线升高至中间相直线绝缘子有效安全距离大于 0.4 m 处固定； 2. 杆上电工相互配合更换直线杆横担及三相绝缘子；恢复横担、绝缘子的绝缘遮蔽措施； 3. 杆上电工相互配合使用多功能绝缘抱杆组合将中间相导线降至绝缘子顶槽内，并使用绝缘三齿耙绑好绑扎线；恢复导线及绝缘子绝缘遮蔽措施； 4. 杆上电工相互配合使用多功能绝缘抱杆组合将两边相导线降至绝缘子顶槽内，并依次使用绝缘三齿耙绑好绑扎线。恢复导线及直线杆绝缘子绝缘遮蔽措施。	1. 作业中，杆上电工应保持对带电体不小于 0.4 m 的安全距离，如不能确保该安全距离时，应采用绝缘遮蔽措施； 2. 上、下传递物体均使用绝缘绳传递，严禁抛掷； 3. 带电绑扎线时应注意扎线长度不得大于 10 cm。	

续表

√	序号	作业内容	作业标准及步骤	安全措施及注意事项	备注
	4	拆除遮蔽	1. 杆上电工相互配合拆除多功能绝缘抱杆组合； 2. 杆上电工相互配合拆除中间相直线杆绝缘子及导线的绝缘遮蔽措施； 3. 杆上电工相互配合依次拆除两边相横担遮蔽罩、绝缘子遮蔽罩和导线遮蔽罩。	1. 作业过程中防止高空落物； 2. 严禁同时拆除不同电位的遮蔽体。	
	5	撤离杆塔	工作负责人检查检修质量，确认杆上已无遗留物后，作业人员下杆至地面。	作业过程中不得失去安全带的保护。	

5.3 竣工

√	序号	内容	负责人签字
	1	工作负责人全面检查作业完成情况并点评(班后会)。	
	2	清理现场的工器具、材料，撤离作业现场。	
	3	通知调度恢复重合闸，办理终结工作票。	

5.4 消缺记录

√	序号	作业内容	负责人签字

6 验收总结

序号	验收总结	
1	验收评价	
2	存在问题及处理意见	

7　作业指导书执行情况评估

<table>
<tr><td rowspan="4">评估内容</td><td rowspan="2">符合性</td><td>优</td><td></td><td>可操作项</td><td></td></tr>
<tr><td>良</td><td></td><td>不可操作项</td><td></td></tr>
<tr><td rowspan="2">可操作性</td><td>优</td><td></td><td>建议修改项</td><td></td></tr>
<tr><td>良</td><td></td><td>遗漏项</td><td></td></tr>
<tr><td>存在问题</td><td colspan="5"></td></tr>
<tr><td>改进意见</td><td colspan="5"></td></tr>
</table>

编号:××××-××-××-39

Ⅲ-03　10 kV带电更换熔断器标准化作业指导书

编写人:________________　　________年______月______日

审核人:________________　　________年______月______日

批准人:________________　　________年______月______日

工作负责人:____________

作业日期:　　年　　月　　日　　时　　分　　至　　年　　月　　日　　时　　分

国网安徽省电力有限公司

1 工作范围

本作业指导书适用于国网安徽省电力有限公司____________________作业。

2 作业方法

运用绝缘操作杆法进行的作业。

3 引用文件

1.《国家电网公司电力安全工作规程》(以下简称《安规》)(配电部分);
2.《配电网检修规程》(Q/GDW 11261—2014);
3.《配电网技术导则》(Q/GDW 10370—2016);
4.《10 kV 配网不停电作业规范》(Q/GDW 10520—2016);
5.《配电网施工检修工艺规范》(Q/GDW 10742—2016);
6.《配电线路带电作业技术导则》(GB/T 18857—2019)。

4 作业前准备

4.1 准备工作安排

√	序号	内容	标　　准	备注
	1	现场勘察	1. 由工作负责人或工作票签发人组织到现场进行勘察,以便掌握同杆(塔)架设线路及其方位、电气间距、作业现场条件和环境; 2. 确定作业方法、所需工具、材料以及应采取的措施。	
	2	气象条件	1. 根据本地气象预报,判断是否符合《安规》对带电作业的要求; 2. 风力大于 10 m/s 或相对湿度大于 80%时,不宜作业。	
	3	办理工作票	1. 在生产管理系统(PMS2.0)中开具工作票; 2. 确认工作地段、配网运行方式,确定预申请停用重合闸的线路名称。	

4.2 人员要求

√	序号	内　　容	备注
	1	作业人员必须持有带电作业有效资格证和实践工作经验。	
	2	作业人员应身体健康,无妨碍作业的生理和心理障碍。	
	3	本年度《安规》考试合格。	

4.3 工器具

√	序号	工器具名称		规格	单位	数量	备注
	1	绝缘防护用具	绝缘手套	10 kV	双	2	带防护手套
	2		绝缘安全帽	10 kV	顶	2	
	3		绝缘安全带	10 kV	副	2	
	4	绝缘遮蔽用具	绝缘挡板	10 kV	块	2	
	5		引线遮蔽罩	10 kV	个	1	遮蔽熔断器负荷侧侧支持立瓶及高压引下线用
	6	绝缘工具	绝缘双头锁杆	10 kV	副	1	
	7		绝杆套筒扳手	10 kV	副	1	
	8		绝缘人字梯	10 kV	架	1	
	9		绝缘操作杆	10 kV	副	1	
	10		绝缘夹钳	10 kV	把	1	
	11		绝缘传递绳	12 mm	根	2	
	12	其他	绝缘测试仪	2500 V及以上	套	1	
	13		验电器	10 kV	套	1	
	14		护目镜		副	2	
	15		温湿度仪/风速仪		套	1	

4.4 材料

√	序号	名称	规格	单位	数量	备注
	1	熔断器	10 kV	个		

4.5　危险点分析及预控

√	序号	危　险　点	预 控 措 施
	1	高空作业时违反《安规》进行操作，可能引起高空坠落。	高空作业时，必须正确使用安全带并戴安全帽，将安全带系在牢固部件上且位置合理，便于作业。
	2	杆上电工与邻近带电体及接地体安全距离不够，可能引起相间短路、接地事故。	1. 杆上电工人体与邻近带电体的距离不得小于 0.4 m，绝缘操作杆有效绝缘长度不得小于 0.7 m； 2. 不满足安全距离时，应采取绝缘隔离措施。
	3	监护人指挥发令信息不畅，导致带电操作人员误操作。	保持通讯通畅，操作人员收到监护人的指令后，应回复确认。
	4	带负荷断、接引线，造成人员电弧灼伤。	带电断、接引线时，应先确认后端所有断路器（开关）、隔离开关（刀闸）已断开，变压器、电压互感器已退出运行。
	5	异物脱落，导致相间短路或单相接地。	在档距中间部分，高低压同杆架设时，异物坠落撞击低压导线容易引起导线摆动，导致两相短路，因此，清除异物前应做好措施（对异物坠落点下方的低压导线加遮蔽）。

4.6　安全措施

√	序号	内　　容
	1	如遇雷电（听见雷声、看见闪电）雪雹、雨雾不得进行带电作业，风力大于 10 m/s 或相对湿度大于 80%时，也不宜进行带电作业。
	2	作业前，需确认线路无接地、绝缘良好、线路上无人工作且相位无误。
	3	在运输过程中，绝缘工具应装在专用工具袋、工具箱或专用工具车内，以防受潮和损伤。
	4	带电作业必须设人监护，监护人不得直接操作，监护的范围不得超过一个作业点。
	5	使用合格的绝缘安全工器具，使用前应做好检查。
	6	作业过程中，如设备突然停电，作业人员应视设备仍然带电，并立即停止操作，工作负责人尽快与调度联系查明原因。
	7	作业时，杆上电工对相邻带电体的间隙距离、作业工具的最小有效绝缘长度都应满足规程要求。

续表

√	序号	内　容
	8	在接近带电体的过程中，应从下方依次验电；对人体可能触及范围内的构件亦应验电，确认无漏电现象。
	9	作业过程中有可能引起不同电位设备之间发生短路或接地故障时，应在设备间设置绝缘遮蔽。
	10	作业现场应设围栏及警示牌，禁止无关人员进入或在工作现场逗留。

4.7　人员分工

√	序号	作业人员	作业项目
	1	工作负责人	负责作业组全面工作
	2	杆上电工	
	3	梯上电工	
	4	地面电工	

5　作业程序

5.1　开工

√	序号	内　容	责任人签字
	1	工作负责人办理工作票、申请停用重合闸。	
	2	调度通知已停用重合闸，许可工作。	
	3	工作负责人组织全体工作人员戴好安全帽，在现场列队宣读工作票，交待工作任务、安全措施、注意事项，确认工作班成员并让其签字后，宣布开始工作的命令。	

5.2　作业内容及标准

√	序号	作业内容	作业标准及步骤	安全措施及注意事项	备注
	1	登杆验电	1. 作业人员互相配合，在熔断器前方0.4 m处支好绝缘人字梯，并使用不少于4根绝缘绳稳固，使电杆、梯头、绝缘绳钎子在同一垂直面上；	1. 杆上电工登杆作业应正确使用安全带； 2. 杆上电工人体与邻近带电体的距离不得小于0.4 m，绝缘杆的有效绝缘长度不得小于0.7 m。	

续表

√	序号	作业内容	作业标准及步骤	安全措施及注意事项	备注
			2. 杆上电工穿戴好绝缘防护用具，携带绝缘传递绳登杆至高压母线下方对母线进行验电，并封挂接地线，随后穿越母线，登杆至适当位置； 3. 梯上电工携带绝缘绳由一侧登梯至适当位置，使用验电器对绝缘子、横担进行验电，确认无漏电现象。		
	2	绝缘遮蔽	1. 梯上电工携带绝缘绳由一侧登梯至适当位置；在地面电工的配合下，用绝缘操作杆装设近边相与中间相之间的绝缘隔板，梯上电工返回地面； 2. 梯上电工携带绝缘绳由另一侧登梯至适当位置；在地面电工的配合下，用绝缘操作杆装设远边相与中间相之间的绝缘隔板。	1. 作业中，对有可能触及的邻近带电体、接地部位应先做好绝缘遮蔽； 2. 遮蔽罩搭接重叠部分不得小于15 cm； 3. 作业线路下层有低压线路同杆并架时，如妨碍作业，应对作业范围内的相关低压线路采用绝缘遮蔽措施。	
	3	断熔断器上端螺栓	1. 梯上电工夹使用绝缘夹钳住熔断器上端引线；杆上电工锁紧熔断器上端引线，再使用绝缘套筒操作杆拆卸熔断器上桩头螺栓；梯上电工使用绝缘夹钳夹紧，防止引线脱落； 2. 梯上电工用绝缘夹钳将熔断器上端引线顺高压引下线举起；杆上电工用绝缘锁杆将熔断器上端引线固定在本相高压线上； 3. 梯上电工安装引线遮蔽罩，将高压绝缘子、引下线进行绝缘遮蔽。	1. 工作人员使用绝缘工具在接触带电导线前应得到工作监护人的许可； 2. 在作业时，要注意带电导线与横担及邻相导线的安全距离； 3. 在所断线路三相引线未全部拆除前，已拆除的引线应视为有电； 4. 杆上电工戴护目镜，防止电弧灼伤； 5. 杆上电工操作时动作要平稳，移动剪断后的上引线时应与带电导体保持0.4 m以上安全距离；	

续表

√	序号	作业内容	作业标准及步骤	安全措施及注意事项	备注
	4	更换熔断器	梯上电工拆除熔断器下桩头引流线及旧熔断器，安装新的熔断器及下端引流线，并进行检查。	6. 在使用绝缘断线剪断引线时，应有防止断开的引线摆动碰及带电设备的措施； 7. 在同杆架设线路上工作，与上层线路小于安全距离规定且无法采取安全措施时，不得进行该项工作； 8. 上、下传递工具、材料均应使用绝缘绳传递，严禁抛掷。	
	5	接熔断器上端螺栓	1. 梯上电工取下引线遮蔽罩传至地面； 2. 梯上电工用绝缘夹钳夹住高压熔断器上引线，杆上电工松开绝缘锁杆； 3. 梯上电工将引线送至高压熔断器上桩头接线螺栓处；杆上电工用绝缘套筒拧紧接线螺栓。		
	6	拆除遮蔽	梯上电工调整熔断器引流线，使其符合施工质量标准；梯上电工用绝缘操作杆按照从远至近的原则依次拆除横担遮蔽罩、绝缘挡板等遮蔽用具，逐一传至地面。	1. 作业过程中防止高空落物； 2. 严禁同时拆除不同电位的遮蔽体。	
	7	撤离杆塔	杆上电工、梯上电工与地面电工配合将绝缘工器具吊至地面，检查杆上无遗留物后，杆上电工拆除高压母线的接地线，与梯上电工返回地面。	过程中不得失去安全带的保护。	

5.3 竣工

√	序号	内　容	负责人签字
	1	工作负责人全面检查作业完成情况并点评（班后会）。	
	2	清理现场的工器具、材料，撤离作业现场。	
	3	通知调度恢复重合闸，办理终结工作票。	

5.4　消缺记录

√	序号	作 业 内 容	负责人签字

6　验收总结

序号	验 收 总 结	
1	验收评价	
2	存在问题及处理意见	

7　作业指导书执行情况评估

<table>
<tr><td rowspan="4">评估内容</td><td rowspan="2">符合性</td><td>优</td><td></td><td>可操作项</td><td></td></tr>
<tr><td>良</td><td></td><td>不可操作项</td><td></td></tr>
<tr><td rowspan="2">可操作性</td><td>优</td><td></td><td>建议修改项</td><td></td></tr>
<tr><td>良</td><td></td><td>遗漏项</td><td></td></tr>
<tr><td>存在问题</td><td colspan="5"></td></tr>
<tr><td>改进意见</td><td colspan="5"></td></tr>
</table>

编号：××××-××-××-40

Ⅲ-04　10 kV 带电更换耐张绝缘子串及横担标准化作业指导书

（横担下方绝缘横担法）

编写人：________________　　　　　　________年______月______日

审核人：________________　　　　　　________年______月______日

批准人：________________　　　　　　________年______月______日

工作负责人：____________

作业日期：　　年　　月　　日　　时　　分　　至　　年　　月　　日　　时　　分

国网安徽省电力有限公司

1　工作范围

本作业指导书适用于国网安徽省电力有限公司____________________作业。

2　作业方法

运用绝缘斗臂车采用绝缘手套法进行的作业。

3　引用文件

1.《国家电网公司电力安全工作规程》(以下简称《安规》)(配电部分);
2.《配电网检修规程》(Q/GDW 11261—2014);
3.《配电网技术导则》(Q/GDW 10370—2016);
4.《10 kV 配网不停电作业规范》(Q/GDW 10520—2016);
5.《配电网施工检修工艺规范》(Q/GDW 10742—2016);
6.《配电线路带电作业技术导则》(GB/T 18857—2019)。

4　作业前准备

4.1　准备工作安排

√	序号	内容	标　　准	备注
	1	现场勘察	1. 由工作负责人或工作票签发人组织到现场进行勘察,以便掌握同杆(塔)架设线路及其方位、电气间距、作业现场条件和环境; 2. 确定作业方法、所需工具、材料以及应采取的措施。	
	2	车辆检查	按公司车辆使用管理规定有关内容对车辆进行使用前检查。	
	3	气象条件	1. 根据本地气象预报,判断是否符合《安规》对带电作业的要求; 2. 风力大于10 m/s或相对湿度大于80%时,不宜作业。	
	4	办理工作票	1. 在生产管理系统(PMS2.0)中开具工作票; 2. 确认工作地段、配网运行方式,确定预申请停用重合闸的线路名称。	

4.2　人员要求

√	序号	内　　容	备注
	1	作业人员必须持有带电作业有效资格证和实践工作经验。	
	2	作业人员应身体健康,无妨碍作业的生理和心理障碍。	
	3	本年度《安规》考试合格。	

4.3 工器具

√	序号	工器具名称		规格	单位	数量	备注
	1	作业车辆	绝缘斗臂车	10 kV	辆	2	
	2	绝缘防护用具	绝缘手套	10 kV	双	2	
	3		绝缘安全帽	10 kV	顶	2	
	4		绝缘服	10 kV	套	2	
	5		绝缘安全带	10 kV	副	2	
	6	绝缘遮蔽用具	绝缘毯	10 kV		若干	
	7		导线遮蔽罩	10 kV	根	若干	
	8	绝缘工具	绝缘传递绳	12 mm	根	1	
	9		绝缘横担	10 kV	副	1	
	10		绝缘紧线器		副	2	
	11		绝缘卡线器		只	4	
	12		后备保护绳	12 mm	条	2	
	13		绝缘绳套	16 mm	根	4	
	14	其他	绝缘测试仪	2500 V 及以上	套	1	
	15		验电器	10 kV	套	1	
	16		温湿度仪/风速仪		套	1	

4.4 材料

√	序号	名称	规格	单位	数量	备注
	1	耐张绝缘子		只	6	
	2	耐张横担		副	1	

4.5 危险点分析及预控

√	序号	危 险 点	预 控 措 施
	1	高空作业时违反《安规》进行操作，可能引起高空坠落。	高空作业时，必须正确使用安全带并戴安全帽，将安全带系在牢固部件上且位置合理，便于作业。

续表

√	序号	危险点	预控措施
	2	带电作业人员与邻近带电体及接地体的安全距离不够,可能引起相间短路、接地伤害事故。	1. 带电作业人员人体与邻近带电体的距离不得小于0.4 m,所使用绝缘绳的有效绝缘长度不得小于0.7 m; 2. 树枝与带电导线的距离应大于1.0 m,作业人员才能攀登树干配合; 3. 不满足安全距离时,应采取绝缘隔离措施。
	3	绝缘斗臂车支车时,车腿支持点土壤松软或埋有市政管网设施,使车体倾斜,造成翻车。	遇到松软土壤时,支腿下加垫枕木或钢板。
	4	绝缘斗臂车液压机构渗漏油,可能引起支腿、绝缘臂、工作斗泄压。	绝缘斗臂车使用前要认真检查,并在预定位置试操作一次,确认各液压部分运转良好,无渗漏油现象,方可操作。
	5	监护人指挥发令信息不到位,导致带电操作人员误操作。	保持通讯通畅,操作人员收到监护人的指令后,应回复确认。
	6	异物脱落,导致相间短路或单相接地。	在档距中间部分,高低压同杆架设时,异物坠落撞击低压导线容易引起导线摆动,导致两相短路,因此,清除异物前应做好措施(异物点坠落下方的低压导线加遮蔽)。

4.6　安全措施

√	序号	内　容
	1	如遇雷电(听见雷声、看见闪电)雪雹、雨雾不得进行带电作业,风力大于5级时,不得进行带电作业。
	2	作业现场应设围栏,禁止无关人员进入工作现场。
	3	带电作业必须设专人监护,监护人不得直接操作。监护的范围不得超过一个作业点。
	4	在带电作业过程中,如设备突然停电,作业电工应视设备仍然带电并立即停止操作,工作负责人尽快与高度联系查明原因。
	5	杆上作业人员作业时,与带电体的距离应大于0.4 m。
	6	带电作业电工作业时不得同时接触两相导线。
	7	绝缘工具使用前,应仔细检查其是否损坏、变形、失灵。
	8	使用绝缘工具时,应戴清洁、干燥的绝缘手套,外戴羊皮防护手套,防止绝缘工具在使用中脏污、受潮和刮伤。

续表

√	序号	内　容
	9	地面作业人员严禁在作业点垂直下方活动；带电作业人员应防止落物伤人及砸伤设备；使用的工具、材料应用绝缘绳索传递，绝缘绳的有效长度不小于 0.4 m。
	10	在使用操作杆时，动作幅度要平稳，防止导线跳动，引起短路、接地。

4.7　人员分工

√	序号	作 业 人 员	作 业 项 目
	1	工作负责人	
	2	斗内电工	
	3	地面电工	

5　作业程序

5.1　开工

√	序号	内　容	责任人签字
	1	工作负责人办理工作票、申请停用重合闸。	
	2	调度通知已停用重合闸，许可工作。	
	3	工作负责人组织全体工作人员戴好安全帽，在现场列队宣读工作票，交待工作任务、安全措施、注意事项，确认工作班成员并让其签字后，宣布开始工作的命令。	

5.2　作业内容及标准

√	序号	作业内容	作业标准及步骤	安全措施及注意事项	备注
	1	进入现场	1. 将绝缘斗臂车停在工作点的最佳位置，并装置车体接地线； 2. 设置安全围栏。	1. 遇到松软土壤时，支腿下加垫枕木且不得超过两块，呈八角形 45°摆放； 2. 车工作处地面应坚实、平整，地面坡度不应超过 7°； 3. 支腿伸出车体找平后，车辆前后高度不应大于 3°； 4. 车体接地体埋棒插入地层深度不小于 0.4 m。	

续表

√	序号	作业内容	作业标准及步骤	安全措施及注意事项	备注
	2	工器具检查	1. 作业人员对绝缘工器具进行外观及绝缘检测; 2. 绝缘斗臂车工作前要对其进行检查,空斗试操作一次。	1. 使用绝缘测试仪进行分段及绝缘电阻检测,绝缘电阻值不低于700 MΩ; 2. 绝缘工器具外观应符合使用安全要求,如无破损、划伤、受潮等; 3. 确认液压传动、回转、升降、伸缩系统工作正常、操作灵活,制动装置可靠。	
	3	验电	1. 斗内电工穿戴好绝缘防护用具,进入各自的绝缘斗臂车斗,挂好安全带保险钩; 2. 斗内电工将工作斗调整至带电导线横担下侧适当位置,使用验电器对导线—绝缘子横担—导线进行验电,确认无漏电现象。	1. 人体与邻近带电体的距离不得小于0.4 m; 2. 绝缘杆的有效绝缘长度不得小于0.7 m; 3. 作业时,上节绝缘臂的伸出长度应大于等于1 m,绝缘斗、臂离带电体物体的距离应大于1 m,人体与相邻带电物体的距离应大于0.6 m。	
	4	设置绝缘遮蔽、隔离措施	斗内电工将绝缘斗调整到合适位置,按照“从近到远、从下到上、先带电体后接地体”的遮蔽原则对作业范围内的所有带电体和接地体进行绝缘遮蔽。	1. 绝缘遮蔽应严实、牢固,导线遮蔽罩间重叠部分应大于15 cm,遮蔽范围应比人体活动范围增加0.4 m; 2. 作业过程中绝缘斗臂车的起升、下降、回转速度不得大于0.5 m/s; 3. 同一绝缘斗内双人工作时,禁止两人同时接触不同的电位体。	
	5	更换耐张绝缘子串及横担	1. 1号电工配合在横担下方大于0.4 m处装设绝缘横担; 2. 两辆绝缘斗臂车斗内电工在近边相耐张横担两侧安装绝缘绳套,各自将绝缘紧线器一端固定于绝缘绳套上,在两个紧线器外侧加装后备保护;同时将导线收紧,再收紧后备保护绳;	1. 注意避开邻近高压线路及各类障碍物,选定绝缘斗臂车的升起方向和路径; 2. 作业中,对有可能触及的邻近带电体、接地部位应先做绝缘遮蔽; 3. 地面电工严禁在作业点垂直下方活动,斗内电工应防止落物伤人及砸伤设备;	

续表

√	序号	作业内容	作业标准及步骤	安全措施及注意事项	备注
			3. 待耐张绝缘子串松弛后，斗内电工脱开连接耐张线夹与绝缘子串的碗头挂板，使绝缘子串脱离导线，用绝缘绳将连接耐张线夹并检查确认是否牢固可靠； 4. 斗内电工各自缓慢松线，使绝缘绳受力。	4. 人体与邻近带电体的距离不得小于0.4 m； 5. 绝缘紧线器卡具与后备保护装置应安装牢固无脱落可能。	
			1. 斗内电工各自松开并拆除绝缘紧线器，将绝缘绳搁置在绝缘横担上并锁好保险环或用绝缘绳索固定，并做好绝缘遮蔽措施； 2. 按相同的方法完成中相及远边相的工作； 3. 斗内电工配合拆除旧横担，换上新横担及绝缘子串；恢复绝缘遮蔽隔离措施； 4. 斗内电工各自在新横担上装设绝缘紧线器，同时收紧近边相导线，装好后备保护绳；拆除连接横担两侧耐张线夹的绝缘绳后，连接线夹与绝缘子串，并检查是否牢靠；最后放松绝缘紧线器，待耐张绝缘子串受力正常后拆除后备保护绳和绝缘紧线器； 5. 按相同的方法完成中相及远边相的工作。	1. 作业过程中禁止摘下绝缘防护用具； 2. 地面电工严禁在作业点垂直下方活动，斗内电工应防止落物伤人及砸伤设备； 3. 杆上作业两侧电工应保证同相同步开展工作，防止受力不均； 4. 应注意动作幅度，严禁动作过大； 5. 拆除绝缘紧线器前应保证绝缘绳可靠固定； 6. 拆除连接横担两侧耐张线夹的绝缘绳前应检查绝缘紧线器及后备保护绳可靠固定； 7. 两侧电工应保证同相同步开展工作，防止受力不均；	
	6	拆除绝缘遮蔽措施	斗内作业人员拆除绝缘遮蔽用具，确认杆上已无遗留物后，转移工作斗至地面。	1. 作业人员拆除绝缘遮蔽措施时应戴绝缘手套，且顺序应正确； 2. 拆除绝缘毯时，应轻托慢起，防止拉伤绝缘层； 3. 严禁同时拆除不同电位的遮蔽体。	
	7	返回地面	绝缘斗臂车操作员使绝缘斗、臂下降，斗内电工返回地面。	工作中不得失去安全带的保护。	

5.3　竣工

√	序号	内　　容	负责人签字
	1	工作负责人全面检查作业完成情况。	
	2	清理现场及工器具,无误后撤离现场,做到人走场清。	
	3	通知调度恢复重合闸,办理终结工作票。	

5.4　消缺记录

√	序号	作 业 内 容	负责人签字

6　验收总结

序号	验 收 总 结	
1	验收评价	
2	存在问题及处理意见	

7　作业指导书执行情况评估

评估内容	符合性	优		可操作项	
		良		不可操作项	
	可操作性	优		建议修改项	
		良		遗漏项	
存在问题					
改进意见					

编号：××××-××-××-41

Ⅲ-05　10 kV 带电更换耐张绝缘子串及横担标准化作业指导书

（下降横担法）

编写人：________________　　　　________年______月______日

审核人：________________　　　　________年______月______日

批准人：________________　　　　________年______月______日

工作负责人：____________

作业日期：　　年　　月　　日　　时　　分　　至　　年　　月　　日　　时　　分

国网安徽省电力有限公司

1 工作范围

本作业指导书适用于国网安徽省电力有限公司__________________作业。

2 作业方法

运用绝缘斗臂车采用绝缘手套法进行的作业。

3 引用文件

1.《国家电网公司电力安全工作规程》(以下简称《安规》)(配电部分);
2.《配电网检修规程》(Q/GDW 11261—2014);
3.《配电网技术导则》(Q/GDW 10370—2016);
4.《10 kV 配网不停电作业规范》(Q/GDW 10520—2016);
5.《配电网施工检修工艺规范》(Q/GDW 10742—2016);
6.《配电线路带电作业技术导则》(GB/T 18857—2019)。

4 作业前准备

4.1 准备工作安排

√	序号	内容	标　　准	备注
	1	现场勘察	1. 由工作负责人或工作票签发人组织到现场进行勘察,以便掌握同杆(塔)架设线路及其方位、电气间距、作业现场条件和环境; 2. 确定作业方法、所需工具、材料以及应采取的措施。	
	2	车辆检查	按公司车辆使用管理规定有关内容对车辆进行使用前检查。	
	3	气象条件	1. 根据本地气象预报,判断是否符合《安规》对带电作业的要求; 2. 风力大于 10 m/s 或相对湿度大于 80%时,不宜作业。	
	4	办理工作票	1. 在生产管理系统(PMS2.0)中开具工作票; 2. 确认工作地段、配网运行方式,确定预申请停用重合闸的线路名称。	

4.2 人员要求

√	序号	内　　容	备注
	1	作业人员必须持有带电作业有效资格证和实践工作经验。	
	2	作业人员应身体健康,无妨碍作业的生理和心理障碍。	
	3	本年度《安规》考试合格。	

4.3 工器具

√	序号	工器具名称		规格	单位	数量	备注
	1	作业车辆	绝缘斗臂车	10 kV	辆	2	
	2	绝缘防护用具	绝缘手套	10 kV	双	2	
	3		绝缘安全帽	10 kV	顶	2	
	4		绝缘服	10 kV	套	2	
	5		绝缘安全带	10 kV	副	2	
	6	绝缘遮蔽用具	绝缘毯	10 kV		若干	
	7		导线遮蔽罩	10 kV	根	若干	
	8	绝缘工具	绝缘传递绳	12 mm	根	1	
	9		绝缘紧线器		副	2	
	10		后备保护绳	12 mm	根	2	
	11		绝缘卡线器		只	4	
	12	其他	绝缘测试仪	2500 V 及以上	套	1	
	13		验电器	10 kV	套	1	
	14		温湿度仪/风速仪		套	1	

4.4 材料

√	序号	名称	规格	单位	数量	备注
	1	耐张绝缘子		只	6	
	2	耐张横担		副	1	

4.5 危险点分析及预控

√	序号	危　险　点	预 控 措 施
	1	高空作业时违反《安规》进行操作，可能引起高空坠落。	高空作业时，必须正确使用安全带并戴安全帽，将安全带系在牢固部件上且位置合理，便于作业。

续表

√	序号	危　险　点	预 控 措 施
	2	带电作业人员与邻近带电体及接地体的安全距离不够,可能引起相间短路、接地伤害事故。	1. 带电作业人员人体与邻近带电体的距离不得小于 0.4 m,所使用绝缘绳的有效绝缘长度不得小于 0.7 m; 2. 树枝与带电导线的距离应大于 1.0 m,作业人员才能攀登树干配合; 3. 不满足安全距离时,应采取绝缘隔离措施。
	3	绝缘斗臂车支车时,车腿支持点土壤松软或埋有市政管网设施,使车体倾斜,造成翻车。	遇到松软土壤时,支腿下加垫枕木或钢板。
	4	绝缘斗臂车液压机构渗漏油,可能引起支腿、绝缘臂、工作斗泄压。	绝缘斗臂车使用前要认真检查,并在预定位置试操作一次,确认各液压部分运转良好,无渗漏油现象,方可操作。
	5	监护人指挥发令信息不到位,导致带电操作人员误操作。	保持通讯通畅,操作人员收到监护人的指令后,应回复确认。
	6	异物脱落,导致相间短路或单相接地。	在档距中间部分,高低压同杆架设时,异物坠落撞击低压导线容易引起导线摆动,导致两相短路,因此,清除异物前应做好措施(异物点坠落下方的低压导线加遮蔽)。

4.6　安全措施

√	序号	内　　容
	1	如遇雷电(听见雷声、看见闪电)雪雹、雨雾不得进行带电作业,风力大于 5 级时,不得进行带电作业。
	2	作业现场应设围栏,禁止无关人员进入工作现场。
	3	带电作业必须设专人监护,监护人不得直接操作。监护的范围不得超过一个作业点。
	4	在带电作业过程中,如设备突然停电,作业电工应视设备仍然带电并立即停止操作,工作负责人尽快与高度联系查明原因。
	5	杆上作业人员作业时,与带电体的距离应大于 0.4 m。
	6	带电作业电工作业时不得同时接触两相导线。
	7	绝缘工具使用前,应仔细检查其是否损坏、变形、失灵。
	8	使用绝缘工具时,应戴清洁、干燥的绝缘手套,外戴羊皮防护手套,防止绝缘工具在使用中脏污、受潮和刮伤。

续表

√	序号	内　容
	9	地面作业人员严禁在作业点垂直下方活动;带电作业人员应防止落物伤人及砸伤设备;使用的工具、材料应用绝缘绳索传递,绝缘绳的有效长度不小于0.4 m。
	10	在使用操作杆时,动作幅度要平稳,防止导线跳动,引起短路、接地。

4.7　人员分工

√	序号	作 业 人 员	作 业 项 目
	1	工作负责人	
	2	斗内电工	
	3	地面电工	

5　作业程序

5.1　开工

√	序号	内　容	责任人签字
	1	工作负责人办理工作票、申请停用重合闸。	
	2	调度通知已停用重合闸,许可工作。	
	3	工作负责人组织全体工作人员戴好安全帽,在现场列队宣读工作票,交待工作任务、安全措施、注意事项,确认工作班成员并让其签字后,宣布开始工作的命令。	

5.2　作业内容及标准

√	序号	作业内容	作业标准及步骤	安全措施及注意事项	备注
	1	进入现场	1. 将绝缘斗臂车停在工作点的最佳位置,并装置车体接地线; 2. 设置安全围栏。	1. 遇到松软土壤时,支腿下加垫枕木且不得超过两块,呈八角形45°摆放; 2. 车工作处地面应坚实、平整,地面坡度不应超过7°; 3. 支腿伸出车体找平后,车辆前后高度不应大于3°; 4. 车体接地体埋棒插入地层深度不小于0.4 m。	

续表

√	序号	作业内容	作业标准及步骤	安全措施及注意事项	备注
	2	工器具检查	1. 作业人员对绝缘工器具进行外观及绝缘检测； 2. 绝缘斗臂车工作前要对其进行检查,空斗试操作一次。	1. 使用绝缘测试仪进行分段及绝缘电阻检测,确保绝缘电阻值不低于 700 MΩ； 2. 绝缘工器具外观应符合使用安全要求,如无破损、划伤、受潮等； 3. 确认液压传动、回转、升降、伸缩系统工作正常、操作灵活,制动装置可靠。	
	3	验电	1. 斗内电工穿戴好绝缘防护用具,进入各自的绝缘斗臂车斗,挂好安全带保险钩； 2. 斗内电工将工作斗调整至带电导线横担下侧适当位置,使用验电器对导线—绝缘子横担—导线进行验电,确认无漏电现象。	1. 人体与邻近带电体的距离不得小于 0.4 m； 2. 绝缘杆的有效绝缘长度不得小于 0.7 m； 3. 作业时,上节绝缘臂的伸出长度应大于等于 1 m,绝缘斗、臂离带电体物体的距离应大于 1 m,人体与相邻带电物体的距离应大于 0.6 m。	
	4	设置绝缘遮蔽、隔离措施	斗内电工将绝缘斗调整到合适位置,按照“从近到远、从下到上、先带电体后接地体”的遮蔽原则对作业范围内的所有带电体和接地体进行绝缘遮蔽。	1. 绝缘遮蔽应严实、牢固,导线遮蔽罩间重叠部分应大于 15 cm,遮蔽范围应比人体活动范围增加 0.4 m； 2. 作业过程中绝缘斗臂车的起升、下降、回转速度不得大于 0.5 m/s； 3. 同一绝缘斗内双人工作时,禁止两人同时接触不同的电位体。	
	5	更换耐张绝缘子串及横担	1. 斗内电工相互配合下降原耐张横担 0.4 m,在原横担处安装新的耐张横担、耐张绝缘子串,并可靠固定;对新安装的横担、耐张绝缘子串恢复绝缘遮蔽；	1. 遮蔽罩搭接重叠部分不得小于 15 cm； 2. 带电电工人体与邻近带电体的距离不得小于 0.4 m,绝缘杆的有效绝缘长度不得小于 0.7 m；	

续表

√	序号	作业内容	作业标准及步骤	安全措施及注意事项	备注
	5	更换耐张绝缘子串及横担	2. 斗内电工相互配合在近边相新耐张横担两侧安装绝缘绳套，各自将绝缘紧线器一端固定于绝缘绳套上，在紧线器外侧加装后备保护；同时将导线收紧，再收紧后备保护绳； 3. 待耐张绝缘子串松弛后，斗内电工脱开旧耐张线夹与绝缘子之间的碗头挂板，使绝缘子串脱离导线； 4. 斗内电工相互配合，将耐张线夹安装到新的耐张绝缘子串上；然后放松绝缘紧线器，待耐张绝缘子串受力正常后拆除后备保护绳和绝缘紧线器；恢复绝缘遮蔽； 5. 按同样方法进行远边相及中相导线的转移操作，恢复绝缘遮蔽。	3. 绝缘斗臂车金属部分对带电体的有效绝缘长度不小于0.9 m，绝缘臂的有效长度不小于1 m，车体接地棒入地深度不少于0.6 m； 4. 注意避开邻近高压线路及各类障碍物，选定绝缘斗臂车的升起方向和路径； 5. 作业中，对有可能触及的邻近带电体、接地部位应先做好绝缘遮蔽。	
	6	拆除绝缘遮蔽措施	斗内作业人员拆除绝缘遮蔽用具，确认杆上已无遗留物后，转移工作斗至地面。	1. 作业人员拆除绝缘遮蔽措施时应戴绝缘手套，且顺序应正确； 2. 拆除绝缘毯时，应轻托慢起，防止拉伤绝缘层； 3. 严禁同时拆除不同电位的遮蔽体。	
	7	返回地面	绝缘斗臂车操作员使绝缘斗、臂下降，斗内电工返回地面。	工作中不得失去安全带的保护。	

5.3 竣工

√	序号	内　容	负责人签字
	1	工作负责人全面检查作业完成情况。	
	2	清理现场及工器具，无误后撤离现场，做到人走场清。	
	3	通知调度恢复重合闸，办理终结工作票。	

5.4　消缺记录

√	序号	作 业 内 容	负责人签字

6　验收总结

<table>
<tr><th>序号</th><th colspan="2">验 收 总 结</th></tr>
<tr><td>1</td><td>验收评价</td><td></td></tr>
<tr><td>2</td><td>存在问题及处理意见</td><td></td></tr>
</table>

7　作业指导书执行情况评估

<table>
<tr><td rowspan="4">评估内容</td><td rowspan="2">符合性</td><td>优</td><td></td><td>可操作项</td><td></td></tr>
<tr><td>良</td><td></td><td>不可操作项</td><td></td></tr>
<tr><td rowspan="2">可操作性</td><td>优</td><td></td><td>建议修改项</td><td></td></tr>
<tr><td>良</td><td></td><td>遗漏项</td><td></td></tr>
<tr><td>存在问题</td><td colspan="5"></td></tr>
<tr><td>改进意见</td><td colspan="5"></td></tr>
</table>

编号：××××-××-××-42

Ⅲ-06　10 kV带电撤除直线电杆标准化作业指导书

编写人：________________　　　　　　________年______月______日

审核人：________________　　　　　　________年______月______日

批准人：________________　　　　　　________年______月______日

工作负责人：____________

作业日期：　　年　　月　　日　　时　　分　　至　　年　　月　　日　　时　　分

国网安徽省电力有限公司

1　工作范围

本作业指导书适用于国网安徽省电力有限公司＿＿＿＿＿＿＿＿＿＿作业。

2　作业方法

运用绝缘斗臂车采用绝缘手套法进行的作业。

3　引用文件

1.《国家电网公司电力安全工作规程》(以下简称《安规》)(配电部分)；
2.《配电网检修规程》(Q/GDW 11261—2014)；
3.《配电网技术导则》(Q/GDW 10370—2016)；
4.《10 kV配网不停电作业规范》(Q/GDW 10520—2016)；
5.《配电网施工检修工艺规范》(Q/GDW 10742—2016)；
6.《配电线路带电作业技术导则》(GB/T 18857—2019)。

4　作业前准备

4.1　准备工作安排

√	序号	内容	标　　准	备注
	1	现场勘察	1. 由工作负责人、技术员等人到现场实地勘测，以便掌握地形、地貌，设备的安装结构、导线排列方式； 2. 制订作业方案、工作量，确定施工方案，提出质量要求和危险点控制措施。	
	2	查阅有关资料	1. 了解有关材料，确定使用的材料及设备情况； 2. 了解配网运行方式，申请停用重合闸。	
	3	车辆检查	按公司车辆管理有关规定执行。	
	4	气象条件	根据本地气象预报，判断是否符合《安规》对带电作业的要求。	
	5	办理工作票	按照《安规》执行。	

4.2　人员要求

√	序号	内　　容	备注
	1	带电作业人员必须持有有效资格证及上岗证。	
	2	作业人员周期身体检查合格、精神状态良好。	
	3	绝缘斗臂车驾驶员必须持有有效资格证及上岗证。	

续表

√	序号	内　　容	备注
	4	本年度《安规》考试合格。	
	5	满足此项作业的人数要求。	

4.3　工器具

√	序号	工器具名称		规格	单位	数量	备注
	1	特种车辆	绝缘斗臂车	10 kV	辆	2	
	2		吊车	8 t	辆	1	
	3	绝缘防护用具	绝缘手套	10 kV	双	3	带防护手套
	4		绝缘安全帽	10 kV	顶	2	
	5		绝缘服	10 kV	套	2	
	6		绝缘靴	10 kV	双	3	
	7		绝缘安全带	10 kV	副	2	
	8	绝缘遮蔽用具	导线遮蔽罩	10 kV		若干	
	9		绝缘毯	10 kV		若干	
	10		绝缘子遮蔽罩	10 kV	个	3	
	11		绝缘绳		根	2	
	12		绝缘横担	10 kV	套	1	
	13	其他	绝缘测试仪	2500 V及以上	套	1	
	14		验电器	10 kV	套	1	
	15		温湿度仪/风速仪		套	1	

4.4　材料

√	序号	名称	规格	单位	数量	备注

4.5　危险点分析及预控

√	序号	危　险　点	预 控 措 施
	1	高空作业时违反《安规》进行操作，可能引起高空坠落。	高空作业时，必须正确使用安全带并戴安全帽，将安全带系在牢固部件上且位置合理，便于作业。
	2	带电作业人员与邻近带电体及接地体的安全距离不够，可能引起相间短路、接地伤害事故。	1. 带电作业人员人体与邻近带电体的距离不得小于0.4 m，所使用绝缘绳的有效绝缘长度不得小于0.7 m； 2. 树枝与带电导线的距离应大于1.0 m，作业人员才能攀登树干配合； 3. 不满足安全距离时，应采取绝缘隔离措施。
	3	绝缘斗臂车支车时，车腿支持点土壤松软或埋有市政管网设施，使车体倾斜，造成翻车。	遇到松软土壤时，支腿下加垫枕木或钢板。
	4	绝缘斗臂车液压机构渗漏油，可能引起支腿、绝缘臂、工作斗泄压。	绝缘斗臂车使用前要认真检查，并在预定位置试操作一次，确认各液压部分运转良好，无渗漏油现象，方可操作。
	5	监护人指挥发令信息不到位，导致带电操作人员误操作。	保持通讯通畅，操作人员收到监护人的指令后，应回复确认。
	6	异物脱落，导致相间短路或单相接地。	在档距中间部分，高低压同杆架设时，异物坠落撞击低压导线容易引起导线摆动，导致两相短路，因此，清除异物前应做好措施(异物点坠落下方的低压导线加遮蔽)。

4.6　安全措施

√	序号	内　容
	1	如遇雷电(听见雷声、看见闪电)雪雹、雨雾不得进行带电作业，风力大于5级时，不得进行带电作业。
	2	作业现场应设围栏，禁止无关人员进入工作现场。
	3	带电作业必须设专人监护，监护人不得直接操作。监护的范围不得超过一个作业点。
	4	在带电作业过程中，如设备突然停电，作业电工应视设备仍然带电并立即停止操作，工作负责人尽快与高度联系查明原因。
	5	杆上作业人员作业时，与带电体的距离应大于0.4 m。

续表

√	序号	内　　容
	6	带电作业电工作业时不得同时接触两相导线。
	7	绝缘工具使用前,应仔细检查其是否损坏、变形、失灵。
	8	使用绝缘工具时,应戴清洁、干燥的绝缘手套,外戴羊皮防护手套,防止绝缘工具在使用中脏污、受潮和刮伤。
	9	地面作业人员严禁在作业点垂直下方活动;带电作业人员应防止落物伤人及砸伤设备;使用的工具、材料应用绝缘绳索传递,绝缘绳的有效长度不小于 0.4 m。
	10	在使用操作杆时,动作幅度要平稳,防止导线跳动,引起短路、接地。
	11	吊车作业应有专人指挥,起重臂下严禁人员逗留。

4.7 人员分工

√	序号	作 业 人 员	作 业 项 目
	1	工作负责人	
	2	斗内电工	
	3	地面电工	

5 作业程序

5.1 开工

√	序号	内　　容	责任人签字
	1	工作负责人办理工作票、申请停用重合闸。	
	2	调度通知已停用重合闸,许可工作。	
	3	工作负责人组织全体工作人员戴好安全帽,在现场列队宣读工作票,交待工作任务、安全措施、注意事项,确认工作班成员并让其签字后,宣布开始工作的命令。	

5.2　作业内容及标准

√	序号	作业内容	作业标准及步骤	安全措施及注意事项	备注
	1	进入现场	1. 将绝缘斗臂车停在工作点的最佳位置，并装置车体接地线； 2. 设置安全围栏。	1. 遇到松软土壤时，支腿下加垫枕木且不得超过两块，呈八角形 45°摆放； 2. 车工作处地面应坚实、平整，地面坡度不应超过 7°； 3. 支腿伸出车体找平后，车辆前后高度不应大于 3°； 4. 车体接地体埋棒插入地层深度不小于 0.4 m。	
	2	工器具检查	1. 作业人员对绝缘工器具进行外观及绝缘检测； 2. 绝缘斗臂车工作前要对其进行检查，空斗试操作一次。	1. 使用绝缘测试仪进行分段及绝缘电阻检测，确保绝缘电阻值不低于 700 MΩ； 2. 绝缘工器具外观应符合使用安全要求，如无破损、划伤、受潮等； 3. 确认液压传动、回转、升降、伸缩系统工作正常、操作灵活，制动装置可靠。	
	3	验电	1. 斗内电工穿戴好绝缘防护用具，进入各自的绝缘斗臂车斗，挂好安全带保险钩； 2. 斗内电工将工作斗调整至带电导线横担下侧适当位置，使用验电器对导线—绝缘子横担—导线进行验电，确认无漏电现象。	1. 人体与邻近带电体的距离不得小于 0.4 m； 2. 绝缘杆的有效绝缘长度不得小于 0.7 m； 3. 作业时，上节绝缘臂的伸出长度应大于等于 1 m，绝缘斗、臂离带电体物体的距离应大于 1 m，人体与相邻带电物体的距离应大于 0.6 m。	
	4	设置绝缘遮蔽、隔离措施	斗内电工将绝缘斗调整到合适位置，按照“从近到远、从下到上、先带电体后接地体”的遮蔽原则对作业范围内的所有带电体和接地体进行绝缘遮蔽。	1. 绝缘遮蔽应严实、牢固，导线遮蔽罩间重叠部分应大于 15 cm，遮蔽范围应比人体活动范围增加 0.4 m； 2. 作业过程中绝缘斗臂车的起升、下降、回转速度不得大于 0.5 m/s； 3. 同一绝缘斗内双人工作时，禁止两人同时接触不同的电位体。	

续表

√	序号	作业内容	作业标准及步骤	安全措施及注意事项	备注
	5	安装绝缘横担	1. 1号电工将绝缘斗返回地面，在地面电工配合下，在小吊臂上组装绝缘横担后返回导线上方准备起吊导线； 2. 1号电工调整小吊臂，使三相导线分别置于绝缘横担上的滑轮内，然后扣好保险环；操作斗臂车将绝缘横担缓缓上升，使绝缘横担受力。	1. 注意避开邻近高压线路及各类障碍物，选定绝缘斗臂车的升起方向和路径； 2. 作业中，对有可能触及的邻近带电体、接地部位应先做绝缘遮蔽。	
	6	拆除附件	1. 2号电工拆除三相导线绑扎线，拆除绝缘子、横担及立铁，并对杆顶以下1 m使用电杆遮蔽罩进行绝缘遮蔽； 2. 1号电工调整小吊臂，缓慢将三相导线提升至超出杆顶1m以上的位置（保证电杆起吊后距离导线不小于0.4 m）； 3. 2号电工拆除电杆上其余附件，并系好电杆起吊钢丝绳（吊点在电杆地上部分1/2处）。	1. 地面电工严禁在作业点垂直下方活动，带电电工应防止落物伤人及砸伤设备； 2. 带电电工人体与邻近带电体的距离不得小于0.4 m，与相邻带电体的距离不得小于0.6 m； 3. 工作负责人应密切注意杆梢与带电线路的净空距离（不少于0.4 m）； 4. 应做好吊车的接地工作； 5. 如有同杆架设的低压导线，应加装绝缘套管并用绝缘绳向两侧拉开，增加电杆下降的通道宽度；并在电杆低压导线下方位置增加保险绳。	
	7	撤除电杆	1. 吊车缓缓起吊电杆，在钢丝绳完全受力时暂停起吊，检查吊车支腿及其他受力部位的情况是否正常，地面电工在杆根处系好绝缘绳以控制杆根方向；工作负责人指挥吊车将电杆平稳地下放至地面（注：同杆架设线路应顺线路方向下降电杆），地面电工将杆洞回土夯实，拆除杆尖上的绝缘遮蔽； 2. 1号电工打开绝缘横担保险环，操作绝缘斗臂车使导线完全脱离绝缘横担。	1. 地面电工严禁在作业点垂直下方活动，斗内电工应防止落物伤人及砸伤设备； 2. 起重臂下严禁人员穿行； 3. 斗内人员与地面电工作业过程中禁止摘下绝缘防护用具。	

续表

√	序号	作业内容	作业标准及步骤	安全措施及注意事项	备注
	8	拆除绝缘遮蔽	斗内电工按照“从远到近、从上到下、先接地体后带电体”的原则拆除绝缘遮蔽。	1. 作业过程中防止高空落物； 2. 严禁同时拆除不同电位的遮蔽体。	
	9	返回地面	斗内电工将绝缘斗退出有电工作区域，作业人员返回地面。	过程中不得失去安全带的保护。	

5.3 竣工

√	序号	内　　容	负责人签字
	1	工作负责人全面检查作业完成情况并点评（班后会）。	
	2	清理现场的工器具、材料，撤离作业现场。	
	3	通知调度恢复重合闸，办理终结工作票。	

5.4 消缺记录

√	序号	作 业 内 容	负责人签字

6 验收总结

序号	验 收 总 结	
1	验收评价	
2	存在问题及处理意见	

7 作业指导书执行情况评估

<table>
<tr><td rowspan="4">评估内容</td><td rowspan="2">符合性</td><td>优</td><td></td><td>可操作项</td><td></td></tr>
<tr><td>良</td><td></td><td>不可操作项</td><td></td></tr>
<tr><td rowspan="2">可操作性</td><td>优</td><td></td><td>建议修改项</td><td></td></tr>
<tr><td>良</td><td></td><td>遗漏项</td><td></td></tr>
<tr><td>存在问题</td><td colspan="5"></td></tr>
<tr><td>改进意见</td><td colspan="5"></td></tr>
</table>

编号:××××-××-××-43

Ⅲ-07 10 kV 带电组立直线电杆标准化作业指导书

编写人:________________ ________年______月______日

审核人:________________ ________年______月______日

批准人:________________ ________年______月______日

工作负责人:____________

作业日期: 年 月 日 时 分 至 年 月 日 时 分

国网安徽省电力有限公司

1 工作范围

本作业指导书适用于国网安徽省电力有限公司____________________作业。

2 作业方法

运用绝缘斗臂车采用绝缘手套法进行的作业。

3 引用文件

1.《国家电网公司电力安全工作规程》(以下简称《安规》)(配电部分);
2.《配电网检修规程》(Q/GDW 11261—2014);
3.《配电网技术导则》(Q/GDW 10370—2016);
4.《10 kV 配网不停电作业规范》(Q/GDW 10520—2016);
5.《配电网施工检修工艺规范》(Q/GDW 10742—2016);
6.《配电线路带电作业技术导则》(GB/T 18857—2019)。

4 作业前准备

4.1 准备工作安排

√	序号	内容	标准	备注
	1	现场勘察	1. 由工作负责人或工作票签发人组织到现场进行勘察,以便掌握同杆(塔)架设线路及其方位、电气间距、作业现场条件和环境; 2. 确定作业方法、所需工具、材料以及应采取的措施。	
	2	气象条件	1. 根据本地气象预报,判断是否符合《安规》对带电作业的要求; 2. 风力大于 10 m/s 或相对湿度大于 80%时,不宜作业。	
	3	办理工作票	1. 在生产管理系统(PMS2.0)中开具工作票; 2. 确认工作地段、配网运行方式,确定预申请停用重合闸的线路名称。	

4.2 人员要求

√	序号	内容	备注
	1	作业人员必须持有带电作业有效资格证和实践工作经验。	
	2	作业人员应身体健康,无妨碍作业的生理和心理障碍。	
	3	本年度《安规》考试合格。	

4.3　工器具

√	序号	工器具名称		规格	单位	数量	备注
	1	特种车辆	绝缘斗臂车	10 kV	辆	2	
	2		吊车	8 t	辆	1	
	3	绝缘防护用具	绝缘手套	10 kV	双	3	带防护手套
	4		绝缘安全帽	10 kV	顶	2	
	5		绝缘服	10 kV	套	2	
	6		绝缘靴	10 kV	双	3	
	7		绝缘安全带	10 kV	副	3	
	8	绝缘遮蔽用具	导线遮蔽罩	10 kV	个	若干	
	9		绝缘毯	10 kV	个	若干	
	10		绝缘子遮蔽罩	10 kV	个	3	
	11		绝缘子测距杆	10 kV	根	1	
	12		绝缘绳		根	2	
	13		绝缘横担	10 kV	套	1	
	14	其他	温湿度仪/风速仪		套	1	
	15		绝缘测试仪	2500 V及以上	套	1	
	16		验电器	10 kV	套	1	
	17		脚扣		副	1	

4.4　材料

√	序号	名称	规格	单位	数量	备注
	1	电杆		根	1	
	2	直线横担		个	1	配包箍
	3	绝缘子		个	3	

4.5 危险点分析及预控

√	序号	危险点	预控措施
	1	高空作业时违反《安规》进行操作，可能引起高空坠落。	高空作业时，必须正确使用安全带并戴安全帽，将安全带系在牢固部件上且位置合理，便于作业。
	2	带电作业人员与邻近带电体及接地体的安全距离不够，可能引起相间短路、接地伤害事故。	1. 带电作业人员人体与邻近带电体的距离不得小于 0.4 m，所使用绝缘绳的有效绝缘长度不得小于 0.7 m； 2. 树枝与带电导线的距离应大于 1.0 m，作业人员才能攀登树干配合； 3. 不满足安全距离时，应采取绝缘隔离措施。
	3	绝缘斗臂车支车时，车腿支持点土壤松软或埋有市政管网设施，使车体倾斜，造成翻车。	遇到松软土壤时，支腿下加垫枕木或钢板。
	4	绝缘斗臂车液压机构渗漏油，可能引起支腿、绝缘臂、工作斗泄压。	绝缘斗臂车使用前要认真检查，并在预定位置试操作一次，确认各液压部分运转良好，无渗漏油现象，方可操作。
	5	监护人指挥发令信息不到位，导致带电操作人员误操作。	保持通讯通畅，操作人员收到监护人的指令后，应回复确认。
	6	异物脱落，导致相间短路或单相接地。	在档距中间部分，高低压同杆架设时，异物坠落撞击低压导线容易引起导线摆动，导致两相短路，因此，清除异物前应做好措施（异物点坠落下方的低压导线加遮蔽）。

4.6 安全措施

√	序号	内容
	1	如遇雷电（听见雷声、看见闪电）雪雹、雨雾不得进行带电作业，风力大于 5 级时，不得进行带电作业。
	2	作业现场应设围栏，禁止无关人员进入工作现场。
	3	带电作业必须设专人监护，监护人不得直接操作。监护的范围不得超过一个作业点。
	4	在带电作业过程中，如设备突然停电，作业电工应视设备仍然带电并立即停止操作，工作负责人尽快与高度联系查明原因。
	5	杆上作业人员作业时，与带电体的距离应大于 0.4 m。

续表

√	序号	内 容
	6	带电作业电工作业时不得同时接触两相导线。
	7	绝缘工具使用前，应仔细检查其是否损坏、变形、失灵。
	8	使用绝缘工具时，应戴清洁、干燥的绝缘手套，外戴羊皮防护手套，防止绝缘工具在使用中脏污、受潮和刮伤。
	9	地面作业人员严禁在作业点垂直下方活动；带电作业人员应防止落物伤人及砸伤设备；使用的工具、材料应用绝缘绳索传递，绝缘绳的有效长度不小于 0.4 m。
	10	在使用操作杆时，动作幅度要平稳，防止导线跳动，引起短路、接地。
	11	吊车作业应有专人指挥，起重臂下严禁人员逗留。

4.7 人员分工

√	序号	作业人员	作业项目
	1	工作负责人	
	2	斗内电工	
	3	杆上电工	
	4	地面电工	

5 作业程序

5.1 开工

√	序号	内 容	责任人签字
	1	工作负责人办理工作票、申请停用重合闸。	
	2	调度通知已停用重合闸，许可工作。	
	3	工作负责人组织全体工作人员戴好安全帽，在现场列队宣读工作票，交待工作任务、安全措施、注意事项，确认工作班成员并让其签字后，宣布开始工作的命令。	

5.2 作业内容及标准

√	序号	作业内容	作业标准及步骤	安全措施及注意事项	备注
	1	进入现场	1. 将绝缘斗臂车停在工作点的最佳位置，并装置车体接地线； 2. 设置安全围栏。	1. 遇到松软土壤时，支腿下加垫枕木且不得超过两块，呈八角形45°摆放； 2. 车工作处地面应坚实、平整，地面坡度不应超过7°； 3. 支腿伸出车体找平后，车辆前后高度不应大于3°； 4. 车体接地体埋棒插入地层深度不小于0.4 m。	
	2	工器具检查	1. 作业人员对绝缘工器具进行外观及绝缘检测； 2. 绝缘斗臂车工作前要对其进行检查，空斗试操作一次。	1. 使用绝缘测试仪进行分段及绝缘电阻检测，确保绝缘电阻值不低于700 MΩ； 2. 绝缘工器具外观应符合使用安全要求，如无破损、划伤、受潮等； 3. 确认液压传动、回转、升降、伸缩系统工作正常、操作灵活，制动装置可靠。	
	3	验电	1. 斗内电工穿戴好绝缘防护用具，进入各自的绝缘斗臂车斗，挂好安全带保险钩； 2. 斗内电工将工作斗调整至带电导线横担下侧适当位置，使用验电器对导线—绝缘子横担—导线进行验电，确认无漏电现象。	1. 人体与邻近带电体的距离不得小于0.4 m； 2. 绝缘杆的有效绝缘长度不得小于0.7 m； 3. 作业时，上节绝缘臂的伸出长度应大于等于1 m，绝缘斗、臂离带电体物体的距离应大于1 m，人体与相邻带电物体的距离应大于0.6 m。	
	4	设置绝缘遮蔽、隔离措施	斗内电工将绝缘斗调整到合适位置，按照“从近到远、从下到上、先带电体后接地体”的遮蔽原则对作业范围内的所有带电体和接地体进行绝缘遮蔽。	1. 绝缘遮蔽应严实、牢固，导线遮蔽罩间重叠部分应大于15 cm，遮蔽范围应比人体活动范围增加0.4 m； 2. 作业过程中绝缘斗臂车的起升、下降、回转速度不得大于0.5 m/s； 3. 同一绝缘斗内双人工作时，禁止两人同时接触不同的电位体。	

续表

√	序号	作业内容	作业标准及步骤	安全措施及注意事项	备注
	5	安装绝缘横担并起吊导线	1. 1号电工操作绝缘斗返回地面，在地面电工配合下，在吊臂上组装绝缘横担后返回导线上方准备起吊导线； 2. 1号电工调整小吊臂，使三相导线分别置于绝缘横担上的滑轮内，然后扣好保险环；操作绝缘吊臂将绝缘横担缓缓起吊，使绝缘撑横担受力。	1. 斗臂车绝缘斗在有电工作区域转移时，应缓慢移动，动作要平稳；绝缘斗臂车作业时，发动机不能熄火(电能驱动型除外)，以保证液压系统处于工作状态； 2. 作业中，对有可能触及的邻近带电体、接地部位应做绝缘遮蔽； 3. 地面电工严禁在作业点垂直下方活动，斗内电工应防止落物伤人及砸伤设备。	
			1. 1号电工调整小吊臂，缓缓将三相导线提升至超出预定杆顶1 m以上的位置(保证电杆垂直后距离导线不小于0.4 m)； 2. 地面电工对杆尖以下1 m使用电杆遮蔽罩进行绝缘遮蔽，并系好电杆起吊钢丝绳(吊点在电杆地上部分1/2处)； 3. 吊车缓缓起吊电杆，在钢丝绳完全受力时暂停起吊，进行下列工作：① 检查吊车支腿及其他受力部位的情况是否正常；② 地面电工在杆根处系好绝缘绳以控制杆根方向。	1. 起吊工作开始前应做好吊车的接地工作； 2. 如有同杆架设低压导线应加装绝缘遮蔽并用绝缘绳向两侧拉开，增加电杆起立的通道宽度；并在电杆低压导线下方位置增加保险绳。	
	6	组立电杆	1. 吊车将新电杆缓慢吊至预定位置； 2. 电杆起立，地面电工校正后每回填50 cm夯实一次，将电杆可靠固定，防沉土台应高出地面50 cm；	1. 起吊时注意避开邻近高压线路及各类障碍物，起重臂下严禁人员穿行； 2. 吊车应可靠接地，车体接地棒入地不少于0.6 m； 3. 吊车操作应有专人指挥。	

续表

√	序号	作业内容	作业标准及步骤	安全措施及注意事项	备注
			3. 2号电工和杆上电工配合，安装横担、立铁、绝缘子等，并对全部接地体进行绝缘遮蔽； 4. 斗内电工操作小吊臂缓慢下降，使导线置于绝缘子沟槽内，斗内电工逐相绑扎好绝缘子，打开绝缘横担保险，操作绝缘斗臂车使导线完全脱离绝缘横担。		
	7	拆除绝缘遮蔽	斗内电工按照“从远到近、从上到下、先接地体后带电体”的原则拆除绝缘遮蔽。	1. 作业过程中防止高空落物； 2. 严禁同时拆除不同电位的遮蔽体。	
	8	返回地面	斗内电工将绝缘斗退出有电工作区域，作业人员返回地面。	过程中不得失去安全带的保护。	

5.3 竣工

√	序号	内　　容	负责人签字
	1	工作负责人全面检查作业完成情况并点评(班后会)。	
	2	清理现场的工器具、材料，撤离作业现场。	
	3	通知调度恢复重合闸，办理终结工作票。	

6　验收总结

序号	验 收 总 结	
1	验收评价	
2	存在问题及处理意见	

7　作业指导书执行情况评估

<table>
<tr><td rowspan="4">评估内容</td><td rowspan="2">符合性</td><td>优</td><td></td><td>可操作项</td><td></td></tr>
<tr><td>良</td><td></td><td>不可操作项</td><td></td></tr>
<tr><td rowspan="2">可操作性</td><td>优</td><td></td><td>建议修改项</td><td></td></tr>
<tr><td>良</td><td></td><td>遗漏项</td><td></td></tr>
<tr><td>存在问题</td><td colspan="5"></td></tr>
<tr><td>改进意见</td><td colspan="5"></td></tr>
</table>

编号：××××-××-××-44

Ⅲ-08 10 kV带电更换直线电杆标准化作业指导书

编写人：________________ ________年______月______日

审核人：________________ ________年______月______日

批准人：________________ ________年______月______日

工作负责人：____________

作业日期： 年 月 日 时 分 至 年 月 日 时 分

国网安徽省电力有限公司

1 工作范围

本作业指导书适用于国网安徽省电力有限公司____________________作业。

2 作业方法

运用绝缘斗臂车采用绝缘手套法进行的作业。

3 引用文件

1.《国家电网公司电力安全工作规程》(以下简称《安规》)(配电部分);
2.《配电网检修规程》(Q/GDW 11261—2014);
3.《配电网技术导则》(Q/GDW 10370—2016);
4.《10 kV 配网不停电作业规范》(Q/GDW 10520—2016);
5.《配电网施工检修工艺规范》(Q/GDW 10742—2016);
6.《配电线路带电作业技术导则》(GB/T 18857—2019)。

4 作业前准备

4.1 准备工作安排

√	序号	内容	标准	备注
	1	现场勘察	1. 由工作负责人或工作票签发人组织到现场进行勘察,以便掌握同杆(塔)架设线路及其方位、电气间距、作业现场条件和环境; 2. 确定作业方法、所需工具、材料以及应采取的措施。	
	2	气象条件	1. 根据本地气象预报,判断是否符合《安规》对带电作业的要求; 2. 风力大于 10 m/s 或相对湿度大于 80%时,不宜作业。	
	3	办理工作票	1. 在生产管理系统(PMS2.0)中开具工作票; 2. 确认工作地段、配网运行方式,确定预申请停用重合闸的线路名称。	

4.2 人员要求

√	序号	内容	备注
	1	作业人员必须持有带电作业有效资格证和实践工作经验。	
	2	作业人员应身体健康,无妨碍作业的生理和心理障碍。	
	3	本年度《安规》考试合格。	

4.3 工器具

<table>
<tr><th>√</th><th>序号</th><th colspan="2">工器具名称</th><th>规格</th><th>单位</th><th>数量</th><th>备注</th></tr>
<tr><td></td><td>1</td><td rowspan="2">特种车辆</td><td>绝缘斗臂车</td><td>10 kV</td><td>辆</td><td>2</td><td></td></tr>
<tr><td></td><td>2</td><td>吊车</td><td>8 t</td><td>辆</td><td>1</td><td></td></tr>
<tr><td></td><td>3</td><td rowspan="5">绝缘防护用具</td><td>绝缘手套</td><td>10 kV</td><td>双</td><td>3</td><td>带防护手套</td></tr>
<tr><td></td><td>4</td><td>绝缘安全帽</td><td>10 kV</td><td>顶</td><td>2</td><td></td></tr>
<tr><td></td><td>5</td><td>绝缘服</td><td>10 kV</td><td>套</td><td>2</td><td></td></tr>
<tr><td></td><td>6</td><td>绝缘靴</td><td>10 kV</td><td>双</td><td>3</td><td></td></tr>
<tr><td></td><td>7</td><td>绝缘安全带</td><td>10 kV</td><td>副</td><td>3</td><td></td></tr>
<tr><td></td><td>8</td><td rowspan="6">绝缘遮蔽用具</td><td>导线遮蔽罩</td><td>10 kV</td><td>个</td><td>若干</td><td></td></tr>
<tr><td></td><td>9</td><td>绝缘毯</td><td>10 kV</td><td>个</td><td>若干</td><td></td></tr>
<tr><td></td><td>10</td><td>绝缘子遮蔽罩</td><td>10 kV</td><td>个</td><td>3</td><td></td></tr>
<tr><td></td><td>11</td><td>绝缘子测距杆</td><td>10 kV</td><td>根</td><td>1</td><td></td></tr>
<tr><td></td><td>12</td><td>绝缘绳</td><td></td><td>根</td><td>2</td><td></td></tr>
<tr><td></td><td>13</td><td>绝缘横担</td><td>10 kV</td><td>套</td><td>1</td><td></td></tr>
<tr><td></td><td>14</td><td rowspan="4">其他</td><td>温湿度仪/风速仪</td><td></td><td>套</td><td>1</td><td></td></tr>
<tr><td></td><td>15</td><td>绝缘测试仪</td><td>2500 V
及以上</td><td>套</td><td>1</td><td></td></tr>
<tr><td></td><td>16</td><td>验电器</td><td>10 kV</td><td>套</td><td>1</td><td></td></tr>
<tr><td></td><td>17</td><td>脚扣</td><td></td><td>副</td><td>1</td><td></td></tr>
</table>

4.4 材料

√	序号	名称	规格	单位	数量	备注
	1	电杆		根	1	
	2	直线横担		个	1	配包箍
	3	绝缘子		个	3	

4.5　危险点分析及预控

√	序号	危　险　点	预 控 措 施
	1	高空作业时违反《安规》进行操作，可能引起高空坠落。	高空作业时，必须正确使用安全带并戴安全帽，将安全带系在牢固部件上且位置合理，便于作业。
	2	带电作业人员与邻近带电体及接地体的安全距离不够，可能引起相间短路、接地伤害事故。	1. 带电作业人员人体与邻近带电体的距离不得小于 0.4 m，所使用绝缘绳的有效绝缘长度不得小于 0.7 m； 2. 树枝与带电导线的距离应大于 1.0 m，作业人员才能攀登树干配合； 3. 不满足安全距离时，应采取绝缘隔离措施。
	3	绝缘斗臂车支车时，车腿支持点土壤松软或埋有市政管网设施，使车体倾斜，造成翻车。	遇到松软土壤时，支腿下加垫枕木或钢板。
	4	绝缘斗臂车液压机构渗漏油，可能引起支腿、绝缘臂、工作斗泄压。	绝缘斗臂车使用前要认真检查，并在预定位置试操作一次，确认各液压部分运转良好，无渗漏油现象，方可操作。
	5	监护人指挥发令信息不到位，导致带电操作人员误操作。	保持通讯通畅，操作人员收到监护人的指令后，应回复确认。
	6	异物脱落，导致相间短路或单相接地。	在档距中间部分，高低压同杆架设时，异物坠落撞击低压导线容易引起导线摆动，导致两相短路，因此，清除异物前应做好措施（异物点坠落下方的低压导线加遮蔽）。

4.6　安全措施

√	序号	内　　容
	1	如遇雷电（听见雷声、看见闪电）雪雹、雨雾不得进行带电作业，风力大于 5 级时，也不得进行带电作业。
	2	作业现场应设围栏，禁止无关人员进入工作现场。
	3	带电作业必须设专人监护，监护人不得直接操作。监护的范围不得超过一个作业点。
	4	在带电作业过程中，如设备突然停电，作业电工应视设备仍然带电并立即停止操作，工作负责人尽快与高度联系查明原因。
	5	杆上作业人员作业时，与带电体的距离应大于 0.4 m。

续表

√	序号	内　　容
	6	带电作业电工作业时不得同时接触两相导线。
	7	绝缘工具使用前，应仔细检查其是否损坏、变形、失灵。
	8	使用绝缘工具时，应戴清洁、干燥的绝缘手套，外戴羊皮防护手套，防止绝缘工具在使用中脏污、受潮和刮伤。
	9	地面作业人员严禁在作业点垂直下方活动；带电作业人员应防止落物伤人及砸伤设备；使用的工具、材料应用绝缘绳索传递，绝缘绳的有效长度不小于 0.4 m。
	10	在使用操作杆时，动作幅度要平稳，防止导线跳动，引起短路、接地。
	11	吊车作业应有专人指挥，起重臂下严禁人员逗留。

4.7　人员分工

√	序号	作 业 人 员	作 业 项 目
	1	工作负责人	
	2	斗内电工	
	3	杆上电工	
	4	地面电工	

5　作业程序

5.1　开工

√	序号	内　　容	责任人签字
	1	工作负责人办理工作票、申请停用重合闸。	
	2	调度通知已停用重合闸，许可工作。	
	3	工作负责人组织全体工作人员戴好安全帽，在现场列队宣读工作票，交待工作任务、安全措施、注意事项，确认工作班成员并让其签字后，宣布开始工作的命令。	

5.2　作业内容及标准

√	序号	作业内容	作业标准及步骤	安全措施及注意事项	备注
	1	进入现场	1. 将绝缘斗臂车停在工作点的最佳位置，并装置车体接地线； 2. 设置安全围栏。	1. 遇到松软土壤时，支腿下加垫枕木且不得超过两块，呈八角形 45°摆放； 2. 车工作处地面应坚实、平整，地面坡度不应超过 7°； 3. 支腿伸出车体找平后，车辆前后高度不应大于 3°； 4. 车体接地体埋棒插入地层深度不小于 0.4 m。	
	2	工器具检查	1. 作业人员对绝缘工器具进行外观及绝缘检测； 2. 绝缘斗臂车工作前要对其进行检查，空斗试操作一次。	1. 使用绝缘测试仪进行分段及绝缘电阻检测，确保绝缘电阻值不低于 700 MΩ； 2. 绝缘工器具外观应符合使用安全要求，如无破损、划伤、受潮等； 3. 确认液压传动、回转、升降、伸缩系统工作正常、操作灵活，制动装置可靠。	
	3	验电	1. 斗内电工穿戴好绝缘防护用具，进入各自的绝缘斗臂车斗，挂好安全带保险钩； 2. 斗内电工将工作斗调整至带电导线横担下侧适当位置，使用验电器对导线—绝缘子横担—导线进行验电，确认无漏电现象。	1. 人体与邻近带电体的距离不得小于 0.4 m； 2. 绝缘杆的有效绝缘长度不得小于 0.7 m； 3. 作业时，上节绝缘臂的伸出长度应大于等于 1 m，绝缘斗、臂离带电体物体的距离应大于 1 m，人体与相邻带电物体的距离应大于 0.6 m。	
	4	设置绝缘遮蔽、隔离措施	斗内电工将绝缘斗调整到合适位置，按照“从近到远、从下到上、先带电体后接地体”的遮蔽原则对作业范围内的所有带电体和接地体进行绝缘遮蔽。	1. 绝缘遮蔽应严实、牢固，导线遮蔽罩间重叠部分应大于 15 cm，遮蔽范围应比人体活动范围增加 0.4 m； 2. 作业过程中绝缘斗臂车的起升、下降、回转速度不得大于 0.5 m/s； 3. 同一绝缘斗内双人工作时，禁止两人同时接触不同的电位体。	

续表

√	序号	作业内容	作业标准及步骤	安全措施及注意事项	备注
	5	安装绝缘横担并起吊导线	1. 2号电工在地面电工协助下在小吊臂上组装绝缘横担； 2. 2号电工调整吊臂至合适位置，使三相导线分别置于绝缘横担上的滑轮内，扣好绝缘横担保险环； 3. 2号电工操作小吊臂，将绝缘横担缓缓上升，吊起三相导线，1号电工拆除三相导线绑扎线，拆除绝缘子、横担及立铁； 4. 2号电工调整小吊臂，缓缓将三相导线提升至超出杆顶1 m以上的位置(保证电杆起吊后距离导线不小于0.4 m)。	1. 注意避开邻近高压线路及各类障碍物，选定绝缘斗臂车的升起方向和路径； 2. 作业中，对有可能触及的邻近带电体、接地部位应先做绝缘遮蔽； 3. 地面电工严禁在作业点垂直下方活动，斗内电工应防止落物伤人及砸伤设备。	
	6	拆除电杆	1. 1号电工和杆上电工配合拆除绝缘子、横担及立铁，并使用电杆遮蔽罩对杆顶以下1 m进行绝缘遮蔽；系好电杆起吊钢丝绳(吊点在电杆地上部分1/2处)； 2. 吊车缓缓起吊电杆，在钢丝绳完全受力时暂停起吊，进行下列工作：① 检查吊车支腿及其他受力部位的情况正常；② 地面电工在杆根处系好绝缘绳以控制杆根方向； 3. 吊车指挥人员指挥吊车起吊电杆并将电杆平稳下放至地面(注：同杆架设线路应顺线路方向下降电杆)，拆除杆尖上的绝缘遮蔽。	1. 起吊时注意避开邻近高压线路及各类障碍物，起重臂下严禁人员穿行； 2. 吊车应可靠接地，车体接地棒入地不少于0.6 m； 3. 吊车操作应有专人指挥； 4. 作业过程中绝缘斗臂车的起升、下降、回转速度不得大于0.5 m/s； 5. 工作地点如有低压导线应加装导线遮蔽罩并用绝缘绳向两侧拉开，增加电杆下降的通道宽度；并在电杆低压导线下方位置增加保险绳。	

续表

√	序号	作业内容	作业标准及步骤	安全措施及注意事项	备注
	7	新立电杆	1. 地面电工用绝缘测量杆测量从带电导线到杆洞平面的净空距离应满足安全距离，同时派人观察相邻两侧电杆横担导线绑扎线应无松动现象； 2. 地面电工将马道配套工具放置在坑洞内，系好起吊钢丝绳（吊点在电杆重心上方1.5 m处），起吊电杆，在距地面1.0 m时暂停起吊，进行下列工作：① 检查吊车支腿及其他受力部位的情况正常；② 设置电杆杆梢的绝缘遮蔽措施，一般长度不少于1.0 m；③ 在杆根3 m线以上设置电杆的接地保护措施； 3. 吊车缓缓起吊，在起吊过程中应随时注意电杆根部是否顶住滑板向下滑动；特别是在电杆起立到60°左右时（吊臂最上方距带电线路应不少于3.0 m），杆根一定要进到洞内，如有疑问时，应立即停止起吊，用绝缘测量杆测量距离，待确认无问题后，才能继续起吊电杆；在电杆起立过程中，吊车指挥应站在杆洞边电杆上风侧，配合工作负责人注意控制电杆两侧方向的平衡情况和杆根的入洞情况。	1. 注意避开邻近高压线路及各类障碍物，起重臂下严禁人员穿行； 2. 作业时，上节绝缘臂的伸出长度应大于等于1 m，绝缘斗、臂离带电体物体的距离应大于1 m，人体与相邻带电物体的距离应大于0.6 m； 3. 地面电工作业过程中禁止摘下绝缘防护用具； 4. 工作负责人应密切注意杆梢与带电线路的净空距离（最小不少于0.4 m）； 5. 吊车工作过程中应服从指挥人员的统一指挥。	
			1. 电杆起立，校正后回土夯实，拆除杆根接地保护措施； 2. 杆上电工配合1号电工拆除起吊钢丝绳和保护绳，安装横担、绝缘子；杆上电工返回地面，吊车撤离工作区域； 3. 1号电工对横担、绝缘子等装设绝缘遮蔽；	1. 地面电工作业过程中禁止摘下绝缘防护用具； 2. 地面电工严禁在作业点垂直下方活动，斗内电工应防止落物伤人及砸伤设备；起重臂下严禁人员穿行； 3. 绝缘遮蔽搭接重叠部分不得小于15 cm；遮蔽范围应比人体活动范围增加0.4 m； 4. 绑扎线的展放长度不得大于10 cm。	

续表

√	序号	作业内容	作业标准及步骤	安全措施及注意事项	备注
			4. 2号电工操作小吊臂将绝缘横担缓缓下降，将中相导线下降到中相绝缘子后停止，由1号电工将中相导线用绑扎线固定在绝缘子上，并按相同方法分别固定两边相导线；三相导线的固定，可按先中间、后两边的顺序用绑扎线分别固定在绝缘子上； 5. 将绝缘横担上的滑轮保险打开，2号电工操作绝缘撑杆使绝缘横担缓缓脱离导线。		
	8	拆除遮蔽	三相导线的安装工作结束后，斗内电工按照与安装顺序相反的原则拆除绝缘遮蔽。	1. 作业人员拆除绝缘遮蔽措施时应戴绝缘手套，且顺序应正确； 2. 拆除绝缘毯时，应轻托慢起，防止拉伤绝缘层； 3. 严禁同时拆除不同电位的遮蔽体。	
	9	返回地面	斗内电工将绝缘斗退出有电工作区域，作业人员返回地面。	过程中不得失去安全带的保护。	

5.3 竣工

√	序号	内　容	负责人签字
	1	工作负责人全面检查作业完成情况并点评（班后会）。	
	2	清理现场的工器具、材料，撤离作业现场。	
	3	通知调度恢复重合闸，办理终结工作票。	

5.4 消缺记录

√	序号	作 业 内 容	负责人签字

6 验收总结

<table>
<tr><th>序号</th><th colspan="2">验 收 总 结</th></tr>
<tr><td>1</td><td>验收评价</td><td></td></tr>
<tr><td>2</td><td>存在问题及处理意见</td><td></td></tr>
</table>

7 作业指导书执行情况评估

<table>
<tr><td rowspan="4">评估内容</td><td rowspan="2">符合性</td><td>优</td><td></td><td>可操作项</td><td></td></tr>
<tr><td>良</td><td></td><td>不可操作项</td><td></td></tr>
<tr><td rowspan="2">可操作性</td><td>优</td><td></td><td>建议修改项</td><td></td></tr>
<tr><td>良</td><td></td><td>遗漏项</td><td></td></tr>
<tr><td>存在问题</td><td colspan="5"></td></tr>
<tr><td>改进意见</td><td colspan="5"></td></tr>
</table>

编号：××××-××-××-45

Ⅲ-09　10 kV 带电直线杆改终端杆标准化作业指导书

（车用绝缘横担法）

编写人：________________　　　　　　________年______月______日

审核人：________________　　　　　　________年______月______日

批准人：________________　　　　　　________年______月______日

工作负责人：____________

作业日期：　　　年　　　月　　　日　　　时　　　分　　　至　　　年　　　月　　　日　　　时　　　分

国网安徽省电力有限公司

1　工作范围

本作业指导书适用于国网安徽省电力有限公司____________________作业。

2　作业方法

运用绝缘斗臂车采用绝缘手套法进行的作业。

3　引用文件

1.《国家电网公司电力安全工作规程》(以下简称《安规》)(配电部分)；
2.《配电网检修规程》(Q/GDW 11261—2014)；
3.《配电网技术导则》(Q/GDW 10370—2016)；
4.《10 kV 配网不停电作业规范》(Q/GDW 10520—2016)；
5.《配电网施工检修工艺规范》(Q/GDW 10742—2016)；
6.《配电线路带电作业技术导则》(GB/T 18857—2019)。

4　作业前准备

4.1　准备工作安排

√	序号	内容	标　　准	备注
	1	现场勘察	1. 由工作负责人或工作票签发人组织到现场进行勘察，以便掌握同杆(塔)架设线路及其方位、电气间距、作业现场条件和环境； 2. 确定作业方法、所需工具、材料以及应采取的措施。	
	2	车辆检查	按公司《特种车辆使用管理规定》有关内容对车辆进行使用前检查。	
	3	气象条件	1. 根据本地气象预报，判断是否符合《安规》对带电作业的要求； 2. 风力大于 10 m/s 或相对湿度大于 80%时，不宜作业。	
	4	办理工作票	1. 在生产管理系统(PMS2.0)中开具工作票； 2. 确认工作地段、配网运行方式，确定预申请停用重合闸的线路名称。	

4.2　人员要求

√	序号	内　　容	备注
	1	作业人员必须持有带电作业有效资格证和实践工作经验。	
	2	作业人员应身体健康，无妨碍作业的生理和心理障碍。	
	3	本年度《安规》考试合格。	

4.3 工器具

√	序号	工器具名称		规格	单位	数量	备注
	1	特种车辆	绝缘斗臂车	10 kV	辆	2	
	2	绝缘防护用具	绝缘手套	10 kV	双	3	
	3		绝缘安全帽	10 kV	顶	2	
	4		绝缘服	10 kV	套	2	
	5		绝缘安全带	10 kV	副	3	
	6	绝缘遮蔽用具	导线遮蔽罩	10 kV	个	若干	
	7		绝缘毯	10 kV	个	若干	
	8		横担遮蔽罩	10 kV	个	若干	
	9		绝缘子遮蔽罩	10 kV	个	3	
	10	绝缘工具	绝缘传递绳	12 mm	根	2	
	11		绝缘绳套	16 mm	根	4	
	12		绝缘横担	绝缘斗臂车用	套	1	
	13		绝缘后备保护绳	10 kV	根	2	
	14	其他	绝缘紧线器	—	套	2	
	15		卡线器	—	个	4	
	16		绝缘测试仪	2500 V及以上	套	1	
	17		温湿度仪/风速仪		套	1	
	18		脚扣		副	1	
	19		验电器	10 kV	套	1	

4.4 材料

√	序号	名称	规格	单位	数量	备注
	1	耐张线夹	—	个	3	
	2	耐张横担		副	1	
	3	拉线组合	—	套	1	包换拉线棒、拉线线夹、拉线抱箍等。

4.5　危险点分析及预控

√	序号	危　险　点	预 控 措 施
	1	高空作业时违反《安规》进行操作,可能引起高空坠落。	高空作业时,必须正确使用安全带并戴安全帽,将安全带系在牢固部件上且位置合理,便于作业。
	2	带电作业人员与邻近带电体及接地体的安全距离不够,可能引起相间短路、接地伤害事故。	1. 带电作业人员人体与邻近带电体的距离不得小于 0.4 m,所使用绝缘绳的有效绝缘长度不得小于 0.7 m; 2. 树枝与带电导线的距离应大于 1.0 m,作业人员才能攀登树干配合; 3. 不满足安全距离时,应采取绝缘隔离措施。
	3	绝缘斗臂车支车时,车腿支持点土壤松软或埋有市政管网设施,使车体倾斜,造成翻车。	遇到松软土壤时,支腿下加垫枕木或钢板。
	4	绝缘斗臂车液压机构渗漏油,可能引起支腿、绝缘臂、工作斗泄压。	绝缘斗臂车使用前要认真检查,并在预定位置试操作一次,确认各液压部分运转良好,无渗漏油现象,方可操作。
	5	监护人指挥发令信息不到位,导致带电操作人员误操作。	保持通讯通畅,操作人员收到监护人的指令后,应回复确认。

4.6　安全措施

√	序号	内　　容
	1	如遇雷电(听见雷声、看见闪电)雪雹、雨雾不得进行带电作业,风力大于 10 m/s 或相对湿度大于 80%时,也不得进行带电作业。
	2	作业前,需确认线路无接地、绝缘良好、线路上无人工作且相位无误。
	3	在运输过程中,绝缘工具应装在专用工具袋、工具箱或专用工具车内,以防受潮和损伤。
	4	带电作业应设人监护,监护人不得直接操作,监护的范围不得超过一个作业点。
	5	使用合格的绝缘安全工器具,使用前应做好检查。
	6	作业过程中,如设备突然停电,作业人员应视设备仍然带电,并立即停止操作,工作负责人尽快与调度联系查明原因。
	7	作业过程中,绝缘斗臂车的发动机不得熄火,起升、下降、回转速度不得大于 0.5 m/s。

续表

√	序号	内容
	8	在接近带电体的过程中，应从下方依次验电，对人体可能触及范围内的构件亦应验电，确认无漏电现象。
	9	作业过程中有可能引起不同电位设备之间发生短路或接地故障时，应对设备间设置绝缘遮蔽。
	10	禁止同时接触未接通或已断开的导线的两个断头，以防人体串入电路。
	11	作业现场应设围栏及警示牌，禁止无关人员进入或在工作现场逗留。

4.7 人员分工

√	序号	作业人员	作业项目
	1	工作负责人	
	2	斗内电工	
	3	杆上电工	
	4	地面电工	

5 作业程序

5.1 开工

√	序号	内容	责任人签字
	1	工作负责人办理工作票、申请停用重合闸。	
	2	调度通知已停用重合闸，许可工作。	
	3	工作负责人组织全体工作人员戴好安全帽，在现场列队宣读工作票，交待工作任务、安全措施、注意事项，确认工作班成员并让其签字后，宣布开始工作的命令。	

5.2　作业内容及标准

√	序号	作业内容	作业标准及步骤	安全措施及注意事项	备注
	1	进入现场	1. 将绝缘斗臂车停在工作点的最佳位置,并装置车体接地线; 2. 设置安全围栏。	1. 遇到松软土壤时,支腿下加垫枕木且不得超过两块,呈八角形 45°摆放; 2. 车工作处地面应坚实、平整,地面坡度不应超过 7°; 3. 支腿伸出车体找平后,车辆前后高度不应大于 3°; 4. 车体接地体埋棒插入地层深度不小于 0.4 m。	
	2	工器具检查	1. 作业人员对绝缘工器具进行外观及绝缘检测; 2. 绝缘斗臂车工作前要对其进行检查,空斗试操作一次。	1. 使用绝缘测试仪进行分段及绝缘电阻检测,确保绝缘电阻值不低于 700 MΩ; 2. 绝缘工器具外观应符合使用安全要求,如无破损、划伤、受潮等; 3. 确认液压传动、回转、升降、伸缩系统工作正常、操作灵活,制动装置可靠。	
	3	验电	1. 斗内电工穿戴好绝缘防护用具,进入各自的绝缘斗臂车斗,挂好安全带保险钩; 2. 斗内电工将工作斗调整至带电导线横担下侧适当位置,使用验电器对导线—绝缘子横担—导线进行验电,确认无漏电现象。	1. 人体与邻近带电体的距离不得小于 0.4 m; 2. 绝缘杆的有效绝缘长度不得小于 0.7 m; 3. 作业时,上节绝缘臂的伸出长度应大于等于 1 m,绝缘斗、臂离带电体物体的距离应大于 1 m,人体与相邻带电物体的距离应大于 0.6 m。	
	4	设置绝缘遮蔽、隔离措施	斗内电工将绝缘斗调整到合适位置,按照“从近到远、从下到上、先带电体后接地体”的遮蔽原则对作业范围内的所有带电体和接地体进行绝缘遮蔽。	1. 绝缘遮蔽应严实、牢固,导线遮蔽罩间重叠部分应大于 15 cm,遮蔽范围应比人体活动范围增加 0.4 m; 2. 作业过程中绝缘斗臂车的起升、下降、回转速度不得大于 0.5 m/s; 3. 同一绝缘斗内双人工作时,禁止两人同时接触不同的电位体。	

续表

√	序号	作业内容	作业标准及步骤	安全措施及注意事项	备注
	5	转移导线	1. 2号电工在地面电工协助下组装斗臂车用绝缘横担，操作绝缘斗臂车至导线下方，将两边相导线放入绝缘横担滑槽内并锁定； 2. 1号斗内电工逐相拆除两边相绝缘子的导线绑扎线； 3. 2号电工将绝缘横担继续缓慢升起，提升两边相导线，将中相导线置于绝缘横担固定器内，由1号电工拆除中相绝缘子绑扎线。	1. 注意避开邻近高压线路及各类障碍物，选定绝缘斗臂车的升起方向和路径； 2. 作业中，对有可能触及的邻近带电体、接地部位应先做好绝缘遮蔽； 3. 绑扎线的展放长度不得大于10 cm。	
	6	更换横担	2号电工将绝缘横担缓慢升起，提升三相导线，提升高度不小于0.4 m，1号斗内电工在杆上电工配合下，将直线横担更换成耐张横担，挂好悬式绝缘子串及耐张线夹，并安装好电杆拉线。	1. 操作绝缘横担时动作应缓慢平稳； 2. 绝缘横担提升高度距杆顶不小于0.4 m。	
	7	直线改终端	1. 1号斗内电工对新装耐张横担和电杆设置绝缘遮蔽隔离措施； 2. 2号斗内电工调整绝缘横担，将两边相导线放在已遮蔽的耐张横担上，并做好固定措施； 3. 1号斗内电工、2号斗内电工调整绝缘斗位置，依次将绝缘紧线器、卡线器固定于近边相与远边相导线上，进行紧线工作；收紧导线后在两边相导线松线侧使用绝缘绳和卡线器做好放松导线临时固定措施。	1. 绝缘遮蔽应严实、牢固，导线遮蔽罩间重叠部分应大于15 cm，遮蔽范围应比人体活动范围增加0.4 m； 2. 作业中，对有可能触及的邻近带电体、接地部位应先做好绝缘遮蔽。 3. 后备保护绳应处于绝缘紧线器外侧； 4. 操作绝缘紧线器时动作平稳。	

续表

√	序号	作业内容	作业标准及步骤	安全措施及注意事项	备注
			1. 地面电工在电杆根部安装临时抱箍;将两边相松线侧的绝缘绳(导线尾部固定在临时抱箍上固定); 2. 1 号电工、2 号电工依次开断近边相、远边相导线,并将断开的带电导线固定到耐张线夹中,并恢复绝缘遮蔽; 3. 地面电工控制绝缘绳依次将近边相和远边相松线侧导线缓慢放松落地; 4. 1 号电工、2 号电工同时缓慢松弛、拆除两边相绝缘紧线器,做好导线终端; 5. 1 号、2 号斗内电工配合按照同样方法开断中间相导线。	1. 开断导线前应确认线路无负荷存在; 2. 斗内电工应戴护目镜防止电弧灼伤; 3. 地面电工作业过程中禁止摘下绝缘防护用具; 4. 地面电工严禁在作业点垂直下方活动,斗内电工应防止落物伤人及砸伤设备; 5. 两侧电工应保证同相同步开展工作,防止横担受力不均。	
	8	拆除绝缘遮蔽措施	斗内作业人员拆除绝缘遮蔽用具,确认杆上已无遗留物后,转移工作斗至地面。	1. 作业人员拆除绝缘遮蔽措施时应戴绝缘手套,且顺序应正确; 2. 拆除绝缘毯时,应轻托慢起,防止拉伤绝缘层; 3. 严禁同时拆除不同电位的遮蔽体。	
	9	返回地面	绝缘斗臂车操作员使绝缘斗、臂下降,斗内电工返回地面。	工作中不得失去安全带的保护。	

5.3　竣工

√	序号	内　　容	负责人签字
	1	工作负责人全面检查作业完成情况并点评(班后会)。	
	2	清理现场的工器具、材料,撤离作业现场。	
	3	通知调度恢复重合闸,办理终结工作票。	

6 验收总结

序号	验 收 总 结	
1	验收评价	
2	存在问题及处理意见	

7 作业指导书执行情况评估

评估内容	符合性	优		可操作项	
		良		不可操作项	
	可操作性	优		建议修改项	
		良		遗漏项	
存在问题					
改进意见					

编号：××××-××-××-46

Ⅲ-10 10 kV 带电直线杆改终端杆标准化作业指导书

(杆顶绝缘横担法)

编写人：________________ ________年______月______日

审核人：________________ ________年______月______日

批准人：________________ ________年______月______日

工作负责人：____________

作业日期：　　年　　月　　日　　时　　分　至　　年　　月　　日　　时　　分

国网安徽省电力有限公司

1 工作范围

本作业指导书适用于国网安徽省电力有限公司____________________作业。

2 作业方法

运用绝缘斗臂车采用绝缘手套法进行的作业。

3 引用文件

1.《国家电网公司电力安全工作规程》(以下简称《安规》)(配电部分);
2.《配电网检修规程》(Q/GDW 11261—2014);
3.《配电网技术导则》(Q/GDW 10370—2016);
4.《10 kV 配网不停电作业规范》(Q/GDW 10520—2016);
5.《配电网施工检修工艺规范》(Q/GDW 10742—2016);
6.《配电线路带电作业技术导则》(GB/T 18857—2019)。

4 作业前准备

4.1 准备工作安排

√	序号	内容	标　　准	备注
	1	现场勘察	1. 由工作负责人或工作票签发人组织到现场进行勘察,以便掌握同杆(塔)架设线路及其方位、电气间距、作业现场条件和环境; 2. 确定作业方法、所需工具、材料以及应采取的措施。	
	2	车辆检查	按公司《特种车辆使用管理规定》有关内容对车辆进行使用前检查。	
	3	气象条件	1. 根据本地气象预报,判断是否符合《安规》对带电作业的要求; 2. 风力大于 10 m/s 或相对湿度大于 80%时,不宜作业。	
	4	办理工作票	1. 在生产管理系统(PMS2.0)中开具工作票; 2. 确认工作地段、配网运行方式,确定预申请停用重合闸的线路名称。	

4.2 人员要求

√	序号	内　　容	备注
	1	作业人员必须持有带电作业有效资格证和实践工作经验。	
	2	作业人员应身体健康,无妨碍作业的生理和心理障碍。	
	3	本年度《安规》考试合格。	

4.3　工器具

√	序号	工器具名称		规格	单位	数量	备注
	1	特种车辆	绝缘斗臂车	10 kV	辆	2	
	2	绝缘防护用具	绝缘手套	10 kV	双	3	
	3		绝缘安全帽	10 kV	顶	2	
	4		绝缘服	10 kV	套	2	
	5		绝缘安全带	10 kV	副	2	
	6	绝缘遮蔽用具	导线遮蔽罩	10 kV		若干	
	7		绝缘毯	10 kV		若干	
	8		横担遮蔽罩	10 kV		若干	
	9		绝缘子遮蔽罩	10 kV	个	3	
	10	绝缘工具	绝缘传递绳	12 mm	根	2	
	11		绝缘绳套	16 mm	根	4	
	12		绝缘横担	绝缘斗臂车用	套	1	
	13		绝缘后备保护绳	12 mm	根	2	
	14	其他	绝缘紧线器	—	套	2	
	15		卡线器	—	个	6	
	16		绝缘测试仪	2500 V 及以上	套	1	
	17		温湿度仪/风速仪		套	1	
	18		验电器	10 kV	套	1	

4.4　材料

√	序号	名称	规格	单位	数量	备注
	1	耐张线夹	—	个	3	
	2	耐张横担		副	1	
	3	拉线组合	—	套	1	包换拉线棒、拉线线夹、拉线抱箍等。

4.5 危险点分析及预控

√	序号	危 险 点	预 控 措 施
	1	高空作业时违反《安规》进行操作，可能引起高空坠落。	高空作业时，必须正确使用安全带并戴安全帽，将安全带系在牢固部件上且位置合理，便于作业。
	2	带电作业人员与邻近带电体及接地体的安全距离不够，可能引起相间短路、接地伤害事故。	1. 带电作业人员人体与邻近带电体的距离不得小于0.4 m，所使用绝缘绳的有效绝缘长度不得小于0.7 m； 2. 树枝与带电导线的距离应大于1.0 m，作业人员才能攀登树干配合； 3. 不满足安全距离时，应采取绝缘隔离措施。
	3	绝缘斗臂车支车时，车腿支持点土壤松软或埋有市政管网设施，使车体倾斜，造成翻车。	遇到松软土壤时，支腿下加垫枕木或钢板。
	4	绝缘斗臂车液压机构渗漏油，可能引起支腿、绝缘臂、工作斗泄压。	绝缘斗臂车使用前要认真检查，并在预定位置试操作一次，确认各液压部分运转良好，无渗漏油现象，方可操作。
	5	监护人指挥发令信息不到位，导致带电操作人员误操作。	保持通讯通畅，操作人员收到监护人的指令后，应回复确认。

4.6 安全措施

√	序号	内 容
	1	如遇雷电(听见雷声、看见闪电)雪雹、雨雾不得进行带电作业，风力大于10 m/s或相对湿度大于80%时，也不得进行带电作业。
	2	作业前，需确认线路无接地、绝缘良好、线路上无人工作且相位无误。
	3	在运输过程中，绝缘工具应装在专用工具袋、工具箱或专用工具车内，以防受潮和损伤。
	4	带电作业应设人监护，监护人不得直接操作，监护的范围不得超过一个作业点。
	5	使用合格的绝缘安全工器具，使用前应做好检查。
	6	作业过程中，如设备突然停电，作业人员应视设备仍然带电，并立即停止操作，工作负责人尽快与调度联系查明原因。
	7	作业过程中，绝缘斗臂车的发动机不得熄火，起升、下降、回转速度不得大于0.5 m/s。

续表

√	序号	内　　容
	8	在接近带电体的过程中,应从下方依次验电,对人体可能触及范围内的构件亦应验电,确认无漏电现象。
	9	作业过程中有可能引起不同电位设备之间发生短路或接地故障时,应对设备间设置绝缘遮蔽。
	10	禁止同时接触未接通或已断开的导线的两个断头,以防人体串入电路。
	11	作业现场应设围栏及警示牌,禁止无关人员进入或在工作现场逗留。

4.7　人员分工

√	序号	作 业 人 员	作 业 项 目
	1	工作负责人	
	2	斗内电工	
	3	杆上电工	
	4	地面电工	

5　作业程序

5.1　开工

√	序号	内　　容	责任人签字
	1	工作负责人办理工作票、申请停用重合闸。	
	2	调度通知已停用重合闸,许可工作。	
	3	工作负责人组织全体工作人员戴好安全帽,在现场列队宣读工作票,交待工作任务、安全措施、注意事项,确认工作班成员并让其签字后,宣布开始工作的命令。	

5.2 作业内容及标准

√	序号	作业内容	作业标准及步骤	安全措施及注意事项	备注
	1	进入现场	1. 将绝缘斗臂车停在工作点的最佳位置，并装置车体接地线； 2. 设置安全围栏。	1. 遇到松软土壤时，支腿下加垫枕木且不得超过两块，呈八角形45°摆放； 2. 车工作处地面应坚实、平整，地面坡度不应超过7°； 3. 支腿伸出车体找平后，车辆前后高度不应大于3°； 4. 车体接地体埋棒插入地层深度不小于0.4 m。	
	2	工器具检查	1. 作业人员对绝缘工器具进行外观及绝缘检测； 2. 绝缘斗臂车工作前要对其进行检查，空斗试操作一次。	1. 使用绝缘测试仪进行分段及绝缘电阻检测，确保绝缘电阻值不低于700 MΩ； 2. 绝缘工器具外观应符合使用安全要求，如无破损、划伤、受潮等； 3. 确认液压传动、回转、升降、伸缩系统工作正常、操作灵活，制动装置可靠。	
	3	验电	1. 斗内电工穿戴好绝缘防护用具，进入各自的绝缘斗臂车斗，挂好安全带保险钩； 2. 斗内电工将工作斗调整至带电导线横担下侧适当位置，使用验电器对导线—绝缘子横担—导线进行验电，确认无漏电现象。	1. 人体与邻近带电体的距离不得小于0.4 m； 2. 绝缘杆的有效绝缘长度不得小于0.7 m； 3. 作业时，上节绝缘臂的伸出长度应大于等于1 m，绝缘斗、臂离带电体物体的距离应大于1 m，人体与相邻带电物体的距离应大于0.6 m。	
	4	设置绝缘遮蔽、隔离措施	斗内电工将绝缘斗调整到合适位置，按照“从近到远、从下到上、先带电体后接地体”的遮蔽原则对作业范围内的所有带电体和接地体进行绝缘遮蔽。	1. 绝缘遮蔽应严实、牢固，导线遮蔽罩间重叠部分应大于15 cm，遮蔽范围应比人体活动范围增加0.4 m； 2. 作业过程中绝缘斗臂车的起升、下降、回转速度不得大于0.5 m/s； 3. 同一绝缘斗内双人工作时，禁止两人同时接触不同的电位体。	

续表

√	序号	作业内容	作业标准及步骤	安全措施及注意事项	备注
	5	转移导线	1. 2号电工使用绝缘小吊吊住中相导线,1号电工解开中相导线绑扎线,遮蔽罩对接并将开口向上;2号电工起升小吊将导线缓慢提升至距中间相绝缘子0.4 m以上; 2. 1号电工拆除中间相绝缘子及立铁,安装杆顶绝缘横担; 3. 2号电工缓慢下降小吊将中相导线放至绝缘横担中间相卡槽内,扣好保险环,解开小吊绳;两边相按相同方法进行。	1. 注意避开邻近高压线路及各类障碍物,选定绝缘斗臂车的升起方向和路径; 2. 作业中,对有可能触及的邻近带电体、接地部位应先做绝缘遮蔽; 3. 绑扎线的展放长度不得大于10 cm。	
	6	更换横担	斗内电工将直线横担更换成耐张横担,挂好悬式绝缘子串及耐张线夹,并安装好电杆拉线;并对新装耐张横担和电杆设置绝缘遮蔽隔离措施。	绝缘遮蔽应严实、牢固,导线遮蔽罩间重叠部分应大于15 cm,遮蔽范围应比人体活动范围增加0.4 m。	
	7	直线改终端	1. 斗内电工将两边相导线放在已遮蔽的耐张横担上,并做好固定措施。调整绝缘斗位置,分别将绝缘紧线器、卡线器固定于近边相和远边相导线上,进行紧线工作; 2. 收紧导线后在两边相导线松线侧使用绝缘绳和卡线器做好放松导线临时固定措施; 3. 地面电工在电杆根部安装临时抱箍。将两边相松线侧的绝缘绳(导线固定用)尾部在临时抱箍上固定。	1. 绝缘遮蔽应严实、牢固,导线遮蔽罩间重叠部分应大于15 cm,遮蔽范围应比人体活动范围增加0.4 m; 2. 作业中,对有可能触及的邻近带电体、接地部位应先做好绝缘遮蔽。 3. 后备保护绳应处于绝缘紧线器外侧; 4. 操作绝缘紧线器时动作平稳。	

续表

√	序号	作业内容	作业标准及步骤	安全措施及注意事项	备注
			1. 斗内电工依次开断近边相、远边相导线,并将带电导线固定到耐张线夹中,恢复绝缘遮蔽; 2. 地面电工控制绝缘绳依次将近边相和远边相松线侧导线缓慢放松落地;斗内电工同时缓慢松弛、拆除两边相绝缘紧线器,做好导线终端; 3. 2号电工使用绝缘小吊提升中相导线,1号电工拆除杆顶绝缘横担,按照两边相的同样方法开断中间相导线。	1. 开断导线前应确认线路无负荷存在; 2. 头内电工戴护目镜防止电弧灼伤; 3. 地面电工作业过程中禁止摘下绝缘防护用具; 4. 地面电工严禁在作业点垂直下方活动,斗内电工应防止落物伤人及砸伤设备; 5. 两侧电工应保证同相同步开展工作,防止横担受力不均。	
	8	拆除绝缘遮蔽措施	斗内作业人员拆除绝缘遮蔽用具,确认杆上已无遗留物后,转移工作斗至地面。	1. 作业人员拆除绝缘遮蔽措施时应戴绝缘手套,且顺序应正确; 2. 拆除绝缘毯时,应轻托慢起,防止拉伤绝缘层; 3. 严禁同时拆除不同电位的遮蔽体。	
	9	返回地面	绝缘斗臂车操作员使绝缘斗、臂下降,斗内电工返回地面。	工作中不得失去安全带的保护。	

5.3 竣工

√	序号	内　　容	负责人签字
	1	工作负责人全面检查作业完成情况。	
	2	清理现场及工器具,无误后撤离现场,做到人走场清。	
	3	通知调度恢复重合闸,办理终结工作票。	

6　验收总结

序号	验 收 总 结	
1	验收评价	
2	存在问题及处理意见	

7　作业指导书执行情况评估

<table>
<tr><td rowspan="4">评估内容</td><td rowspan="2">符合性</td><td>优</td><td></td><td>可操作项</td><td></td></tr>
<tr><td>良</td><td></td><td>不可操作项</td><td></td></tr>
<tr><td rowspan="2">可操作性</td><td>优</td><td></td><td>建议修改项</td><td></td></tr>
<tr><td>良</td><td></td><td>遗漏项</td><td></td></tr>
<tr><td>存在问题</td><td colspan="5"></td></tr>
<tr><td>改进意见</td><td colspan="5"></td></tr>
</table>

编号：××××-××-××-47

Ⅲ-11 10 kV 带负荷更换熔断器标准化作业指导书

编写人：________________ ________年______月______日

审核人：________________ ________年______月______日

批准人：________________ ________年______月______日

工作负责人：____________

作业日期： 年 月 日 时 分 至 年 月 日 时 分

国网安徽省电力有限公司

1 工作范围

本作业指导书适用于国网安徽省电力有限公司____________________作业。

2 作业方法

运用绝缘斗臂车采用绝缘手套法进行的作业。

3 引用文件

1.《国家电网公司电力安全工作规程》(以下简称《安规》)(配电部分);
2.《配电网检修规程》(Q/GDW 11261—2014);
3.《配电网技术导则》(Q/GDW 10370—2016);
4.《10 kV 配网不停电作业规范》(Q/GDW 10520—2016);
5.《配电网施工检修工艺规范》(Q/GDW 10742—2016);
6.《配电线路带电作业技术导则》(GB/T 18857—2019)。

4 作业前准备

4.1 准备工作安排

√	序号	内容	标　　准	备注
	1	现场勘察	1. 由工作负责人或工作票签发人组织到现场进行勘察,以便掌握同杆(塔)架设线路及其方位、电气间距、作业现场条件和环境; 2. 确定作业方法、所需工具、材料以及应采取的措施。	
	2	车辆检查	按公司《特种车辆使用管理规定》有关内容对车辆进行使用前检查。	
	3	气象条件	1. 根据本地气象预报,判断是否符合《安规》对带电作业的要求; 2. 风力大于 10 m/s 或相对湿度大于 80%时,不宜作业。	
	4	办理工作票	1. 在生产管理系统(PMS2.0)中开具工作票; 2. 确认工作地段、配网运行方式,确定预申请停用重合闸的线路名称。	

4.2 人员要求

√	序号	内　　容	备注
	1	作业人员必须持有带电作业有效资格证和实践工作经验。	
	2	作业人员应身体健康,无妨碍作业的生理和心理障碍。	
	3	本年度《安规》考试合格。	

4.3　工器具

√	序号	工器具名称		规格	单位	数量	备注
	1	特种车辆	绝缘斗臂车	10 kV	辆	1	
	2	绝缘防护用具	绝缘手套	10 kV	双	2	带防护手套
	3		绝缘安全帽	10 kV	顶	2	
	4		绝缘服	10 kV	套	2	
	5		绝缘安全带	10 kV	副	2	
	6	绝缘遮蔽用具	导线遮蔽罩	10 kV	根	若干	
	7		绝缘毯	10 kV	块	若干	
	8	绝缘工具	绝缘传递绳	12 mm	根	1	
	9		绝缘引流线支架	10 kV	根	3	
	10		绝缘操作杆	10 kV	副	1	
	11		绝缘引流线	10 kV	根	3	
	12		绝缘锁杆	10 kV	副	1	
	13	其他	电流检测仪	—	套	1	高压
	14		绝缘测试仪	2500 V及以上	套	1	
	15		验电器	10 kV	套	1	
	16		护目镜	—	副	2	
	17		温湿度仪/风速仪		套	1	

4.4　材料

√	序号	名称	规格	单位	数量	备注
	1	熔断器		只	3	

4.5　危险点分析及预控

√	序号	危　险　点	预 控 措 施
	1	高空作业时违反《安规》进行操作，可能引起高空坠落。	高空作业时，必须正确使用安全带并戴安全帽，将安全带系在牢固部件上且位置合理，便于作业。
	2	带电作业人员与邻近带电体及接地体的安全距离不够，可能引起相间短路、接地伤害事故。	作业人员与邻近带电体的距离不得小于 0.4 m，与邻相的安全距离不得小于 0.6 m，所使用绝缘操作杆的有效绝缘长度不得小于 0.7 m。
	3	绝缘斗臂车支车时，车腿支持点土壤松软或埋有市政管网设施，使车体倾斜，造成翻车。	遇到松软土壤时，支腿下加垫枕木或钢板。
	4	绝缘斗臂车液压机构渗漏油，可能引起支腿、绝缘臂、工作斗泄压。	绝缘斗臂车使用前要认真检查，并在预定位置试操作一次，确认各液压部分运转良好，无渗漏油现象，方可操作。
	5	监护人指挥发令信息不到位，导致带电操作人员误操作。	保持通讯通畅，操作人员收到监护人的指令后，应回复确认。

4.6　安全措施

√	序号	内　容
	1	如遇雷电（听见雷声、看见闪电）雪雹、雨雾不得进行带电作业，风力大于 10 m/s 或相对湿度大于 80％时，也不得进行带电作业。
	2	作业前，需确认线路无接地、绝缘良好、线路上无人工作且相位无误。
	3	在运输过程中，绝缘工具应装在专用工具袋、工具箱或专用工具车内，以防受潮和损伤。
	4	带电作业应设人监护，监护人不得直接操作，监护的范围不得超过一个作业点。
	5	使用合格的绝缘安全工器具，使用前应做好检查。
	6	作业过程中，如设备突然停电，作业人员应视设备仍然带电，并立即停止操作，工作负责人尽快与调度联系查明原因。
	7	作业过程中，绝缘斗臂车的发动机不得熄火，起升、下降、回转速度不得大于 0.5 m/s。
	8	在接近带电体的过程中，应从下方依次验电，对人体可能触及范围内的构件亦应验电，确认无漏电现象。
	9	作业过程中有可能引起不同电位设备之间发生短路或接地故障时，应对设备间设置绝缘遮蔽。

续表

√	序号	内　　容
	10	禁止同时接触未接通或已断开的导线的两个断头，以防人体串入电路。
	11	作业现场应设围栏及警示牌，禁止无关人员进入或在工作现场逗留。
	12	进行带负荷作业工作前应确认绝缘引流线(旁路设备)满足负荷要求。

4.7　人员分工

√	序号	作 业 人 员	作 业 项 目
	1	工作负责人	
	2	斗内电工	
	3	地面电工	

5　作业程序

5.1　开工

√	序号	内　　容	责任人签字
	1	工作负责人办理工作票、申请停用重合闸。	
	2	调度通知已停用重合闸，许可工作。	
	3	工作负责人组织全体工作人员戴好安全帽，在现场列队宣读工作票，交待工作任务、安全措施、注意事项，确认工作班成员并让其签字后，宣布开始工作的命令。	

5.2　作业内容及标准

√	序号	作业内容	作业标准及步骤	安全措施及注意事项	备注
	1	进入现场	1. 将绝缘斗臂车停在工作点的最佳位置，并装置车体接地线； 2. 设置安全围栏。	1. 遇到松软土壤时，支腿下加垫枕木且不得超过两块，呈八角形 45°摆放； 2. 车工作处地面应坚实、平整，地面坡度不应超过 7°； 3. 支腿伸出车体找平后，车辆前后高度不应大于 3°； 4. 车体接地体埋棒插入地层深度不小于 0.4 m。	

续表

√	序号	作业内容	作业标准及步骤	安全措施及注意事项	备注
	2	工器具检查	1. 作业人员对绝缘工器具进行外观及绝缘检测； 2. 绝缘斗臂车工作前要对其进行检查，空斗试操作一次。	1. 使用绝缘测试仪进行分段及绝缘电阻检测，确保绝缘电阻值不低于 700 MΩ； 2. 绝缘工器具外观应符合使用安全要求，如无破损、划伤、受潮等； 3. 确认液压传动、回转、升降、伸缩系统工作正常、操作灵活，制动装置可靠。	
	3	验电、测流	1. 斗内电工穿戴好绝缘防护用具，进入各自的绝缘斗臂车斗，挂好安全带保险钩； 2. 斗内电工将工作斗调整至带电导线横担下侧适当位置，使用验电器对导线→绝缘子横担→导线进行验电，确认无漏电现象； 3. 斗内电工使用电流检测仪确认负荷电流满足绝缘引流线使用要求。	1. 人体与邻近带电体的距离不得小于 0.4 m； 2. 绝缘杆的有效绝缘长度不得小于 0.7 m； 3. 作业时，上节绝缘臂的伸出长度应大于等于 1 m，绝缘斗、臂离带电体物体的距离应大于 1 m，人体与相邻带电物体的距离应大于 0.6 m。	
	4	设置绝缘遮蔽、隔离措施	斗内电工将绝缘斗调整到合适位置，按照“从近到远、从下到上、先带电体后接地体”的遮蔽原则对作业范围内的所有带电体和接地体进行绝缘遮蔽。	1. 绝缘遮蔽应严实、牢固，导线遮蔽罩间重叠部分应大于 15 cm，遮蔽范围应比人体活动范围增加 0.4 m； 2. 作业过程中绝缘斗臂车的起升、下降、回转速度不得大于 0.5 m/s； 3. 同一绝缘斗内双人工作时，禁止两人同时接触不同的电位体。	
	5	接入引流线	互相配合在熔断器横担下 0.6 m 处安装绝缘引流线支架。	斗内电工人体与邻近带电体的距离不得小于 0.4 m，与相邻带的距离电体不得小于 0.6 m。	
			斗内电工使用电流检测仪逐相检测三相熔断器负荷电流正常；用绝缘引流线逐相短接熔断器；短接每一相时，应注意绝缘引流线另一端头不得放在工作斗内，防止触电；三相熔断器可先按	1. 斗内电工戴护目镜防止电弧灼伤； 2. 安装引流线应可靠牢固。	

续表

√	序号	作业内容	作业标准及步骤	安全措施及注意事项	备注
			中间相、再两边相，或根据现场情况按由远及近的顺序依次短接。		
	6	更换熔断器	斗内电工将绝缘斗调整至近边相导线外适当位置，首先拆开近边相熔断器的下引线，恢复绝缘遮蔽并妥善固定；再拆开近边相熔断器的上引线，恢复绝缘遮蔽，并妥善固定。	1. 绝缘臂的有效长度不小于1 m； 2. 绝缘斗臂车金属部分对带电体有效绝缘长度不小于0.9 m。	
			按相同的方法拆除其余两相引线；拆除三相引线可按先两侧、后中间或由由近到远的顺序进行。	1. 带电电工人体与邻近带电体的距离不得小于0.4 m； 2. 与相邻带电体不得小于0.6 m。	
			斗内电工更换三相熔断器，并对三相熔断器进行试操作，检查分合情况，最后将三相熔丝管取下。	地面电工严禁在作业点垂直下方活动，带电电工应防止落物伤人及砸伤设备。	
			斗内电工将绝缘斗调整到熔断器上引线侧的导线远边相，互相配合依次恢复熔断器上、下引线；恢复绝缘遮蔽隔离措施；其余两相熔断器引线搭接按相同的方法进行；搭接三相引线，可按由远到近的顺序进行。	绝缘遮蔽应严实、牢固，导线遮蔽罩间重叠部分应大于15 cm，遮蔽范围应比人体活动范围大0.4 m。	
			搭接工作结束后，斗内电工挂上熔丝管，用绝缘操作杆分别合上三相熔丝管，确认通流正常；恢复熔断器的绝缘遮蔽隔离措施。	拉、合熔断器应使用绝缘操作杆，绝缘杆的有效绝缘长度不得小于0.7 m。	
	7	拆除绝缘遮蔽	熔断器更换后，按照与设置绝缘遮蔽措施相反的顺序依次拆除绝缘遮蔽隔离措施，检查杆上有无遗留物。	1. 作业人员拆除绝缘遮蔽措施时应戴绝缘手套，且顺序应正确； 2. 拆除绝缘毯时，应轻托慢起，防止拉伤绝缘层； 3. 严禁同时拆除不同电位的遮蔽体。	
	8	返回地面	绝缘斗退出带电工作区域，作业人员返回地面。	作业中不得失去安全带的保护。	

5.3　竣工

√	序号	内　　容	负责人签字
	1	工作负责人全面检查作业完成情况并点评(班后会)。	
	2	清理现场的工器具、材料,撤离作业现场。	
	3	通知调度恢复重合闸,办理终结工作票。	

6　验收总结

<table>
<tr><th>序号</th><th colspan="2">验 收 总 结</th></tr>
<tr><td>1</td><td>验收评价</td><td></td></tr>
<tr><td>2</td><td>存在问题及处理意见</td><td></td></tr>
</table>

7　作业指导书执行情况评估

<table>
<tr><td rowspan="4">评估内容</td><td rowspan="2">符合性</td><td>优</td><td></td><td>可操作项</td><td></td></tr>
<tr><td>良</td><td></td><td>不可操作项</td><td></td></tr>
<tr><td rowspan="2">可操作性</td><td>优</td><td></td><td>建议修改项</td><td></td></tr>
<tr><td>良</td><td></td><td>遗漏项</td><td></td></tr>
<tr><td>存在问题</td><td colspan="5"></td></tr>
<tr><td>改进意见</td><td colspan="5"></td></tr>
</table>

编号：××××-××-××-48

Ⅲ-12　10 kV 带负荷更换导线非承力线夹标准化作业指导书

编写人：________________　　　　________年______月______日

审核人：________________　　　　________年______月______日

批准人：________________　　　　________年______月______日

工作负责人：____________

作业日期：　　年　　月　　日　　时　　分　　至　　年　　月　　日　　时　　分

国网安徽省电力有限公司

1　工作范围

本作业指导书适用于国网安徽省电力有限公司＿＿＿＿＿＿＿＿＿＿作业。

2　作业方法

运用绝缘斗臂车采用绝缘手套法进行的作业。

3　引用文件

1.《国家电网公司电力安全工作规程》(以下简称《安规》)(配电部分)；
2.《配电网检修规程》(Q/GDW 11261—2014)；
3.《配电网技术导则》(Q/GDW 10370—2016)；
4.《10 kV配网不停电作业规范》(Q/GDW 10520—2016)；
5.《配电网施工检修工艺规范》(Q/GDW 10742—2016)；
6.《配电线路带电作业技术导则》(GB/T 18857—2019)。

4　作业前准备

4.1　准备工作安排

√	序号	内容	标　　准	备注
	1	现场勘察	1. 由工作负责人或工作票签发人组织到现场进行勘察，以便掌握同杆(塔)架设线路及其方位、电气间距、作业现场条件和环境； 2. 确定作业方法、所需工具、材料以及应采取的措施。	
	2	车辆检查	按公司《特种车辆使用管理规定》有关内容对车辆进行使用前检查。	
	3	气象条件	1. 根据本地气象预报，判断是否符合《安规》对带电作业的要求； 2. 风力大于10 m/s或相对湿度大于80%时，不宜作业。	
	4	办理工作票	1. 在生产管理系统(PMS2.0)中开具工作票； 2. 确认工作地段、配网运行方式，确定预申请停用重合闸的线路名称。	

4.2　人员要求

√	序号	内　　容	备注
	1	作业人员必须持有带电作业有效资格证和实践工作经验。	
	2	作业人员应身体健康，无妨碍作业的生理和心理障碍。	
	3	本年度《安规》考试合格。	

4.3 工器具

√	序号	工器具名称		规格	单位	数量	备注
	1	特种车辆	绝缘斗臂车	10 kV	辆	1	
	2	绝缘防护用具	绝缘手套	10 kV	副	2	带防护手套
	3		绝缘安全帽	10 kV	顶	2	
	4		绝缘服	10 kV	套	2	
	5		绝缘安全带	10 kV	副	2	
	6	绝缘遮蔽用具	导线遮蔽罩	10 kV		若干	
	7		绝缘毯	10 kV	块	若干	
	8		绝缘子绝缘遮蔽罩	10 kV	—	若干	
	9		横担绝缘遮蔽罩	10 kV		若干	
	10	绝缘工具	绝缘传递绳	12 mm	根	1	
	11		绝缘引流线支架	10 kV	套	1	
	12		绝缘操作杆	10 kV	根	1	
	13		绝缘引流线	10 kV	条	1	
	14	其他	电流检测仪		套	1	高压
	15		绝缘测试仪	2500 V及以上	套	1	
	16		验电器	10 kV	套	1	
	17		护目镜	—	副	2	
	18		温湿度仪/风速仪		套	1	
	19		消弧开关	—	台	1	
	20		测温仪	—	台	1	
	21		导线清扫刷	—	把	1	

4.4 材料

√	序号	名称	规格	单位	数量	备注
	1	线夹		个		

4.5　危险点分析及预控

√	序号	危　险　点	预 控 措 施
	1	高空作业时违反《安规》进行操作，可能引起高空坠落。	高空作业时，必须正确使用安全带并戴安全帽，将安全带系在牢固部件上且位置合理，便于作业。
	2	带电作业人员与邻近带电体及接地体的安全距离不够，可能引起相间短路、接地伤害事故。	作业人员与邻近带电体的距离不得小于0.4 m，与邻相的安全距离不得小于0.6 m，所使用绝缘操作杆的有效绝缘长度不得小于0.7 m。
	3	绝缘斗臂车支车时，车腿支持点土壤松软或埋有市政管网设施，使车体倾斜，造成翻车。	遇到松软土壤时，支腿下加垫枕木或钢板。
	4	绝缘斗臂车液压机构渗漏油，可能引起支腿、绝缘臂、工作斗泄压。	绝缘斗臂车使用前要认真检查，并在预定位置试操作一次，确认各液压部分运转良好，无渗漏油现象，方可操作。
	5	监护人指挥发令信息不到位，导致带电操作人员误操作。	保持通讯通畅，操作人员收到监护人的指令后，应回复确认。

4.6　安全措施

√	序号	内　　容
	1	如遇雷电（听见雷声、看见闪电）雪雹、雨雾不得进行带电作业，风力大于10 m/s或相对湿度大于80%时，也不得进行带电作业。
	2	作业前，需确认线路无接地、绝缘良好、线路上无人工作且相位无误。
	3	在运输过程中，绝缘工具应装在专用工具袋、工具箱或专用工具车内，以防受潮和损伤。
	4	带电作业应设人监护，监护人不得直接操作，监护的范围不得超过一个作业点。
	5	使用合格的绝缘安全工器具，使用前应做好检查。
	6	作业过程中，如设备突然停电，作业人员应视设备仍然带电，并立即停止操作，工作负责人尽快与调度联系查明原因。
	7	作业过程中，绝缘斗臂车的发动机不得熄火，起升、下降、回转速度不得大于0.5 m/s。
	8	在接近带电体的过程中，应从下方依次验电，对人体可能触及范围内的构件亦应验电，确认无漏电现象。
	9	作业过程中有可能引起不同电位设备之间发生短路或接地故障时，应对设备间设置绝缘遮蔽。

续表

√	序号	内　容
	10	禁止同时接触未接通或已断开的导线的两个断头，以防人体串入电路。
	11	作业现场应设围栏及警示牌，禁止无关人员进入或在工作现场逗留。
	12	进行带负荷作业工作前应确认绝缘引流线(旁路设备)满足负荷要求。

4.7　人员分工

√	序号	作业人员	作业项目
	1	工作负责人	
	2	斗内电工	
	3	地面电工	

5　作业程序

5.1　开工

√	序号	内　容	责任人签字
	1	工作负责人办理工作票、申请停用重合闸。	
	2	调度通知已停用重合闸，许可工作。	
	3	工作负责人组织全体工作人员戴好安全帽，在现场列队宣读工作票，交待工作任务、安全措施、注意事项，确认工作班成员并让其签字后，宣布开始工作的命令。	

5.2　作业内容及标准

√	序号	作业内容	作业标准及步骤	安全措施及注意事项	备注
	1	进入现场	1. 将绝缘斗臂车停在工作点的最佳位置，并装置车体接地线； 2. 设置安全围栏。	1. 遇到松软土壤时，支腿下加垫枕木且不得超过两块，呈八角形45°摆放； 2. 车工作处地面应坚实、平整，地面坡度不应超过7°； 3. 支腿伸出车体找平后，车辆前后高度不应大于3°； 4. 车体接地体埋棒插入地层深度不小于0.4 m。	

续表

√	序号	作业内容	作业标准及步骤	安全措施及注意事项	备注
	2	工器具检查	1. 作业人员对绝缘工器具进行外观及绝缘检测； 2. 绝缘斗臂车工作前要对其进行检查，空斗试操作一次。	1. 使用绝缘测试仪进行分段及绝缘电阻检测，确保绝缘电阻值不低于700 MΩ； 2. 绝缘工器具外观应符合使用安全要求，如无破损、划伤、受潮等； 3. 确认液压传动、回转、升降、伸缩系统工作正常、操作灵活，制动装置可靠。	
	3	验电、测流	1. 斗内电工穿戴好绝缘防护用具，进入各自的绝缘斗臂车斗，挂好安全带保险钩； 2. 斗内电工将工作斗调整至带电导线横担下侧适当位置，使用验电器对导线→绝缘子横担→导线进行验电，确认无漏电现象； 3. 斗内电工使用电流检测仪确认负荷电流满足绝缘引流线使用要求。	1. 人体与邻近带电体的距离不得小于0.4 m； 2. 绝缘杆的有效绝缘长度不得小于0.7 m； 3. 作业时，上节绝缘臂的伸出长度应大于等于1 m，绝缘斗、臂离带电体物体的距离应大于1 m，人体与相邻带电物体的距离应大于0.6 m。	
	4	设置绝缘遮蔽、隔离措施	斗内电工将绝缘斗调整到合适位置，按照“从近到远、从下到上、先带电体后接地体”的遮蔽原则对作业范围内的所有带电体和接地体进行绝缘遮蔽。	1. 绝缘遮蔽应严实、牢固，导线遮蔽罩间重叠部分应大于15 cm，遮蔽范围应比人体活动范围增加0.4 m； 2. 作业过程中绝缘斗臂车的起升、下降、回转速度不得大于0.5 m/s； 3. 同一绝缘斗内双人工作时，禁止两人同时接触不同的电位体。	
	5	更换导线非承力线夹	1. 1号电工在距离最下层带电体0.4 m以外装设绝缘引流线支架； 2. 1号电工根据绝缘引流线长度，在适当位置打开导线的绝缘遮蔽，去除导线绝缘层并清扫；	1. 斗内电工应戴护目镜防止电弧灼伤； 2. 带电电工人体与邻近带电体的距离不得小于0.4 m，绝缘杆的有效绝缘长度不得小于0.7 m； 3. 挂接绝缘引流线时连接应牢固且无脱落可能；	

续表

√	序号	作业内容	作业标准及步骤	安全措施及注意事项	备注
			3. 1号电工使用绝缘绳将绝缘引流线临时固定在主导线上；将处于断开状态的消弧开关静触头侧连接到主导线上，绝缘引流线两端头分别连接到单相消弧开关动触头侧和另一侧引线上，并恢复连接点的遮蔽。	4. 斗臂车绝缘斗在有电工作区域转移时，应缓慢移动，动作要平稳；绝缘斗臂车作业时，发动机不能熄火（电能驱动型除外），以保证液压系统处于工作状态。	
			1. 1号电工检查分流回路连接良好，相别无误后，使用操作杆合上单相消弧开关；使用电流检测仪确认绝缘引流线通流正常（绝缘引流线分流的负荷电流应不小于原线路负荷电流的1/3）； 2. 1号电工使用测温仪对导线连接处进行测温，待接头温度降至55 ℃以下时对作业范围内的带电体和接地体进行绝缘遮蔽。	1. 注意避开邻近高压线路及各类障碍物，选定绝缘斗臂车的升起方向和路径； 2. 操作消弧开关应使用绝缘操作杆； 3. 作业过程中禁止摘下绝缘防护用具； 4. 同一绝缘斗内双人工作时，禁止两人同时接触不同的电位体。	
			1. 1号电工最小范围打开导线连接处的遮蔽，进行线夹处理；处理完毕对连接处进行绝缘和密封处理，并及时恢复被拆除的绝缘遮蔽； 2. 1号电工使用电流检测仪测量引流线通流情况无问题后，拉开单相消弧开关，拆除绝缘引流线、单相消弧开关和绝缘引流线支架。	操作消弧开关后应确认已断开，防止带负荷拆除。	
	6	拆除绝缘遮蔽措施	斗内作业人员拆除绝缘遮蔽用具，确认杆上已无遗留物后，转移工作斗至地面。	1. 作业人员拆除绝缘遮蔽措施时应戴绝缘手套，且顺序应正确； 2. 拆除绝缘毯时，应轻托慢起，防止拉伤绝缘层； 3. 严禁同时拆除不同电位的遮蔽体。	
	7	返回地面	绝缘斗臂车操作员使绝缘斗、臂下降，斗内电工返回地面。	作业中不得失去安全带的保护。	

5.3 竣工

<table>
<tr><th>√</th><th>序号</th><th>内 容</th><th>负责人签字</th></tr>
<tr><td></td><td>1</td><td>工作负责人全面检查作业完成情况并点评(班后会)。</td><td rowspan="3"></td></tr>
<tr><td></td><td>2</td><td>清理现场的工器具、材料,撤离作业现场。</td></tr>
<tr><td></td><td>3</td><td>通知调度恢复重合闸,办理终结工作票。</td></tr>
</table>

6 验收总结

<table>
<tr><th>序号</th><th colspan="2">验 收 总 结</th></tr>
<tr><td>1</td><td>验收评价</td><td></td></tr>
<tr><td>2</td><td>存在问题及处理意见</td><td></td></tr>
</table>

7 作业指导书执行情况评估

<table>
<tr><td rowspan="4">评估内容</td><td rowspan="2">符合性</td><td>优</td><td></td><td>可操作项</td><td></td></tr>
<tr><td>良</td><td></td><td>不可操作项</td><td></td></tr>
<tr><td rowspan="2">可操作性</td><td>优</td><td></td><td>建议修改项</td><td></td></tr>
<tr><td>良</td><td></td><td>遗漏项</td><td></td></tr>
<tr><td>存在问题</td><td colspan="5"></td></tr>
<tr><td>改进意见</td><td colspan="5"></td></tr>
</table>

编号：××××-××-××-49

Ⅲ-13　10 kV 带负荷更换柱上开关或隔离开关标准化作业指导书

编写人：＿＿＿＿＿＿＿＿　　　　＿＿＿＿年＿＿＿月＿＿＿日

审核人：＿＿＿＿＿＿＿＿　　　　＿＿＿＿年＿＿＿月＿＿＿日

批准人：＿＿＿＿＿＿＿＿　　　　＿＿＿＿年＿＿＿月＿＿＿日

工作负责人：＿＿＿＿＿＿

作业日期：　　年　　月　　日　　时　　分　至　　年　　月　　日　　时　　分

国网安徽省电力有限公司

1　工作范围

本作业指导书适用于国网安徽省电力有限公司____________________作业。

2　作业方法

运用绝缘斗臂车采用绝缘手套法进行的作业。

3　引用文件

1.《国家电网公司电力安全工作规程》(以下简称《安规》)(配电部分)；
2.《配电网检修规程》(Q/GDW 11261—2014)；
3.《配电网技术导则》(Q/GDW 10370—2016)；
4.《10 kV 配网不停电作业规范》(Q/GDW 10520—2016)；
5.《配电网施工检修工艺规范》(Q/GDW 10742—2016)；
6.《配电线路带电作业技术导则》(GB/T 18857—2019)。

4　作业前准备

4.1　准备工作安排

√	序号	内容	标　　准	备注
	1	现场勘察	1. 由工作负责人或工作票签发人组织到现场进行勘察，以便掌握同杆(塔)架设线路及其方位、电气间距、作业现场条件和环境； 2. 确定作业方法、所需工具、材料以及应采取的措施。	
	2	气象条件	1. 根据本地气象预报，判断是否符合《安规》对带电作业的要求； 2. 风力大于 10 m/s 或相对湿度大于 80%时，不宜作业。	
	3	办理工作票	1. 在生产管理系统(PMS2.0)中开具工作票； 2. 确认工作地段、配网运行方式，确定预申请停用重合闸的线路名称。	

4.2　人员要求

√	序号	内　　容	备注
	1	作业人员必须持有带电作业有效资格证和实践工作经验。	
	2	作业人员应身体健康，无妨碍作业的生理和心理障碍。	
	3	本年度《安规》考试合格。	

4.3 工器具

√	序号	工器具名称		规格	单位	数量	备注
	1	特种车辆	绝缘斗臂车	10 kV	辆	2	
	2		吊车	—	辆	1	
	3	绝缘防护用具	绝缘手套	10 kV	双	5	带防护手套
	4		绝缘安全帽	10 kV	顶	2	
	5		绝缘服	10 kV	套	2	
	6		绝缘安全带	10 kV	副	2	
	7		绝缘靴	10 kV	双	3	
	8	绝缘遮蔽用具	导线遮蔽罩	10 kV	个	若干	
	9		软质导线遮蔽罩	10 kV	个	若干	
	10		绝缘毯	10 kV	个	若干	
	11		导线端头遮蔽罩	10 kV	个	12	遮蔽断开的主导线端头
	12	绝缘工具	绝缘传递绳	12 mm	根	1	15 m
	13		绝缘操作杆	10 kV	副	2	
	14		绝缘锁杆	10 kV	副	1	
	15		开关固定绳	—	根	1	
	16		双头绝缘锁杆		根	6	
	17	旁路作业装备	电缆放电装置	10 kV	套	1	
	18		旁路负荷开关	10 kV	台	1	200 A,带有核相装置
	19		旁路高压引下电缆	10 kV	根	6	200 A
	20		余缆支架	—	个	2	
	21		旁路电缆防坠装置	10 kV	套	6	
	22	其他	绝缘测试仪	2500 V及以上	套	1	
	23		电流检测仪	高压	套	1	
	24		验电器	10 kV	套	1	
	25		护目镜	—	副	4	
	26		导线清扫刷		把	1	
	27		温湿度仪/风速仪		套	1	

4.4　材料

√	序号	名称	规格	单位	数量	备注
	1	柱上开关或隔离开关		台	1	

4.5　危险点分析及预控

√	序号	危　险　点	预 控 措 施
	1	高空作业时违反《安规》进行操作，可能引起高空坠落。	高空作业时，必须正确使用安全带并戴安全帽，将安全带系在牢固部件上且位置合理，便于作业。
	2	带电作业人员与邻近带电体及接地体的安全距离不够，可能引起相间短路、接地伤害事故。	作业人员与邻近带电体的距离不得小于0.4 m，与邻相的安全距离不得小于0.6 m，所使用绝缘操作杆的有效绝缘长度不得小于0.7 m。
	3	绝缘斗臂车支车时，车腿支持点土壤松软或埋有市政管网设施，使车体倾斜，造成翻车。	遇到松软土壤时，支腿下加垫枕木或钢板。
	4	绝缘斗臂车液压机构渗漏油，可能引起支腿、绝缘臂、工作斗泄压。	绝缘斗臂车使用前要认真检查，并在预定位置试操作一次，确认各液压部分运转良好，无渗漏油现象，方可操作。
	5	监护人指挥发令信息不到位，导致带电操作人员误操作。	保持通讯通畅，操作人员收到监护人的指令后，应回复确认。
	6	异物脱落，导致相间短路或单相接地。	在档距中间部分，高低压同杆架设时，异物坠落撞击低压导线容易引起导线摆动，导致两相短路，因此，清除异物前应做好措施（异物点坠落下方的低压导线加遮蔽）。

4.6　安全措施

√	序号	内　　容
	1	如遇雷电（听见雷声、看见闪电）雪雹、雨雾不得进行带电作业，风力大于5级时，也不得进行带电作业。
	2	作业现场应设围栏，禁止无关人员进入工作现场。
	3	带电作业必须设专人监护，监护人不得直接操作。监护的范围不得超过一个作业点。

续表

√	序号	内　　容
	4	在带电作业过程中如设备突然停电，作业电工应视设备仍然带电。
	5	杆上作业人员作业时，与带电体的距离应大于0.4 m。
	6	带电作业电工作业时不得同时接触两相导线。
	7	绝缘工具使用前，应仔细检查其是否损坏、变形、失灵。
	8	使用绝缘工具时，应戴清洁、干燥的绝缘手套，外戴羊皮防护手套，防止绝缘工具在使用中脏污、受潮和刮伤。
	9	地面作业人员严禁在作业点垂直下方活动；带电电工应防止落物伤人及砸伤设备；使用的工具、材料应用绝缘绳索传递，绝缘绳的有效长度不小于0.4 m。
	10	在使用操作杆时，动作幅度要平稳、防止导线跳动，引起短路、接地。
	11	进行带负荷作业工作前应确认绝缘引流线（旁路设备）满足负荷要求。

4.7 人员分工

√	序号	作业人员	作业项目
	1	工作负责人	
	2	斗内电工	
	3	地面电工	

5 作业程序

5.1 开工

√	序号	内　　容	责任人签字
	1	工作负责人办理工作票、申请停用重合闸。	
	2	调度通知已停用重合闸，许可工作。	
	3	工作负责人组织全体工作人员戴好安全帽，在现场列队宣读工作票，交待工作任务、安全措施、注意事项，确认工作班成员并让其签字后，宣布开始工作的命令。	

5.2　作业内容及标准

√	序号	作业内容	作业标准及步骤	安全措施及注意事项	备注
	1	进入现场	1. 将绝缘斗臂车停在工作点的最佳位置，并装置车体接地线； 2. 设置安全围栏。	1. 遇到松软土壤时，支腿下加垫枕木且不得超过两块，呈八角形 45°摆放； 2. 车工作处地面应坚实、平整，地面坡度不应超过 7°； 3. 支腿伸出车体找平后，车辆前后高度不应大于 3°； 4. 车体接地体埋棒插入地层深度不小于 0.4 m。	
	2	工器具检查	1. 作业人员对绝缘工器具进行外观及绝缘检测； 2. 绝缘斗臂车工作前要对其进行检查，空斗试操作一次。	1. 使用绝缘测试仪进行分段及绝缘电阻检测，确保绝缘电阻值不低于 700 MΩ； 2. 绝缘工器具外观应符合使用安全要求，如无破损、划伤、受潮等； 3. 确认液压传动、回转、升降、伸缩系统工作正常、操作灵活，制动装置可靠。	
	3	验电、测流	1. 斗内电工穿戴好绝缘防护用具，进入各自的绝缘斗臂车斗，挂好安全带保险钩； 2. 斗内电工将工作斗调整至带电导线横担下侧适当位置，使用验电器对导线→绝缘子横担→导线进行验电，确认无漏电现象； 3. 斗内电工使用电流检测仪确认负荷电流满足绝缘引流线使用要求。	1. 人体与邻近带电体的距离不得小于 0.4 m； 2. 绝缘杆的有效绝缘长度不得小于 0.7 m； 3. 作业时，上节绝缘臂的伸出长度应大于等于 1 m，绝缘斗、臂离带电体物体的距离应大于 1 m，人体与相邻带电物体的距离应大于 0.6 m。	
	4	设置绝缘遮蔽、隔离措施	斗内电工将绝缘斗调整到合适位置，按照“从近到远、从下到上、先带电体后接地体”的遮蔽原则对作业范围内的所有带电体和接地体进行绝缘遮蔽。	1. 绝缘遮蔽应严实、牢固，导线遮蔽罩间重叠部分应大于 15 cm，遮蔽范围应比人体活动范围增加 0.4 m； 2. 作业过程中绝缘斗臂车的起升、下降、回转速度不得大于 0.5 m/s；	

续表

√	序号	作业内容	作业标准及步骤	安全措施及注意事项	备注
				3. 同一绝缘斗内双人工作时，禁止两人同时接触不同的电位体。	
	5	安装旁路设备	1. 2名地面电工在柱上负荷开关下侧电杆合适位置安装旁路负荷开关和余缆工具，并将旁路负荷开关可靠接地，将旁路高压引下电缆快速插拔终端连接到旁路负荷开关两侧接口；合上旁路负荷开关进行绝缘检测，检测合格后应充分放电，并拉开旁路负荷开关； 2. 确认旁路负荷开关在断开状态下，1号电工、2号电工各自将中间相旁路高压引下电缆的引流线夹安装到中间相架空导线上，并挂好防坠绳，补充绝缘遮蔽措施；其他两相的旁路高压引下电缆的引流线夹按照相同的方法挂接好；三相旁路高压引下电缆可按照由远到近或先中间相再两边相的顺序挂接。	1. 斗内电工应戴护目镜，防止电弧灼伤； 2. 带电电工人体与邻近带电体的距离不得小于0.4 m，绝缘杆的有效绝缘长度不得小于0.7 m； 3. 挂接高压引下电缆时连接应牢固且无脱落可能； 4. 操作开关应使用绝缘操作杆； 5. 放电时应戴绝缘手套、穿绝缘靴。	
	6	测流确认	确认三相旁路电缆连接可靠，核相正确无误后，地面电工用绝缘操作杆合上旁路负荷开关，锁死跳闸机构，用电流检测仪逐相测量三相旁路电缆电流，并确认每一相分流的负荷电流应不小于原线路负荷电流的1/3。	1. 人体与邻近带电体的距离不得小于0.4 m； 2. 绝缘杆的有效绝缘长度不得小于0.7 m。	
	7	更换柱上开关	1. 1号电工将绝缘斗调整到柱上开关合适位置，用绝缘操作杆拉开柱上负荷开关；	1. 斗内电工应戴护目镜，防止电弧灼伤； 2. 带电电工人体与邻近带电体的距离不得小于0.4 m，绝缘杆的有效绝缘长度不得小于0.7 m；	

续表

√	序号	作业内容	作业标准及步骤	安全措施及注意事项	备注
			2. 1号电工、2号电工将柱上开关负荷侧引线拆除，恢复导线绝缘遮蔽；拆引线前需用绝缘锁杆将引线线头临时固定在主导线上，线夹拆除后，应用锁杆将引线脱离主导线； 3. 1号电工、2号电工与地面电工相互配合，利用绝缘斗臂车小吊更换柱上负荷开关，并调试正常； 4. 确认柱上负荷开关在断开状态，1号电工、2号电工分别将柱上负荷开关引线与主导线进行连接，并恢复导线、引线绝缘遮蔽。	3. 操作开关应使用绝缘操作杆； 4. 起重臂下严禁人员逗留。	
	8	测流确认	1号电工将绝缘斗调整到合适位置，合上柱上负荷开关，并通过操作机构位置和电流检测仪逐相测量柱上负荷开关三相引线电流，并确认每一相分流的负荷电流应不小于原线路负荷电流的1/3。	1. 人体与邻近带电体的距离不得小于0.4 m； 2. 绝缘杆的有效绝缘长度不得小于0.7 m。	
	9	拆除旁路设备	1. 地面电工使用绝缘操作杆断开旁路负荷开关，锁死闭锁机构； 2. 1号电工、2号电工调整绝缘斗位置，用绝缘操作杆依次拆除三相旁路高压引下电缆引流线夹；三相的顺序可按由近到远或先两边相再中间相进行；合上旁路负荷开关，对旁路设备充分放电，并拉开旁路负荷开关； 3. 1号电工、2号电工与地面电工相互配合，拆除旁路高压引下电缆、余缆工具和旁路负荷开关。	1. 斗内电工应戴护目镜防止电弧灼伤； 2. 带电电工人体与邻近带电体的距离不得小于0.4 m，绝缘杆的有效绝缘长度不得小于0.7 m； 3. 操作开关应使用绝缘操作杆； 4. 放电时应戴绝缘手套、穿绝缘靴。	

续表

√	序号	作业内容	作业标准及步骤	安全措施及注意事项	备注
	10	拆除绝缘遮蔽	柱上开关更换后,按照与设置绝缘遮蔽措施相反的顺序依次拆除绝缘遮蔽隔离措施,检查杆上有无遗留物。	1. 作业人员拆除绝缘遮蔽措施时应戴绝缘手套,且顺序应正确; 2. 拆除绝缘毯时,应轻托慢起,防止拉伤绝缘层; 3. 严禁同时拆除不同电位的遮蔽体。	
	11	返回地面	绝缘斗退出带电工作区域,作业人员返回地面。	工作中不得失去安全带的保护。	

5.3 竣工

√	序号	内　容	负责人签字
	1	工作负责人全面检查作业完成情况并点评(班后会)。	
	2	清理现场的工器具、材料,撤离作业现场。	
	3	通知调度恢复重合闸,办理终结工作票。	

5.4 消缺记录

√	序号	作 业 内 容	负责人签字

6 验收总结

序号	验 收 总 结	
1	验收评价	
2	存在问题及处理意见	

7　作业指导书执行情况评估

<table>
<tr><td rowspan="4">评估内容</td><td rowspan="2">符合性</td><td>优</td><td></td><td>可操作项</td><td></td></tr>
<tr><td>良</td><td></td><td>不可操作项</td><td></td></tr>
<tr><td rowspan="2">可操作性</td><td>优</td><td></td><td>建议修改项</td><td></td></tr>
<tr><td>良</td><td></td><td>遗漏项</td><td></td></tr>
<tr><td>存在问题</td><td colspan="5"></td></tr>
<tr><td>改进意见</td><td colspan="5"></td></tr>
</table>

编号：××××-××-××-50

Ⅲ-14 10 kV 带负荷直线杆改耐张杆标准化作业指导书

编写人：________________ ________年______月______日

审核人：________________ ________年______月______日

批准人：________________ ________年______月______日

工作负责人：____________

作业日期： 年 月 日 时 分 至 年 月 日 时 分

国网安徽省电力有限公司

1 工作范围

本作业指导书适用于国网安徽省电力有限公司________________作业。

2 作业方法

运用绝缘斗臂车采用绝缘手套法进行的作业。

3 引用文件

1.《国家电网公司电力安全工作规程》(以下简称《安规》)(配电部分);
2.《配电网检修规程》(Q/GDW 11261—2014);
3.《配电网技术导则》(Q/GDW 10370—2016);
4.《10 kV 配网不停电作业规范》(Q/GDW 10520—2016);
5.《配电网施工检修工艺规范》(Q/GDW 10742—2016);
6.《配电线路带电作业技术导则》(GB/T 18857—2019)。

4 作业前准备

4.1 准备工作安排

√	序号	内容	标　　准	备注
	1	现场勘察	1. 由工作负责人或工作票签发人组织到现场进行勘察,以便掌握同杆(塔)架设线路及其方位、电气间距、作业现场条件和环境; 2. 确定作业方法、所需工具、材料以及应采取的措施。	
	2	车辆检查	按公司《特种车辆使用管理规定》有关内容对车辆进行使用前检查。	
	3	气象条件	1. 根据本地气象预报,判断是否符合《安规》对带电作业的要求; 2. 风力大于 10 m/s 或相对湿度大于 80%时,不宜作业。	
	4	办理工作票	1. 在生产管理系统(PMS2.0)中开具工作票; 2. 确认工作地段、配网运行方式,确定预申请停用重合闸的线路名称。	

4.2 人员要求

√	序号	内　　容	备注
	1	作业人员必须持有带电作业有效资格证和实践工作经验。	
	2	作业人员应身体健康,无妨碍作业的生理和心理障碍。	
	3	本年度《安规》考试合格。	

4.3 工器具

√	序号	工器具名称		规格	单位	数量	备注
	1	特种车辆	绝缘斗臂车	10 kV	辆	2	
	2	绝缘防护用具	绝缘手套	10 kV	双	2	
	3		绝缘安全帽	10 kV	顶	2	
	4		绝缘服	10 kV	套	2	
	5		绝缘安全带	10 kV	副	2	
	6	绝缘遮蔽用具	导线遮蔽罩	10 kV	块	若干	
	7		绝缘毯	10 kV	块	若干	
	8		横担遮蔽罩	10 kV	块	4	
	9	绝缘工具	绝缘传递绳	12 mm	根	2	
	10		绝缘引流线	10 kV	根	1	
	11		绝缘紧线器		套	2	
	12		绝缘后备保护绳		套	2	
	13		绝缘绳套		根	4	
	14		绝缘引流线绝缘支架		副	1	
	15	其他	卡线器		个	4	
	16		电流检测仪		套	1	
	17		绝缘检测仪	2500 V及以上	套	1	
	18		验电器	10 kV	套	1	
	19		温湿度仪/风速仪		套	1	

4.4 材料

√	序号	名称	规格	单位	数量	备注
	1	耐张线夹		个	6	
	2	耐张横担		副	1	

4.5　危险点分析及预控

√	序号	危　险　点	预 控 措 施
	1	高空作业时违反《安规》进行操作，可能引起高空坠落。	高空作业时，必须正确使用安全带并戴安全帽，将安全带系在牢固部件上且位置合理，便于作业。
	2	带电作业人员与邻近带电体及接地体的安全距离不够，可能引起相间短路、接地伤害事故。	作业人员与邻近带电体的距离不得小于 0.4 m，与邻相的安全距离不得小于 0.6 m，所使用绝缘操作杆的有效绝缘长度不得小于 0.7 m。
	3	绝缘斗臂车支车时，车腿支持点土壤松软或埋有市政管网设施，使车体倾斜，造成翻车。	遇到松软土壤时，支腿下加垫枕木或钢板。
	4	绝缘斗臂车液压机构渗漏油，可能引起支腿、绝缘臂、工作斗泄压。	绝缘斗臂车使用前要认真检查，并在预定位置试操作一次，确认各液压部分运转良好，无渗漏油现象，方可操作。
	5	监护人指挥发令信息不到位，导致带电操作人员误操作。	保持通讯通畅，操作人员收到监护人的指令后，应回复确认。

4.6　安全措施

√	序号	内　　容
	1	如遇雷电（听见雷声、看见闪电）雪雹、雨雾不得进行带电作业，风力大于 10 m/s 或相对湿度大于 80%时，也不得进行带电作业。
	2	作业前，需确认线路无接地、绝缘良好、线路上无人工作且相位无误。
	3	在运输过程中，绝缘工具应装在专用工具袋、工具箱或专用工具车内，以防受潮和损伤。
	4	带电作业应设人监护，监护人不得直接操作，监护的范围不得超过一个作业点。
	5	使用合格的绝缘安全工器具，使用前应做好检查。
	6	作业过程中，如设备突然停电，作业人员应视设备仍然带电，并立即停止操作，工作负责人尽快与调度联系查明原因。
	7	作业过程中，绝缘斗臂车的发动机不得熄火，起升、下降、回转速度不得大于 0.5 m/s。
	8	在接近带电体的过程中，应从下方依次验电，对人体可能触及范围内的构件亦应验电，确认无漏电现象。
	9	作业过程中有可能引起不同电位设备之间发生短路或接地故障时，应对设备间设置绝缘遮蔽。

续表

√	序号	内　容
	10	禁止同时接触未接通或已断开的导线的两个断头，以防人体串入电路。
	11	作业现场应设围栏及警示牌，禁止无关人员进入或在工作现场逗留。
	12	进行带负荷作业工作前应确认绝缘引流线(旁路设备)满足负荷要求。

4.7　人员分工

√	序号	作业人员	作业项目
	1	工作负责人	
	2	斗内电工	
	3	地面电工	

5　作业程序

5.1　开工

√	序号	内　容	责任人签字
	1	工作负责人办理工作票、申请停用重合闸。	
	2	调度通知已停用重合闸，许可工作。	
	3	工作负责人组织全体工作人员戴好安全帽，在现场列队宣读工作票，交待工作任务、安全措施、注意事项，确认工作班成员并让其签字后，宣布开始工作的命令。	

5.2　作业内容及标准

√	序号	作业内容	作业标准及步骤	安全措施及注意事项	备注
	1	进入现场	1. 将绝缘斗臂车停在工作点的最佳位置，并装置车体接地线； 2. 设置安全围栏。	1. 遇到松软土壤时，支腿下加垫枕木且不得超过两块，呈八角形45°摆放； 2. 车工作处地面应坚实、平整，地面坡度不应超过7°； 3. 支腿伸出车体找平后，车辆前后高度不应大于3°； 4. 车体接地体埋棒插入地层深度不小于0.4 m。	

续表

√	序号	作业内容	作业标准及步骤	安全措施及注意事项	备注
	2	工器具检查	1. 作业人员对绝缘工器具进行外观及绝缘检测； 2. 绝缘斗臂车工作前要对其进行检查，空斗试操作一次。	1. 使用绝缘测试仪进行分段及绝缘电阻检测，确保绝缘电阻值不低于 700 MΩ； 2. 绝缘工器具外观应符合使用安全要求，如无破损、划伤、受潮等； 3. 确认液压传动、回转、升降、伸缩系统工作正常、操作灵活，制动装置可靠。	
	3	验电、测流	1. 斗内电工穿戴好绝缘防护用具，进入各自的绝缘斗臂车斗，挂好安全带保险钩； 2. 斗内电工将工作斗调整至带电导线横担下侧适当位置，使用验电器对导线→绝缘子横担→导线进行验电，确认无漏电现象； 3. 斗内电工使用电流检测仪确认负荷电流满足绝缘引流线使用要求。	1. 人体与邻近带电体的距离不得小于 0.4 m； 2. 绝缘杆的有效绝缘长度不得小于 0.7 m； 3. 作业时，上节绝缘臂的伸出长度应大于等于 1 m，绝缘斗、臂离带电体物体的距离应大于 1 m，人体与相邻带电物体的距离应大于 0.6 m。	
	4	设置绝缘遮蔽、隔离措施	斗内电工将绝缘斗调整到合适位置，按照“从近到远、从下到上、先带电体后接地体”的遮蔽原则对作业范围内的所有带电体和接地体进行绝缘遮蔽。	1. 绝缘遮蔽应严实、牢固，导线遮蔽罩间重叠部分应大于 15 cm，遮蔽范围应比人体活动范围增加 0.4 m； 2. 作业过程中绝缘斗臂车的起升、下降、回转速度不得大于 0.5 m/s； 3. 同一绝缘斗内双人工作时，禁止两人同时接触不同的电位体。	
	5	转移导线	1. 1 号电工在地面电工配合下在绝缘斗臂车上组装提升导线的绝缘横担组合； 2. 1 号电工将绝缘斗移至被提升导线的下方，将两边相导线分别置于绝缘横担固定器内，由 2 号电工拆除两边相绝缘子绑扎线。	1. 注意避开邻近高压线路及各类障碍物，选定绝缘斗臂车的升起方向和路径； 2. 作业中，对有可能触及的邻近带电体、接地部位应先做绝缘遮蔽；	

续表

√	序号	作业内容	作业标准及步骤	安全措施及注意事项	备注
			3. 1号电工将绝缘横担继续缓慢抬高,提升两边相导线,将中相导线置于绝缘横担固定器内,由2号电工拆除中相绝缘子绑扎线。	3. 斗内电工应防止落物伤人或砸伤设备; 4. 绑扎线的展放长度不得大于10 cm。	
	6	更换横担	1号电工将绝缘横担缓慢抬高,提升三相导线,提升高度不小于0.4 m;1号、2号电工相互配合拆除绝缘子和横担,安装耐张横担,并装好耐张绝缘子和耐张线夹。	1. 操作绝缘横担时动作应缓慢平稳; 2. 提升后,绝缘横担距杆顶不小于0.4 m。	
	7	转移导线至新装横担上	1. 1号电工、2号电工配合在耐张横担上装好耐张横担遮蔽罩,在耐张横担下合适处安装固定绝缘引流线支架,并对耐张绝缘子和耐张线夹设置绝缘遮蔽; 2. 1号电工在2号电工配合下将导线缓缓下降,逐一放置到耐张横担遮蔽罩上,并固定。	1. 绝缘遮蔽应严实、牢固,导线遮蔽罩间重叠部分应大于15 cm,遮蔽范围应比人体活动范围增加0.4 m; 2. 绝缘引流线支架距耐张横担不少于0.4 m; 3. 导线放置到耐张横担遮蔽罩上应可靠固定。	
	8	直线改耐张	1. 1号电工、2号电工分别拆除近边相导线遮蔽罩; 2. 1号电工、2号电工分别在近边相导线两侧安装好绝缘紧线器及后备保护绳,将导线收紧,同时收紧后备保护绳。	1. 操作绝缘紧线器时应动作平稳; 2. 后备保护绳宜安装在绝缘紧线器外侧。	
			1号电工、2号电工用电流检测仪测量架空线路负荷电流,确认电流不超过绝缘引流线额定电流。在近边相导线安装绝缘引流线,用电流检测仪检测电流,确认通流正常;绝缘引流线与导线连接应牢固可靠,绝缘引流线应在绝缘引流线支架上;绝缘引流线每一相分流的负荷电流应不小于原线路负荷电流的1/3。	1. 人体与邻近带电体的距离不得小于0.4 m; 2. 绝缘杆的有效绝缘长度不得小于0.7 m; 3. 绝缘引流线应固定牢固。	

续表

√	序号	作业内容	作业标准及步骤	安全措施及注意事项	备注
			1. 1号电工、2号电工配合剪断近边相导线,分别将近边相两侧导线固定在耐张线夹内; 2. 1号电工、2号电工分别拆除绝缘紧线器及后备保护绳; 3. 1号电工、2号电工配合做好横担及绝缘子的绝缘遮蔽措施,安装连接引线; 4. 安装接续线夹,并恢复绝缘遮蔽; 5. 用电流检测仪检测电流,确认通流正常; 6. 拆除绝缘引流线,恢复绝缘遮蔽。	1. 带电电工戴护目镜,防止电弧灼伤; 2. 作业过程中禁止摘下绝缘防护用具; 3. 斗内电工应防止落物伤人或砸杯设备; 4. 两侧电工应保证同相同步开展工作,防止横担受力不均。	
	9	开断远边相和中间相导线,并接引线	1. 1号电工、2号电工配合,按同样的方法开断远边相和中间相导线,并接续远边相和中间相导线引线; 2. 1号电工、2号电工配合拆除耐张横担遮蔽罩; 3. 三相引线接续工作结束后,拆除绝缘引流线支架。	1. 带电电工戴护目镜,防止电弧灼伤; 2. 作业过程中禁止摘下绝缘防护用具; 3. 斗内电工应防止落物伤人或砸坏设备; 4. 两侧电工应保证同相同步开展工作,防止横担受力不均。	
	10	撤除绝缘遮蔽措施	斗内作业人员拆除绝缘遮蔽用具,确认杆上已无遗留物后,转移工作斗至地面。	1. 作业人员拆除绝缘遮蔽措施时应戴绝缘手套,且顺序应正确; 2. 拆除绝缘毯时,应轻托慢起,防止拉伤绝缘层; 3. 严禁同时拆除不同电位的遮蔽体。	
	11	返回地面	绝缘斗臂车操作员使绝缘斗、臂下降,斗内电工返回地面。	工作中不得失去安全带的保护。	

5.3 竣工

√	序号	内　　容	负责人签字
	1	工作负责人全面检查作业完成情况并点评(班后会)。	
	2	清理现场的工器具、材料,撤离作业现场。	
	3	通知调度恢复重合闸,办理终结工作票。	

5.4 消缺记录

√	序号	作 业 内 容	负责人签字

6 验收总结

序号	验 收 总 结	
1	验收评价	
2	存在问题及处理意见	

7 作业指导书执行情况评估

评估内容	符合性	优		可操作项	
		良		不可操作项	
	可操作性	优		建议修改项	
		良		遗漏项	
存在问题					
改进意见					

编号：××××-××-××-51

Ⅲ-15　10 kV 带电断空载电缆线路与架空线路连接引线标准化作业指导书

（绝缘手套作业法）

编写人：________________　　　　________年______月______日

审核人：________________　　　　________年______月______日

批准人：________________　　　　________年______月______日

工作负责人：____________

作业日期：　　年　　月　　日　　时　　分　　至　　年　　月　　日　　时　　分

国网安徽省电力有限公司

1 工作范围

本作业指导书适用于国网安徽省电力有限公司＿＿＿＿＿＿＿＿＿＿作业。

2 作业方法

运用绝缘斗臂车采用绝缘手套法进行的作业。

3 引用文件

1.《国家电网公司电力安全工作规程》(以下简称《安规》)(配电部分)；
2.《配电网检修规程》(Q/GDW 11261—2014)；
3.《配电网技术导则》(Q/GDW 10370—2016)；
4.《10 kV 配网不停电作业规范》(Q/GDW 10520—2016)；
5.《配电网施工检修工艺规范》(Q/GDW 10742—2016)；
6.《配电线路带电作业技术导则》(GB/T 18857—2019)。

4 作业前准备

4.1 准备工作安排

√	序号	内容	标　　准	备注
	1	现场勘察	1. 由工作负责人或工作票签发人组织到现场进行勘察，以便掌握同杆(塔)架设线路及其方位、电气间距、作业现场条件和环境； 2. 确定作业方法、所需工具、材料以及应采取的措施。	
	2	车辆检查	按公司《特种车辆使用管理规定》有关内容对车辆进行使用前检查。	
	3	气象条件	1. 根据本地气象预报，判断是否符合《安规》对带电作业的要求； 2. 风力大于 10 m/s 或相对湿度大于 80％时，不宜作业。	
	4	办理工作票	1. 在生产管理系统(PMS2.0)中开具工作票； 2. 确认工作地段、配网运行方式，确定预申请停用重合闸的线路名称。	

4.2 人员要求

√	序号	内　　容	备注
	1	作业人员必须持有带电作业有效资格证和实践工作经验。	
	2	作业人员应身体健康，无妨碍作业的生理和心理障碍。	
	3	本年度《安规》考试合格。	

4.3 工器具

√	序号	工器具名称		规格	单位	数量	备注
	1	特种车辆	绝缘斗臂车	10 kV	辆	1	
	2	绝缘防护用具	绝缘手套	10 kV	双	2	
	3		绝缘安全帽	10 kV	顶	2	
	4		绝缘服	10 kV	套	2	
	5		绝缘安全带	10 kV	副	2	
	6	绝缘遮蔽用具	导线遮蔽罩	10 kV	根	若干	
	7		导线端头遮蔽罩	10 kV	个	3	
	8		绝缘毯	10 kV	块	若干	
	9	绝缘工具	绝缘锁杆	—	副	1	
	10		绝缘操作杆	—	副	1	
	11		绝缘传递绳	12 mm	根	1	
	12		消弧开关	—	套	1	
	13		绝缘引流线	10 kV	根	1	
	14		放电杆	—	根	1	
	15	其他	电流检测仪	高压	套	1	
	16		绝缘测试仪	2500 V 及以上	套	1	
	17		验电器	10 kV	套	1	
	18		护目镜	—	副	2	
	19		温湿度仪/风速仪	—	套	1	

4.4 材料

√	序号	名称	规格	单位	数量	备注

4.5 危险点分析及预控

√	序号	危　险　点	预 控 措 施
	1	高空作业时违反《安规》进行操作，可能引起高空坠落。	高空作业时，必须正确使用安全带并戴安全帽，将安全带系在牢固部件上且位置合理，便于作业。
	2	带电作业人员与邻近带电体及接地体的安全距离不够，可能引起相间短路、接地伤害事故。	作业人员与邻近带电体的距离不得小于0.4 m，与邻相的安全距离不得小于0.6 m，所使用绝缘操作杆的有效绝缘长度不得小于0.7 m。
	3	绝缘斗臂车支车时，车腿支持点土壤松软或埋有市政管网设施，使车体倾斜，造成翻车。	遇到松软土壤时，支腿下加垫枕木或钢板。
	4	绝缘斗臂车液压机构渗漏油，可能引起支腿、绝缘臂、工作斗泄压。	绝缘斗臂车使用前要认真检查，并在预定位置试操作一次，确认各液压部分运转良好，无渗漏油现象，方可操作。
	5	监护人指挥发令信息不到位，导致带电操作人员误操作。	保持通讯通畅，操作人员收到监护人的指令后，应回复确认。

4.6 安全措施

√	序号	内　　容
	1	如遇雷电（听见雷声、看见闪电）雪雹、雨雾不得进行带电作业，风力大于10 m/s或相对湿度大于80%时，也不得进行带电作业。
	2	作业前，需确认线路无接地、绝缘良好、线路上无人工作且相位无误。
	3	在运输过程中，绝缘工具应装在专用工具袋、工具箱或专用工具车内，以防受潮和损伤。
	4	带电作业应设人监护，监护人不得直接操作，监护的范围不得超过一个作业点。
	5	使用合格的绝缘安全工器具，使用前应做好检查。
	6	作业过程中，如设备突然停电，作业人员应视设备仍然带电，并立即停止操作，工作负责人尽快与调度联系查明原因。
	7	作业过程中，绝缘斗臂车的发动机不得熄火，起升、下降、回转速度不得大于0.5 m/s。
	8	在接近带电体的过程中，应从下方依次验电，对人体可能触及范围内的构件亦应验电，确认无漏电现象。
	9	作业过程中有可能引起不同电位设备之间发生短路或接地故障时，应对设备间设置绝缘遮蔽。

续表

√	序号	内　　容
	10	禁止同时接触未接通或已断开的导线的两个断头,以防人体串入电路。
	11	作业现场应设围栏及警示牌,禁止无关人员进入或在工作现场逗留。
	12	进行带负荷作业工作前应确认绝缘引流线(旁路设备)满足负荷要求。

4.7　人员分工

√	序号	作 业 人 员	作 业 项 目
	1	工作负责人	
	2	斗内电工	
	3	地面电工	

5　作业程序

5.1　开工

√	序号	内　　容	责任人签字
	1	工作负责人办理工作票、申请停用重合闸。	
	2	调度通知已停用重合闸,许可工作。	
	3	工作负责人组织全体工作人员戴好安全帽,在现场列队宣读工作票,交待工作任务、安全措施、注意事项,确认工作班成员并让其签字后,宣布开始工作的命令。	

5.2　作业内容及标准

√	序号	作业内容	作业标准及步骤	安全措施及注意事项	备注
	1	进入现场	1. 将绝缘斗臂车停在工作点的最佳位置,并装置车体接地线; 2. 设置安全围栏。	1. 遇到松软土壤时,支腿下加垫枕木且不得超过两块,呈八角形45°摆放; 2. 车工作处地面应坚实、平整,地面坡度不应超过7°; 3. 支腿伸出车体找平后,车辆前后高度不应大于3°; 4. 车体接地体埋棒插入地层深度不小于0.4 m。	

续表

√	序号	作业内容	作业标准及步骤	安全措施及注意事项	备注
	2	工器具检查	1. 作业人员对绝缘工器具进行外观及绝缘检测； 2. 绝缘斗臂车工作前要对其进行检查，空斗试操作一次。	1. 使用绝缘测试仪进行分段及绝缘电阻检测，确保绝缘电阻值不低于700 MΩ； 2. 绝缘工器具外观应符合使用安全要求，如无破损、划伤、受潮等； 3. 确认液压传动、回转、升降、伸缩系统工作正常、操作灵活，制动装置可靠。	
	3	验电、测流	1. 斗内电工穿戴好绝缘防护用具，进入各自的绝缘斗臂车斗，挂好安全带保险钩； 2. 斗内电工将工作斗调整至带电导线横担下侧适当位置，使用验电器对导线→绝缘子横担→导线进行验电，确认无漏电现象； 3. 斗内电工使用电流检测仪测量三相出线电缆的电流，确认待断电缆连接线无负荷。	1. 人体与邻近带电体的距离不得小于0.4 m； 2. 绝缘杆的有效绝缘长度不得小于0.7 m； 3. 作业时，上节绝缘臂的伸出长度应大于等于1 m，绝缘斗、臂离带电体物体的距离应大于1 m，人体与相邻带电物体的距离应大于0.6 m。	
	4	设置绝缘遮蔽、隔离措施	斗内电工将绝缘斗调整到合适位置，按照“从近到远、从下到上、先带电体后接地体”的遮蔽原则对作业范围内的所有带电体和接地体进行绝缘遮蔽。	1. 绝缘遮蔽应严实、牢固，导线遮蔽罩间重叠部分应大于15 cm，遮蔽范围应比人体活动范围增加0.4 m； 2. 作业过程中绝缘斗臂车的起升、下降、回转速度不得大于0.5 m/s； 3. 同一绝缘斗内双人工作时，禁止两人同时接触不同的电位体。	

续表

√	序号	作业内容	作业标准及步骤	安全措施及注意事项	备注
	5	断空载电缆线路与架空线路连接引线	1. 1号电工确认消弧开关在断开位置后，将消弧开关挂接到近边相架空导线；恢复绝缘遮蔽；然后在消弧开关下端的横向导电杆上安装绝缘引流线引流线夹；最后将绝缘引流线的另一端连接到同相电缆终端接线端子上（即电缆过渡支架处电缆终端与过渡引线的连接部位）；逐点完成后恢复绝缘遮蔽； 2. 1号电工用绝缘操作杆合上消弧开关，确认分流正常，绝缘引流线每一相分流的负荷电流应不小于原线路负荷电流的1/3。	1. 斗内电工应戴护目镜，防止电弧灼伤； 2. 带电电工人体与邻近带电体的距离不得小于0.4 m，绝缘杆的有效绝缘长度不得小于0.7 m； 3. 挂接绝缘引流线时连接应牢固且无脱落可能； 4. 斗臂车绝缘斗在有电工作区域转移时，应缓慢移动，动作要平稳；绝缘斗臂车作业时，发动机不能熄火（电能驱动型除外），以保证液压系统处于工作状态。	
			1. 1号电工用绝缘锁杆将电缆引线接头临时固定在架空导线后，在架空导线处拆除线夹；引线应可靠固定，并对接头处恢复绝缘遮蔽措施（如过渡引线从耐张线夹处穿出，可在电缆过渡支架处拆引线，并用锁杆固定在同相位架空导线上）； 2. 1号电工用绝缘操作杆断开消弧开关。	1. 注意避开邻近高压线路及各类障碍物，选定绝缘斗臂车的升起方向和路径； 2. 操作消弧开关应使用绝缘操作杆； 3. 作业过程中禁止摘下绝缘防护用具； 4. 同一绝缘斗内双人工作时，禁止两人同时接触不同的电位体。	
			1. 1号电工将绝缘引流线从电缆过渡支架处取下，挂在消弧开关上，将消弧开关从近边相导线上取下；如导线为绝缘线应恢复导线的绝缘及密封；完成后恢复绝缘遮蔽； 2. 其余两相引线断开按相同的方法进行；三相引流线全部断开后，应使用放电棒进行充分放电。三相引线拆除，可按由先近后远，或根据现场情况先两侧、后中间的顺序进行。	放电工作人员应穿戴绝缘防护用品。	

续表

√	序号	作业内容	作业标准及步骤	安全措施及注意事项	备注
	6	拆除绝缘遮蔽措施	斗内作业人员拆除绝缘遮蔽用具，确认杆上已无遗留物后，转移工作斗至地面。	1. 作业人员拆除绝缘遮蔽措施时应戴绝缘手套，且顺序应正确； 2. 拆除绝缘毯时，应轻托慢起，防止拉伤绝缘层； 3. 严禁同时拆除不同电位的遮蔽体。	
	7	返回地面	绝缘斗臂车操作员使绝缘斗、臂下降，斗内电工返回地面。	工作中不得失去安全带的保护。	

5.3 竣工

√	序号	内　容	负责人签字
	1	工作负责人全面检查作业完成情况并点评（班后会）。	
	2	清理现场的工器具、材料，撤离作业现场。	
	3	通知调度恢复重合闸，办理终结工作票。	

6 验收总结

序号	验收总结	
1	验收评价	
2	存在问题及处理意见	

7 作业指导书执行情况评估

评估内容	符合性	优		可操作项	
		良		不可操作项	
	可操作性	优		建议修改项	
		良		遗漏项	
存在问题					
改进意见					

编号:××××-××-××-52

Ⅲ-16　10 kV 带电断空载电缆线路与架空线路连接引线标准化作业指导书

（绝缘操作杆作业法）

编写人:________________　　　　________年______月______日

审核人:________________　　　　________年______月______日

批准人:________________　　　　________年______月______日

工作负责人:____________

作业日期:　　年　　月　　日　　时　　分　至　　年　　月　　日　　时　　分

国网安徽省电力有限公司

1 工作范围

本作业指导书适用于国网安徽省电力有限公司＿＿＿＿＿＿＿＿＿＿作业。

2 作业方法

运用绝缘斗臂车采用绝缘手套法进行的作业。

3 引用文件

1.《国家电网公司电力安全工作规程》(以下简称《安规》)(配电部分);
2.《配电网检修规程》(Q/GDW 11261—2014);
3.《配电网技术导则》(Q/GDW 10370—2016);
4.《10 kV 配网不停电作业规范》(Q/GDW 10520—2016);
5.《配电网施工检修工艺规范》(Q/GDW 10742—2016);
6.《配电线路带电作业技术导则》(GB/T 18857—2019)。

4 作业前准备

4.1 准备工作安排

√	序号	内容	标　　准	备注
	1	现场勘察	1. 由工作负责人或工作票签发人组织到现场进行勘察,以便掌握同杆(塔)架设线路及其方位、电气间距、作业现场条件和环境; 2. 确定作业方法、所需工具、材料以及应采取的措施。	
	2	车辆检查	按公司《特种车辆使用管理规定》有关内容对车辆进行使用前检查。	
	3	气象条件	1. 根据本地气象预报,判断是否符合《安规》对带电作业的要求; 2. 风力大于 10 m/s 或相对湿度大于 80%时,不宜作业。	
	4	办理工作票	1. 在生产管理系统(PMS2.0)中开具工作票; 2. 确认工作地段、配网运行方式,确定预申请停用重合闸的线路名称。	

4.2 人员要求

√	序号	内　　容	备注
	1	作业人员必须持有带电作业有效资格证和实践工作经验。	
	2	作业人员应身体健康,无妨碍作业的生理和心理障碍。	
	3	本年度《安规》考试合格。	

4.3　工器具

√	序号	工器具名称		规格	单位	数量	备注
	1	特种车辆	绝缘斗臂车	10 kV	辆	1	
	2	绝缘防护用具	绝缘手套	10 kV	双	2	带防护手套
	3		绝缘安全帽	10 kV	顶	2	
	4		绝缘服	10 kV	套	2	
	5		绝缘安全带	10 kV	副	2	
	6	绝缘遮蔽用具	导线遮蔽罩	10 kV	根	若干	
	7		导线端头遮蔽罩	10 kV	个	3	
	8		绝缘毯	10 kV	块	若干	
	9	绝缘工具	绝缘锁杆	—	副	1	可同时锁定2根导线
	10		绝缘操作杆	—	副	1	操作消弧开关用
	11		绝缘传递绳	12 mm	根	1	15 m
	12		绝缘杆用消弧开关	—	套	1	
	13		绝缘引流线	10 kV	根	1	
	14		放电杆	—	根	1	
	15	其他	电流检测仪	高压	套	1	
	16		绝缘测试仪	2500 V 及以上	套	1	
	17		验电器	10 kV	套	1	
	18		护目镜	—	副	2	
	19		温湿度仪/风速仪	—	套	1	

4.4　材料

√	序号	名称	规格	单位	数量	备注

4.5　危险点分析及预控

√	序号	危　险　点	预 控 措 施
	1	高空作业时违反《安规》进行操作，可能引起高空坠落。	高空作业时，必须正确使用安全带并戴安全帽，将安全带系在牢固部件上且位置合理，便于作业。
	2	带电作业人员与邻近带电体及接地体的安全距离不够，可能引起相间短路、接地伤害事故。	作业人员与邻近带电体的距离不得小于 0.4 m，与邻相的安全距离不得小于 0.6 m，所使用绝缘操作杆的有效绝缘长度不得小于 0.7 m。
	3	绝缘斗臂车支车时，车腿支持点土壤松软或埋有市政管网设施，使车体倾斜，造成翻车。	遇到松软土壤时，支腿下加垫枕木或钢板。
	4	绝缘斗臂车液压机构渗漏油，可能引起支腿、绝缘臂、工作斗泄压。	绝缘斗臂车使用前要认真检查，并在预定位置试操作一次，确认各液压部分运转良好，无渗漏油现象，方可操作。
	5	监护人指挥发令信息不到位，导致带电操作人员误操作。	保持通讯通畅，操作人员收到监护人的指令后，应回复确认。

4.6　安全措施

√	序号	内　　容
	1	如遇雷电(听见雷声、看见闪电)雪雹、雨雾不得进行带电作业，风力大于 10 m/s 或相对湿度大于 80%时，也不得进行带电作业。
	2	作业前，需确认线路无接地、绝缘良好、线路上无人工作且相位无误。
	3	在运输过程中，绝缘工具应装在专用工具袋、工具箱或专用工具车内，以防受潮和损伤。
	4	带电作业应设人监护，监护人不得直接操作，监护的范围不得超过一个作业点。
	5	使用合格的绝缘安全工器具，使用前应做好检查。
	6	作业过程中，如设备突然停电，作业人员应视设备仍然带电，并立即停止操作，工作负责人尽快与调度联系查明原因。
	7	作业过程中，绝缘斗臂车的发动机不得熄火，起升、下降、回转速度不得大于 0.5 m/s。
	8	在接近带电体的过程中，应从下方依次验电，对人体可能触及范围内的构件亦应验电，确认无漏电现象。
	9	作业过程中有可能引起不同电位设备之间发生短路或接地故障时，应对设备间设置绝缘遮蔽。

续表

√	序号	内　容
	10	禁止同时接触未接通或已断开的导线的两个断头,以防人体串入电路。
	11	作业现场应设围栏及警示牌,禁止无关人员进入或在工作现场逗留。
	12	进行带负荷作业工作前应确认绝缘引流线(旁路设备)满足负荷要求。

4.7　人员分工

√	序号	作 业 人 员	作 业 项 目
	1	工作负责人	
	2	斗内电工	
	3	地面电工	

5　作业程序

5.1　开工

√	序号	内　容	责任人签字
	1	工作负责人办理工作票、申请停用重合闸。	
	2	调度通知已停用重合闸,许可工作。	
	3	工作负责人组织全体工作人员戴好安全帽,在现场列队宣读工作票,交待工作任务、安全措施、注意事项,确认工作班成员并让其签字后,宣布开始工作的命令。	

5.2　作业内容及标准

√	序号	作业内容	作业标准及步骤	安全措施及注意事项	备注
	1	进入现场	1. 将绝缘斗臂车停在工作点的最佳位置,并装置车体接地线; 2. 设置安全围栏。	1. 遇到松软土壤时,支腿下加垫枕木且不得超过两块,呈八角形45°摆放; 2. 车工作处地面应坚实、平整,地面坡度不应超过7°; 3. 支腿伸出车体找平后,车辆前后高度不应大于3°; 4. 车体接地体埋棒插入地层深度不小于0.4 m。	

续表

√	序号	作业内容	作业标准及步骤	安全措施及注意事项	备注
	2	工器具检查	1. 作业人员对绝缘工器具进行外观及绝缘检测； 2. 绝缘斗臂车工作前要对其进行检查，空斗试操作一次。	1. 使用绝缘测试仪进行分段及绝缘电阻检测，确保绝缘电阻值不低于 700 MΩ； 2. 绝缘工器具外观应符合使用安全要求，如无破损、划伤、受潮等； 3. 确认液压传动、回转、升降、伸缩系统工作正常、操作灵活，制动装置可靠。	
	3	验电、测流	1. 斗内电工穿戴好绝缘防护用具，进入各自的绝缘斗臂车斗，挂好安全带保险钩； 2. 斗内电工将工作斗调整至带电导线横担下侧适当位置，使用验电器对导线→绝缘子横担→导线进行验电，确认无漏电现象； 3. 斗内电工使用电流检测仪测量三相出线电缆的电流，确认待断电缆连接线无负荷。	1. 人体与邻近带电体的距离不得小于 0.4 m； 2. 绝缘杆的有效绝缘长度不得小于 0.7 m； 3. 作业过程中绝缘斗臂车的起升、下降、回转速度不得大于 0.5 m/s； 4. 作业时，上节绝缘臂的伸出长度应大于等于 1 m。	
	4	设置绝缘遮蔽、隔离措施	斗内电工将绝缘斗调整到合适位置，按照“从近到远、从下到上、先带电体后接地体”的遮蔽原则对作业范围内的所有带电体和接地体进行绝缘遮蔽。	1. 绝缘遮蔽搭接重叠部分不得小于 15 cm； 2. 遮蔽范围应比人体活动范围增加 0.4 m。	
	5	断空载电缆线路与架空线路连接引线	1. 斗内电工在选定的位置使用绝缘杆式导线剥皮器剥除主导线及电缆连接引线上的绝缘皮；斗内电工确认消弧开关在断开位置，且锁好锁销后，将绝缘杆式消弧开关一端挂接到近边相架空导线上，然后将绝缘杆式消弧开关的另一端连接到同相电缆连接引线上；	1. 斗内电工应戴护目镜防止电弧灼伤； 2. 带电电工人体与邻近带电体的距离不得小于 0.4 m，绝缘杆的有效绝缘长度不得小于 0.7 m； 3. 挂接绝缘引流线时连接应牢固且无脱落可能；	

续表

√	序号	作业内容	作业标准及步骤	安全措施及注意事项	备注
			2. 斗内电工用绝缘操作杆合上消弧开关,确认分流正常,绝缘引流线每一相分流的负荷电流应不小于原线路负荷电流的1/3。	4. 斗臂车绝缘斗在有电工作区域转移时,应缓慢移动,动作要平稳;绝缘斗臂车作业时,发动机不能熄火(电能驱动型除外),以保证液压系统处于工作状态。	
			斗内电工用绝缘锁杆将电缆引线接头临时固定在架空导线后,在架空导线处拆除线夹;引线应妥善固定,恢复绝缘遮蔽(如过渡引线从耐张线夹处穿出,可在电缆过渡支架处拆引线,并用锁杆固定在同相位架空导线上)。	1. 注意避开邻近高压线路及各类障碍物,选定绝缘斗臂车的升起方向和路径; 2. 操作消弧开关应使用绝缘操作杆; 3. 作业过程中禁止摘下绝缘防护用具; 4. 同一绝缘斗内双人工作时,禁止两人同时接触不同的电位体。	
			斗内电工使用绝缘操作杆拉开消弧开关。	放电工作人员应穿戴绝缘防护用品。	
			1. 斗内电工将绝缘杆式消弧开关一端从电缆连接引线处取下,挂在消弧开关上,将消弧开关从近边相导线上取下,如导线为绝缘线应恢复导线的绝缘及密封; 2. 其余两相引线断开按相同的方法进行;或根据现场情况先两侧、后中间的顺序进行。拆除三相引线时,应使用放电棒进行充分放电可按由先近后远。		
	6	拆除绝缘遮蔽措施	斗内作业人员拆除绝缘遮蔽用具,确认杆上已无遗留物后,转移工作斗至地面。	1. 作业人员拆除绝缘遮蔽措施时应戴绝缘手套,且顺序应正确; 2. 拆除绝缘毯时,应轻托慢起,防止拉伤绝缘层; 3. 严禁同时拆除不同电位的遮蔽体。	

续表

√	序号	作业内容	作业标准及步骤	安全措施及注意事项	备注
	7	返回地面	绝缘斗臂车操作员使绝缘斗、臂下降，斗内电工返回地面。	工作中不得失去安全带的保护。	

5.3　竣工

√	序号	内　　容	负责人签字
	1	工作负责人全面检查作业完成情况并点评（班后会）。	
	2	清理现场的工器具、材料，撤离作业现场。	
	3	通知调度恢复重合闸，办理终结工作票。	

6　验收总结

序号	验收总结	
1	验收评价	
2	存在问题及处理意见	

7　作业指导书执行情况评估

<table>
<tr><td rowspan="4">评估内容</td><td rowspan="2">符合性</td><td>优</td><td></td><td>可操作项</td><td></td></tr>
<tr><td>良</td><td></td><td>不可操作项</td><td></td></tr>
<tr><td rowspan="2">可操作性</td><td>优</td><td></td><td>建议修改项</td><td></td></tr>
<tr><td>良</td><td></td><td>遗漏项</td><td></td></tr>
<tr><td>存在问题</td><td colspan="5"></td></tr>
<tr><td>改进意见</td><td colspan="5"></td></tr>
</table>

编号：××××-××-××-53

Ⅲ-17　10 kV 带电接空载电缆线路与架空线路连接引线标准化作业指导书

(绝缘手套作业法)

编写人：________________　　　　________年______月______日

审核人：________________　　　　________年______月______日

批准人：________________　　　　________年______月______日

工作负责人：____________

作业日期：　　年　　月　　日　　时　　分　至　　年　　月　　日　　时　　分

国网安徽省电力有限公司

1　工作范围

本作业指导书适用于国网安徽省电力有限公司__________________作业。

2　作业方法

运用绝缘斗臂车采用绝缘手套法进行的作业。

3　引用文件

1.《国家电网公司电力安全工作规程》(以下简称《安规》)(配电部分);
2.《配电网检修规程》(Q/GDW 11261—2014);
3.《配电网技术导则》(Q/GDW 10370—2016);
4.《10 kV 配网不停电作业规范》(Q/GDW 10520—2016);
5.《配电网施工检修工艺规范》(Q/GDW 10742—2016);
6.《配电线路带电作业技术导则》(GB/T 18857—2019);
7.《10 kV 带电作业用消弧开关技术条件》(Q/GDW 1811)。

4　作业前准备

4.1　准备工作安排

√	序号	内容	标　　准	备注
	1	现场勘察	1. 由工作负责人或工作票签发人组织到现场进行勘察,以便掌握同杆(塔)架设线路及其方位、电气间距、作业现场条件和环境; 2. 确定作业方法、所需工具、材料以及应采取的措施。	
	2	车辆检查	按公司《特种车辆使用管理规定》有关内容对车辆进行使用前检查。	
	3	气象条件	1. 根据本地气象预报,判断是否符合《安规》对带电作业的要求; 2. 风力大于 10 m/s 或相对湿度大于 80%时,不宜作业。	
	4	办理工作票	1. 在生产管理系统(PMS2.0)中开具工作票; 2. 确认工作地段、配网运行方式,确定预申请停用重合闸的线路名称。	

4.2　人员要求

√	序号	内　　容	备注
	1	作业人员必须持有带电作业有效资格证和实践工作经验。	
	2	作业人员应身体健康,无妨碍作业的生理和心理障碍。	
	3	本年度《安规》考试合格。	

4.3　工器具

√	序号	工器具名称		规格	单位	数量	备注
	1	特种车辆	绝缘斗臂车	10 kV	辆	1	
	2	绝缘防护用具	绝缘手套	10 kV	双	2	
	3		绝缘安全帽	10 kV	顶	2	
	4		绝缘服	10 kV	套	2	
	5		绝缘安全带	10 kV	副	2	
	6	绝缘遮蔽用具	导线遮蔽罩	10 kV	根	若干	
	7		导线端头遮蔽罩	10 kV	个	3	
	8		绝缘毯	10 kV	块	若干	
	9	绝缘工具	绝缘操作杆	10 kV	副	1	
	10		绝缘锁杆	10 kV	副	1	
	11		绝缘传递绳	12 mm	根	1	
	12	其他	绝缘引流线		根	1	
	13		消弧开关		套	1	
	14		电流检测仪	高压	套	1	
	15		绝缘测试仪	2500 V 及以上	套	1	
	16		验电器	10 kV	套	1	
	17		护目镜	—	副	2	
	18		温湿度仪/风速仪	—	套	1	

4.4　材料

√	序号	名称	规格	单位	数量	备注

4.5 危险点分析及预控

√	序号	危险点	预控措施
	1	高空作业时违反《安规》进行操作，可能引起高空坠落。	高空作业时，必须正确使用安全带并戴安全帽，将安全带系在牢固部件上且位置合理，便于作业。
	2	带电作业人员与邻近带电体及接地体的安全距离不够，可能引起相间短路、接地伤害事故。	作业人员与邻近带电体的距离不得小于0.4 m，与邻相的安全距离不得小于0.6 m，所使用绝缘操作杆的有效绝缘长度不得小于0.7 m。
	3	绝缘斗臂车支车时，车腿支持点土壤松软或埋有市政管网设施，使车体倾斜，造成翻车。	遇到松软土壤时，支腿下加垫枕木或钢板。
	4	绝缘斗臂车液压机构渗漏油，可能引起支腿、绝缘臂、工作斗泄压。	绝缘斗臂车使用前要认真检查，并在预定位置试操作一次，确认各液压部分运转良好，无渗漏油现象，方可操作。
	5	监护人指挥发令信息不到位，导致带电操作人员误操作。	保持通讯通畅，操作人员收到监护人的指令后，应回复确认。

4.6 安全措施

√	序号	内容
	1	如遇雷电(听见雷声、看见闪电)雪雹、雨雾不得进行带电作业，风力大于10 m/s或相对湿度大于80%时，也不得进行带电作业。
	2	作业前，需确认线路无接地、绝缘良好、线路上无人工作且相位无误。
	3	在运输过程中，绝缘工具应装在专用工具袋、工具箱或专用工具车内，以防受潮和损伤。
	4	带电作业应设人监护，监护人不得直接操作，监护的范围不得超过一个作业点。
	5	使用合格的绝缘安全工器具，使用前应做好检查。
	6	作业过程中，如设备突然停电，作业人员应视设备仍然带电，并立即停止操作，工作负责人尽快与调度联系查明原因。
	7	作业过程中，绝缘斗臂车的发动机不得熄火，起升、下降、回转速度不得大于0.5 m/s。
	8	在接近带电体的过程中，应从下方依次验电，对人体可能触及范围内的构件亦应验电，确认无漏电现象。
	9	作业过程中有可能引起不同电位设备之间发生短路或接地故障时，应对设备间设置绝缘遮蔽。

续表

√	序号	内　　容
	10	禁止同时接触未接通或已断开的导线的两个断头,以防人体串入电路。
	11	作业现场应设围栏及警示牌,禁止无关人员进入或在工作现场逗留。
	12	进行带负荷作业工作前应确认绝缘引流线(旁路设备)满足负荷要求。

4.7　人员分工

√	序号	作 业 人 员	作 业 项 目
	1	工作负责人	
	2	斗内电工	
	3	地面电工	

5　作业程序

5.1　开工

√	序号	内　　容	责任人签字
	1	工作负责人办理工作票、申请停用重合闸。	
	2	调度通知已停用重合闸,许可工作。	
	3	工作负责人组织全体工作人员戴好安全帽,在现场列队宣读工作票,交待工作任务、安全措施、注意事项,确认工作班成员并让其签字后,宣布开始工作的命令。	

5.2　作业内容及标准

√	序号	作业内容	作业标准及步骤	安全措施及注意事项	备注
	1	进入现场	1. 将绝缘斗臂车停在工作点的最佳位置,并装置车体接地线; 2. 设置安全围栏。	1. 遇到松软土壤时,支腿下加垫枕木且不得超过两块,呈八角形 45°摆放; 2. 车工作处地面应坚实、平整,地面坡度不应超过 7°; 3. 支腿伸出车体找平后,车辆前后高度不应大于 3°; 4. 车体接地体埋棒插入地层深度不小于 0.4 m。	

续表

√	序号	作业内容	作业标准及步骤	安全措施及注意事项	备注
	2	工器具检查	1. 作业人员对绝缘工器具进行外观及绝缘检测； 2. 绝缘斗臂车工作前要对其进行检查，空斗试操作一次。	1. 使用绝缘测试仪进行分段及绝缘电阻检测，确保绝缘电阻值不低于700 MΩ； 2. 绝缘工器具外观应符合使用安全要求，如无破损、划伤、受潮等； 3. 确认液压传动、回转、升降、伸缩系统工作正常、操作灵活，制动装置可靠。	
	3	验电	1. 斗内电工穿戴好绝缘防护用具，进入各自的绝缘斗臂车斗，挂好安全带保险钩； 2. 斗内电工将工作斗调整至带电导线横担下侧适当位置，使用验电器对导线—绝缘子横担—导线进行验电，确认无漏电现象。	1. 人体与邻近带电体的距离不得小于0.4 m； 2. 绝缘杆的有效绝缘长度不得小于0.7 m； 3. 作业时，上节绝缘臂的伸出长度应大于等于1 m，绝缘斗、臂离带电体物体的距离应大于1 m，人体与相邻带电物体的距离应大于0.6 m。	
	4	设置绝缘遮蔽、隔离措施	1. 斗内电工将绝缘斗调整到合适位置，按照“从近到远、从下到上、先带电体后接地体”的遮蔽原则对作业范围内的所有带电体和接地体进行绝缘遮蔽； 2. 斗内电工用绝缘测量杆测量三相引线长度，然后将地面电工制作的引线安装到过渡支架上，并对三相引线与电缆过渡支架设置绝缘遮蔽措施。	1. 绝缘遮蔽应严实、牢固，导线遮蔽罩间重叠部分应大于15 cm，遮蔽范围应比人体活动范围增加0.4 m； 2. 作业过程中绝缘斗臂车的起升、下降、回转速度不得大于0.5 m/s； 3. 同一绝缘斗内双人工作时，禁止两人同时接触不同的电位体。	
	5	带电接空载电缆引线	1. 斗内电工确认消弧开关处于断开位置后，将消弧开关挂在中间相导线上（先剥除绝缘层），然后用绝缘引流线连接消弧开关下端导电杆和同相电缆终端（过渡支架接线端子处）；	1. 遮蔽罩搭接重叠部分不得小于15 cm； 2. 带电电工戴护目镜防止电弧灼伤； 3. 带电电工人体与邻近带电体的距离不得小于0.4 m，绝缘杆的有效绝缘长度不得小于0.7 m；	

续表

√	序号	作业内容	作业标准及步骤	安全措施及注意事项	备注
	5	带电接空载电缆引线	2. 斗内电工用绝缘操作杆合上消弧开关； 3. 斗内电工用锁杆将引线接头临时固定在同相架空导线上，调整工作位置后将电缆引线连接到架空导线； 4. 斗内电工用绝缘操作杆拉开消弧开关； 5. 斗内电工依次从电缆过渡支架和消弧开关导线杆处拆除绝缘引流线线夹，然后从架空导线上取下消弧开关； 6. 其余两相引线搭接按相同的方法进行；三相引线搭接，可按先远后近或根据现场情况先中间、后两侧的顺序进行。	4. 绝缘斗臂车金属部分对带电体有效绝缘长度不小于0.9 m，绝缘臂的有效长度不小于1 m； 5. 注意避开邻近高压线路及各类障碍物，选定绝缘斗臂车的升起方向和路径； 6. 作业中，对有可能触及的邻近带电体、接地部位应先做好绝缘遮蔽； 7. 工作完成后消弧开关挂接导线处应进行绝缘恢复。	
	6	拆除绝缘遮蔽措施	斗内作业人员拆除绝缘遮蔽用具，确认杆上已无遗留物后，转移工作斗至地面。	1. 作业人员拆除绝缘遮蔽措施时应戴绝缘手套，且顺序应正确； 2. 拆除绝缘毯时，应轻托慢起，防止拉伤绝缘层； 3. 严禁同时拆除不同电位的遮蔽体。	
	7	返回地面	绝缘斗臂车操作员使绝缘斗、臂下降，斗内电工返回地面。	工作中不得失去安全带的保护。	

5.3　竣工

√	序号	内　　容	负责人签字
	1	工作负责人全面检查作业完成情况并点评(班后会)。	
	2	清理现场的工器具、材料，撤离作业现场。	
	3	通知调度恢复重合闸，办理终结工作票。	

5.4 消缺记录

√	序号	作 业 内 容	负责人签字

6 验收总结

序号	验 收 总 结	
1	验收评价	
2	存在问题及处理意见	

7 作业指导书执行情况评估

评估内容	符合性	优		可操作项	
		良		不可操作项	
	可操作性	优		建议修改项	
		良		遗漏项	
存在问题					
改进意见					

编号：××××-××-××-54

Ⅲ-18 10 kV 带电接空载电缆线路与架空线路连接引线标准化作业指导书

（绝缘杆作业法）

编写人：______________ ______年_____月_____日

审核人：______________ ______年_____月_____日

批准人：______________ ______年_____月_____日

工作负责人：__________

作业日期： 年 月 日 时 分 至 年 月 日 时 分

国网安徽省电力有限公司

1 工作范围

本作业指导书适用于国网安徽省电力有限公司____________________作业。

2 作业方法

运用绝缘斗臂车采用绝缘手套法进行的作业。

3 引用文件

1.《国家电网公司电力安全工作规程》(以下简称《安规》)(配电部分);
2.《配电网检修规程》(Q/GDW 11261—2014);
3.《配电网技术导则》(Q/GDW 10370—2016);
4.《10 kV 配网不停电作业规范》(Q/GDW 10520—2016);
5.《配电网施工检修工艺规范》(Q/GDW 10742—2016);
6.《配电线路带电作业技术导则》(GB/T 18857—2019);
7.《10 kV 带电作业用消弧开关技术条件》(Q/GDW 1811)。

4 作业前准备

4.1 准备工作安排

√	序号	内容	标　　准	备注
	1	现场勘察	1. 由工作负责人或工作票签发人组织到现场进行勘察,以便掌握同杆(塔)架设线路及其方位、电气间距、作业现场条件和环境; 2. 确定作业方法、所需工具、材料以及应采取的措施。	
	2	车辆检查	按公司《特种车辆使用管理规定》有关内容对车辆进行使用前检查。	
	3	气象条件	1. 根据本地气象预报,判断是否符合《安规》对带电作业的要求; 2. 风力大于 10 m/s 或相对湿度大于 80%时,不宜作业。	
	4	办理工作票	1. 在生产管理系统(PMS2.0)中开具工作票; 2. 确认工作地段、配网运行方式,确定预申请停用重合闸的线路名称。	

4.2 人员要求

√	序号	内　　容	备注
	1	作业人员必须持有带电作业有效资格证和实践工作经验。	
	2	作业人员应身体健康,无妨碍作业的生理和心理障碍。	
	3	本年度《安规》考试合格。	

4.3　工器具

√	序号	工器具名称		规格	单位	数量	备注
	1	特种车辆	绝缘斗臂车	10 kV	辆	1	
	2	绝缘防护用具	绝缘手套	10 kV	双	2	
	3		绝缘安全帽	10 kV	顶	2	
	4		绝缘服	10 kV	套	2	
	5		绝缘安全带	10 kV	副	2	
	6	绝缘遮蔽用具	导线遮蔽罩	10 kV	个	若干	
	7		导线端头遮蔽罩	10 kV	个	3	
	8		绝缘毯	10 kV	个	若干	
	9	绝缘工具	绝缘操作杆	10 kV	副	1	
	10		绝缘锁杆	10 kV	副	1	
	11		绝缘传递绳	12 mm	根	1	
	12	其他	绝缘引流线		根	1	
	13		绝缘杆用消弧开关		套	1	
	14		电流检测仪	高压	套	1	
	15		绝缘测试仪	2500 V及以上	套	1	
	16		验电器	10 kV	套	1	
	17		护目镜	—	副	2	
	18		温湿度仪/风速仪	—	套	1	

4.4　材料

√	序号	名称	规格	单位	数量	备注

4.5 危险点分析及预控

√	序号	危　险　点	预 控 措 施
	1	高空作业时违反《安规》进行操作，可能引起高空坠落。	高空作业时，必须正确使用安全带并戴安全帽，将安全带系在牢固部件上且位置合理，便于作业。
	2	带电作业人员与邻近带电体及接地体的安全距离不够，可能引起相间短路、接地伤害事故。	作业人员与邻近带电体的距离不得小于0.4 m，与邻相的安全距离不得小于0.6 m，所使用绝缘操作杆的有效绝缘长度不得小于0.7 m。
	3	绝缘斗臂车支车时，车腿支持点土壤松软或埋有市政管网设施，使车体倾斜，造成翻车。	遇到松软土壤时，支腿下加垫枕木或钢板。
	4	绝缘斗臂车液压机构渗漏油，可能引起支腿、绝缘臂、工作斗泄压。	绝缘斗臂车使用前要认真检查，并在预定位置试操作一次，确认各液压部分运转良好，无渗漏油现象，方可操作。
	5	监护人指挥发令信息不到位，导致带电操作人员误操作。	保持通讯通畅，操作人员收到监护人的指令后，应回复确认。

4.6 安全措施

√	序号	内　容
	1	如遇雷电（听见雷声、看见闪电）雪雹、雨雾不得进行带电作业，风力大于10 m/s或相对湿度大于80%时，也不得进行带电作业。
	2	作业前，需确认线路无接地、绝缘良好、线路上无人工作且相位无误。
	3	在运输过程中，绝缘工具应装在专用工具袋、工具箱或专用工具车内，以防受潮和损伤。
	4	带电作业应设人监护，监护人不得直接操作，监护的范围不得超过一个作业点。
	5	使用合格的绝缘安全工器具，使用前应做好检查。
	6	作业过程中，如设备突然停电，作业人员应视设备仍然带电，并立即停止操作，工作负责人尽快与调度联系查明原因。
	7	作业过程中，绝缘斗臂车的发动机不得熄火，起升、下降、回转速度不得大于0.5 m/s。
	8	在接近带电体的过程中，应从下方依次验电，对人体可能触及范围内的构件亦应验电，确认无漏电现象。
	9	作业过程中有可能引起不同电位设备之间发生短路或接地故障时，应对设备间设置绝缘遮蔽。

续表

√	序号	内　容
	10	禁止同时接触未接通或已断开的导线的两个断头，以防人体串入电路。
	11	作业现场应设围栏及警示牌，禁止无关人员进入或在工作现场逗留。
	12	进行带负荷作业工作前应确认绝缘引流线（旁路设备）满足负荷要求。

4.7 人员分工

√	序号	作 业 人 员	作 业 项 目
	1	工作负责人	
	2	斗内电工	
	3	地面电工	

5 作业程序

5.1 开工

√	序号	内　容	责任人签字
	1	工作负责人办理工作票、申请停用重合闸。	
	2	调度通知已停用重合闸，许可工作。	
	3	工作负责人组织全体工作人员戴好安全帽，在现场列队宣读工作票，交待工作任务、安全措施、注意事项，确认工作班成员并让其签字后，宣布开始工作的命令。	

5.2 作业内容及标准

√	序号	作业内容	作业标准及步骤	安全措施及注意事项	备注
	1	进入现场	1. 将绝缘斗臂车停在工作点的最佳位置，并装置车体接地线； 2. 设置安全围栏。	1. 遇到松软土壤时，支腿下加垫枕木且不得超过两块，呈八角形 45°摆放； 2. 车工作处地面应坚实、平整，地面坡度不应超过 7°； 3. 支腿伸出车体找平后，车辆前后高度不应大于 3°； 4. 车体接地体埋棒插入地层深度不小于 0.4 m。	

续表

√	序号	作业内容	作业标准及步骤	安全措施及注意事项	备注
	2	工器具检查	1. 作业人员对绝缘工器具进行外观及绝缘检测； 2. 绝缘斗臂车工作前要对其进行检查，空斗试操作一次。	1. 使用绝缘测试仪进行分段及绝缘电阻检测，确保绝缘电阻值不低于700 MΩ； 2. 绝缘工器具外观应符合使用安全要求，如无破损、划伤、受潮等； 3. 确认液压传动、回转、升降、伸缩系统工作正常、操作灵活，制动装置可靠。	
	3	验电	1. 斗内电工穿戴好绝缘防护用具，进入各自的绝缘斗臂车斗，挂好安全带保险钩； 2. 斗内电工将工作斗调整至带电导线横担下侧适当位置，使用验电器对导线→绝缘子横担→导线进行验电，确认无漏电现象。	1. 人体与邻近带电体的距离不得小于0.4 m； 2. 绝缘杆的有效绝缘长度不得小于0.7 m； 3. 作业时，上节绝缘臂的伸出长度应大于等于1 m，绝缘斗、臂离带电体物体的距离应大于1 m，人体与相邻带电物体的距离应大于0.6 m。	
	4	设置绝缘遮蔽、隔离措施	1. 斗内电工将绝缘斗调整到合适位置，按照“从近到远、从下到上、先带电体后接地体”的遮蔽原则对作业范围内的所有带电体和接地体进行绝缘遮蔽； 2. 斗内电工用绝缘测量杆测量三相引线长度，然后将地面电工制作的引线安装到过渡支架上，并对三相引线与电缆过渡支架设置绝缘遮蔽措施。	1. 绝缘遮蔽搭接重叠部分不得小于15 cm； 2. 遮蔽范围应比人体活动范围扩大0.4 m； 3. 应注意绝缘斗臂车周围杆塔、线路等情况，转移工作斗时，绝缘臂的金属部位与带电体和地电位物体的距离大于1 m； 4. 作业过程中绝缘斗臂车的起升、下降、回转速度不得大于0.5 m/s。	
	5	带电接空载电缆引线	1. 斗内电工在选定的位置，使用绝缘杆式导线剥皮器剥除主导线和电缆连接引线上的绝缘层；斗内电工确认消弧开关在断开位置，且锁好锁销后，将绝缘杆式消弧开关一端挂接到近边相架空导线上，然后将绝缘杆式消弧开关的另一端连接到同相电缆连接引线上；	1. 遮蔽罩搭接重叠部分不得小于15 cm； 2. 带电电工戴护目镜防止电弧灼伤； 3. 带电电工人体与邻近带电体的距离不得小于0.4 m，绝缘杆的有效绝缘长度不得小于0.7 m；	

续表

√	序号	作业内容	作业标准及步骤	安全措施及注意事项	备注
			2. 斗内电工用绝缘操作杆合上消弧开关，确认分流正常，绝缘引流线每一相分流的负荷电流应不小于原线路负荷电流的 1/3； 3. 斗内电工用绝缘锁杆将电缆引线接头临时固定在架空导线后，在架空导线处搭接电缆引线； 4. 搭接完成后，斗内电工用绝缘操作杆断开消弧开关。	4. 绝缘斗臂车金属部分对带电体有效绝缘长度不小于 0.9 m，绝缘臂的有效长度不小于 1 m； 5. 注意避开邻近高压线路及各类障碍物，选定绝缘斗臂车的升起方向和路径； 6. 作业中，对有可能触及的邻近带电体、接地部位应先做好绝缘遮蔽；	
			1. 斗内电工依次从电缆过渡支架和消弧开关导线杆处拆除绝缘引流线线夹，然后从架空导线上取下消弧开关； 2. 其余两相引线连接按相同的方法进行。	工作完成后消弧开关挂接导线处应进行绝缘恢复。	
	6	拆除绝缘遮蔽措施	斗内作业人员拆除绝缘遮蔽用具，确认杆上已无遗留物后，转移工作斗至地面。	1. 作业人员拆除绝缘遮蔽措施时应戴绝缘手套，且顺序应正确； 2. 拆除绝缘毯时，应轻托慢起，防止拉伤绝缘层； 3. 严禁同时拆除不同电位的遮蔽体。	
	7	返回地面	绝缘斗臂车操作员使绝缘斗、臂下降，斗内电工返回地面。	工作中不得失去安全带的保护。	

5.3　竣工

√	序号	内　　容	负责人签字
	1	工作负责人全面检查作业完成情况并点评(班后会)。	
	2	清理现场的工器具、材料，撤离作业现场。	
	3	通知调度恢复重合闸，办理终结工作票。	

5.4 消缺记录

√	序号	作 业 内 容	负责人签字

6 验收总结

序号	验 收 总 结	
1	验收评价	
2	存在问题及处理意见	

7 作业指导书执行情况评估

<table>
<tr><td rowspan="4">评估内容</td><td rowspan="2">符合性</td><td>优</td><td></td><td>可操作项</td><td></td></tr>
<tr><td>良</td><td></td><td>不可操作项</td><td></td></tr>
<tr><td rowspan="2">可操作性</td><td>优</td><td></td><td>建议修改项</td><td></td></tr>
<tr><td>良</td><td></td><td>遗漏项</td><td></td></tr>
<tr><td>存在问题</td><td colspan="5"></td></tr>
<tr><td>改进意见</td><td colspan="5"></td></tr>
</table>

Ⅳ 四类作业

编号：××××-××-××-55

Ⅳ-01　10 kV 带负荷直线杆改耐张杆并加装柱上开关或隔离开关标准化作业指导书

（车用绝缘横担法）

编写人：________________　　　　________年______月______日

审核人：________________　　　　________年______月______日

批准人：________________　　　　________年______月______日

工作负责人：____________

作业日期：　　年　　月　　日　　时　　分　　至　　年　　月　　日　　时　　分

国网安徽省电力有限公司

1 工作范围

本作业指导书适用于国网安徽省电力有限公司____________________作业。

2 作业方法

利用绝缘手套作业法进行的作业。

3 引用文件

1.《国家电网公司电力安全工作规程》(以下简称《安规》)(配电部分);
2.《配电网检修规程》(Q/GDW 11261—2014);
3.《配电网技术导则》(Q/GDW 10370—2016);
4.《10 kV配网不停电作业规范》(Q/GDW 10520—2016);
5.《配电网施工检修工艺规范》(Q/GDW 10742—2016);
6.《配电线路带电作业技术导则》(GB/T 18857—2019);
7.《10 kV旁路电缆连接器使用导则》(Q/GDW 1812—2013)。

4 作业前准备

4.1 准备工作安排

√	序号	内容	标　　准	备注
	1	现场勘察	1. 由工作负责人或工作票签发人组织到现场进行勘察,以便掌握同杆(塔)架设线路及其方位、电气间距、作业现场条件和环境; 2. 确定作业方法、所需工具、材料以及应采取的措施。	
	2	气象条件	1. 根据本地气象预报,判断是否符合《安规》对带电作业的要求; 2. 风力大于10 m/s或相对湿度大于80%时,不宜作业。	
	3	办理工作票	1. 在生产管理系统(PMS2.0)中开具工作票; 2. 确认工作地段、配网运行方式,确定预申请停用重合闸的线路名称。	

4.2 人员要求

√	序号	内　　容	备注
	1	作业人员必须持有带电作业有效资格证和实践工作经验。	
	2	作业人员应身体健康,无妨碍作业的生理和心理障碍。	
	3	本年度《安规》考试合格。	

4.3 工器具

√	序号	工器具名称		规格	单位	数量	备注
	1	特种车辆	绝缘斗臂车	10 kV	辆	2	
	2	绝缘防护用具	绝缘手套	10 kV	双	3	
	3		绝缘安全帽	10 kV	顶	2	
	4		绝缘服	10 kV	套	2	
	5		绝缘安全带	10 kV	副	2	
	6	绝缘遮蔽用具	导线遮蔽罩	10 kV	个	6	
	7		绝缘毯	10 kV	个	若干	
	8		耐张横担遮蔽罩	10 kV	个	2	
	9		绝缘子遮蔽罩	10 kV	个	3	
	10		绝缘绳套	16 mm	根	3	
	11		绝缘横担	10 kV	套	1	
	12	绝缘工具	绝缘操作杆	10 kV	根	1	
	13		绝缘传递绳	12 mm	根	1	
	14	其他	绝缘电阻测试仪	2500 V及以上	套	1	
	15		绝缘紧线器		个	2	
	16		卡线器		个	4	
	17		电流检测仪		套	1	
	18		验电器	10 kV	套	1	
	19		风速仪		台	1	
	20		湿度仪		台	1	
	21		棘轮剪刀		把	1	
	22		绝缘靴(绝缘鞋套)		双	4	
	23		绝缘板手		套	2	
	24		防潮毡布		块	2	

4.4　材料

√	序号	名称	规格	单位	数量	备注
	1	耐张横担		套	1	
	2	悬式绝缘子串		套	6	
	3	耐张线夹		个	6	

4.5　危险点分析及预控

√	序号	危　险　点	预 控 措 施
	1	高空作业时违反《安规》进行操作,可能引起高空坠落。	高空作业时,必须正确使用安全带并戴安全帽,将安全带系在牢固部件上且位置合理,便于作业。
	2	杆上作业人员与邻近带电体及接地体安全距离不够,可能引起相间短路、接地事故。	1. 杆上作业人员人体与邻近带电体的距离不得小于0.4 m,绝缘操作杆的有效绝缘长度不得小于0.7 m; 2. 不满足安全距离时,应采取绝缘隔离措施。
	3	监护人指挥发令信息不畅,导致带电操作人员误操作。	保持通讯通畅,操作人员收到监护人的指令后,应回复确认。
	4	带负荷断、接引线,造成人员电弧灼伤。	带电断、接引线时,应先确认后端所有断路器(开关)、隔离开关(刀闸)已断开,变压器、电压互感器已退出运行。
	5	异物脱落,导致相间短路或单相接地。	在档距中间部分,高低压同杆架设时,异物坠落撞击低压导线容易引起导线摆动,导致两相短路,因此,清除异物前应做好措施(异物点坠落下方的低压导线加遮蔽)。

4.6　安全措施

√	序号	内　　容
	1	如遇雷电(听见雷声、看见闪电)雪雹、雨雾不得进行带电作业,风力大于10 m/s或相对湿度大于80%时,也不得进行带电作业。
	2	作业前,需确认线路无接地、绝缘良好、线路上无人工作且相位无误。
	3	在运输过程中,绝缘工具应装在专用工具袋、工具箱或专用工具车内,以防受潮和损伤。
	4	带电作业应设人监护,监护人不得直接操作,监护的范围不得超过一个作业点。

续表

√	序号	内　　容
	5	使用合格的绝缘安全工器具,使用前应做好检查。
	6	作业过程中,如设备突然停电,作业人员应视设备仍然带电,并立即停止操作,工作负责人尽快与调度联系查明原因。
	7	作业时,杆上作业人员对相邻带电体的间隙距离,作业工具的最小有效绝缘长度应满足规程要求。
	8	在接近带电体的过程中,应从下方依次验电,对人体可能触及范围内的构件亦应验电,确认无漏电现象。
	9	作业过程中有可能引起不同电位设备之间发生短路或接地故障时,应对设备间设置绝缘遮蔽。
	10	作业现场应设围栏及警示牌,禁止无关人员进入或在工作现场逗留。

4.7 人员分工

√	序号	作业人员	作业项目

5 作业程序

5.1 开工

√	序号	内　　容	责任人签字
	1	工作负责人办理工作票、申请停用重合闸。	
	2	调度通知已停用重合闸,许可工作。	
	3	工作负责人组织全体工作人员戴好安全帽,在现场列队宣读工作票,交待工作任务、安全措施、注意事项,确认工作班成员并让其签字后,宣布开始工作的命令。	

5.2 作业内容及标准

√	序号	作业内容	作业标准及步骤	安全措施及注意事项	备注
	1	进入现场	1. 将绝缘斗臂车停在工作点的最佳位置,并装置车体接地线; 2. 设置安全围栏。	1. 遇到松软土壤时,支腿下加垫枕木且不得超过两块,呈八角形45°摆放; 2. 车工作处地面应坚实、平整,地面坡度不应超过7°; 3. 支腿伸出车体找平后,车辆前后高度不应大于3°; 4. 车体接地体埋棒插入地层深度不小于0.4 m。	
	2	工器具检查	地面作业人员将按要求将工器具摆放在防潮的帆布上。	1. 防潮帆布应设置在杆上落物区半径之外; 2. 将绝缘工器具与非绝缘工器具分开摆放。	
			带电作业人员对绝缘工器具进行外观检查与检测。	1. 使用前应用2500 V的绝缘摇表检查并确保其绝缘阻值不小于700 MΩ; 2. 绝缘工器具外观应符合使用安全要求,如无破损、划伤、受潮等。	
			绝缘斗臂车操作员将空斗试操作一次。	确认液压传动、回转、升降、伸缩系统工作正常、操作灵活,制动装置可靠。	
	3	绝缘遮蔽	斗内作业人员分别穿戴好绝缘防护用具,各自进入绝缘斗,挂好安全带保险钩。		
			斗内作业人员使用验电器对绝缘子、横担进行验电,确认无漏电现象。	1. 绝缘斗臂车金属部分对带电体的有效绝缘长度不小于0.9 m,绝缘臂的有效长度不小于1 m,车体接地棒入地不少于0.6 m; 2. 注意避开邻近高压线路及各类障碍物,选定绝缘斗臂车的升起方向和路径。	

续表

√	序号	作业内容	作业标准及步骤	安全措施及注意事项	备注
			对作业范围内的所有带电体和接地体进行绝缘遮蔽。	1. 遮蔽罩搭接重叠部分不得小于15 cm； 2. 带电作业人员人体与邻近带电体的距离不得小于0.6 m，与接地体的距离不得小于0.4 m； 3. 遮蔽范围大于工作范围0.4 m； 4. 按照“从近到远、从下到上、先带电体后接地体”的遮蔽原则。	
	4	安装绝缘横担及提升导线	1号斗内作业人员与地面作业人员配合在绝缘斗臂车上安装绝缘横担。	安装时，固定应牢固。	
			1号斗内作业人员将绝缘斗移至被提升导线的下方，与2号斗内作业人员相互配合拆除绝缘子扎线；1号斗内作业人员将导线分别置于绝缘横担固定器内并缓慢抬高。	1. 拆除扎线时，边拆边卷，直径应小于10 cm； 2. 提升导线必须缓慢、平稳； 3. 密切注意导线的张度和两侧电杆的受力情况，以防顺线路前后电杆绝缘子上扎线绷断； 4. 密切注意绝缘斗臂车的受力情况。	
	5	安装耐张横担	1号斗内作业人员将绝缘横担缓慢抬高，提升三相导线，提升高度不小于0.4 m，1号、2号作业人员相互配合拆除原绝缘子和横担；安装耐张横担、悬式绝缘子串和耐张线夹，并对其进行遮蔽。	1. 遮蔽罩搭接重叠部分不得小于15 cm； 2. 带电作业人员人体与邻近带电体的距离不得小于0.6 m，与接地体的距离不得小于0.4 m； 3. 遮蔽范围大于工作范围0.4 m； 4. 按照“从近到远、从下到上、先带电体后接地体”的遮蔽原则。	
			1号斗内作业人员在2号斗内作业人员配合下将导线缓缓下降，逐一放置耐张横担遮蔽罩上，并固定。	过程中应避免碰及绝缘遮蔽的部位。	

续表

√	序号	作业内容	作业标准及步骤	安全措施及注意事项	备注
	6	安装开关并接引线	1 号斗内作业人员配合操作小吊使用绝缘吊绳将柱上开关及支架提升至适当位置,2 号斗内作业人员进行安装固定柱上开关支架,并装设开关引线、接地线;确认开关在“分”的位置,并将跳闸机构闭锁。	1. 起吊过程中必须注意观察与带电部位的距离; 2. 作业人员必须与带电部位保持足够的安全距离; 3. 应密切注意绝缘斗臂车的受力情况。	
			1 号、2 号斗内作业人员配合分别在柱上开关两侧进行开关引流线与导线的连接;连接完毕后,迅速恢复绝缘遮蔽。	安装引线时,应密切注意引线与带电部位保持足够的安全距离。	
			合上柱上负荷开关,确认在“合”的位置;使用电流检测仪检测开关引流线电流,确认通流正常。		
	7	开断导线	斗内作业人员分别在柱上开关两侧的同一相导线安装好绝缘紧线器及后备保护绳,将导线收紧,同时收紧后备保护绳。	两侧应同相、同步进行。	
			1 号斗内作业人员使用电流检测仪检测电流,确认通流正常,开关引流线每一相分流的负荷电流应不小于原线路负荷电流的 1/3。		
			1 号、2 号斗内作业人员配合,剪断近边相导线,分别将近边相两侧导线固定在耐张线夹内。	开断导线过程中,必须注意控制好导线头,防止和临相导线以及接地部位距离太近。	
			1 号、2 号斗内作业人员分别拆除绝缘紧线器及后备保护绳,并及时恢复绝缘遮蔽。	1. 遮蔽罩搭接重叠部分不得小于 15 cm; 2. 带电作业人员人体与邻近带电体的距离不得小于 0.6 m,与接地体的距离不得小于 0.4 m; 3. 遮蔽范围比工作范围大 0.4 m。	

续表

√	序号	作业内容	作业标准及步骤	安全措施及注意事项	备注
			1号、2号斗内作业人员配合，按同样的方法开断另外两相导线。	开断导线过程中，必须注意控制好导线头，防止和临相导线以及接地部位距离太近。	
	8	拆除绝缘遮蔽	工作完成后，斗内作业人员按照“从远到近、从上到下、先接地体后带电体”拆除遮蔽的原则拆除绝缘遮蔽隔离措施；绝缘斗退出带作业人员作区域，作业人员返回地面。	1. 按照“从远到近、从上到下、先接地体后带电体”的遮蔽原则； 2. 1号斗内作业人员、2号斗内作业人员应同步进行。	

5.3 竣工

√	序号	内　容	负责人签字
	1	工作负责人全面检查作业完成情况并点评(班后会)。	
	2	清理现场的工器具、材料，撤离作业现场。	
	3	通知调度恢复重合闸，办理终结工作票。	

5.4 消缺记录

√	序号	作 业 内 容	负责人签字

6 验收总结

序号	验 收 总 结	
1	验收评价	
2	存在问题及处理意见	

7　作业指导书执行情况评估

<table>
<tr><td rowspan="4">评估内容</td><td rowspan="2">符合性</td><td>优</td><td></td><td>可操作项</td><td></td></tr>
<tr><td>良</td><td></td><td>不可操作项</td><td></td></tr>
<tr><td rowspan="2">可操作性</td><td>优</td><td></td><td>建议修改项</td><td></td></tr>
<tr><td>良</td><td></td><td>遗漏项</td><td></td></tr>
<tr><td>存在问题</td><td colspan="5"></td></tr>
<tr><td>改进意见</td><td colspan="5"></td></tr>
</table>

编号：××××-××-××-56

Ⅳ-02　10 kV 带负荷直线杆改耐张杆并加装柱上开关或隔离开关标准化作业指导书

（杆顶绝缘横担法）

编写人：________________　　　　________年______月______日

审核人：________________　　　　________年______月______日

批准人：________________　　　　________年______月______日

工作负责人：____________

作业日期：　　年　　月　　日　　时　　分　　至　　年　　月　　日　　时　　分

国网安徽省电力有限公司

1　工作范围

本作业指导书适用于国网安徽省电力有限公司____________________作业。

2　作业方法

利用绝缘手套作业法进行的作业。

3　引用文件

1.《国家电网公司电力安全工作规程》(以下简称《安规》)(配电部分);
2.《配电网检修规程》(Q/GDW 11261—2014);
3.《配电网技术导则》(Q/GDW 10370—2016);
4.《10 kV配网不停电作业规范》(Q/GDW 10520—2016);
5.《配电网施工检修工艺规范》(Q/GDW 10742—2016);
6.《配电线路带电作业技术导则》(GB/T 18857—2019);
7.《10 kV旁路电缆连接器使用导则》(Q/GDW 1812—2013)。

4　作业前准备

4.1　准备工作安排

√	序号	内容	标　　准	备注
	1	现场勘察	1. 由工作负责人或工作票签发人组织到现场进行勘察,以便掌握同杆(塔)架设线路及其方位、电气间距、作业现场条件和环境; 2. 确定作业方法、所需工具、材料以及应采取的措施。	
	2	气象条件	1. 根据本地气象预报,判断是否符合《安规》对带电作业的要求; 2. 风力大于10 m/s或相对湿度大于80%时,不宜作业。	
	3	办理工作票	1. 在生产管理系统(PMS2.0)中开具工作票; 2. 确认工作地段、配网运行方式,确定预申请停用重合闸的线路名称。	

4.2　人员要求

√	序号	内　　容	备注
	1	作业人员必须持有带电作业有效资格证和实践工作经验。	
	2	作业人员应身体健康,无妨碍作业的生理和心理障碍。	
	3	本年度《安规》考试合格。	

4.3 工器具

√	序号	工器具名称		规格	单位	数量	备注
	1	特种车辆	绝缘斗臂车	10 kV	辆	2	
	2	绝缘防护用具	绝缘手套	10 kV	双	3	
	3		绝缘安全帽	10 kV	顶	2	
	4		绝缘服	10 kV	套	2	
	5		绝缘安全带	10 kV	副	2	
	6	绝缘遮蔽用具	导线遮蔽罩	10 kV	个	6	
	7		绝缘毯	10 kV	个	若干	
	8		耐张横担遮蔽罩	10 kV	个	2	
	9		绝缘子遮蔽罩	10 kV	个	3	
	10		绝缘绳套	16 mm	根	3	
	11		绝缘横担	10 kV	套	1	
	12	绝缘工具	绝缘操作杆	10 kV	根	1	
	13		绝缘传递绳	12 mm	根	1	
	14	其他	绝缘电阻测试仪	2500 V及以上	套	1	
	15		绝缘紧线器		个	2	
	16		卡线器		个	4	
	17		电流检测仪		套	1	
	18		验电器	10 kV	套	1	
	19		风速仪		台	1	
	20		湿度仪		台	1	
	21		棘轮剪刀		把	1	
	22		绝缘靴(绝缘鞋套)		双	4	
	23		绝缘板手		套	2	
	24		防潮毡布		块	2	

4.4 材料

√	序号	名称	规格	单位	数量	备注
	1	耐张横担		套	1	
	2	悬式绝缘子串		套	6	

续表

√	序号	名称	规格	单位	数量	备注
	3	耐张线夹		个	6	
	4	设备线夹		个	6	
	5	并沟线夹		个	12	
	6	铝包带		盘	若干	
	7	柱上开关或隔离开关		台	1	

4.5　危险点分析及预控

√	序号	危　险　点	预 控 措 施
	1	高空作业时违反《安规》进行操作,可能引起高空坠落。	高空作业时,必须正确使用安全带并戴安全帽,将安全带系在牢固部件上且位置合理,便于作业。
	2	杆上作业人员与邻近带电体及接地体安全距离不够,可能引起相间短路、接地事故。	1. 杆上作业人员人体与邻近带电体的距离不得小于 0.4 m,绝缘操作杆的有效绝缘长度不得小于 0.7 m; 2. 不满足安全距离时,应采取绝缘隔离措施。
	3	监护人指挥发令信息不畅,导致带电操作人员误操作。	保持通讯通畅,操作人员收到监护人的指令后,应回复确认。
	4	带负荷断、接引线,造成人员电弧灼伤。	带电断、接引线时,应先确认后端所有断路器(开关)、隔离开关(刀闸)已断开,变压器、电压互感器已退出运行。
	5	异物脱落,导致相间短路或单相接地。	在档距中间部分,高低压同杆架设时,异物坠落撞击低压导线容易引起导线摆动,导致两相短路,因此,清除异物前应做好措施(异物点坠落下方的低压导线加遮蔽)。

4.6　安全措施

√	序号	内　　容
	1	如遇雷电(听见雷声、看见闪电)雪雹、雨雾不得进行带电作业,风力大于 10 m/s 或相对湿度大于 80%时,也不得进行带电作业。
	2	作业前,需确认线路无接地、绝缘良好、线路上无人工作且相位无误。
	3	在运输过程中,绝缘工具应装在专用工具袋、工具箱或专用工具车内,以防受潮和损伤。

续表

√	序号	内　　容
	4	带电作业应设人监护，监护人不得直接操作，监护的范围不得超过一个作业点。
	5	使用合格的绝缘安全工器具，使用前应做好检查。
	6	作业过程中，如设备突然停电，作业人员应视设备仍然带电，并立即停止操作，工作负责人尽快与调度联系查明原因。
	7	作业时，杆上作业人员对相邻带电体的间隙距离，作业工具的最小有效绝缘长度应满足规程要求。
	8	在接近带电体的过程中，应从下方依次验电，对人体可能触及范围内的构件亦应验电，确认无漏电现象。
	9	作业过程中有可能引起不同电位设备之间发生短路或接地故障时，应对设备间设置绝缘遮蔽。
	10	作业现场应设围栏及警示牌，禁止无关人员进入或在工作现场逗留。

4.7　人员分工

√	序号	作 业 人 员	作 业 项 目

5　作业程序

5.1　开工

√	序号	内　　容	责任人签字
	1	工作负责人办理工作票、申请停用重合闸。	
	2	调度通知已停用重合闸，许可工作。	
	3	工作负责人组织全体工作人员戴好安全帽，在现场列队宣读工作票，交待工作任务、安全措施、注意事项，确认工作班成员并让其签字后，宣布开始工作的命令。	

5.2　作业内容及标准

√	序号	作业内容	作业标准及步骤	安全措施及注意事项	备注
	1	进入现场	绝缘斗臂车操作员将绝缘斗臂车停在工作点的最佳位置,并装设车体接地线。	1. 遇到松软土壤时,支腿下加垫枕木且不得超过两块,呈八角形45°摆放; 2. 车工作处地面应坚实、平整,地面坡度超过5°; 3. 车体接地体埋棒插入地层深度不小于0.4 m。	
	2	工器具检查	地面作业人员将按要求将工器具摆放在防潮的帆布上。	1. 防潮帆布应设置在杆上落物区半径之外; 2. 将绝缘工器具与非绝缘工器具分开摆放。	
			带电作业人员对绝缘工器具进行外观检查与检测。	1. 使用前应用2500 V的绝缘摇表检查并确保其绝缘阻值不小于700 MΩ; 2. 绝缘工器具外观应符合使用安全要求,如无破损、划伤、受潮等。	
			绝缘斗臂车操作员将空斗试操作一次。	确认液压传动、回转、升降、伸缩系统工作正常、操作灵活,制动装置可靠。	
	3	绝缘遮蔽	斗内作业人员分别穿戴好绝缘防护用具,各自进入绝缘斗,挂好安全带保险钩。		
			斗内作业人员将工作斗调整至带电导线横担下侧适当位置,使用验电器对绝缘子、横担进行验电,确认无漏电现象。	1. 绝缘斗臂车金属部分对带电体的有效绝缘长度不小于0.9 m,绝缘臂的有效长度不小于1 m,车体接地棒入地不少于0.6 m; 2. 注意避开邻近高压线路及各类障碍物,选定绝缘斗臂车的升起方向和路径。	

续表

√	序号	作业内容	作业标准及步骤	安全措施及注意事项	备注
			按照“从近到远、从下到上、先带电体后接地体”的遮蔽原则对作业范围内的所有带电体和接地体进行绝缘遮蔽。	1. 遮蔽罩搭接重叠部分不得小于15 cm; 2. 带电作业人员人体与邻近带电体的距离不得小于0.6 m,与接地体的距离不得小于0.4 m; 3. 遮蔽范围大于工作范围0.4 m。	
	4	安装绝缘横担	1号斗内作业人员使用绝缘小吊吊住中相导线,2号斗内作业人员解开中相导线绑扎线,遮蔽罩对接并将开口向上;1号斗内作业人员起升小吊,将导线缓慢提升至距中间相绝缘子0.4 m以外。	1. 禁止在小吊受力的情况下移动绝缘斗臂车; 2. 提升中间相导线必须缓慢、平稳; 3. 应密切注意导线的张度和两侧电杆的受力情况,以防顺线路前后电杆绝缘子上扎线绷断; 4. 应密切注意绝缘斗臂车的受力情况。	
			2号斗内作业人员拆除中间相绝缘子及立铁,安装杆顶绝缘横担。	过程中应避免碰及绝缘遮蔽的部位。	
			1号斗内作业人员缓慢下降小吊,将导线放至绝缘横担中间相卡槽内,扣好保险环,解开小吊绳;两边相按相同方法进行,拆除直线横担。	1. 禁止在小吊受力的情况下移动绝缘斗臂车; 2. 提升中间相导线必须缓慢、平稳; 3. 应密切注意导线的张度和两侧电杆的受力情况,以防顺线路前后电杆绝缘子上扎线绷断; 4. 应密切注意绝缘斗臂车的受力情况。	

续表

<table>
<tr><th>√</th><th>序号</th><th>作业内容</th><th>作业标准及步骤</th><th>安全措施及注意事项</th><th>备注</th></tr>
<tr><td></td><td rowspan="2">5</td><td rowspan="2">安装耐张横担</td><td>1、2号斗内作业人员配合安装耐张横担、悬式绝缘子串和耐张线夹,并对其进行遮蔽。</td><td>1. 遮蔽罩搭接重叠部分不得小于15 cm;
2. 带电作业人员人体与邻近带电体的距离不得小于0.6 m,与接地体的距离不得小于0.4 m;
3. 遮蔽范围大于工作范围0.4 m;
4. 安装耐张横担时,不能碰触两边相导线;
5. 防止高空落物。</td><td rowspan="2"></td></tr>
<tr><td></td><td>1号斗内作业人员在2号斗内作业人员配合下,将导线自绝缘横担上放下,逐一放置耐张横担遮蔽罩上,并固定;2号斗内作业人员拆除绝缘横担。</td><td>防止高空落物。</td></tr>
<tr><td></td><td rowspan="3">6</td><td rowspan="3">安装开关并接引线</td><td>1号斗内作业人员配合操作小吊使用绝缘吊绳,将柱上开关及支架提升至适当位置,2号斗内作业人员进行安装固定柱上开关支架,并装设开关引线、接地线;确认开关在“分”的位置,并将跳闸机构闭锁。</td><td>1. 起吊过程中必须注意观察与带电部位的距离;
2. 作业人员必须与带电部位保持足够的安全距离;
3. 密切注意绝缘斗臂车的受力情况。</td><td rowspan="3"></td></tr>
<tr><td></td><td>1号、2号斗内作业人员配合分别在柱上开关两侧进行开关引流线与导线的连接;连接完毕后,迅速恢复绝缘遮蔽。</td><td>安装引线时,密切注意引线与带电部位保持足够的安全距离。</td></tr>
<tr><td></td><td>合上柱上负荷开关,确认在“合”的位置;使用电流检测仪检测开关引流线电流,确认通流正常。</td><td></td></tr>
</table>

续表

√	序号	作业内容	作业标准及步骤	安全措施及注意事项	备注
	7	开断导线	斗内作业人员分别在柱上开关两侧的同一相导线安装好绝缘紧线器及后备保护绳，将导线收紧，同时收紧后备保护绳。	两侧应同相、同步进行。	
			1号斗内作业人员使用电流检测仪检测电流，确认通流正常，开关引流线每一相分流的负荷电流应不小于原线路负荷电流的1/3。		
			1号、2号斗内作业人员配合，剪断近边相导线，分别将近边相两侧导线固定在耐张线夹内。	开断导线过程中，必须注意控制好导线头，防止和临相导线以及接地部位距离太近。	
			1号、2号斗内作业人员分别拆除绝缘紧线器及后备保护绳，并及时恢复绝缘遮蔽。	1. 遮蔽罩搭接重叠部分不得小于15 cm； 2. 带电作业人员人体与邻近带电体的距离不得小于0.6 m，与接地体的距离不得小于0.4 m； 3. 遮蔽范围比工作范围大0.4 m。	
			1号斗内作业人员、2号斗内作业人员配合，按同样的方法开断另外两相导线。	开断导线过程中，必须注意控制好导线头，防止和临相导线以及接地部位距离太近。	
	8	拆除绝缘遮蔽	工作完成后，斗内作业人员按照“从远到近、从上到下、先接地体后带电体”拆除遮蔽的原则拆除绝缘遮蔽隔离措施；绝缘斗退出带作业人员作区域，作业人员返回地面。	1. 按照“从远到近、从上到下、先接地体后带电体”的遮蔽原则； 2. 1号、2号斗内作业人员应同相进行。	

5.3 竣工

√	序号	内　　容	负责人签字
	1	工作负责人全面检查作业完成情况并点评(班后会)。	
	2	清理现场的工器具、材料,撤离作业现场。	
	3	通知调度恢复重合闸,办理终结工作票。	

5.4 消缺记录

√	序号	作 业 内 容	负责人签字

6 验收总结

<table>
<tr><th>序号</th><th colspan="2">验 收 总 结</th></tr>
<tr><td>1</td><td>验收评价</td><td></td></tr>
<tr><td>2</td><td>存在问题及处理意见</td><td></td></tr>
</table>

7 作业指导书执行情况评估

<table>
<tr><td rowspan="4">评估内容</td><td rowspan="2">符合性</td><td>优</td><td></td><td>可操作项</td><td></td></tr>
<tr><td>良</td><td></td><td>不可操作项</td><td></td></tr>
<tr><td rowspan="2">可操作性</td><td>优</td><td></td><td>建议修改项</td><td></td></tr>
<tr><td>良</td><td></td><td>遗漏项</td><td></td></tr>
<tr><td>存在问题</td><td colspan="5"></td></tr>
<tr><td>改进意见</td><td colspan="5"></td></tr>
</table>

编号：××××-××-××-57

Ⅳ-03　10 kV 不停电更换柱上变压器标准化作业指导书

（利用发电车）

编写人：________________　　　　　　________年______月______日

审核人：________________　　　　　　________年______月______日

批准人：________________　　　　　　________年______月______日

工作负责人：____________

作业日期：　　年　　月　　日　　时　　分　至　　年　　月　　日　　时　　分

国网安徽省电力有限公司

1　工作范围

本作业指导书适用于国网安徽省电力有限公司____________________作业。

2　作业方法

利用综合不停电作业法进行的作业。

3　引用文件

1.《国家电网公司电力安全工作规程》(以下简称《安规》)(配电部分);
2.《配电网检修规程》(Q/GDW 11261—2014);
3.《配电网技术导则》(Q/GDW 10370—2016);
4.《10 kV配网不停电作业规范》(Q/GDW 10520—2016);
5.《配电网施工检修工艺规范》(Q/GDW 10742—2016);
6.《配电线路带电作业技术导则》(GB/T 18857—2019)。

4　作业前准备

4.1　准备工作安排

√	序号	内容	标　　准	备注
	1	现场勘察	1. 由工作负责人或工作票签发人组织到现场进行勘察,以便掌握同杆(塔)架设线路及其方位、电气间距、作业现场条件和环境; 2. 确定作业方法、所需工具、材料以及应采取的措施。	
	2	气象条件	1. 根据本地气象预报,判断是否符合《安规》对带电作业的要求; 2. 风力大于10 m/s或相对湿度大于80%时,不宜作业。	
	3	办理工作票	1. 在生产管理系统(PMS2.0)中开具工作票; 2. 确认工作地段、配网运行方式,确定预申请停用重合闸的线路名称。	

4.2　人员要求

√	序号	内　　容	备注
	1	作业人员必须持有带电作业有效资格证和实践工作经验。	
	2	作业人员应身体健康,无妨碍作业的生理和心理障碍。	
	3	本年度《安规》考试合格。	

4.3 工器具

√	序号	工器具名称		规格	单位	数量	备注
	1	特种车辆	发电车		辆	1	
	2		绝缘斗臂车		辆	1	
	3		吊车(叉车)	8 t	辆	1	
	4	个人防护用具	绝缘手套	10 kV	双	2	
	5		绝缘安全帽	10 kV	顶	1	
	6		绝缘服	10 kV	套	1	
	7		绝缘安全带	10 kV	副	1	
	8	绝缘用具	绝缘操作杆	10 kV	根	1	
	9		绝缘传递绳	12 mm	根	1	
	10		绝缘毯	10 kV	个	若干	
	11		导线遮蔽罩	10 kV	个	6	
	12		余缆支架		副	2	
	13	其他	电流检测仪	高压	套	1	
	14		绝缘电阻测试仪	2500 V及以上	套	1	
	15		低压相序表		台	1	
	16		对讲机		套	2	
	17		温湿度仪/风速仪		套	1	
	18		绝缘手套检测仪	10 kV	个	1	

4.4 材料

√	序号	名称	规格	单位	数量	备注

4.5　危险点分析及预控

√	序号	危　险　点	预 控 措 施
	1	高空作业时违反《安规》进行操作,可能引起高空坠落。	高空作业时,必须正确使用安全带并戴安全帽,将安全带系在牢固部件上且位置合理,便于作业。
	2	杆上作业人员与邻近带电体及接地体安全距离不够,可能引起相间短路、接地事故。	1. 杆上作业人员人体与邻近带电体的距离不得小于0.4 m,绝缘操作杆的有效绝缘长度不得小于0.7 m; 2. 不满足安全距离时,应采取绝缘隔离措施。
	3	监护人指挥发令信息不畅,导致带电操作人员误操作。	保持通讯通畅,操作人员收到监护人的指令后,应回复确认。
	4	带负荷断、接引线,造成人员电弧灼伤。	带电断、接引线时,应先确认后端所有断路器(开关)、隔离开关(刀闸)已断开,变压器、电压互感器已退出运行。
	5	异物脱落,导致相间短路或单相接地。	在档距中间部分,高低压同杆架设时,异物坠落撞击低压导线容易引起导线摆动,导致两相短路,因此,清除异物前应做好措施(异物点坠落下方的低压导线加遮蔽)。

4.6　安全措施

√	序号	内　　容
	1	如遇雷电(听见雷声、看见闪电)雪雹、雨雾不得进行带电作业,风力大于10 m/s或相对湿度大于80%时,也不得进行带电作业。
	2	作业前,需确认线路无接地、绝缘良好、线路上无人工作且相位无误。
	3	在运输过程中,绝缘工具应装在专用工具袋、工具箱或专用工具车内,以防受潮和损伤。
	4	带电作业应设人监护,监护人不得直接操作,监护的范围不得超过一个作业点。
	5	使用合格的绝缘安全工器具,使用前应做好检查。
	6	作业过程中,如设备突然停电,作业人员应视设备仍然带电,并立即停止操作,工作负责人尽快与调度联系查明原因。
	7	作业时,杆上作业人员对相邻带电体的间隙距离,作业工具的最小有效绝缘长度应满足规程要求。

续表

√	序号	内　　容
	8	在接近带电体的过程中，应从下方依次验电，对人体可能触及范围内的构件亦应验电，确认无漏电现象。
	9	作业过程中，有可能引起不同电位设备之间发生短路或接地故障，应对设备间设置绝缘遮蔽。
	10	作业现场应设围栏及警示牌，禁止无关人员进入或在工作现场逗留。

4.7　人员分工

√	序号	作 业 人 员	作 业 项 目

5　作业程序

5.1　开工

√	序号	内　　容	责任人签字
	1	工作负责人办理工作票、申请停用重合闸。	
	2	调度通知已停用重合闸，许可工作。	
	3	工作负责人组织全体工作人员戴好安全帽，在现场列队宣读工作票，交待工作任务、安全措施、注意事项，确认工作班成员并让其签字后，宣布开始工作的命令。	

5.2　作业内容及标准

√	序号	作业内容	作业标准及步骤	安全措施及注意事项	备注
	1	进入现场	绝缘斗臂车操作员将绝缘斗臂车停在工作点的最佳位置，并装设车体接地线。	1. 遇到松软土壤时，支腿下加垫枕木且不得超过两块，呈八角形45°摆放； 2. 车工作处地面应坚实、平整，地面坡度超过5°； 3. 车体接地体埋棒插入地层深度不小于0.4 m。	

续表

√	序号	作业内容	作业标准及步骤	安全措施及注意事项	备注
	2	工器具检查	地面作业人员将按要求将工器具摆放在防潮的帆布上。	1. 防潮帆布应设置在杆上落物区半径之外； 2. 将绝缘工器具与非绝缘工器具分开摆放。	
			带电作业人员对绝缘工器具进行外观检查与检测。	1. 使用前应用2500 V的绝缘摇表检查并确保其绝缘阻值不小于700 MΩ； 2. 绝缘工器具外观应符合使用安全要求，如无破损、划伤、受潮等。	
			绝缘斗臂车操作员将空斗试操作一次。	确认液压传动、回转、升降、伸缩系统工作正常、操作灵活，制动装置可靠。	
	3	负荷导出	斗内电工分别穿戴好绝缘防护用具，各自进入绝缘斗，挂好安全带保险钩。		
			斗内电工升起工作斗，定位到便于作业的位置。	1. 带电作业人员与邻近带电体的距离不得小于0.6 m，与接地体的距离不得小于0.4 m，绝缘杆的有效绝缘长度不得小于0.7 m； 2. 绝缘斗臂车金属部分对带电体有效绝缘长度不小于0.9 m，绝缘臂的有效长度不小于1 m。	
			斗内电工确认变压器低压输出各相相色，使用相序表确认相序无误。	带电作业人员与邻近带电体的距离不得小于0.6 m，与接地体的距离不得小于0.4 m，绝缘杆的有效绝缘长度不得小于0.7 m。	
			地面电工确认发电车低压输出总开关在断开位置。	确认低压输出总开关已断开，防止相间短路。	

续表

√	序号	作业内容	作业标准及步骤	安全措施及注意事项	备注
			斗内电工将发电车输出的4条低压电缆按照核准的相序与带电的低压线路主导线连接并确认连接良好;倒闸操作人员启动发电车。	1. 牵引速度应均匀; 2. 电缆不得与其他硬物摩擦; 3. 牵引时电缆不得受力; 4. 余缆应可靠固定。	
			地面电工拉开变台低压隔离开关,再拉开熔断器。	拉开隔离开关、熔断器使用操作杆,并注意站位。	
			倒闸操作人员合上发电车低压输出总开关,确认带出低压负荷正常。	严禁发电车与变压器并列运行。	
	4	更换变压器	低压负荷导出后,带电工作负责人通知工作协调人;工作协调人通知停电工作负责人可以开始工作。	涉及带电与停电配合作业时,必须设立工作协调人,以保证两个班组之间的正常工作。	
			停电工作负责人按照配电第一种工作票内容与值班调控人员联系,确认可以开工。		
			按照第一种工作票方式更换变压器。	注意与带电体保持足够的安全距离。	
	5	恢复原运行方式	恢复低压隔离开关至低压主线路的二次上引线。	1. 按照"原拆原搭"原则进行; 2. 注意与带电体保持足够的安全距离。	
			斗内电工用相序表在变压器低压隔离开关处核对相序无误。	带电作业人员与邻近带电体的距离不得小于0.6 m,与接地体的距离不得小于0.4 m,绝缘杆的有效绝缘长度不得小于0.7 m。	
			倒闸操作人员拉开发电车低压输出总开关,确认低压侧无负荷。	确认低压输出总开关已断开,防止相间短路。	
			地面电工合上低压隔离开关,确认带出低压负荷正常。	拉开隔离开关、熔断器使用操作杆,并注意站位。	

续表

√	序号	作业内容	作业标准及步骤	安全措施及注意事项	备注
			杆上电工带电拆除发电车与低压线路连接的 4 条电缆,并恢复低压导线的绝缘,返回地面。	1. 带电作业人员与邻近带电体的距离不得小于 0.6 m,与接地体的距离不得小于 0.4 m,绝缘杆的有效绝缘长度不得小于 0.7 m; 2. 防止高空落物。	
			作业人员回收 4 条低压电缆。	1. 牵引速度应均匀; 2. 电缆不得与其他硬物摩擦; 3. 牵引时电缆不得受力。	

5.3　竣工

√	序号	内　　容	负责人签字
	1	工作负责人全面检查作业完成情况并点评(班后会)。	
	2	清理现场及工器具,无误后撤离现场,做到人走场清。	
	3	汇报高度,办理工作票终结。	

5.4　消缺记录

√	序号	作 业 内 容	负责人签字

6　验收总结

序号	验 收 总 结	
1	验收评价	
2	存在问题及处理意见	

7 作业指导书执行情况评估

<table>
<tr><td rowspan="4">评估内容</td><td rowspan="2">符合性</td><td>优</td><td></td><td>可操作项</td><td></td></tr>
<tr><td>良</td><td></td><td>不可操作项</td><td></td></tr>
<tr><td rowspan="2">可操作性</td><td>优</td><td></td><td>建议修改项</td><td></td></tr>
<tr><td>良</td><td></td><td>遗漏项</td><td></td></tr>
<tr><td>存在问题</td><td colspan="5"></td></tr>
<tr><td>改进意见</td><td colspan="5"></td></tr>
</table>

编号：××××-××-××-58

Ⅳ-04　10 kV不停电更换柱上变压器标准化作业指导书

（利用移动箱变车）

编写人：________________　　________年______月______日

审核人：________________　　________年______月______日

批准人：________________　　________年______月______日

工作负责人：____________

作业日期：　年　月　日　时　分　至　年　月　日　时　分

国网安徽省电力有限公司

1　工作范围

本作业指导书适用于国网安徽省电力有限公司____________________作业。

2　作业方法

利用综合不停电作业法进行的作业。

3　引用文件

1.《国家电网公司电力安全工作规程》(以下简称《安规》)(配电部分);
2.《配电网检修规程》(Q/GDW 11261—2014);
3.《配电网技术导则》(Q/GDW 10370—2016);
4.《10 kV 配网不停电作业规范》(Q/GDW 10520—2016);
5.《配电网施工检修工艺规范》(Q/GDW 10742—2016);
6.《配电线路带电作业技术导则》(GB/T 18857—2019)。

4　作业前准备

4.1　准备工作安排

√	序号	内容	标　　准	备注
	1	现场勘察	1. 由工作负责人或工作票签发人组织到现场进行勘察,以便掌握同杆(塔)架设线路及其方位、电气间距、作业现场条件和环境; 2. 确定作业方法、所需工具、材料以及应采取的措施。	
	2	气象条件	1. 根据本地气象预报,判断是否符合《安规》对带电作业的要求; 2. 风力大于 10 m/s 或相对湿度大于 80%时,不宜作业。	
	3	办理工作票	1. 在生产管理系统(PMS2.0)中开具工作票; 2. 确认工作地段、配网运行方式,确定预申请停用重合闸的线路名称。	

4.2　人员要求

√	序号	内　　容	备注
	1	作业人员必须持有带电作业有效资格证和实践工作经验。	
	2	作业人员应身体健康,无妨碍作业的生理和心理障碍。	
	3	本年度《安规》考试合格。	

4.3　工器具

√	序号	工器具名称		规格	单位	数量	备注
	1	特种车辆	移动箱变车		辆	1	
	2		绝缘斗臂车	10 kV	辆	1	
	3		吊车(叉车)	8 t	辆	1	
	4	个人防护用具	绝缘手套	10 kV	双	6	
	5		绝缘安全帽	10 kV	顶	5	
	6		绝缘服	10 kV	套	2	
	7		绝缘安全带	10 kV	副	5	
	8	绝缘用具	绝缘操作杆	10 kV	根	1	
	9		绝缘横担	10 kV	套	1	
	10		绝缘传递绳	12 mm	根	1	
	11		绝缘毯	10 kV		若干	
	12		导线遮蔽罩	10 kV	根	6	
	13	其他	余缆支架		副	2	
	14		绝缘电阻测试仪	2500 V及以上	套	1	
	15		低压相序表		块	1	
	16		验电器	10 kV	套	1	
	17		低压验电器	0.4 kV	套	1	
	18		接地线		套	2	
	19		风速仪		台	1	
	20		温度仪		台	1	
	21		个人绝缘工具		套	1	

4.4　材料

√	序号	名称	规格	单位	数量	备注

4.5 危险点分析及预控

√	序号	危 险 点	预 控 措 施
	1	高空作业时违反《安规》进行操作，可能引起高空坠落。	高空作业时，必须正确使用安全带并戴安全帽，将安全带系在牢固部件上且位置合理，便于作业。
	2	带电作业人员与邻近带电体及接地体安全距离不够，可能引起相间短路、接地伤害事故。	1. 带电电工人体与邻近带电体的距离不得小于0.4 m，绝缘绳有效绝缘长度不得小于0.7 m； 2. 树枝与带电导线应大于1.0 m，才能攀登树干配合； 3. 不满足安全距离时，应采取绝缘隔离措施。
	3	绝缘斗臂车支车时，车腿支持点土壤松软或埋有市政管网设施，使车体倾斜，造成翻车。	遇到松软土壤时，支腿下加垫枕木或钢板。
	4	绝缘斗臂车液压机构渗漏油，可能引起支腿、绝缘臂、工作斗泄压。	绝缘斗臂车使用前要认真检查，并在预定位置试操作一次，确认各液压部分运转良好，无渗漏油现象，方可操作。
	5	监护人指挥发令信息不到位，导致带电操作人员误操作。	保持通讯通畅，操作人员收到监护人的指令后，应回复确认。
	6	异物脱落，导致相间短路或单相接地。	在档距中间部分，高低压同杆架设时，异物坠落撞击低压导线线容易引起导线摆动，导致两相短路，因此，清除异物前应做好措施(异物点坠落下方的低压导线加遮蔽)。

4.6 安全措施

√	序号	内 容
	1	如遇雷电(听见雷声、看见闪电)雪雹、雨雾不得进行带电作业，风力大于10 m/s或相对湿度大于80%时，也不得进行带电作业。
	2	作业现场应设围栏，禁止无关人员进入工作现场。
	3	带电作业必须设专人监护，监护人不得直接操作。监护的范围不得超过一个作业点。
	4	在带电作业过程中如设备突然停电，作业电工应视设备仍然带电。
	5	杆上作业人员作业时，与带电体的距离应大于0.4 m。
	6	带电作业电工作业时不得同时接触两相导线。

续表

√	序号	内　容
	7	绝缘工具使用前,应仔细检查其是否损坏、变形、失灵。
	8	使用绝缘工具时,应戴清洁、干燥的绝缘手套,外戴羊皮防护手套,防止绝缘工具在使用中脏污、受潮和刮伤。
	9	地面作业人员严禁在作业点垂直下方活动。带电电工应防止落物伤人及砸伤设备。使用的工具、材料应用绝缘绳索传递,绝缘绳的有效长度不小于0.4 m。
	10	在使用操作杆时,动作幅度要平稳,防止导线跳动,引起短路、接地。

4.7　人员分工

√	序号	作 业 人 员	作 业 项 目

5　作业程序

5.1　开工

√	序号	内　容	责任人签字
	1	工作负责人办理工作票、申请停用重合闸。	
	2	调度通知已停用重合闸,许可工作。	
	3	工作负责人组织全体工作人员戴好安全帽,在现场列队宣读工作票,交待工作任务、安全措施、注意事项,确认工作班成员并让其签字后,宣布开始工作的命令。	

5.2　作业内容及标准

√	序号	作业内容	作业标准及步骤	安全措施及注意事项	备注
	1	进入现场	绝缘斗臂车操作员将绝缘斗臂车停在工作点的最佳位置,并装设车体接地线。	1. 遇到松软土壤时,支腿下加垫枕木且不得超过两块,呈八角形45°摆放; 2. 车工作处地面应坚实、平整,地面坡度超过5°; 3. 车体接地体埋棒插入地层深度不小于0.4 m。	

续表

√	序号	作业内容	作业标准及步骤	安全措施及注意事项	备注
	2	工器具检查	地面电工将按要求将工器具摆放在防潮的帆布上。	1. 防潮帆布应设置在杆上落物区半径之外； 2. 将绝缘工器具与非绝缘工器具分开摆放。	
			带电电工对绝缘工器具进行外观检查与检测。	1. 使用前应用 2500 V 的绝缘摇表检查并确保其绝缘阻值不小于 700 MΩ； 2. 绝缘工器具外观应符合使用安全要求，如无破损、划伤、受潮等。	
			绝缘斗臂车操作员将空斗试操作一次。	确认液压传动、回转、升降、伸缩系统工作正常、操作灵活，制动装置可靠。	
	3	带电作业人员组装旁路系统	斗内电工穿戴好安全防护用具，进入工作斗，扣好安全带保险环。		
			斗内电工升起工作斗，定位到便于杆上作业的位置。	1. 绝缘斗臂车金属部分对带电体有效绝缘长度不小于 0.9 m，绝缘臂的有效长度不小于 1 m，车体接地棒入地不少于 0.6 m； 2. 注意避开邻近高压线路及各类障碍物，选定绝缘斗臂车的升起方向和路径。	
			斗内电工对作业范围内不能满足安全距离要求的带电体和接地体进行绝缘遮蔽。	作业中，对有可能触及的邻近带电体、接地部位应先做好绝缘遮蔽。	
			斗内电工调整工作斗定位于安装旁路负荷开关位置，在杆上电工配合下安装旁路负荷开关及余缆工具，旁路负荷开关外壳应良好接地。	1. 安装敷设时应注意杆上人员与带电体之间保持足够安全距离； 2. 防止高空落物； 3. 接地极埋入深度不小于 0.6 m。	

续表

√	序号	作业内容	作业标准及步骤	安全措施及注意事项	备注
			作业人员根据施工方案敷设旁路设备地面防护装置。		
			斗内电工、杆上电工相互配合将与移动箱变连接的旁路电缆首端按相位色与旁路开关负荷侧连接好。	1. 同一相的旁路辅助电缆、高压引线和旁路电缆色标一致； 2. 余缆应用电缆带扎好，固定可靠，防止散落。	
			作业人员在敷设好的旁路设备地面防护装置内敷设移动箱变车的高压旁路电缆，检查无误后，作业人员盖好旁路设备地面防护装置保护盖。	1. 牵引速度应均匀； 2. 电缆不得与其他硬物摩擦； 3. 牵引时电缆不得受力。	
			斗内电工、杆上电工相互配合将与架空线连接的旁路高压引下电缆一端与旁路开关电源侧按相位色连接好，将剩余电缆可靠固定在余缆工具上，杆上电工返回地面。	1. 同一相的旁路辅助电缆、高压引线和旁路电缆色标一致； 2. 余缆应用电缆带扎好，固定可靠，防止散落。	
			斗内电工合上旁路负荷开关，使用绝缘测试仪对组装好的高压旁路设备进行绝缘性能检。	1. 工作负责人指挥作业班人员协同看护试验区域，严禁无关人员进入试验场地； 2. 放电时，应确保旁路电缆充分放电，防止存储的电缆对作业人员造成电击。	
			斗内电工将旁路电缆分相可靠接地充分放电后，将旁路负荷开关拉开。	1. 作业人员与带电体保持足够的安全距离； 2. 应确保旁路开关已拉开，防止搭接时空载电缆拉弧。	
			作业人员将旁路高压电缆终端按照核准的相位安装到移动箱变主进开关对应的电缆插座上。	同一相的旁路辅助电缆、高压引线和旁路电缆色标一致。	

续表

√	序号	作业内容	作业标准及步骤	安全措施及注意事项	备注
			斗内电工使用绝缘操作杆按相位依次将旁路负荷开关电源侧旁路高压引下电缆与带电主导线连接好后返回地面。	1. 作业人员与带电体保持足够的安全距离； 2. 高压引线线色标与主干线色标对应； 3. 主导线搭接部位及高压引线线夹应清除氧化膜和脏污，避免接触电阻过大，旁通时发热。	
			作业人员将移动箱变低压输出的4条电缆与带电的低压线路主导线进行连接。	同一相的旁路辅助电缆、高压引线和旁路电缆色标一致。	
	4	倒闸操作人员进行倒闸操作	合上旁路负荷开关，锁死保险环。	1. 作业人员与带电体保持足够的安全距离； 2. 操作时，必须有人监护，防止误操作。	
			合上移动箱变高压侧开关。	倒闸操作时，戴绝缘手套，必须有人监护，防止误操作。	
			在移动箱变低压开关两侧核对相序，确保相序正确。	确保相序正确，防止用户电机反转。	
	5	停电作业班组更换变压器	低压负荷导出后，带电工作负责人通知工作协调人；工作协调人通知停电工作负责人可以开始工作。	涉及带电与停电配合作业时，必须设立工作协调人，用以保证两个班组之间的正常工作。	
			停电工作负责人按照配电第一种工作票内容与值班调控人员联系，确认可以开工。		
			按照第一种工作票方式更换变压器。	作业人员与带电体保持足够的安全距离。	

续表

√	序号	作业内容	作业标准及步骤	安全措施及注意事项	备注
	6	倒闸操作，恢复原运行方式	恢复低压隔离开关至低压主线路的二次上引线，返回地面。	1. 按照“原拆原搭”原则； 2. 作业人员与带电体保持足够的安全距离。	
			杆上电工在变压器低压隔离开关处核对相序，确保相序正确。	带电作业人员与邻近带电体的距离不得小于0.6 m，与接地体的距离不得小于0.4 m，绝缘杆的有效绝缘长度不得小于0.7 m。	
			倒闸操作人员拉开移动箱变低压输出总开关。	倒闸操作时，戴绝缘手套，必须有人监护，防止误操作。	
			倒闸人员拉开移动箱变电源侧高压开关。		
			地面电工合上柱上变压器低压隔离开关，确认低压负荷正常。		
			杆上电工拆除移动箱变低压输出的4条电缆与低压主导线的连接。	1. 拆除时，注意保持与临相和对地的安全距离； 2. 注意防止高空落物。	
			作业人员拆除移动箱变低压输出的4条电缆终端。	拆旁路电缆接头时，为防止灰尘进入接口应及时使用保护罩保护。	
	7	带电人员拆除旁路	斗内电工拉开旁路负荷开关。	1. 作业人员与带电体保持足够的安全距离； 2. 拉开旁路负荷开关时戴绝缘手套，使用操作杆。	
			带电工作负责人确认旁路负荷开关在断开位置，斗内电工使用绝缘操作杆拆除旁路负荷开关电源侧高压引下线与带电主导线连接，恢复导线绝缘及密封，拆除杆上绝缘遮蔽用具。	1. 带电电工人体与邻近带电体的距离不得小于0.4 m； 2. 拆除遮蔽顺序与安装顺序相反。	

续表

√	序号	作业内容	作业标准及步骤	安全措施及注意事项	备注
			斗内电工合上旁路负荷开关，对旁路电缆可靠接地充分放电后，再拉开旁路负荷开关。	放电时，应确保旁路电缆充分放电，防止存储的电缆对作业人员造成电击。	
			作业人员拆除移动箱变车电源侧旁路电缆终端。	拆旁路电缆接头时，防止灰尘进入借口及时使用保护罩保护。	
			斗内电工依次拆除旁路电缆、旁路负荷开关及余缆工具返回地面。	1. 斗内作业人员应注意动作幅度，保持足够的安全距离； 2. 拆旁路电缆接头时，为防止灰尘进入接口，应及时使用保护罩保护； 3. 注意防止高空落物。	
			回收旁路设备和低压电缆。	1. 回收电缆时，牵引速度应均匀； 2. 电缆不得与其他硬物摩擦； 3. 牵引时电缆不得受力。	

5.3 竣工

√	序号	内　　容	负责人签字
	1	工作负责人全面检查作业完成情况并点评(班后会)。	
	2	清理现场及工器具，无误后撤离现场，做到人走场清。	
	3	汇报高度，办理工作票终结。	

5.4 消缺记录

√	序号	作 业 内 容	负责人签字

6　验收总结

<table>
<tr><th>序号</th><th colspan="2">验 收 总 结</th></tr>
<tr><td>1</td><td>验收评价</td><td></td></tr>
<tr><td>2</td><td>存在问题及处理意见</td><td></td></tr>
</table>

7　作业指导书执行情况评估

<table>
<tr><td rowspan="4">评估内容</td><td rowspan="2">符合性</td><td>优</td><td></td><td>可操作项</td><td></td></tr>
<tr><td>良</td><td></td><td>不可操作项</td><td></td></tr>
<tr><td rowspan="2">可操作性</td><td>优</td><td></td><td>建议修改项</td><td></td></tr>
<tr><td>良</td><td></td><td>遗漏项</td><td></td></tr>
<tr><td>存在问题</td><td colspan="5"></td></tr>
<tr><td>改进意见</td><td colspan="5"></td></tr>
</table>

编号：××××-××-××-59

Ⅳ-05　10 kV 旁路作业检修架空线路标准化作业指导书

（架空敷设方式）

编写人：________________　　　　________年______月______日

审核人：________________　　　　________年______月______日

批准人：________________　　　　________年______月______日

工作负责人：____________

作业日期：　　年　　月　　日　　时　　分　　至　　年　　月　　日　　时　　分

国网安徽省电力有限公司

1　工作范围

本作业指导书适用于国网安徽省电力有限公司____________________作业。

2　作业方法

利用综合不停电作业法进行的作业。

3　引用文件

1.《国家电网公司电力安全工作规程》(以下简称《安规》)(配电部分);
2.《配电网检修规程》(Q/GDW 11261—2014);
3.《配电网技术导则》(Q/GDW 10370—2016);
4.《10 kV配网不停电作业规范》(Q/GDW 10520—2016);
5.《配电网施工检修工艺规范》(Q/GDW 10742—2016);
6.《配电线路带电作业技术导则》(GB/T 18857—2019);
7.《10 kV带电作业用消弧开关技术条件》(Q/GDW 1812—2013)。

4　作业前准备

4.1　准备工作安排

√	序号	内容	标　准	备注
	1	现场勘察	1. 由工作负责人或工作票签发人组织到现场进行勘察,以便掌握同杆(塔)架设线路及其方位、电气间距、作业现场条件和环境; 2. 确定作业方法、所需工具、材料以及应采取的措施。	
	2	车辆检查	按公司《特种车辆使用管理规定》有关内容对车辆进行使用前检查。	
	3	气象条件	1. 根据本地气象预报,判断是否符合《安规》对带电作业的要求; 2. 风力大于10 m/s或相对湿度大于80%时,不宜作业。	
	4	办理工作票	1. 在生产管理系统(PMS2.0)中开具工作票; 2. 确认工作地段、配网运行方式,确定预申请停用重合闸的线路名称。	
	5	三措一案	经许可、批准后,方可执行。	

4.2 人员要求

√	序号	内　　容	备注
	1	作业人员必须持有带电作业有效资格证和实践工作经验。	
	2	作业人员应身体健康，无妨碍作业的生理和心理障碍。	
	3	本年度《安规》考试合格。	

4.3 工器具

√	序号	工器具名称		规格	单位	数量	备注
	1	特种车辆	旁路作业车		辆	1	
	2		绝缘斗臂车	10 kV	辆	1	
	3	绝缘防护用具	绝缘手套	10 kV	双	3	
	4		绝缘安全帽	10 kV	顶	2	
	5		绝缘服	10 kV	套	2	
	6		绝缘安全带	10 kV	副	2	
	7	绝缘遮蔽用具	绝缘毯	10 kV	个	若干	
	8		横担绝缘遮蔽罩	10 kV	个	若干	
	9		导线遮蔽罩	10 kV	个	若干	
	10	旁路作业装备	高压旁路电缆	10 kV		若干	
	11		旁路高压引下电缆	10 kV	条	6	
	12		旁路负荷开关	10 kV	台	2	
	13		余缆支架		套	2	
	14		旁路电缆导入轮			若干	
	15		输送绳			若干	
	16		连接器			若干	
	17		引入固定工具			若干	
	18		柱上固定工具			若干	
	19		中间支持工具			若干	
	20		紧线工具		套	1	
	21		电缆绝缘护线管及护线管接口绝缘护罩			若干	
	22		电缆接头保护箱			若干	
	23		电缆进出线保护箱		个	2	

续表

√	序号	工器具名称		规格	单位	数量	备注
	24		电缆架空跨越支架	支架高5 m	个	2	
	25	绝缘工具	绝缘操作杆	10 kV	根	1	
	26		绝缘传递绳	12 mm	根	1	
	27	其他	电流检测仪	高压	套	1	
	28		绝缘电阻测试仪	2500 V及以上	套	1	
	29		验电器	10 kV	套	1	
	30		放电棒		套	1	
	31		对讲机		套	2	
	32		温湿度仪/风速仪		套	1	
	33		绝缘手套检测仪		个	1	

4.4　材料

√	序号	名称	规格	单位	数量	备注

4.5　危险点分析及预控

√	序号	危　险　点	预 控 措 施
	1	高空作业时违反《安规》进行操作,可能引起高空坠落。	高空作业,必须正确使用安全带和戴安全帽,安全带系在牢固部件上且位置合理,便于作业。
	2	带电作业人员与邻近带电体及接地体安全距离不够,可能引起相间短路、接地伤害事故。	作业人员与邻近带电体的距离不得小于0.4 m,与邻相的安全距离不得小于0.6 m,使用绝缘操作杆的有效绝缘长度不得小于0.7 m。
	3	绝缘斗臂车支车时,车腿支持点土壤松软或埋有市政管网设施,使车体倾斜,造成翻车。	遇到松软土壤时,支腿下加垫枕木或钢板且不得超过两块。

续表

√	序号	危　险　点	预 控 措 施
	4	绝缘斗臂车液压机构渗漏油，可能引起支腿、绝缘臂、工作斗泄压。	绝缘斗臂车使用前要认真检查，并在预定位置试操作一次，确认各液压部分运转良好，无渗漏油现象，方可操作。
	5	监护人指挥发令信息不畅，导致带电操作人员误操作。	保持通讯通畅，操作人员收到监护人的指令后，应回复确认。
	6	高压旁路电缆电流超过 200 A。	作业前，确认临时取电变压器容量，满足要求方可开展取电工作。

4.6　安全措施

√	序号	内　　容
	1	如遇雷电（听见雷声、看见闪电）雪雹、雨雾不得进行带电作业，风力大于 5 级时，也不得进行带电作业。
	2	线路负荷电流超过 200 A 时，不得进行临时取电作业。
	3	作业前，需确认线路无接地、绝缘良好、线路上无人工作且相位无误。
	4	在运输过程中，绝缘工具应装在专用工具袋、工具箱或专用工具车内，以防受潮和损伤。
	5	带电作业应设人监护，监护人不得直接操作，监护的范围不得超过一个作业点。
	6	使用合格的绝缘安全工器具，使用前应做好检查。
	7	作业过程中，如设备突然停电，作业人员应视设备仍然带电，并立即停止操作，工作负责人尽快与调度联系查明原因。
	8	作业过程中，绝缘斗臂车的发动机不得熄火，起升、下降、回转速度不得大于 0.5 m/s。
	9	在接近带电体的过程中，应从下方依次验电，对人体可能触及范围内的构件亦应验电，确认无漏电现象。
	10	作业过程中有可能引起不同电位设备之间发生短路或接地故障时，应对设备间设置绝缘遮蔽。
	11	禁止同时接触未接通或已断开的导线的两个断头，以防人体串入电路。

4.7　人员分工

√	序号	作 业 人 员	作 业 项 目

5　作业程序

5.1　开工

<table>
<tr><th>√</th><th>序号</th><th>内　　容</th><th>责任人签字</th></tr>
<tr><td></td><td>1</td><td>工作负责人办理工作票、申请停用重合闸。</td><td rowspan="3"></td></tr>
<tr><td></td><td>2</td><td>调度通知已停用重合闸,许可工作。</td></tr>
<tr><td></td><td>3</td><td>工作负责人组织全体工作人员戴好安全帽,在现场列队宣读工作票,交待工作任务、安全措施、注意事项,确认工作班成员并让其签字后,宣布开始工作的命令。</td></tr>
</table>

5.2　作业内容及标准

<table>
<tr><th>√</th><th>序号</th><th>作业内容</th><th>作业标准及步骤</th><th>安全措施及注意事项</th><th>备注</th></tr>
<tr><td></td><td>1</td><td>进入现场</td><td>绝缘斗臂车操作员将绝缘斗臂车停在工作点的最佳位置,并装设车体接地线。</td><td>1. 遇到松软土壤时,支腿下加垫枕木且不得超过两块,呈八角形45°摆放;
2. 车工作处地面应坚实、平整,地面坡度超过5°;
3. 车体接地体埋棒插入地层深度不小于0.4 m。</td><td></td></tr>
<tr><td></td><td rowspan="3">2</td><td rowspan="3">工器具检查</td><td>地面电工将按要求将工器具摆放在防潮的帆布上。</td><td>1. 防潮帆布应设置在杆上落物区半径之外;
2. 将绝缘工器具与非绝缘工器具分开摆放。</td><td rowspan="3"></td></tr>
<tr><td></td><td>带电电工对绝缘工器具进行外观检查与检测。</td><td>1. 使用前应用2500 V的绝缘摇表检查并确保其绝缘阻值不小于700 MΩ;
2. 绝缘工器具外观应符合使用安全要求,如无破损、划伤、受潮等。</td></tr>
<tr><td></td><td>绝缘斗臂车操作员将空斗试操作一次。</td><td>确认液压传动、回转、升降、伸缩系统工作正常、操作灵活,制动装置可靠。</td></tr>
</table>

续表

√	序号	作业内容	作业标准及步骤	安全措施及注意事项	备注
	3	架空敷设旁路电缆	测量架空线电流，确认电流不超过 200 A。		
			安装中间支持工具、电缆导入轮支架、电缆导入轮、输送绳。	1. 安装敷设时应注意杆上人员与带电体之间保持足够安全距离； 2. 输送绳安装高度大于 5 m； 3. 防止高空落物。	
			牵引展放旁路电缆。	1. 牵引速度应均匀； 2. 电缆不得与其他硬物摩擦； 3. 牵引时电缆不得受力。	
			电源侧和负荷侧电杆上安装与连接旁路负荷开关、余缆支架和高压引线；架空敷设时开关比输送绳高 1～1.5 m，余缆支架比开关低 0.5 m 左右；旁路负荷开关外壳接地。	1. 安装敷设时应注意杆上人员与带电体之间保持足够安全距离； 2. 防止高空落物； 3. 同一相的旁路辅助电缆、高压引线和旁路电缆色标一致； 4. 余缆应用电缆带扎好，固定可靠，防止散落。	
			绝缘电阻测试：将旁路电缆首、末端高压转接电缆引下线分别置于悬空位置，依次合上电源侧和负荷侧旁路负荷开关，斗内电工配合地面人员检测旁路系统绝缘电阻。	1. 工作负责人指挥作业班人员协同看护试验区域，严禁无关人员进入试验场地； 2. 放电时，应确保旁路电缆充分放电，防止存储的电缆对作业人员造成电击。	
			绝缘电阻检测完毕后，斗内电工分别断开电源侧和负荷侧旁路负荷开关，并锁死保险环。	1. 作业人员与带电体保持足够的安全距离； 2. 应确保旁路开关已拉开，防止搭接时空载电缆拉弧。	

续表

√	序号	作业内容	作业标准及步骤	安全措施及注意事项	备注
			使用验电器对绝缘子、横担进行验电,确认无漏电现象。	1. 绝缘斗臂车金属部分对带电体有效绝缘长度不小于0.9 m,绝缘臂的有效长度不小于1 m,车体接地棒入地不少于0.6 m; 2. 注意避开邻近高压线路及各类障碍物,选定绝缘斗臂车的升起方向和路径。	
			对作业范围内不满足安全距离的带电体和接地体进行绝缘遮蔽。	1. 遮蔽罩搭接重叠部分不得小于15 cm; 2. 带电电工人体与邻近带电体的距离不得小于0.6 m,与接地体的距离不得小于0.4 m; 3. 遮蔽范围大于工作范围0.4 m; 4. 按照“从近到远、从下到上、先带电体后接地体”的遮蔽原则。	
			将两侧旁路高压引下电缆按照色标标示与架空线路可靠连接。	1. 作业人员与带电体保持足够的安全距离; 2. 高压引线线色标与主干线色标对应; 3. 主导线搭接部位及高压引线线夹应清除氧化膜和脏污,避免接触电阻过大,旁通时发热。	
	4	旁路回路投入运行	1. 合上电源侧旁路负荷开关; 2. 在负荷侧旁路负荷开关处核相,确认相位无误,合上负荷侧旁路负荷开关; 3. 用电流检测仪检测高压引下电缆的电流,确认通流正常。	1. 作业人员与带电体保持足够的安全距离; 2. 倒闸操作时,必须有人监护,防止误操作。	

续表

√	序号	作业内容	作业标准及步骤	安全措施及注意事项	备注
	5	待检修架空线路退出运行	1. 斗内电工断开负荷侧三相耐张引线，并设置绝缘遮蔽； 2. 斗内电工断开电源侧三相耐张引线，并设置绝缘遮蔽； 3. 用电流检测仪检测旁路高压引下电缆电流，确认通流正常。	1. 遮蔽罩搭接重叠部分不得小于 15 cm； 2. 带电电工人体与邻近带电体的距离不得小于 0.6 m，与接地体的距离不得小于 0.4 m； 3. 遮蔽范围大于工作范围 0.4 m； 4. 按照“从近到远、从下到上、先带电体后接地体”的遮蔽原则； 5. 防止高空落物。	
	6	线路检修	配合线路检修班检修架空线路。	带电侧绝缘遮蔽措施严密、牢固。	
	7	架空线路投入运行	1. 斗内电工接通电源侧三相耐张引线，并设置绝缘遮蔽； 2. 斗内电工接通负荷侧三相耐张引线，并设置绝缘遮蔽； 3. 用电流检测仪检测旁路高压引下电缆电流，确认通流正常。	1. 遮蔽罩搭接重叠部分不得小于 15 cm； 2. 带电电工人体与邻近带电体的距离不得小于 0.6 m，与接地体的距离不得小于 0.4 m； 3. 遮蔽范围大于工作范围 0.4 m； 4. 按照“从近到远、从下到上、先带电体后接地体”的遮蔽原则； 5. 防止高空落物。	
	8	拆除旁路电缆	依次断开负荷侧和电源侧旁路负荷开关，拆除负荷侧和电源侧各旁路开关高压引下电缆，合上各旁路开关，对全线路旁路电缆进行充分放电。	放电时，应确保旁路电缆充分放电，防止存储的电缆对作业人员造成电击。	
			绝缘斗退出带电作业区域，作业人员返回地面；拆除敷设的旁路电缆及旁路电缆输送装置。	1. 斗内作业人员应注意动作幅度，保持足够的安全距离； 2. 拆旁路电缆接头时，防止灰尘进入接口，应及时使用保护罩保护； 3. 防止高空落物； 4. 回收电缆时，牵引速度应均匀； 5. 电缆不得与其他硬物摩擦； 6. 牵引时电缆不得受力。	

5.3　竣工

√	序号	内　　容	负责人签字
	1	工作负责人全面检查作业完成情况并点评(班后会)。	
	2	清理现场及工器具,无误后撤离现场,做到人走场清。	
	3	汇报高度,办理工作票终结。	

5.4　消缺记录

√	序号	作 业 内 容	负责人签字

6　验收总结

序号	验 收 总 结	
1	验收评价	
2	存在问题及处理意见	

7　作业指导书执行情况评估

<table>
<tr><td rowspan="4">评估内容</td><td rowspan="2">符合性</td><td>优</td><td></td><td>可操作项</td><td></td></tr>
<tr><td>良</td><td></td><td>不可操作项</td><td></td></tr>
<tr><td rowspan="2">可操作性</td><td>优</td><td></td><td>建议修改项</td><td></td></tr>
<tr><td>良</td><td></td><td>遗漏项</td><td></td></tr>
<tr><td>存在问题</td><td colspan="5"></td></tr>
<tr><td>改进意见</td><td colspan="5"></td></tr>
</table>

编号：××××-××-××-60

Ⅳ-06　10 kV 旁路作业检修架空线路标准化作业指导书

（地面敷设方式）

编写人：________________　　________年______月______日

审核人：________________　　________年______月______日

批准人：________________　　________年______月______日

工作负责人：____________

作业日期：　　年　　月　　日　　时　　分　至　　年　　月　　日　　时　　分

国网安徽省电力有限公司

1　工作范围

本作业指导书适用于国网安徽省电力有限公司____________________作业。

2　作业方法

利用综合不停电作业法进行的作业。

3　引用文件

1.《国家电网公司电力安全工作规程》(以下简称《安规》)(配电部分);
2.《配电网检修规程》(Q/GDW 11261—2014);
3.《配电网技术导则》(Q/GDW 10370—2016);
4.《10 kV 配网不停电作业规范》(Q/GDW 10520—2016);
5.《配电网施工检修工艺规范》(Q/GDW 10742—2016);
6.《配电线路带电作业技术导则》(GB/T 18857—2019);
7.《10 kV 带电作业用消弧开关技术条件》(Q/GDW 1812—2013)。

4　作业前准备

4.1　准备工作安排

√	序号	内容	标　　准	备注
	1	现场勘察	1. 由工作负责人或工作票签发人组织到现场进行勘察,以便掌握同杆(塔)架设线路及其方位、电气间距、作业现场条件和环境; 2. 确定作业方法、所需工具、材料以及应采取的措施。	
	2	车辆检查	按公司《特种车辆使用管理规定》有关内容对车辆进行使用前检查。	
	3	气象条件	1. 根据本地气象预报,判断是否符合《安规》对带电作业的要求; 2. 风力大于 10 m/s 或相对湿度大于 80%时,不宜作业。	
	4	办理工作票	1. 在生产管理系统(PMS2.0)中开具工作票; 2. 确认工作地段、配网运行方式,确定预申请停用重合闸的线路名称。	
	5	三措一案	经许可、批准后,方可执行。	

4.2 人员要求

√	序号	内容	备注
	1	作业人员必须持有带电作业有效资格证和实践工作经验。	
	2	作业人员应身体健康，无妨碍作业的生理和心理障碍。	
	3	本年度《安规》考试合格。	

4.3 工器具

√	序号	工器具名称		规格	单位	数量	备注
	1	特种车辆	旁路作业车		辆	1	
	2		绝缘斗臂车	10 kV	辆	1	
	3	绝缘防护用具	绝缘手套	10 kV	双	3	
	4		绝缘安全帽	10 kV	顶	2	
	5		绝缘服	10 kV	套	2	
	6		绝缘安全带	10 kV	副	2	
	7	绝缘遮蔽用具	绝缘毯	10 kV	个	若干	
	8		横担绝缘遮蔽罩	10 kV	个	若干	
	9		导线遮蔽罩	10 kV	个	若干	
	10	旁路作业装备	高压旁路电缆	10 kV		若干	
	11		旁路高压引下电缆	10 kV	条	6	
	12		旁路负荷开关	10 kV	台	2	
	13		余缆支架		套	2	
	14		旁路电缆导入轮			若干	
	15		输送绳			若干	
	16		连接器			若干	
	17		引入固定工具			若干	
	18		柱上固定工具			若干	
	19		中间支持工具			若干	
	20		紧线工具		套	1	
	21		电缆绝缘护线管及护线管接口绝缘护罩			若干	
	22		电缆接头保护箱			若干	
	23		电缆进出线保护箱		个	2	

续表

√	序号	工器具名称		规格	单位	数量	备注
	24		电缆架空跨越支架	支架高 5 m	个	2	
	25	绝缘工具	绝缘操作杆	10 kV	根	1	
	26		绝缘传递绳	12 mm	根	1	
	27	其他	电流检测仪	高压	套	1	
	28		绝缘电阻测试仪	2500 V 及以上	套	1	
	29		验电器	10 kV	套	1	
	30		放电棒		套	1	
	31		对讲机		套	2	
	32		温湿度仪/风速仪		套	1	
	33		绝缘手套检测仪		个	1	

4.4　材料

√	序号	名称	规格	单位	数量	备注

4.5　危险点分析及预控

√	序号	危　险　点	预 控 措 施
	1	高空作业时违反《安规》进行操作,可能引起高空坠落。	高空作业,必须正确使用安全带和戴安全帽,安全带系在牢固部件上且位置合理,便于作业。
	2	带电作业人员与邻近带电体及接地体安全距离不够,可能引起相间短路、接地伤害事故。	作业人员与邻近带电体的距离不得小于 0.4 m,与邻相的安全距离不得小于 0.6 m,使用绝缘操作杆的有效绝缘长度不得小于 0.7 m。
	3	绝缘斗臂车支车时,车腿支持点土壤松软或埋有市政管网设施,使车体倾斜,造成翻车。	遇到松软土壤时,支腿下加垫枕木或钢板且不得超过两块。

续表

√	序号	危 险 点	预 控 措 施
	4	绝缘斗臂车液压机构渗漏油，可能引起支腿、绝缘臂、工作斗泄压。	绝缘斗臂车使用前要认真检查，并在预定位置试操作一次，确认各液压部分运转良好，无渗漏油现象，方可操作。
	5	监护人指挥发令信息不畅，导致带电操作人员误操作。	保持通讯通畅，操作人员收到监护人的指令后，应回复确认。
	6	高压旁路电缆电流超过 200 A。	作业前，确认临时取电变压器容量，满足要求方可开展取电工作。

4.6 安全措施

√	序号	内 容
	1	如遇雷电(听见雷声、看见闪电)雪雹、雨雾不得进行带电作业，风力大于 5 级时，也不得进行带电作业。
	2	线路负荷电流超过 200 A 时，不得进行临时取电作业。
	3	作业前，需确认线路无接地、绝缘良好、线路上无人工作且相位无误。
	4	在运输过程中，绝缘工具应装在专用工具袋、工具箱或专用工具车内，以防受潮和损伤。
	5	带电作业应设人监护，监护人不得直接操作，监护的范围不得超过一个作业点。
	6	使用合格的绝缘安全工器具，使用前应做好检查。
	7	作业过程中，如设备突然停电，作业人员应视设备仍然带电，并立即停止操作，工作负责人尽快与调度联系查明原因。
	8	作业过程中，绝缘斗臂车的发动机不得熄火，起升、下降、回转速度不得大于 0.5 m/s。
	9	在接近带电体的过程中，应从下方依次验电，对人体可能触及范围内的构件亦应验电，确认无漏电现象。
	10	作业过程中有可能引起不同电位设备之间发生短路或接地故障时，应对设备间设置绝缘遮蔽。
	11	禁止同时接触未接通或已断开的导线的两个断头，以防人体串入电路。

4.7 人员分工

√	序号	作 业 人 员	作 业 项 目

5 作业程序

5.1 开工

√	序号	内　　容	责任人签字
	1	工作负责人办理工作票、申请停用重合闸。	
	2	调度通知已停用重合闸,许可工作。	
	3	工作负责人组织全体工作人员戴好安全帽,在现场列队宣读工作票,交待工作任务、安全措施、注意事项,确认工作班成员并让其签字后,宣布开始工作的命令。	

5.2 作业内容及标准

√	序号	作业内容	作业标准及步骤	安全措施及注意事项	备注
	1	进入现场	绝缘斗臂车操作员将绝缘斗臂车停在工作点的最佳位置,并装设车体接地线。	1. 遇到松软土壤时,支腿下加垫枕木且不得超过两块,呈八角形45°摆放; 2. 车工作处地面应坚实、平整,地面坡度超过5°; 3. 车体接地体埋棒插入地层深度不小于0.4 m。	
	2	工器具检查	地面电工按要求将工器具摆放在防潮的帆布上。	1. 防潮帆布应设置在杆上落物区半径之外; 2. 将绝缘工器具与非绝缘工器具分开摆放。	
			带电电工对绝缘工器具进行外观检查与检测。	1. 使用前用2500 V的绝缘摇表检查并确保其绝缘阻值不小于700 MΩ; 2. 绝缘工器具外观应符合使用安全要求,如无破损、划伤、受潮等。	
			绝缘斗臂车操作员将空斗试操作一次。	确认液压传动、回转、升降、伸缩系统工作正常、操作灵活,制动装置可靠。	

续表

√	序号	作业内容	作业标准及步骤	安全措施及注意事项	备注
	3	验电	按照导线→绝缘子→横担的顺序进行验电，确认无漏电现象。	1. 人体与邻近带电体的距离不得小于0.4 m； 2. 绝缘杆的有效绝缘长度不得小于0.7 m。	
	4	地面敷设旁路电缆	敷设旁路设备地面防护装置。	按照电缆进出线保护箱→电缆绝缘护线管及护线管接口绝缘护罩→电缆对接头保护箱(在T接点敷设电缆分接头保护箱)→电缆绝缘护线管及护线管接口绝缘护罩→电缆进出线保护箱的顺序。	
			敷设好的旁路设备地面防护装置内敷设旁路电缆。	1. 敷设旁路电缆时，应使旁路电缆离开地面敷设，防止旁路电缆与地面摩擦，且不得受力；敷设完毕，做好防护措施； 2. 旁路电缆地面敷设中如需跨越道路，应使用电力架空跨越支架将旁路电缆架空敷设并可靠固定； 3. 组装电缆与旁路设备时，应注意相位保持一致； 4. 组装完毕应盖好旁路设备地面防护装置保护盖，并保证中间接头盒外壳接地良好。	
			根据施工方案，使用电缆直线对接头、电缆T接头将敷设好的旁路电缆按相位色连接好；检查无误后，作业人员盖好旁路设备地面防护装置保护盖。	连接旁路作业设备前，应对各接口进行清洁和润滑，在插拔界面均匀涂润滑脂。	
	5	旁路回路投入运行	1. 合上电源侧旁路负荷开关； 2. 在负荷侧旁路负荷开关处核相，确认相位无误，合上负荷侧旁路负荷开关； 3. 用电流检测仪检测高压引下电缆的电流，确认通流正常。		

续表

√	序号	作业内容	作业标准及步骤	安全措施及注意事项	备注
	6	待检修架空线路退出运行	1. 断开负荷侧三相耐张引线，并设置绝缘遮蔽； 2. 电源侧三相耐张引线，并设置绝缘遮蔽； 3. 用电流检测仪检测旁路高压引下电缆电流，确认通流正常。		
	7	线路检修	配合线路检修班检修架空线路。		
	8	接引线并拆除旁路电缆	1. 架空线路检修完毕，依次将电源侧和负荷侧电杆上三相耐张引线可靠连接，使用电流检测仪检测线路电流，确认通流正常； 2. 依次断开负荷侧和电源侧旁路负荷开关，拆除负荷侧和电源侧各旁路开关高压引下电缆，合上各旁路开关，对全线路旁路电缆进行充分放电。		
			绝缘斗退出带电作业区域，作业人员返回地面；拆除敷设的旁路电缆及旁路电缆输送装置。	收回旁路电缆时，应使旁路电缆离开地面，防止旁路电缆与地面摩擦。	

5.3 竣工

√	序号	内　　容	负责人签字
	1	工作负责人全面检查作业完成情况并点评(班后会)。	
	2	清理现场的工器具、材料，撤离作业现场。	
	3	通知调度恢复重合闸，办理终结工作票。	

5.4 消缺记录

√	序号	作 业 内 容	负责人签字

6 验收总结

序号	验 收 总 结	
1	验收评价	
2	存在问题及处理意见	

7 作业指导书执行情况评估

<table>
<tr><td rowspan="4">评估内容</td><td rowspan="2">符合性</td><td>优</td><td></td><td>可操作项</td><td></td></tr>
<tr><td>良</td><td></td><td>不可操作项</td><td></td></tr>
<tr><td rowspan="2">可操作性</td><td>优</td><td></td><td>建议修改项</td><td></td></tr>
<tr><td>良</td><td></td><td>遗漏项</td><td></td></tr>
<tr><td>存在问题</td><td colspan="5"></td></tr>
<tr><td>改进意见</td><td colspan="5"></td></tr>
</table>

编号：××××-××-××-61

Ⅳ-07　10 kV 旁路作业不停电检修电缆线路标准化作业指导书

编写人：________________　　　　________年______月______日

审核人：________________　　　　________年______月______日

批准人：________________　　　　________年______月______日

工作负责人：____________

作业日期：　　年　　月　　日　　时　　分　至　　年　　月　　日　　时　　分

国网安徽省电力有限公司

1 工作范围

本作业指导书适用于国网安徽省电力有限公司__________________作业(不停电检修方式)。

2 作业方法

利用综合不停电作业法进行的作业。

3 引用文件

1.《国家电网公司电力安全工作规程》(以下简称《安规》)(配电部分);
2.《配电网检修规程》(Q/GDW 11261—2014);
3.《配电网技术导则》(Q/GDW 10370—2016);
4.《10 kV 配网不停电作业规范》(Q/GDW 10520—2016);
5.《配电网施工检修工艺规范》(Q/GDW 10742—2016);
6.《配电线路带电作业技术导则》(GB/T 18857—2019);
7.《10 kV 带电作业用消弧开关技术条件》(Q/GDW 1812—2013)。

4 作业前准备

4.1 准备工作安排

√	序号	内容	标　　准	备注
	1	现场勘察	1. 由工作负责人或工作票签发人组织到现场进行勘察,以便掌握同杆(塔)架设线路及其方位、电气间距、作业现场条件和环境; 2. 确定作业方法、所需工具、材料以及应采取的措施。	
	2	车辆检查	按公司《特种车辆使用管理规定》有关内容对车辆进行使用前检查。	
	3	气象条件	1. 根据本地气象预报,判断是否符合《安规》对带电作业的要求; 2. 风力大于 10 m/s 或相对湿度大于 80%时,不宜作业。	
	4	办理工作票	1. 在生产管理系统(PMS2.0)中开具工作票; 2. 确认工作地段、配网运行方式,确定预申请停用重合闸的线路名称。	
	5	三措一案	经许可、批准后,方可执行。	

4.2　人员要求

√	序号	内　　容	备注
	1	作业人员必须持有带电作业有效资格证和实践工作经验。	
	2	作业人员应身体健康，无妨碍作业的生理和心理障碍。	
	3	本年度《安规》考试合格。	

4.3　工器具

√	序号	工器具名称		规格	单位	数量	备注
	1	特种车辆	旁路作业车		辆	1	
	2	绝缘防护用具	绝缘手套	10 kV	双	2	
	3	旁路作业装备	高压旁路柔性电缆	10 kV	根	若干	
	4		余缆工具		个	若干	
	5		中间连接器		个	若干	
	6		柔性电缆护线管(盒)		副	若干	
	7		电缆对接头保护箱		个	若干	
	8		电缆分接头保护箱		个	若干	
	9		电缆进出线保护箱		个	2	
	10		电缆架空跨越支架		副	2	
	11	其他	电流检测仪	高压	套	1	
	12		绝缘电阻测试仪	2500 V及以上	套	1	
	13		验电器	10 kV	套	1	
	14		放电棒		套	1	
	15		对讲机		套	2	
	16		温湿度仪/风速仪		套	1	
	17		绝缘手套检测仪		个	1	

4.4　材料

√	序号	名称	规格	单位	数量	备注

4.5 危险点分析及预控

√	序号	危 险 点	预 控 措 施
	1	监护人指挥发令信息不畅，导致带电操作人员误操作。	保持通讯通畅；操作人员收到监护人的指令后，应回复确认。
	2	高压旁路电缆电流超过 200 A。	作业前，确认线路电流满足要求，方可开展取电工作。

4.6 安全措施

√	序号	内 容
	1	如遇雷电（听见雷声、看见闪电）雪雹、雨雾不得进行带电作业，风力大于 5 级时，也不得进行带电作业。
	2	电缆线路电流超过 200 A 时，不得进行旁路检修电缆线路作业。
	3	作业前，需确认线路无接地、绝缘良好、线路上无人工作且相位无误。
	4	在运输过程中，绝缘工具应装在专用工具袋、工具箱或专用工具车内，以防受潮和损伤。
	6	带电作业应设人监护，监护人不得直接操作，监护的范围不得超过一个作业点。
	7	使用合格的绝缘安全工器具，使用前应做好检查。
	8	作业过程中，如设备突然停电，作业人员应视设备仍然带电，并立即停止操作，工作负责人尽快与调度联系查明原因。

4.7 人员分工

√	序号	作 业 人 员	作 业 项 目

5　作业程序

5.1　开工

√	序号	内　　容	责任人签字
	1	工作负责人办理工作票、申请停用重合闸。	
	2	调度通知已停用重合闸，许可工作。	
	3	工作负责人组织全体工作人员戴好安全帽，在现场列队宣读工作票，交待工作任务、安全措施、注意事项，确认工作班成员并让其签字后，宣布开始工作的命令。	

5.2　作业内容及标准

√	序号	作业内容	作业标准及步骤	安全措施及注意事项	备注
	1	进入现场	绝缘斗臂车操作员将绝缘斗臂车停在工作点的最佳位置，并装设车体接地线。	1. 遇到松软土壤时，支腿下加垫枕木且不得超过两块，呈八角形 45°摆放； 2. 车工作处地面应坚实、平整，地面坡度超过 5°； 3. 车体接地体埋棒插入地层深度不小于 0.4 m。	
	2	工器具检查	地面电工将按要求将工器具摆放在防潮的帆布上。	1. 防潮帆布应设置在杆上落物区半径之外； 2. 将绝缘工器具与非绝缘工器具分开摆放。	
			带电电工对绝缘工器具进行外观检查与检测。	1. 使用前应用 2500 V 的绝缘摇表检查并确保其绝缘阻值不小于 700 MΩ； 2. 绝缘工器具外观应符合使用安全要求，如无破损、划伤、受潮等。	
	3	验电	观察电源指示情况进行间接验电。	间接验电时，应有两个及以上非同源的指示且均已发生对应变化，才能确认设备已无电压。	

续表

√	序号	作业内容	作业标准及步骤	安全措施及注意事项	备注
	4	安装旁路设备	敷设、组装旁路电缆及旁路设备。	1. 敷设旁路电缆时，应使旁路电缆离开地面敷设，防止旁路电缆与地面摩擦，且不得受力；敷设完毕，做好防护措施； 2. 连接旁路作业设备前，应对各接口进行清洁和润滑，在插拔界面均匀涂润滑脂； 3. 旁路电缆地面敷设过程中，如需跨越道路，应使用电力架空跨越支架将旁路电缆架空敷设并可靠固定； 4. 组装电缆与旁路设备时，应注意相位保持一致； 5. 组装完毕应盖好旁路设备地面防护装置保护盖，并保证中间接头盒外壳接地良好。	
			对旁路系统用绝缘电阻测试仪进行测试。	1. 检查旁路电缆外观无破损； 2. 整体绝缘电阻应不小于500 MΩ； 3. 绝缘电阻测试完毕，立即逐相放电。	
	5	高压旁路电缆投入运行	1. 高压旁路柔性电缆终端分别接入电缆负荷侧环网箱备用间隔和电缆电源侧环网箱备用间隔； 2. 高压旁路柔性电缆负荷侧环网箱间隔开关由检修转热备用； 3. 高压旁路柔性电缆电源侧环网箱间隔开关由检修转运行。	倒闸操作必须有专人监护，防止误操作。	

续表

√	序号	作业内容	作业标准及步骤	安全措施及注意事项	备注
			在高压旁路柔性电缆负荷侧环网箱间隔核相。	核对相位不正确，按相反顺序将高压旁路柔性电缆转检修，调整相位，防止因相位不正确造成相间短路。	
			将高压旁路柔性电缆负荷侧环网箱间隔开关由热备用转运行。	倒闸操作必须有专人监护，防止误操作。	
			检查旁路电缆的分流情况。	确认分流正常。	
	6	待检电缆退出运行	1. 将待检修电缆负荷侧环网箱相应间隔开关由运行转热备用； 2. 将待检修电缆电源侧环网箱相应间隔开关由运行转检修； 3. 将待检修电缆负荷侧环网箱相应间隔开关由热备用转检修。		
	7	检修完毕电缆投入运行	1. 检修电缆，将检修完毕电缆终端接入环网箱相应间隔； 2. 将新电缆负荷侧环网箱相应间隔开关由检修转热备用； 3. 将新电缆电源侧环网箱相应间隔开关由检修转运行。	倒闸操作必须有专人监护，防止误操作。	
			在新电缆负荷侧环网箱间隔核相。	核对相位不正确，按相反顺序将新电缆检修，调整相位。	
			将新电缆负荷侧环网箱相应间隔开关由热备用转运行。	倒闸操作必须有专人监护，防止误操作。	
			检查新电缆分流情况。	确认分流正常。	
	8	高压旁路电缆退出运行	1. 将高压旁路柔性电缆负荷侧环网箱间隔开关由运行转热备用； 2. 将高压旁路柔性电缆电源侧环网箱间隔开关由运行转检修； 3. 将高压旁路柔性电缆负荷侧环网箱间隔开关由热备用转检修。	倒闸操作必须有专人监护，防止误操作。	

续表

√	序号	作业内容	作业标准及步骤	安全措施及注意事项	备注
	9	回收旁路设备	回收旁路柔性电缆和中间连接器等。	1. 拆旁路电缆接头时，及时使用保护罩保护，防止灰尘进入接口； 2. 回收电缆时，牵引速度应均匀； 3. 电缆不得与其他硬物摩擦； 4. 牵引时电缆不得受力。	

5.3　竣工

√	序号	内　　容	负责人签字
	1	工作负责人全面检查作业完成情况并点评（班后会）。	
	2	清理现场的工器具、材料，撤离作业现场。	
	3	通知调度恢复重合闸，办理终结工作票。	

5.4　消缺记录

√	序号	作 业 内 容	负责人签字

6　验收总结

序号	验 收 总 结	
1	验收评价	
2	存在问题及处理意见	

7　作业指导书执行情况评估

<table>
<tr><td rowspan="4">评估内容</td><td rowspan="2">符合性</td><td>优</td><td></td><td>可操作项</td><td></td></tr>
<tr><td>良</td><td></td><td>不可操作项</td><td></td></tr>
<tr><td rowspan="2">可操作性</td><td>优</td><td></td><td>建议修改项</td><td></td></tr>
<tr><td>良</td><td></td><td>遗漏项</td><td></td></tr>
<tr><td>存在问题</td><td colspan="5"></td></tr>
<tr><td>改进意见</td><td colspan="5"></td></tr>
</table>

编号：××××-××-××-62

Ⅳ-08 10 kV 旁路作业短时停电检修电缆线路标准化作业指导书

编写人：________________ ________年______月______日

审核人：________________ ________年______月______日

批准人：________________ ________年______月______日

工作负责人：____________

作业日期： 年 月 日 时 分 至 年 月 日 时 分

国网安徽省电力有限公司

1　工作范围

本作业指导书适用于国网安徽省电力有限公司____________________作业(短时停电方式)。

2　作业方法

利用综合不停电作业法进行的作业。

3　引用文件

1.《国家电网公司电力安全工作规程》(以下简称《安规》)(配电部分);
2.《配电网检修规程》(Q/GDW 11261—2014);
3.《配电网技术导则》(Q/GDW 10370—2016);
4.《10 kV配网不停电作业规范》(Q/GDW 10520—2016);
5.《配电网施工检修工艺规范》(Q/GDW 10742—2016);
6.《配电线路带电作业技术导则》(GB/T 18857—2019);
7.《10 kV带电作业用消弧开关技术条件》(Q/GDW 1812—2013)。

4　作业前准备

4.1　准备工作安排

√	序号	内容	标　　准	备注
	1	现场勘察	1. 由工作负责人或工作票签发人组织到现场进行勘察,以便掌握同杆(塔)架设线路及其方位、电气间距、作业现场条件和环境; 2. 确定作业方法、所需工具、材料以及应采取的措施。	
	2	车辆检查	按公司《特种车辆使用管理规定》有关内容对车辆进行使用前检查。	
	3	气象条件	1. 根据本地气象预报,判断是否符合《安规》对带电作业的要求; 2. 风力大于10 m/s或相对湿度大于80%时,不宜作业。	
	4	办理工作票	1. 在生产管理系统(PMS2.0)中开具工作票; 2. 确认工作地段、配网运行方式,确定预申请停用重合闸的线路名称。	
	5	三措一案	经许可、批准后,方可执行。	

4.2 人员要求

√	序号	内　　容	备注
	1	作业人员必须持有带电作业有效资格证和实践工作经验。	
	2	作业人员应身体健康，无妨碍作业的生理和心理障碍。	
	3	本年度《安规》考试合格。	

4.3 工器具

√	序号	工器具名称		规格	单位	数量	备注
	1	特种车辆	旁路作业车		辆	1	
	2	绝缘防护用具	绝缘手套	10 kV	双	2	
	3	旁路作业装备	高压旁路柔性电缆	10 kV	根	若干	
	4		余缆工具		个	若干	
	5		中间连接器		个	若干	
	6		柔性电缆护线管(盒)		副	若干	
	7		电缆对接头保护箱		个	若干	
	8		电缆分接头保护箱		个	若干	
	9		电缆进出线保护箱		个	2	
	10		电缆架空跨越支架		副	2	
	11	其他	电流检测仪	高压	套	1	
	12		绝缘电阻测试仪	2500 V及以上	套	1	
	13		对讲机		套	2	
	14		温湿度仪/风速仪		套	1	
	15		绝缘手套检测仪		个	1	

4.4 材料

√	序号	名称	规格	单位	数量	备注

4.5　危险点分析及预控

√	序号	危　险　点	预 控 措 施
	1	监护人指挥发令信息不畅，导致带电操作人员误操作。	保持通讯通畅；操作人员收到监护人的指令后，应回复确认。
	2	高压旁路电缆电流超过 200 A。	作业前，确认线路电流满足要求，方可开展取电工作。

4.6　安全措施

√	序号	内　　容
	1	如遇雷电（听见雷声、看见闪电）雪雹、雨雾不得进行带电作业，风力大于 5 级时，也不得进行带电作业。
	2	电缆线路电流超过 200 A，不得进行旁路检修电缆线路作业。
	3	作业前，需确认线路无接地、绝缘良好、线路上无人工作且相位无误。
	4	在运输过程中，绝缘工具应装在专用工具袋、工具箱或专用工具车内，以防受潮和损伤。
	5	带电作业应设人监护，监护人不得直接操作，监护的范围不得超过一个作业点。
	6	使用合格的绝缘安全工器具，使用前应做好检查。
	7	作业过程中，如设备突然停电，作业人员应视设备仍然带电，并立即停止操作，工作负责人尽快与调度联系查明原因。
	8	禁止同时接触未接通或已断开的导线的两个断头，以防人体串入电路。

4.7　人员分工

√	序号	作 业 人 员	作 业 项 目

5 作业程序

5.1 开工

√	序号	内　　容	责任人签字
	1	工作负责人办理工作票、申请停用重合闸。	
	2	调度通知已停用重合闸,许可工作。	
	3	工作负责人组织全体工作人员戴好安全帽,在现场列队宣读工作票,交待工作任务、安全措施、注意事项,确认工作班成员并让其签字后,宣布开始工作的命令。	

5.2 作业内容及标准

√	序号	作业内容	作业标准及步骤	安全措施及注意事项	备注
	1	进入现场	旁路作业车操作员将绝缘斗臂车停在工作点的最佳位置,并装设车体接地线。	1. 遇到松软土壤时,支腿下加垫枕木且不得超过两块,呈八角形 45°摆放; 2. 车工作处地面应坚实、平整,地面坡度超过 5°; 3. 车体接地体埋棒插入地层深度不小于 0.4 m。	
	2	工器具检查	将按要求将工器具摆放在防潮的帆布上。	1. 防潮帆布应设置在杆上落物区半径之外; 2. 将绝缘工器具与非绝缘工器具分开摆放。	
			对绝缘工器具进行外观检查与检测。	1. 使用前应用 2500 V 的绝缘摇表检查并确保其绝缘阻值不小于 700 MΩ; 2. 绝缘工器具外观应符合使用安全要求,如无破损、划伤、受潮等。	
	3	验电	观察电源指示情况进行间接验电。	间接验电时,应有两个及以上非同源的指示且均已发生对应变化,才能确认设备已无电压。	

续表

√	序号	作业内容	作业标准及步骤	安全措施及注意事项	备注
	4	安装旁路设备	敷设、组装旁路电缆及旁路设备。	1. 敷设旁路电缆时，应使旁路电缆离开地面敷设，防止旁路电缆与地面摩擦，且不得受力；敷设完毕，做好防护措施； 2. 连接旁路作业设备前，应对各接口进行清洁和润滑，在插拔界面均匀涂润滑脂； 3. 旁路电缆地面敷设过程中，如需跨越道路，应使用电力架空跨越支架将旁路电缆架空敷设并可靠固定； 4. 组装电缆与旁路设备时，应注意相位保持一致； 5. 组装完毕应盖好旁路设备地面防护装置保护盖，并保证中间接头盒外壳接地良好。	
			对旁路系统用绝缘电阻测试仪进行测试。	1. 检查旁路电缆外观无破损； 2. 整体绝缘电阻应不小于 500 MΩ； 3. 绝缘电阻测试完毕，立即逐相放电。	
	5	待检电缆退出运行	1. 将电缆负荷侧环网箱相应间隔开关由运行转热备用； 2. 将电缆电源侧环网箱相应间隔开关由运行转检修； 3. 将电缆负荷侧环网箱相应间隔开关由热备用转检修。	倒闸操作必须有专人监护，防止误操作。	
	6	高压旁路电缆投入运行	1. 将高压旁路柔性电缆终端分别接入电缆负荷侧环网箱相应间隔和电缆电源侧环网箱相应间隔； 2. 将电缆负荷侧环网箱相应间隔开关由检修转热备用； 3. 将电缆电源侧环网箱相应间隔开关由检修转运行。	倒闸操作必须有专人监护，防止误操作。	
			电缆负荷侧环网箱相应间隔开关由热备用转运行。	转运行前，应对旁路电缆与线路间核相，确认相位正确，防止造成相间短路。	

续表

√	序号	作业内容	作业标准及步骤	安全措施及注意事项	备注
	7	检修电缆	检修电缆。		
	8	高压旁路电缆退出运行	1. 将电缆负荷侧环网箱相应间隔开关由运行转热备用； 2. 将电缆电源侧环网箱相应间隔开关由运行转检修； 3. 将电缆负荷侧环网箱相应间隔开关由热备用转检修。	倒闸操作必须有专人监护，防止误操作。	
	9	检修完毕电缆投入运行	1. 将检修完毕电缆终端接入环网箱相应间隔； 2. 将电缆负荷侧环网箱相应间隔开关由检修转热备用； 3. 将电缆电源侧环网箱相应间隔开关由检修转运行； 4. 将电缆负荷侧环网箱相应间隔开关由热备用转运行。	1. 倒闸操作必须有专人监护，防止误操作； 2. 转运行前，应对检修的电缆线路进行核相，确认相位正确，防止造成相间短路。	
	10	回收旁路设备	回收旁路柔性电缆和中间连接器等。	1. 拆旁路电缆接头时，及时使用保护罩保护，防止灰尘进入接口； 2. 回收电缆时，牵引速度应均匀； 3. 电缆不得与其他硬物摩擦； 4. 牵引时电缆不得受力。	

5.3 竣工

√	序号	内　容	负责人签字
	1	工作负责人全面检查作业完成情况并点评（班后会）。	
	2	清理现场的工器具、材料，撤离作业现场。	
	3	通知调度恢复重合闸，办理终结工作票。	

5.4　消缺记录

√	序号	作 业 内 容	负责人签字

6　验收总结

序号	验 收 总 结	
1	验收评价	
2	存在问题及处理意见	

7　作业指导书执行情况评估

评估内容	符合性	优		可操作项	
		良		不可操作项	
	可操作性	优		建议修改项	
		良		遗漏项	
存在问题					
改进意见					

编号：××××-××-××-63

Ⅳ-09　10 kV 旁路作业检修环网箱标准化作业指导书

编写人：__________　　__________年______月______日

审核人：__________　　__________年______月______日

批准人：__________　　__________年______月______日

工作负责人：__________

作业日期：　　年　　月　　日　　时　　分　至　　年　　月　　日　　时　　分

国网安徽省电力有限公司

1　工作范围

本作业指导书适用于国网安徽省电力有限公司____________________作业。

2　作业方法

利用综合不停电作业法进行的作业。

3　引用文件

1.《国家电网公司电力安全工作规程》(以下简称《安规》)(配电部分);
2.《配电网检修规程》(Q/GDW 11261—2014);
3.《配电网技术导则》(Q/GDW 10370—2016);
4.《10 kV 配网不停电作业规范》(Q/GDW 10520—2016);
5.《配电网施工检修工艺规范》(Q/GDW 10742—2016);
6.《配电线路带电作业技术导则》(GB/T 18857—2019);
7.《10 kV 带电作业用消弧开关技术条件》(Q/GDW 1812—2013)。

4　作业前准备

4.1　准备工作安排

√	序号	内容	标　　准	备注
	1	现场勘察	1. 由工作负责人或工作票签发人组织到现场进行勘察,以便掌握同杆(塔)架设线路及其方位、电气间距、作业现场条件和环境; 2. 确定作业方法、所需工具、材料以及应采取的措施。	
	2	车辆检查	按公司《特种车辆使用管理规定》有关内容对车辆进行使用前检查。	
	3	气象条件	1. 根据本地气象预报,判断是否符合《安规》对带电作业的要求; 2. 风力大于 10 m/s 或相对湿度大于 80%时,不宜作业。	
	4	办理工作票	1. 在生产管理系统(PMS2.0)中开具工作票; 2. 确认工作地段、配网运行方式,确定预申请停用重合闸的线路名称。	
	5	三措一案	经许可、批准后,方可执行。	

4.2 人员要求

√	序号	内　　容	备注
	1	作业人员必须持有带电作业有效资格证和实践工作经验。	
	2	作业人员应身体健康，无妨碍作业的生理和心理障碍。	
	3	本年度《安规》考试合格。	

4.3 工器具

√	序号	工器具名称		规格	单位	数量	备注
	1	特种车辆	旁路作业车		辆	1	
	2	绝缘防护用具	绝缘手套	10 kV	双	2	
	3	旁路作业装备	高压旁路柔性电缆	10 kV	根	若干	
	4		余缆工具		个	若干	
	5		中间连接器		个	若干	
	6		柔性电缆护线管(盒)		副	若干	
	7		电缆对接头保护箱		个	若干	
	8		电缆分接头保护箱		个	若干	
	9		电缆进出线保护箱		个	2	
	10		电缆架空跨越支架		副	2	
	11	其他	电流检测仪	高压	套	1	
	12		绝缘电阻测试仪	2500 V及以上	套	1	
	13		对讲机		套	2	
	14		温湿度仪/风速仪		套	1	
	15		绝缘手套检测仪		个	1	

4.4 材料

√	序号	名称	规格	单位	数量	备注

4.5　危险点分析及预控

√	序号	危　险　点	预 控 措 施
	1	监护人指挥发令信息不畅，导致带电操作人员误操作。	保持通讯通畅；操作人员收到监护人的指令后，应回复确认。
	2	高压旁路电缆电流超过 200 A。	作业前，确认线路电流满足要求，方可开展取电工作。

4.6　安全措施

√	序号	内　　容
	1	如遇雷电(听见雷声、看见闪电)雪雹、雨雾不得进行带电作业，风力大于 5 级时，不得进行带电作业。
	2	电流超过 200 A，不得进行临时取电作业。
	3	作业前，需确认线路无接地、绝缘良好、线路上无人工作且相位无误。
	4	在运输过程中，绝缘工具应装在专用工具袋、工具箱或专用工具车内，以防受潮和损伤。
	5	带电作业应设人监护，监护人不得直接操作，监护的范围不得超过一个作业点。
	6	使用合格的绝缘安全工器具，使用前应做好检查。
	7	作业过程中，如设备突然停电，作业人员应视设备仍然带电，并立即停止操作，工作负责人尽快与调度联系查明原因。
	8	禁止同时接触未接通或已断开的导线的两个断头，以防人体串入电路。

4.7　人员分工

√	序号	作 业 人 员	作 业 项 目

5 作业程序

5.1 开工

√	序号	内　　容	责任人签字
	1	工作负责人办理工作票、申请停用重合闸。	
	2	调度通知已停用重合闸，许可工作。	
	3	工作负责人组织全体工作人员戴好安全帽，在现场列队宣读工作票，交待工作任务、安全措施、注意事项，确认工作班成员并让其签字后，宣布开始工作的命令。	

5.2 作业内容及标准

√	序号	作业内容	作业标准及步骤	安全措施及注意事项	备注
	1	进入现场	绝缘斗臂车操作员将绝缘斗臂车停在工作点的最佳位置，并装设车体接地线。	1. 遇到松软土壤时，支腿下加垫枕木且不得超过两块，呈八角形45°摆放； 2. 车工作处地面应坚实、平整，地面坡度超过5°； 3. 车体接地体埋棒插入地层深度不小于0.4 m。	
	2	工器具检查	地面电工将按要求将工器具摆放在防潮的帆布上。	1. 防潮帆布应设置在杆上落物区半径之外； 2. 将绝缘工器具与非绝缘工器具分开摆放。	
			带电电工对绝缘工器具进行外观检查与检测。	1. 使用前应用2500 V的绝缘摇表检查并确保其绝缘阻值不小于700 MΩ； 2. 绝缘工器具外观应符合使用安全要求，如无破损、划伤、受潮等。	
	3	验电	观察电源指示情况进行间接验电。	间接验电时，应有两个及以上非同源的指示且均已发生对应变化，才能确认设备已无电压。	

续表

√	序号	作业内容	作业标准及步骤	安全措施及注意事项	备注
	4	安装旁路设备	敷设、组装旁路电缆及旁路设备。	1. 敷设旁路电缆时，应使旁路电缆离开地面敷设，防止旁路电缆与地面摩擦，且不得受力；敷设完毕，做好防护措施； 2. 连接旁路作业设备前，应对各接口进行清洁和润滑，在插拔界面均匀涂润滑脂； 3. 旁路电缆地面敷设过程中，如需跨越道路，应使用电力架空跨越支架将旁路电缆架空敷设并可靠固定； 4. 组装电缆与旁路设备时，应注意相位保持一致； 5. 组装完毕应盖好旁路设备地面防护装置保护盖，并保证中间接头盒外壳接地良好。	
			旁路系统绝缘电阻进行测试。	1. 检查旁路电缆外观无破损； 2. 整体绝缘电阻应不小于500 MΩ； 3. 绝缘电阻测试完毕，立即逐相放电。	
			1. 待检修环网箱馈线间隔开关由运行转检修； 2. 依次将旁路回路两端及其分支回路的三个旁路柔性电缆终端接入两侧环网箱备用间隔开关的出线端和待检修环网箱馈线的环网箱。		
			敷设、组装旁路电缆及旁路设备。	1. 检查旁路电缆外观无破损； 2. 整体绝缘电阻应不小于500 MΩ； 3. 绝缘电阻测试完毕，立即逐相放电。	

续表

√	序号	作业内容	作业标准及步骤	安全措施及注意事项	备注
	5	旁路回路及其分支回路由检修转运行	1. 将待检修环网箱的负荷侧环网箱备用间隔开关由检修转热备用； 2. 将待检修环网箱的电源侧环网箱备用间隔开关由检修转运行； 3. 在待检修环网箱的负荷侧环网箱备用间隔开关处进行核相； 4. 核对相位正确后，将待检修环网箱的负荷侧环网箱备用间隔开关由热备用转运行。		
			检查旁路回路的分流状况。	旁路分流与原干线分流比不小于1∶3时，方可进行下一步操作。	
	6	待检修环网箱两进线电缆运行转检修	1. 将待检修环网箱的电源侧环网箱相应间隔开关由运行转热备用； 2. 将待检修环网箱的负荷侧环网箱相应间隔开关由运行转检修； 3. 将待检修环网箱的电源侧环网箱相应间隔开关由热备用行转检修； 4. 检查旁路回路的负荷状况。		
	7	检修环网	1. 电缆检修人员检修环网箱； 2. 环网箱检修完毕，依次在各间隔开关出线端接好各条进线电缆与馈线电缆终端。		

续表

√	序号	作业内容	作业标准及步骤	安全措施及注意事项	备注
	8	环网箱两进线电缆由检修转运行	1. 将待检修环网箱的负荷侧环网箱相应间隔开关由检修转热备用； 2. 将待检修环网箱的电源侧环网箱相应间隔开关由检修转运行； 3. 对待检修环网箱的负荷侧环网箱相应间隔开关进行核相； 4. 将待检修环网箱的负荷侧环网箱相应间隔开关由热备用转运行。		
			检查旁路回路的负荷状况。	原干线分流与旁路分流比不小于1∶3时，方可进行下一部操作。	
	9	旁路回路及其分支回路由运行转检修	1. 将新环网箱的负荷侧环网箱备用间隔开关由运行转热备用； 2. 将新环网箱的电源侧环网箱备用间隔开关由运行转检修； 3. 将新环网箱的负荷侧环网箱备用间隔开关由热备用转检修。		
	10	回收旁路设备	1. 电缆检修人员依次从两侧环网箱备用间隔开关的出线端拆除旁路回路两端及其分支回路的三个旁路柔性电缆终端，恢复环网箱进线电缆接线； 2. 将新环网箱馈线间隔开关由检修转运行。		
			回收旁路电缆和设备。	回收旁路电缆时，应使旁路电缆离开地面，防止旁路电缆与地面摩擦。	

5.3 竣工

√	序号	内　　容	负责人签字
	1	工作负责人全面检查作业完成情况并点评(班后会)。	
	2	清理现场的工器具、材料,撤离作业现场。	
	3	通知调度恢复重合闸,办理终结工作票。	

5.4 消缺记录

√	序号	作 业 内 容	负责人签字

6 验收总结

序号	验 收 总 结	
1	验收评价	
2	存在问题及处理意见	

7 作业指导书执行情况评估

评估内容	符合性	优		可操作项	
		良		不可操作项	
	可操作性	优		建议修改项	
		良		遗漏项	
存在问题					
改进意见					

编号：××××-××-××-64

Ⅳ-10 10 kV从架空线路临时取电给环网箱供电标准化作业指导书

编写人：______________　　　　　　　　______年______月______日

审核人：______________　　　　　　　　______年______月______日

批准人：______________　　　　　　　　______年______月______日

工作负责人：__________

作业日期：　　年　　月　　日　　时　　分　至　　年　　月　　日　　时　　分

国网安徽省电力有限公司

1 工作范围

本作业指导书适用于国网安徽省电力有限公司＿＿＿＿＿＿＿＿＿＿作业。

2 作业方法

利用综合不停电作业法进行的作业。

3 引用文件

1.《国家电网公司电力安全工作规程》(以下简称《安规》)(配电部分);
2.《配电网检修规程》(Q/GDW 11261—2014);
3.《配电网技术导则》(Q/GDW 10370—2016);
4.《10 kV 配网不停电作业规范》(Q/GDW 10520—2016);
5.《配电网施工检修工艺规范》(Q/GDW 10742—2016);
6.《配电线路带电作业技术导则》(GB/T 18857—2019);
7.《10 kV 带电作业用消弧开关技术条件》(Q/GDW 1812—2013)。

4 作业前准备

4.1 准备工作安排

√	序号	内容	标准	备注
	1	现场勘察	1. 由工作负责人或工作票签发人组织到现场进行勘察,以便掌握同杆(塔)架设线路及其方位、电气间距、作业现场条件和环境; 2. 确定作业方法、所需工具、材料以及应采取的措施。	
	2	车辆检查	按公司《特种车辆使用管理规定》有关内容对车辆进行使用前检查。	
	3	气象条件	1. 根据本地气象预报,判断是否符合《安规》对带电作业的要求; 2. 风力大于 10 m/s 或相对湿度大于 80%时,不宜作业。	
	4	办理工作票	1. 在生产管理系统(PMS2.0)中开具工作票; 2. 确认工作地段、配网运行方式,确定预申请停用重合闸的线路名称。	
	5	三措一案	经许可、批准后,方可执行。	

4.2　人员要求

√	序号	内　　容	备注
	1	作业人员必须持有带电作业有效资格证和实践工作经验。	
	2	作业人员应身体健康，无妨碍作业的生理和心理障碍。	
	3	本年度《安规》考试合格。	

4.3　工器具

√	序号	工器具名称		规格	单位	数量	备注
	1	特种车辆	旁路作业车		辆	1	
	2		绝缘斗臂车	10 kV	辆	1	
	3	绝缘防护用具	绝缘手套	10 kV	双	3	
	4		绝缘安全帽	10 kV	顶	2	
	5		绝缘服	10 kV	套	2	
	6		绝缘安全带	10 kV	副	2	
	7	绝缘遮蔽用具	绝缘毯	10 kV	块	若干	
	8		横担遮蔽罩	10 kV	个	若干	
	9		导线遮蔽罩	10 kV	根	若干	
	10	旁路作业装备	高压旁路柔性电缆	10 kV	根	若干	
	11		旁路负荷开关		台	1	
	12		余缆工具		个	2	
	13		中间连接器		个	若干	
	14		柔性电缆护线管(盒)		副	若干	
	15		电缆对接头保护箱		个	若干	
	16		电缆分接头保护箱		个	若干	
	17		电缆进出线保护箱		个	2	
	18		电缆架空跨越支架		副	2	
	19	绝缘工具	绝缘操作杆	10 kV	根	1	
	20		绝缘传递绳	12 mm	根	1	
	21	其他	电流检测仪	高压	套	1	
	22		绝缘电阻测试仪	2500 V 及以上	套	1	
	23		验电器	10 kV	套	1	

续表

√	序号	工器具名称		规格	单位	数量	备注
	24	其他	放电棒		套	1	
	25		对讲机		套	2	
	26		温湿度仪/风速仪		套	1	
	27		绝缘手套检测仪		个	1	

4.4 材料

√	序号	名称	规格	单位	数量	备注
	1	防水胶带	J30	卷	3	

4.5 危险点分析及预控

√	序号	危 险 点	预 控 措 施
	1	高空作业时违反《安规》进行操作，可能引起高空坠落。	高空作业，必须正确使用安全带和戴安全帽，安全带系在牢固部件上且位置合理，便于作业。
	2	带电作业人员与邻近带电体及接地体安全距离不够，可能引起相间短路、接地伤害事故。	作业人员与邻近带电体的距离不得小于0.4 m，与邻相的安全距离不得小于0.6 m，使用绝缘操作杆的有效绝缘长度不得小于0.7 m。
	3	绝缘斗臂车支车时，车腿支持点土壤松软或埋有市政管网设施，使车体倾斜，造成翻车。	遇到松软土壤时，支腿下加垫枕木或钢板且不得超过两块。
	4	绝缘斗臂车液压机构渗漏油，可能引起支腿、绝缘臂、工作斗泄压。	绝缘斗臂车使用前要认真检查，并在预定位置试操作一次，确认各液压部分运转良好，无渗漏油现象，方可操作。
	5	监护人指挥发令信息不畅，导致带电操作人员误操作。	保持通讯通畅，操作人员收到监护人的指令后，应回复确认。
	6	高压旁路电缆电流超过200 A。	作业前，确认临时取电变压器容量，满足要求方可开展取电工作。

4.6　安全措施

√	序号	内　　容
	1	如遇雷电(听见雷声、看见闪电)雪雹、雨雾不得进行带电作业,风力大于5级时,也不得进行带电作业。
	2	待取电容量致电流超过200 A时,不得进行临时取电作业。
	2	作业前,需确认线路无接地、绝缘良好、线路上无人工作且相位无误。
	3	在运输过程中,绝缘工具应装在专用工具袋、工具箱或专用工具车内,以防受潮和损伤。
	4	带电作业应设人监护,监护人不得直接操作,监护的范围不得超过一个作业点。
	5	使用合格的绝缘安全工器具,使用前应做好检查。
	6	作业过程中,如设备突然停电,作业人员应视设备仍然带电,并立即停止操作,工作负责人尽快与调度联系查明原因。
	7	作业过程中,绝缘斗臂车的发动机不得熄火,起升、下降、回转速度不得大于0.5 m/s。
	8	在接近带电体的过程中,应从下方依次验电,对人体可能触及范围内的构件亦应验电,确认无漏电现象。
	9	作业过程中有可能引起不同电位设备之间发生短路或接地故障时,应对设备间设置绝缘遮蔽。
	10	禁止同时接触未接通或已断开的导线的两个断头,以防人体串入电路。
	11	作业现场应设围栏及警示牌,禁止无关人员进入或在工作现场逗留。

4.7　人员分工

√	序号	作业人员	作业项目

5 作业程序

5.1 开工

√	序号	内 容	责任人签字
	1	工作负责人办理工作票、申请停用重合闸。	
	2	调度通知已停用重合闸，许可工作。	
	3	工作负责人组织全体工作人员戴好安全帽，在现场列队宣读工作票，交待工作任务、安全措施、注意事项，确认工作班成员并让其签字后，宣布开始工作的命令。	

5.2 作业内容及标准

√	序号	作业内容	作业标准及步骤	安全措施及注意事项	备注
	1	进入现场	绝缘斗臂车操作员将绝缘斗臂车停在工作点的最佳位置，并装设车体接地线。	1. 遇到松软土壤时，支腿下加垫枕木且不得超过两块，呈八角形 45°摆放； 2. 车工作处地面应坚实、平整，地面坡度超过 5°； 3. 车体接地体埋棒插入地层深度不小于 0.4 m。	
	2	工器具检查	地面电工将按要求将工器具摆放在防潮的帆布上。	1. 防潮帆布应设置在杆上落物区半径之外； 2. 将绝缘工器具与非绝缘工器具分开摆放。	
			带电电工对绝缘工器具进行外观检查与检测。	1. 使用前应用 2500 V 的绝缘摇表检查并确保其绝缘阻值不小于 700 MΩ； 2. 绝缘工器具外观应符合使用安全要求，如无破损、划伤、受潮等。	
	3	验电	按照导线—绝缘子—横担的顺序进行验电，确认无漏电现象。	1. 人体与邻近带电体的距离不得小于 0.4 m； 2. 绝缘杆的有效绝缘长度不得小于 0.7 m。	

续表

√	序号	作业内容	作业标准及步骤	安全措施及注意事项	备注
	4	设置绝缘遮蔽	斗内电工转移工作斗到内边侧导线的合适位置。	1. 应注意绝缘斗臂车周围杆塔、线路等情况，转移工作斗时，绝缘臂的金属部位与带电体和地电位物体的距离大于1 m； 2. 作业过程中绝缘斗臂车的起升、下降、回转速度不得大于0.5 m/s； 3. 作业时，上节绝缘臂的伸出长度应大于等于1 m，绝缘斗、臂离带电体物体的距离应大于1 m，人体与相邻带电物体的距离应大于0.6 m。	
			斗内电工使用绝缘导线遮蔽罩、绝缘毯、熔断器遮蔽罩等遮蔽用具将作业范围内带电导线和接地部分进行绝缘遮蔽、隔离。	1. 斗内电工设置绝缘遮蔽措施时按“由近至远、从大到小、从低到高”原则进行； 2. 使用绝缘操作杆时，其有效绝缘长度应大于0.7 m； 3. 绝缘遮蔽应严实、牢固，导线遮蔽罩间重叠部分应大于15 cm，遮蔽范围应比人体活动范围增加0.4 m； 4. 同一绝缘斗内双人工作时，禁止两人同时接触不同的电位体。	
	5	安装旁路设备	地面电工安装旁路负荷开关至杆上适当位置。	旁路负荷开关外壳应良好接地。	
			敷设、组装旁路电缆及旁路设备。	1. 敷设旁路电缆时，应使旁路电缆离开地面敷设，防止旁路电缆与地面摩擦，且不得受力；敷设完毕，做好防护措施； 2. 连接旁路作业设备前，应对各接口进行清洁和润滑，在插拔界面均匀涂润滑脂； 3. 旁路电缆地面敷设过程中，如需跨越道路，应使用电力架空跨越支架将旁路电缆架空敷设并可靠固定；	

续表

√	序号	作业内容	作业标准及步骤	安全措施及注意事项	备注
				4. 组装电缆与旁路设备时，应注意相位保持一致； 5. 组装完毕应盖好旁路设备地面防护装置保护盖，并保证中间接头盒外壳接地良好。	
			合上旁路负荷开关，进行旁路系统绝缘电阻测试。	1. 检查旁路电缆外观无破损； 2. 整体绝缘电阻应不小于500 MΩ； 3. 绝缘电阻测试完毕，立即逐相放电。	
			拉开旁路开关，并锁死保险环。		
			将旁路电缆终端接入待取电环网箱备用间隔进线端。	1. 使待取电环网箱备用间隔处于检修状态； 2. 接入时，应注意相位保持一致。	
			旁路负荷开关电源侧旁路高压引下电缆与带电主导线连接。	1. 绝缘斗臂车金属部分对带电体的有效绝缘长度不小于0.9 m，绝缘臂的有效长度不小于1 m； 2. 验电前应先对高压验电器进行自检，检测高压验电器是否良好； 3. 验电时，带电电工人体与邻近带电体的距离不得小于0.4 m，验电器的有效绝缘长度不得小于0.7 m。	
	6	环网箱由进线电缆供电转临时取电回路供电	将环网箱备用间隔开关由检修转热备用。	1. 不应直接转检修状态，以防发生三相短路； 2. 操作移动箱改变开关时应戴绝缘手套； 3. 倒闸操作应使用操作票。	
			合上旁路负荷开关，并锁死保险环。		

续表

√	序号	作业内容	作业标准及步骤	安全措施及注意事项	备注
			将环网箱的原进线间隔开关由运行转热备用。	进线电缆对侧有电，不能直接转检修状态，以防发生三相接地短路。	
			将环网箱备用间隔开关由热备用转运行。		
			如相位不正确，应先依次拉开环网箱间隔开关、旁路负荷开关。	调整相位前，对高压旁路设备进行逐相充分放电。	
			检查临时取电回路负荷情况。	临时取电回路投入运行后，应每隔半小时检测一次回路的负载电流监视其运行情况，临时供电负荷电流超过 200 A 时，立即断开负荷开关。	
	7	环网箱由临时取电回路恢复至由进线电缆供电	1. 将环网箱备用间隔开关由运行转热备用； 2. 将环网箱的原进线间隔开关由热备用转运行； 3. 将拉开旁路负荷开关，并锁死保险环。		
	8	拆除旁路设备	斗内电工拆除旁路负荷开关电源侧高压引下线与带电主导线连接，恢复主导线绝缘及密封。	1. 作业人员撤除绝缘遮蔽措施时应戴绝缘手套，且顺序应正确； 2. 撤除绝缘毯时，应轻托慢起，防止拉伤绝缘层； 3. 严禁同时撤除不同电位的遮蔽体。	
			合上旁路负荷开关，对旁路系统整体充分放电。	1. 放电棒接地体埋棒插入地层深度不小于 0.6 m； 2. 或者将环网箱备用间隔开关由热备用转检修。	
			收回移动箱变及旁路作业相关装备。	收回旁路电缆时，应使旁路电缆离开地面，防止旁路电缆与地面摩擦。	

5.3 竣工

√	序号	内　　容	负责人签字
	1	工作负责人全面检查作业完成情况并点评(班后会)。	
	2	清理现场的工器具、材料,撤离作业现场。	
	3	通知调度恢复重合闸,办理终结工作票。	

5.4 消缺记录

√	序号	作 业 内 容	负责人签字

6 验收总结

<table>
<tr><th>序号</th><th colspan="2">验 收 总 结</th></tr>
<tr><td>1</td><td>验收评价</td><td></td></tr>
<tr><td>2</td><td>存在问题及处理意见</td><td></td></tr>
</table>

7 作业指导书执行情况评估

<table>
<tr><td rowspan="4">评估内容</td><td rowspan="2">符合性</td><td>优</td><td></td><td>可操作项</td><td></td></tr>
<tr><td>良</td><td></td><td>不可操作项</td><td></td></tr>
<tr><td rowspan="2">可操作性</td><td>优</td><td></td><td>建议修改项</td><td></td></tr>
<tr><td>良</td><td></td><td>遗漏项</td><td></td></tr>
<tr><td>存在问题</td><td colspan="5"></td></tr>
<tr><td>改进意见</td><td colspan="5"></td></tr>
</table>

编号：××××-××-××-65

Ⅳ-11 10 kV 从环网箱临时取电给环网箱供电标准化作业指导书

编写人：______________ ______年______月______日

审核人：______________ ______年______月______日

批准人：______________ ______年______月______日

工作负责人：______________

作业日期： 年 月 日 时 分 至 年 月 日 时 分

国网安徽省电力有限公司

1 工作范围

本作业指导书适用于国网安徽省电力有限公司__________________作业。

2 作业方法

利用综合不停电作业法进行的作业。

3 引用文件

1.《国家电网公司电力安全工作规程》(以下简称《安规》)(配电部分);
2.《配电网检修规程》(Q/GDW 11261—2014);
3.《配电网技术导则》(Q/GDW 10370—2016);
4.《10 kV 配网不停电作业规范》(Q/GDW 10520—2016);
5.《配电网施工检修工艺规范》(Q/GDW 10742—2016);
6.《配电线路带电作业技术导则》(GB/T 18857—2019);
7.《10 kV 带电作业用消弧开关技术条件》(Q/GDW 1812—2013)。

4 作业前准备

4.1 准备工作安排

√	序号	内容	标　　准	备注
	1	现场勘察	1. 由工作负责人或工作票签发人组织到现场进行勘察,以便掌握同杆(塔)架设线路及其方位、电气间距、作业现场条件和环境; 2. 确定作业方法、所需工具、材料以及应采取的措施。	
	2	车辆检查	按公司《特种车辆使用管理规定》有关内容对车辆进行使用前检查。	
	3	气象条件	1. 根据本地气象预报,判断是否符合《安规》对带电作业的要求; 2. 风力大于 10 m/s 或相对湿度大于 80%时,不宜作业。	
	4	办理工作票	1. 在生产管理系统(PMS2.0)中开具工作票; 2. 确认工作地段、配网运行方式,确定预申请停用重合闸的线路名称。	
	5	三措一案	经许可、批准后,方可执行。	

4.2　人员要求

√	序号	内　　容	备注
	1	作业人员必须持有带电作业有效资格证和实践工作经验。	
	2	作业人员应身体健康，无妨碍作业的生理和心理障碍。	
	3	本年度《安规》考试合格。	

4.3　工器具

<table>
<tr><th>√</th><th>序号</th><th colspan="2">工器具名称</th><th>规格</th><th>单位</th><th>数量</th><th>备注</th></tr>
<tr><td></td><td>1</td><td>特种车辆</td><td>旁路作业车</td><td>辆</td><td>1</td><td></td><td></td></tr>
<tr><td></td><td>2</td><td>绝缘防护用具</td><td>绝缘手套</td><td>10 kV</td><td>双</td><td>2</td><td></td></tr>
<tr><td></td><td>3</td><td rowspan="8">旁路作业装备</td><td>高压旁路柔性电缆</td><td>10 kV</td><td>根</td><td>若干</td><td></td></tr>
<tr><td></td><td>4</td><td>余缆工具</td><td></td><td>个</td><td>若干</td><td></td></tr>
<tr><td></td><td>5</td><td>中间连接器</td><td></td><td>个</td><td>若干</td><td></td></tr>
<tr><td></td><td>6</td><td>柔性电缆护线管(盒)</td><td></td><td>副</td><td>若干</td><td></td></tr>
<tr><td></td><td>7</td><td>电缆对接头保护箱</td><td></td><td>个</td><td>若干</td><td></td></tr>
<tr><td></td><td>8</td><td>电缆分接头保护箱</td><td></td><td>个</td><td>若干</td><td></td></tr>
<tr><td></td><td>9</td><td>电缆进出线保护箱</td><td></td><td>个</td><td>2</td><td></td></tr>
<tr><td></td><td>10</td><td>电缆架空跨越支架</td><td></td><td>副</td><td>2</td><td></td></tr>
<tr><td></td><td>11</td><td rowspan="2">绝缘工具</td><td>绝缘操作杆</td><td>10 kV</td><td>根</td><td>1</td><td></td></tr>
<tr><td></td><td>12</td><td>绝缘传递绳</td><td>12 mm</td><td>根</td><td>1</td><td></td></tr>
<tr><td></td><td>13</td><td rowspan="6">其他</td><td>电流检测仪</td><td>高压</td><td>套</td><td>1</td><td></td></tr>
<tr><td></td><td>14</td><td>绝缘电阻测试仪</td><td>2500 V及以上</td><td>套</td><td>1</td><td></td></tr>
<tr><td></td><td>15</td><td>验电器</td><td>10 kV</td><td>套</td><td>1</td><td></td></tr>
<tr><td></td><td>16</td><td>对讲机</td><td></td><td>套</td><td>2</td><td></td></tr>
<tr><td></td><td>17</td><td>温湿度仪/风速仪</td><td></td><td>台</td><td>1</td><td></td></tr>
<tr><td></td><td>18</td><td>绝缘手套检测仪</td><td></td><td>个</td><td>1</td><td></td></tr>
</table>

4.4　材料

√	序号	名称	规格	单位	数量	备注

4.5　危险点分析及预控

√	序号	危险点	预控措施
	1	监护人指挥发令信息不畅，导致带电操作人员误操作。	保持通讯通畅；操作人员收到监护人的指令后，应回复确认。
	2	高压旁路电缆电流超过200 A。	作业前，确认临时取电变压器容量满足要求，方可开展取电工作。

4.6　安全措施

√	序号	内容
	1	如遇雷电(听见雷声、看见闪电)雪雹、雨雾不得进行带电作业，风力大于5级时，不得进行带电作业。
	2	电流超过200 A时，不得进行临时取电作业。
	3	作业前，需确认线路无接地、绝缘良好、线路上无人工作且相位无误。
	4	在运输过程中，绝缘工具应装在专用工具袋、工具箱或专用工具车内，以防受潮和损伤。
	5	带电作业应设人监护，监护人不得直接操作，监护的范围不得超过一个作业点。
	6	使用合格的绝缘安全工器具，使用前应做好检查。
	7	作业过程中，如设备突然停电，作业人员应视设备仍然带电，并立即停止操作，工作负责人尽快与调度联系查明原因。
	8	禁止同时接触未接通或已断开的导线的两个断头，以防人体串入电路。

4.7　人员分工

√	序号	作业人员	作业项目

5　作业程序

5.1　开工

√	序号	内　　容	责任人签字
	1	工作负责人办理工作票、申请停用重合闸。	
	2	调度通知已停用重合闸，许可工作。	
	3	工作负责人组织全体工作人员戴好安全帽，在现场列队宣读工作票，交待工作任务、安全措施、注意事项，确认工作班成员并让其签字后，宣布开始工作的命令。	

5.2　作业内容及标准

√	序号	作业内容	作业标准及步骤	安全措施及注意事项	备注
	1	进入现场	绝缘斗臂车操作员将绝缘斗臂车停在工作点的最佳位置，并装设车体、接地线。	1. 遇到松软土壤时，支腿下加垫枕木且不得超过两块，呈八角形45°摆放； 2. 车工作处地面应坚实、平整，地面坡度超过5°； 3. 车体接地体埋棒插入地层深度不小于0.4 m。	
	2	工器具检查	将按要求将工器具摆放在防潮的帆布上。	1. 防潮帆布应设置在杆上落物区半径之外； 2. 将绝缘工器具与非绝缘工器具分开摆放。	
			对绝缘工器具进行外观检查与检测。	1. 使用前应用2500 V的绝缘摇表检查并确保其绝缘阻值不小于700 MΩ； 2. 绝缘工器具外观应符合使用安全要求，如无破损、划伤、受潮等。	
	3	验电	观察电源指示情况进行间接验电。	间接验电时，应有两个及以上非同源的指示且均已发生对应变化，才能确认设备已无电压。	

续表

√	序号	作业内容	作业标准及步骤	安全措施及注意事项	备注
	4	安装旁路设备	敷设、组装旁路电缆及旁路设备。	1. 敷设旁路电缆时，应使旁路电缆离开地面敷设，防止旁路电缆与地面摩擦，且不得受力；敷设完毕，做好防护措施； 2. 连接旁路作业设备前，应对各接口进行清洁和润滑，在插拔界面均匀涂润滑脂； 3. 旁路电缆地面敷设过程中，如需跨越道路，应使用电力架空跨越支架将旁路电缆架空敷设并可靠固定； 4. 组装电缆与旁路设备时，应注意相位保持一致； 5. 组装完毕应盖好旁路设备地面防护装置保护盖，并保证中间接头盒外壳接地良好。	
			旁路系统绝缘电阻进行测试。	1. 检查旁路电缆外观无破损； 2. 整体绝缘电阻应不小于500 MΩ； 3. 绝缘电阻测试完毕，立即逐相放电。	
			将高压旁路柔性电缆按照核准的相位安装到待取电环网箱备用间隔对应电缆进线端。	1. 不得强行解锁环网柜“五防”装置； 2. 使待取电环网箱备用间隔处于检修位置。	
			将高压旁路柔性电缆按照核准的相位安装到电源侧环网箱备用间隔对应电缆进线端。	1. 不得强行解锁环网柜“五防”装置； 2. 使电源侧环网箱备用间隔处于检修位置。	
	5	环网箱由进线电缆供电转临时取电回路供电	1. 将待取电环网箱备用间隔开关由检修转热备用； 2. 将电源侧环网箱备用间隔开关由检修转运行。		

续表

√	序号	作业内容	作业标准及步骤	安全措施及注意事项	备注
			将待取电环网箱的原进线间隔开关转热备用。	进线电缆对侧有电，不能直接转检修状态，以防发生三相接地短路。	
			将待取电环网箱的备用间隔开关由热备用转运行。		
			如相位不正确，应将电源侧、待取电侧环网箱间隔开关转检修状态后调整相位。	调整相位前，对高压旁路设备进行逐相充分放电。	
			检查临时取电回路负荷情况。	临时取电回路投入运行后，应每隔半小时检测一次回路的负载电流并监视其运行情况，临时供电负荷电流超过200 A，立即断开负荷开关。	
	6	环网箱由临时取电回路恢复至由进线电缆供电	1. 将待取电环网箱的备用间隔开关由运行转热备用； 2. 将待取电环网箱的原进线间隔开关由热备用转运行； 3. 将电源侧环网箱备用间隔开关由运行转检修。		
			将待取电环网箱的备用间隔开关由热备用转检修。	可同时起到临时取电、回路放电的作用。	
	7	拆除旁路设备	1. 将环网箱备用间隔开关由热备用转检修。 2. 从电源侧、待取电侧环网箱备用间隔开关出线端拆除高压柔性电缆终端，恢复设备状态；收回旁路作业装备。	回收旁路电缆时，应使旁路电缆离开地面，防止旁路电缆与地面摩擦。	

5.3　竣工

√	序号	内　　容	负责人签字
	1	工作负责人全面检查作业完成情况并点评(班后会)。	
	2	清理现场的工器具、材料，撤离作业现场。	
	3	通知调度恢复重合闸，办理终结工作票。	

5.4 消缺记录

√	序号	作 业 内 容	负责人签字

6 验收总结

序号	验 收 总 结	
1	验收评价	
2	存在问题及处理意见	

7 作业指导书执行情况评估

<table>
<tr><td rowspan="4">评估内容</td><td rowspan="2">符合性</td><td>优</td><td></td><td>可操作项</td><td></td></tr>
<tr><td>良</td><td></td><td>不可操作项</td><td></td></tr>
<tr><td rowspan="2">可操作性</td><td>优</td><td></td><td>建议修改项</td><td></td></tr>
<tr><td>良</td><td></td><td>遗漏项</td><td></td></tr>
<tr><td>存在问题</td><td colspan="5"></td></tr>
<tr><td>改进意见</td><td colspan="5"></td></tr>
</table>

编号：××××-××-××-66

Ⅳ-12　10 kV从环网箱临时取电给移动箱变供电标准化作业指导书

编写人：________________　　　　________年______月______日

审核人：________________　　　　________年______月______日

批准人：________________　　　　________年______月______日

工作负责人：____________

作业日期：　　年　　月　　日　　时　　分　至　　年　　月　　日　　时　　分

国网安徽省电力有限公司

1　工作范围

本作业指导书适用于国网安徽省电力有限公司＿＿＿＿＿＿＿＿＿＿＿＿作业。

2　作业方法

利用综合不停电作业法进行的作业。

3　引用文件

1.《国家电网公司电力安全工作规程》(以下简称《安规》)(配电部分)；
2.《配电网检修规程》(Q/GDW 11261—2014)；
3.《配电网技术导则》(Q/GDW 10370—2016)；
4.《10 kV 配网不停电作业规范》(Q/GDW 10520—2016)；
5.《配电网施工检修工艺规范》(Q/GDW 10742—2016)；
6.《配电线路带电作业技术导则》(GB/T 18857—2019)；
7.《10 kV 带电作业用消弧开关技术条件》(Q/GDW 1812—2013)。

4　作业前准备

4.1　准备工作安排

√	序号	内容	标　　准	备注
	1	现场勘察	1. 由工作负责人或工作票签发人组织到现场进行勘察，以便掌握同杆(塔)架设线路及其方位、电气间距、作业现场条件和环境； 2. 确定作业方法、所需工具、材料以及应采取的措施。	
	2	车辆检查	按公司《特种车辆使用管理规定》有关内容对车辆进行使用前检查。	
	3	气象条件	1. 根据本地气象预报，判断是否符合《安规》对带电作业的要求； 2. 风力大于 10 m/s 或相对湿度大于 80%时，不宜作业。	
	4	办理工作票	1. 在生产管理系统(PMS2.0)中开具工作票； 2. 确认工作地段、配网运行方式，确定预申请停用重合闸的线路名称。	
	5	三措一案	经许可、批准后，方可执行。	

4.2　人员要求

√	序号	内　容	备注
	1	作业人员必须持有带电作业有效资格证和实践工作经验。	
	2	作业人员应身体健康，无妨碍作业的生理和心理障碍。	
	3	本年度《安规》考试合格。	

4.3　工器具

√	序号	工器具名称		规格	单位	数量	备注
	1	特种车辆	旁路作业车		辆	1	
	2		移动箱变车	10 kV	辆	1	
	3	绝缘防护用具	绝缘手套	10 kV	双	2	
	4		绝缘安全帽	10 kV	顶	2	
	5	旁路作业装备	高压旁路柔性电缆	10 kV	根	若干	
	6		余缆工具		个	若干	
	7		中间连接器		个	若干	
	8		柔性电缆护线管(盒)		副	若干	
	9		电缆对接头保护箱		个	若干	
	10		电缆分接头保护箱		个	若干	
	11		电缆进出线保护箱		个	2	
	12		电缆架空跨越支架		副	2	
	13	绝缘工具	绝缘操作杆	10 kV	根	1	
	14		绝缘传递绳	12 mm	根	1	
	15	其他	电流检测仪	高压	套	1	
	16		绝缘电阻测试仪	2500 V及以上	套	1	
	17		验电器	10 kV	套	1	
	18		对讲机		套	2	
	19		温湿度仪/风速仪		套	1	
	20		绝缘手套检测仪		个	1	

4.4 材料

√	序号	名称	规格	单位	数量	备注

4.5 危险点分析及预控

√	序号	危 险 点	预 控 措 施
	1	监护人指挥发令信息不畅,导致带电操作人员误操作。	保持通讯通畅;操作人员收到监护人的指令后,应回复确认。
	2	高压旁路电缆电流超过200 A。	作业前,确认临时取电变压器容量,满足要求,方可开展取电工作。

4.6 安全措施

√	序号	内 容
	1	如遇雷电(听见雷声、看见闪电)雪雹、雨雾不得进行带电作业,风力大于5级时,也不得进行带电作业。
	2	待取电容量致电流超过200 A时,不得进行临时取电作业。
	2	作业前,需确认线路无接地、绝缘良好、线路上无人工作且相位无误。
	3	在运输过程中,绝缘工具应装在专用工具袋、工具箱或专用工具车内,以防受潮和损伤。
	4	带电作业应设人监护,监护人不得直接操作,监护的范围不得超过一个作业点。
	5	使用合格的绝缘安全工器具,使用前应做好检查。
	6	作业过程中,如设备突然停电,作业人员应视设备仍然带电,并立即停止操作;工作负责人尽快与调度联系查明原因。
	7	禁止同时接触未接通或已断开的导线的两个断头,以防人体串入电路。
	8	作业现场应设围栏及警示牌,禁止无关人员进入或在工作现场逗留。

4.7 人员分工

√	序号	作 业 人 员	作 业 项 目

5　作业程序

5.1　开工

√	序号	内　　容	责任人签字
	1	工作负责人办理工作票、申请停用重合闸。	
	2	调度通知已停用重合闸，许可工作。	
	3	工作负责人组织全体工作人员戴好安全帽，在现场列队宣读工作票，交待工作任务、安全措施、注意事项，确认工作班成员并让其签字后，宣布开始工作的命令。	

5.2　作业内容及标准

√	序号	作业内容	作业标准及步骤	安全措施及注意事项	备注
	1	进入现场	移动箱变车、旁路作业车操作员将绝缘斗臂车停在工作点的最佳位置，并装设车体接地线。	1. 遇到松软土壤时，支腿下加垫枕木且不得超过两块，呈八角形45°摆放； 2. 车工作处地面应坚实、平整，地面坡度超过5°； 3. 车体接地体埋棒插入地层深度不小于0.4 m。	
	2	工器具检查	将按要求将工器具摆放在防潮的帆布上。	1. 防潮帆布应设置在杆上落物区半径之外； 2. 将绝缘工器具与非绝缘工器具分开摆放。	
			对绝缘工器具进行外观检查与检测。	1. 使用前应用2500 V的绝缘摇表检查并确保其绝缘阻值不小于700 MΩ； 2. 绝缘工器具外观应符合使用安全要求，如无破损、划伤、受潮等。	
	3	验电	观察电源指示情况进行间接验电。	间接验电时，应有两个及以上非同源的指示且均已发生对应变化，才能确认设备已无电压。	

续表

√	序号	作业内容	作业标准及步骤	安全措施及注意事项	备注
	4	旁路设备敷设	敷设、组装旁路电缆及旁路设备。	1. 敷设旁路电缆时，应使旁路电缆离开地面敷设，防止旁路电缆与地面摩擦，且不得受力；敷设完毕，做好防护措施； 2. 连接旁路作业设备前，应对各接口进行清洁和润滑，在插拔界面均匀涂润滑脂； 3. 旁路电缆地面敷设过程中，如需跨越道路，应使用电力架空跨越支架将旁路电缆架空敷设并可靠固定； 4. 组装电缆与旁路设备时，应注意相位保持一致； 5. 组装完毕应盖好旁路设备地面防护装置保护盖，并保证中间接头盒外壳接地良好。	
			对旁路系统用绝缘电阻测试仪进行测试。	1. 检查旁路电缆外观无破损； 2. 整体绝缘电阻应不小于 500 MΩ； 3. 绝缘电阻测试完毕，立即逐相放电。	
			将高压旁路柔性电缆按照核准的相位安装到待取电环网箱备用间隔对应电缆进线端。	1. 不得强行解锁环网柜“五防”装置； 2. 使待取电环网箱备用间隔处于检修位置。	
			将高压旁路柔性电缆按照核准的相位安装到电源侧环网箱备用间隔对应电缆进线端。	1. 不得强行解锁环网柜“五防”装置； 2. 使电源侧环网箱备用间隔处于检修位置。	
	5	移动箱变投入运行	将移动箱变高压负荷开关由检修转热备用(部分移动箱变无检修位置可忽略)。	1. 不应直接转检修状态，以防发生三相短路； 2. 操作移动箱变开关应戴绝缘手套； 3. 倒闸操作应使用操作票。	

续表

√	序号	作业内容	作业标准及步骤	安全措施及注意事项	备注
			1. 将环网箱备用间隔开关由检修转运行； 2. 将移动箱变高压负荷开关由热备用转运行，完成取电工作。		
			如相位不正确，应依次拉开旁路负荷开关和移动箱变高压开关。	调整相位前，对高压旁路设备进行逐相充分放电。	
			合上移动箱变低压空气开关。		
			检查移动箱变负荷情况。	临时取电回路投入运行后，应每隔半小时检测一次回路的负载电流监视其运行情况；临时供电负荷电流超过 200 A 时，立即断开负荷开关。	
	6	移动箱变退出运行	1. 拉开移动箱变低压侧空气开关； 2. 将移动箱变高压侧负荷开关由运行转热备用； 3. 将环网箱备用间隔开关由运行转检修(可同时起到对高压旁路柔性电缆的放电作业； 4. 合上移动箱变接地刀闸(部分移动箱变无检修位置可忽略)。	1. 拉开低压开关应戴绝缘手套，并使用操作杆； 2. 合上移动箱变接地刀闸时应戴绝缘手套。	
	7	拆除旁路设备	从环网箱备用间隔开关出线端、低压架空线路拆除高、低压柔性电缆终端，恢复设备状态。		

5.3　竣工

√	序号	内　　容	负责人签字
	1	工作负责人全面检查作业完成情况并点评(班后会)。	
	2	清理现场的工器具、材料，撤离作业现场。	
	3	通知调度恢复重合闸，办理终结工作票。	

5.4 消缺记录

√	序号	作 业 内 容	负责人签字

6 验收总结

序号	验 收 总 结	
1	验收评价	
2	存在问题及处理意见	

7 作业指导书执行情况评估

<table>
<tr><td rowspan="4">评估内容</td><td rowspan="2">符合性</td><td>优</td><td></td><td>可操作项</td><td></td></tr>
<tr><td>良</td><td></td><td>不可操作项</td><td></td></tr>
<tr><td rowspan="2">可操作性</td><td>优</td><td></td><td>建议修改项</td><td></td></tr>
<tr><td>良</td><td></td><td>遗漏项</td><td></td></tr>
<tr><td>存在问题</td><td colspan="5"></td></tr>
<tr><td>改进意见</td><td colspan="5"></td></tr>
</table>

编号：××××-××-××-67

Ⅳ-13 10 kV从架空线路临时取电给移动箱变供电标准化作业指导书

编写人：________________ ________年______月______日

审核人：________________ ________年______月______日

批准人：________________ ________年______月______日

工作负责人：____________

作业日期： 年 月 日 时 分 至 年 月 日 时 分

国网安徽省电力有限公司

1 工作范围

本作业指导书适用于国网安徽省电力有限公司____________________作业。

2 作业方法

利用综合不停电作业法进行的作业。

3 引用文件

1.《国家电网公司电力安全工作规程》(以下简称《安规》)(配电部分);
2.《配电网检修规程》(Q/GDW 11261—2014);
3.《配电网技术导则》(Q/GDW 10370—2016);
4.《10 kV 配网不停电作业规范》(Q/GDW 10520—2016);
5.《配电网施工检修工艺规范》(Q/GDW 10742—2016);
6.《配电线路带电作业技术导则》(GB/T 18857—2019);
7.《10 kV 带电作业用消弧开关技术条件》(Q/GDW 1812—2013)。

4 作业前准备

4.1 准备工作安排

√	序号	内容	标　　准	备注
	1	现场勘察	1. 由工作负责人或工作票签发人组织到现场进行勘察,以便掌握同杆(塔)架设线路及其方位、电气间距、作业现场条件和环境; 2. 确定作业方法、所需工具、材料以及应采取的措施。	
	2	车辆检查	按公司《特种车辆使用管理规定》有关内容对车辆进行使用前检查。	
	3	气象条件	1. 根据本地气象预报,判断是否符合《安规》对带电作业的要求; 2. 风力大于 10 m/s 或相对湿度大于 80%时,不宜作业。	
	4	办理工作票	1. 在生产管理系统(PMS2.0)中开具工作票; 2. 确认工作地段、配网运行方式,确定预申请停用重合闸的线路名称。	
	5	三措一案	经许可、批准后,方可执行。	

4.2 人员要求

√	序号	内容	备注
	1	作业人员必须持有带电作业有效资格证和实践工作经验。	
	2	作业人员应身体健康，无妨碍作业的生理和心理障碍。	
	3	本年度《安规》考试合格。	

4.3 工器具

√	序号	工器具名称		规格	单位	数量	备注
	1	特种车辆	旁路作业车		辆	1	
	2		绝缘斗臂车	10 kV	辆	1	
	3		移动箱变车		辆	1	
	4	绝缘防护用具	绝缘手套	10 kV	双	2	
	5		绝缘安全帽	10 kV	顶	2	
	6		绝缘服	10 kV	套	2	
	7		绝缘安全带	10 kV	副	2	
	8	绝缘遮蔽用具	绝缘毯	10 kV	个	若干	
	9		横担遮蔽罩	10 kV	个	若干	
	10		导线遮蔽罩	10 kV	个	若干	
	11	旁路作业装备	高压旁路柔性电缆	10 kV	根	若干	
	12		旁路负荷开关		台	1	
	13		余缆工具		个	若干	
	14		中间连接器		个	若干	
	15		柔性电缆护线管(盒)		个	若干	
	16		电缆对接头保护箱		个	若干	
	17		电缆分接头保护箱		个	若干	
	18		电缆进出线保护箱		个	2	
	19		电缆架空跨越支架		副	2	
	20	绝缘工具	绝缘操作杆	10 kV	根	1	
	21		绝缘传递绳	12 mm	根	1	

续表

√	序号	工器具名称		规格	单位	数量	备注
	22	其他	电流检测仪	高压	套	1	
	23		绝缘电阻测试仪	2500 V及以上	套	1	
	24		验电器	10 kV	套	1	
	25		放电棒		套	1	
	26		对讲机		套	2	
	27		温湿度仪/风速仪		套	1	
	28		绝缘手套检测仪		个	1	

4.4 材料

√	序号	名称	规格	单位	数量	备注
	1	防水胶带	J30	卷	3	

4.5 危险点分析及预控

√	序号	危 险 点	预 控 措 施
	1	高空作业时违反《安规》进行操作，可能引起高空坠落。	高空作业，必须正确使用安全带并戴安全帽，将安全带系在牢固部件上且位置合理，便于作业。
	2	带电作业人员与邻近带电体及接地体安全距离不够，可能引起相间短路、接地伤害事故。	作业人员与邻近带电体的距离不得小于0.4 m，与邻相的安全距离不得小于0.6 m，使用绝缘操作杆其有效绝缘长度不得小于0.7 m。
	3	绝缘斗臂车支车时，车腿支持点土壤松软或埋有市政管网设施，使车体倾斜，造成翻车。	遇到松软土壤时，支腿下加垫枕木或钢板且不得超过两块。
	4	绝缘斗臂车液压机构渗漏油，可能引起支腿、绝缘臂、工作斗泄压。	绝缘斗臂车使用前认真检查，并在预定位置试操作一次、确认各液压部分运转良好，无渗漏油现象，方可操作。
	5	监护人指挥发令信息不畅，导致带电操作人员误操作。	保持通讯通畅，操作人员收到监护人的指令后，应回复确认。
	6	高压旁路电缆电流超过200 A。	作业前，确认临时取电变压器容量，满足要求，方可开展取电工作。

4.6 安全措施

√	序号	内　　容
	1	如遇雷电(听见雷声、看见闪电)雪雹、雨雾不得进行带电作业,风力大于 5 级时,也不得进行带电作业。
	2	待取电容量致电流超过 200 A 时,不得进行临时取电作业。
	2	作业前,需确认线路无接地、绝缘良好、线路上无人工作且相位无误。
	3	在运输过程中,绝缘工具应装在专用工具袋、工具箱或专用工具车内,以防受潮和损伤。
	4	带电作业应设人监护,监护人不得直接操作,监护的范围不得超过一个作业点。
	5	使用合格的绝缘安全工器具,使用前应做好检查。
	6	作业过程中,如设备突然停电,作业人员应视设备仍然带电,并立即停止操作,工作负责人尽快与调度联系查明原因。
	7	作业过程中,绝缘斗臂车的发动机不得熄火,起升、下降、回转速度不得大于 0.5 m/s。
	8	在接近带电体的过程中,应从下方依次验电,对人体可能触及范围内的构件亦应验电,确认无漏电现象。
	9	作业过程中有可能引起不同电位设备之间发生短路或接地故障时,应在设备间设置绝缘遮蔽。
	10	禁止同时接触未接通或已断开的导线的两个断头,以防人体串入电路。
	11	作业现场应设围栏及警示牌,禁止无关人员进入或在工作现场逗留。

4.7 人员分工

√	序号	作 业 人 员	作 业 项 目

5 作业程序

5.1 开工

√	序号	内容	责任人签字
	1	工作负责人办理工作票、申请停用重合闸。	
	2	调度通知已停用重合闸，许可工作。	
	3	工作负责人组织全体工作人员戴好安全帽，在现场列队宣读工作票，交待工作任务、安全措施、注意事项，确认工作班成员并让其签字后，宣布开始工作的命令。	

5.2 作业内容及标准

√	序号	作业内容	作业标准及步骤	安全措施及注意事项	备注
	1	进入现场	绝缘斗臂车、移动箱变车、旁路作业车操作员将绝缘斗臂车停在工作点的最佳位置，并装设车体接地线。	1. 遇到松软土壤时，支腿下加垫枕木且不得超过两块，呈八角形45°摆放； 2. 车工作处地面应坚实、平整，地面坡度超过5°； 3. 车体接地体埋棒插入地层深度不小于0.4 m。	
	2	工器具检查	地面电工将按要求将工器具摆放在防潮的帆布上。	1. 防潮帆布应设置在杆上落物区半径之外； 2. 将绝缘工器具与非绝缘工器具分开摆放。	
			带电电工对绝缘工器具进行外观检查与检测。	1. 使用前应用2500 V的绝缘摇表检查并确保其绝缘阻值不小于700 MΩ； 2. 绝缘工器具外观应符合使用安全要求，如无破损、划伤、受潮等。	
			绝缘斗臂车操作员将空斗试操作一次。	确认液压传动、回转、升降、伸缩系统工作正常、操作灵活，制动装置可靠。	

续表

√	序号	作业内容	作业标准及步骤	安全措施及注意事项	备注
	3	验电	按照导线—绝缘子—横担的顺序进行验电，确认无漏电现象。	1. 人体与邻近带电体的距离不得小于 0.4 m； 2. 绝缘杆的有效绝缘长度不得小于 0.7 m。	
	4	设置绝缘遮蔽	斗内电工转移工作斗到内边侧导线合适位置。	1. 应注意绝缘斗臂车周围杆塔、线路等的情况，转移工作斗时，绝缘臂的金属部位与带电体和地电位物体的距离大于 1 m； 2. 作业过程中绝缘斗臂车的起升、下降、回转速度不得大于 0.5 m/s； 3. 作业时，上节绝缘臂的伸出长度应大于等于 1 m，绝缘斗、臂离带电体物体的距离应大于 1 m，人体与相邻带电物体的距离应大于 0.6 m。	
			斗内电工使用绝缘导线遮蔽罩、绝缘毯、熔断器遮蔽罩等遮蔽用具将作业范围内带电导线和接地部分进行绝缘遮蔽、隔离。	1. 斗内电工设置绝缘遮蔽措施时按“由近至远、从大到小、从低到高”原则进行； 2. 使用绝缘操作杆时，有效绝缘长度应大于 0.7 m； 3. 绝缘遮蔽应严实、牢固，导线遮蔽罩间重叠部分应大于 15 cm，遮蔽范围应比人体活动范围增加 0.4 m； 4. 同一绝缘斗内双人工作时，禁止两人同时接触不同的电位体。	
	5	旁路设备敷设	地面电工安装旁路负荷开关至杆上适当位置。	旁路负荷开关外壳应良好接地。	
			敷设、组装旁路电缆及旁路设备。	1. 敷设旁路电缆时，应使旁路电缆离开地面敷设，防止旁路电缆与地面摩擦，且不得受力；敷设完毕，做好防护措施；	

续表

√	序号	作业内容	作业标准及步骤	安全措施及注意事项	备注
				2. 连接旁路作业设备前，应对各接口进行清洁和润滑，在插拔界面均匀涂润滑脂； 3. 旁路电缆地面敷设过程中，如需跨越道路，应使用电力架空跨越支架将旁路电缆架空敷设并可靠固定； 4. 组装电缆与旁路设备时，应注意相位保持一致； 5. 组装完毕应盖好旁路设备地面防护装置保护盖，并保证中间接头盒外壳接地良好。	
			合上旁路负荷开关，进行旁路系统绝缘电阻测试。	1. 检查旁路电缆外观无破损； 2. 整体绝缘电阻应不小于500 MΩ； 3. 绝缘电阻测试完毕，立即逐相放电。	
			拉开旁路开关，并锁死保险环。		
			将旁路电缆终端接入移动箱变高压开关柜进线端。	1. 确认移动箱变高压开关柜进线端处于检修状态； 2. 接入时，应注意相位保持一致。	
			将低压电缆分别连接到移动箱变低压空气开关进线端和低压架空线路(已停电)。	需确认线路无接地、绝缘良好、线路上无人工作且相位无误。	
			斗内电工依次将旁路负荷开关电源侧旁路高压引下电缆与带电主导线连接。	1. 绝缘斗臂车金属部分对带电体有效绝缘长度不小于0.9 m，绝缘臂的有效长度不小于1 m； 2. 验电前应先对高压验电器进行自检，检测高压验电器是否良好； 3. 验电时，带电电工人体与邻近带电体的距离不得小于0.4 m，验电器的有效绝缘长度不得小于0.7 m。	

续表

√	序号	作业内容	作业标准及步骤	安全措施及注意事项	备注
	6	移动箱变投入运行	将移动箱变高压负荷开关由检修转热备用(部分移动箱变无检修位置可忽略)。	1. 不应直接转检修状态,以防发生三相短路; 2. 操作移动箱变开关时应戴绝缘手套; 3. 倒闸操作应使用操作票。	
			合上旁路负荷开关,并锁死保险环。		
			将移动箱变高压负荷开关由热备用转运行,完成取电工作。		
			如相位不正确,应依次拉开旁路负荷开关和移动箱变高压开关。	调整相位前,对高压旁路设备进行逐相充分放电。	
			合上移动箱变低压空气开关。		
			检查移动箱变负荷情况。	临时取电回路投入运行后,应每隔半小时检测一次回路的负载电流监视其运行情况;临时供电负荷电流超过200 A时,立即断开负荷开关。	
	7	移动箱变退出运行	1. 拉开移动箱变低压侧空气开关; 2. 将移动箱变高压侧负荷开关由运行转热备用。	拉开低压开关应戴绝缘手套,并使用操作杆。	
			拉开旁路负荷开关。	拉开低压开关时应戴绝缘手套,并使用操作杆。	
			合上移动箱变接地刀闸(部分移动箱变无检修位置可忽略)。	合上移动箱变接地刀闸应戴绝缘手套。	
	8	拆除旁路设备	斗内电工拆除旁路负荷开关电源侧高压引下线与带电主导线之间的连接,恢复主导线绝缘及密封。	1. 作业人员撤除绝缘遮蔽措施时应戴绝缘手套,且顺序应正确; 2. 撤除绝缘毯时,应轻托慢起,防止拉伤绝缘层; 3. 严禁同时撤除不同电位的遮蔽体。	

续表

√	序号	作业内容	作业标准及步骤	安全措施及注意事项	备注
			合上旁路负荷开关对旁路系统整体充分放电。	放电棒接地体埋棒插入地层深度不小于0.6 m。	
			收回移动箱变及旁路作业相关装备。	收回旁路电缆时,应使旁路电缆离开地面,防止旁路电缆与地面摩擦。	

5.3　竣工

√	序号	内　容	负责人签字
	1	工作负责人全面检查作业完成情况并点评(班后会)。	
	2	清理现场的工器具、材料,撤离作业现场。	
	3	通知调度恢复重合闸,办理终结工作票。	

5.4　消缺记录

√	序号	作 业 内 容	负责人签字

6　验收总结

序号	验 收 总 结	
1	验收评价	
2	存在问题及处理意见	

7　作业指导书执行情况评估

<table>
<tr><td rowspan="4">评估内容</td><td rowspan="2">符合性</td><td>优</td><td></td><td>可操作项</td><td></td></tr>
<tr><td>良</td><td></td><td>不可操作项</td><td></td></tr>
<tr><td rowspan="2">可操作性</td><td>优</td><td></td><td>建议修改项</td><td></td></tr>
<tr><td>良</td><td></td><td>遗漏项</td><td></td></tr>
<tr><td>存在问题</td><td colspan="5"></td></tr>
<tr><td>改进意见</td><td colspan="5"></td></tr>
</table>

附录　标准化作业指导卡

1　10 kV 带电消缺及装拆附件标准化作业指导卡

（修剪树枝）

编号：____________

1. 带电作业准备阶段

√	序号	内　　容	标　　准
	1	现场勘察	1. 由工作负责人或工作票签发人组织到现场进行勘察，以便掌握同杆（塔）架设线路及其方位、电气间距、作业现场条件和环境； 2. 确定作业方法、所需工具、材料以及应采取的措施。
	2	气象条件	1. 根据本地气象预报，判断是否符合《安规》对带电作业的要求； 2. 风力大于 10 m/s 或相对湿度大于 80%时，不宜作业。
	3	办理工作票	1. 在生产管理系统(PMS2.0)中开具工作票； 2. 确认工作地段、配网运行方式，如需停用重合闸先确定线路双重名称，提前向调度申请。

2. 带电作业实施阶段

√	序号	作业内容	作业标准及步骤	安全措施及注意事项
	1	验电	1. 杆上电工登杆至合适工作位置，系好后备保护绳； 2. 对三相导线及横担进行验电，确认线路无漏电。	验电顺序：带电体→绝缘子→横担→带电体。
	2	设置绝缘遮蔽、隔离措施	杆上电工相互配合，按照“从近到远、从下到上、先带电体后接地体”的遮蔽原则，对带电导线及横担进行绝缘遮蔽。	1. 遮蔽时人体与邻近带电体的距离不得小于 0.4 m； 2. 绝缘杆的有效绝缘长度不得小于 0.7 m。

续表

√	序号	作业内容	作业标准及步骤	安全措施及注意事项
	3★（★表示该步骤为关键步骤）	修剪树枝	1. 杆上电工判断树枝离带电体的安全距离是否满足要求，无法满足时需采取有效的绝缘遮蔽隔离措施； 2. 杆上电工使用修剪刀修剪树枝，树枝高出导线时，应用绝缘绳固定需修剪的树枝，使之倒向远离线路的方向； 3. 地面电工配合将修剪的树枝放至地面。	作业时注意工作位置不要在拆除设备正下方，防止高空落物伤人
	4	拆除绝缘遮蔽措施	杆上电工拆除绝缘遮蔽用具，确认杆上已无遗留物后，返回地面。	严禁同时拆除不同电位的遮蔽体。

3. 带电作业结束阶段

√	序号	内容
	1	工作负责人全面检查作业完成情况并点评(班后会)。
	2	清理现场的工器具、材料，撤离作业现场。
	3	汇报调度或运维人员工作结束，办理工作票终结手续。

工作负责人：____________

2　10 kV 带电接引线标准化作业指导卡

（清除异物）

编号：__________

1. 带电作业准备阶段

√	序号	内　　容	标　　准
	1	现场勘察	1. 由工作负责人或工作票签发人组织到现场进行勘察，以便掌握同杆（塔）架设线路及其方位、电气间距、作业现场条件和环境； 2. 确定作业方法、所需工具、材料以及应采取的措施。
	2	气象条件	1. 根据本地气象预报，判断是否符合《安规》对带电作业的要求； 2. 风力大于 10 m/s 或相对湿度大于 80%时，不宜作业。
	3	办理工作票	1. 在生产管理系统（PMS2.0）中开具工作票； 2. 确认工作地段、配网运行方式，如需停用重合闸先确定线路双重名称，提前向调度申请。

2. 带电作业实施阶段

√	序号	作业内容	作业标准及步骤	安全措施及注意事项
	1	验电	1. 杆上电工登杆至合适工作位置，系好后备保护绳； 2. 对三相导线及横担进行验电，确认线路无漏电。	验电顺序：带电体→绝缘子→横担→带电体。
	2	设置绝缘遮蔽、隔离措施	杆上电工相互配合，按照“从近到远、从下到上、先带电体后接地体”的遮蔽原则，对带电导线及横担进行绝缘遮蔽。	1. 遮蔽时人体与邻近带电体的距离不得小于 0.4 m； 2. 绝缘杆有效绝缘长度不得小于 0.7 m。

续表

√	序号	作业内容	作业标准及步骤	安全措施及注意事项
	3★	清除异物	1. 杆上电工判断拆除异物时的安全距离是否满足要求，无法满足时需采取有效的绝缘遮蔽隔离措施； 2. 杆上电工拆除异物时，需站在上风侧，需采取措施防止异物落下伤人等； 3. 地面电工配合将异物放至地面。	作业时注意工作位置不要在拆除设备正下方，防止高空落物伤人。
	4	拆除绝缘遮蔽措施	杆上电工拆除绝缘遮蔽用具，确认杆上已无遗留物后，返回地面。	严禁同时拆除不同电位的遮蔽体。

3. 带电作业结束阶段

√	序号	内　容
	1	工作负责人全面检查作业完成情况并点评（班后会）。
	2	清理现场的工器具、材料，撤离作业现场。
	3	汇报调度或运维人员工作结束，办理工作票终结手续。

工作负责人：____________

3　10 kV 带电消缺及装拆附件标准化作业指导卡
(扶正绝缘子)

编号:____________

1. 带电作业准备阶段

√	序号	内　　容	标　　准
	1	现场勘察	1. 由工作负责人或工作票签发人组织到现场进行勘察,以便掌握同杆(塔)架设线路及其方位、电气间距、作业现场条件和环境; 2. 确定作业方法、所需工具、材料以及应采取的措施。
	2	气象条件	1. 根据本地气象预报,判断是否符合《安规》对带电作业的要求; 2. 风力大于 10 m/s 或相对湿度大于 80%时,不宜作业。
	3	办理工作票	1. 在生产管理系统(PMS2.0)中开具工作票; 2. 确认工作地段、配网运行方式,如需停用重合闸先确定线路双重名称,提前向调度申请。

2. 带电作业实施阶段

√	序号	作业内容	作业标准及步骤	安全措施及注意事项
	1	验电	1. 杆上电工登杆至合适工作位置,系好后备保护绳; 2. 对三相导线及横担进行验电,确认线路无漏电。	验电顺序:带电体→绝缘子→横担→带电体。
	2	设置绝缘遮蔽、隔离措施	杆上电工相互配合,按照“从近到远、从下到上、先带电体后接地体”的遮蔽原则,对带电导线及横担进行绝缘遮蔽。	1. 遮蔽时人体与邻近带电体的距离不得小于 0.4 m; 2. 绝缘杆有效绝缘长度不得小于 0.7 m。

续表

√	序号	作业内容	作业标准及步骤	安全措施及注意事项
	3★	清除异物	1. 杆上电工判断拆除异物时的安全距离是否满足要求，无法满足时需采取有效的绝缘遮蔽隔离措施； 2. 杆上电工拆除异物时，需站在上风侧，需采取措施防止异物落下伤人等； 3. 地面电工配合将异物放至地面。	作业时注意工作位置不要在拆除设备正下方，防止高空落物伤人。
	4	拆除绝缘遮蔽措施	杆上电工拆除绝缘遮蔽用具，确认杆上已无遗留物后，返回地面。	严禁同时拆除不同电位的遮蔽体。

3. 带电作业结束阶段

√	序号	内　容
	1	工作负责人全面检查作业完成情况并点评(班后会)。
	2	清理现场的工器具、材料，撤离作业现场。
	3	汇报调度或运维人员工作结束，办理工作票终结手续。

工作负责人：＿＿＿＿＿

4　10 kV 带电消缺及装拆附件标准化作业指导卡

（拆除退役设备）

编号：____________

1．带电作业准备阶段

√	序号	内　　容	标　　准
	1	现场勘察	1. 由工作负责人或工作票签发人组织到现场进行勘察，以便掌握同杆（塔）架设线路及其方位、电气间距、作业现场条件和环境； 2. 确定作业方法、所需工具、材料以及应采取的措施。
	2	气象条件	1. 根据本地气象预报，判断是否符合《安规》对带电作业的要求； 2. 风力大于 10 m/s 或相对湿度大于 80％时，不宜作业。
	3	办理工作票	1. 在生产管理系统（PMS2.0）中开具工作票； 2. 确认工作地段、配网运行方式，如需停用重合闸先确定线路双重名称，提前向调度申请。

2．带电作业实施阶段

√	序号	作业内容	作业标准及步骤	安全措施及注意事项
	1	验电	1. 杆上电工登杆至合适工作位置，系好后备保护绳； 2. 对三相导线及横担进行验电，确认线路无漏电。	验电顺序：带电体→绝缘子→横担→带电体。
	2	设置绝缘遮蔽、隔离措施	杆上电工相互配合，按照“从近到远、从下到上、先带电体后接地体”的遮蔽原则，对带电导线及横担进行绝缘遮蔽。	1. 遮蔽时人体与邻近带电体的距离不得小于 0.4 m； 2. 绝缘杆有效绝缘长度不得小于 0.7 m。

续表

√	序号	作业内容	作业标准及步骤	安全措施及注意事项
	3★	拆除退役设备	1. 杆上电工判断拆除异物时的安全距离是否满足要求，无法满足时需采取有效的绝缘遮蔽隔离措施； 2. 杆上电工拆除异物时，需站在上风侧，需采取措施防止异物落下伤人等； 3. 地面电工配合将异物放至地面。	作业时注意工作位置不要在拆除设备正下方，防止高空落物伤人。
	4	拆除绝缘遮蔽措施	杆上电工拆除绝缘遮蔽用具，确认杆上已无遗留物后，返回地面。	严禁同时拆除不同电位的遮蔽体。

3. 带电作业结束阶段

√	序号	内　容
	1	工作负责人全面检查作业完成情况并点评(班后会)。
	2	清理现场的工器具、材料，撤离作业现场。
	3	汇报调度或运维人员工作结束，办理工作票终结手续。

工作负责人：__________

5 10 kV 带电更换避雷器标准化作业指导卡

编号：____________

1. 带电作业准备阶段

√	序号	内　容	标　准
	1	现场勘察	1. 由工作负责人或工作票签发人组织到现场进行勘察，以便掌握同杆（塔）架设线路及其方位、电气间距、作业现场条件和环境； 2. 确定作业方法、所需工具、材料以及应采取的措施。
	2	气象条件	1. 根据本地气象预报，判断是否符合《安规》对带电作业的要求； 2. 风力大于 10 m/s 或相对湿度大于 80%时，不宜作业。
	3	办理工作票	1. 在生产管理系统（PMS2.0）中开具工作票； 2. 确认工作地段、配网运行方式，如需停用重合闸先确定线路双重名称，提前向调度申请。

2. 带电作业实施阶段

√	序号	作业内容	作业标准及步骤	安全措施及注意事项
	1	验电	1. 杆上电工登杆至合适工作位置，系好后备保护绳； 2. 对三相导线及横担进行验电，确认线路无漏电。	验电顺序：带电体→绝缘子→横担→带电体。
	2	设置绝缘遮蔽、隔离措施	杆上电工相互配合，按照“从近到远、从下到上、先带电体后接地体”的遮蔽原则，对带电导线及横担进行绝缘遮蔽。	1. 遮蔽时人体与邻近带电体的距离不得小于 0.4 m； 2. 绝缘杆有效绝缘长度不得小于 0.7 m。

续表

√	序号	作业内容	作业标准及步骤	安全措施及注意事项
	3★	更换避雷器	1. 用绝缘操作杆将内侧避雷器引流线拆除，避雷器退出运行； 2. 其余两相避雷器退出运行按相同的方法进行；三相避雷器引流线拆除的顺序可按先近后远，或根据现场情况先两侧、后中间； 3. 杆上电工更换三相避雷器； 4. 杆上电工使用绝缘操作杆将中相避雷器引流线连接至线路，避雷器投入运行； 5. 其余两相避雷器投入运行按相同的方法进行。	1. 三相避雷器引流线的连接顺序可按先远后近，或根据现场情况先中间、后两侧； 2. 拆除时使用绝缘锁杆锁紧引线防止摆动。
	4	拆除绝缘遮蔽措施	杆上电工拆除绝缘遮蔽用具，确认杆上已无遗留物后，返回地面。	严禁同时拆除不同电位的遮蔽体。

3．带电作业结束阶段

√	序号	内　容
	1	工作负责人全面检查作业完成情况并点评(班后会)。
	2	清理现场的工器具、材料，撤离作业现场。
	3	汇报调度或运维人员工作结束，办理工作票终结手续。

工作负责人：________

6　10 kV 带电断引线标准化作业指导卡

（断熔断器上引线）

编号：________

1. 带电作业准备阶段

√	序号	内　容	标　准
	1	现场勘察	1. 由工作负责人或工作票签发人组织到现场进行勘察，以便掌握同杆（塔）架设线路及其方位、电气间距、作业现场条件和环境； 2. 确定作业方法、所需工具、材料以及应采取的措施。
	2	气象条件	1. 根据本地气象预报，判断是否符合《安规》对带电作业的要求； 2. 风力大于 10 m/s 或相对湿度大于 80%时，不宜作业。
	3	办理工作票	1. 在生产管理系统（PMS2.0）中开具工作票； 2. 确认工作地段、配网运行方式，如需停用重合闸先确定线路双重名称，提前向调度申请。

2. 带电作业实施阶段

√	序号	作业内容	作业标准及步骤	安全措施及注意事项
	1	验电	1. 杆上电工登杆至合适工作位置，系好后备保护绳； 2. 对三相导线及横担进行验电，确认线路无漏电。	验电顺序：带电体→绝缘子→横担→带电体。
	2	设置绝缘遮蔽、隔离措施	杆上电工相互配合，按照“从近到远、从下到上、先带电体后接地体”的遮蔽原则，对带电导线及横担进行绝缘遮蔽。	1. 遮蔽时人体与邻近带电体的距离不得小于 0.4 m； 2. 绝缘杆有效绝缘长度不得小于 0.7 m。

续表

√	序号	作业内容	作业标准及步骤	安全措施及注意事项
	3★	断熔断器上引线	1. 杆上电工使用绝缘锁杆夹紧待断的上引线，并用线夹安装工具固定线夹； 2. 杆上电工使用绝缘套筒扳手拧松线夹； 3. 杆上电工使用线夹安装工具使线夹脱离主导线； 4. 杆上电工使用绝缘锁杆将上引线缓缓放下，用绝缘断线剪在熔断器上接线柱处剪断上引线； 5. 其余两相引线拆除按相同的方法进行，三相引线拆除的顺序按先两边相，再中间相的顺序进行。	1. 如上引线与主导线由于安装方式和锈蚀等原因不易拆除，可直接在主导线搭接位置处剪断； 2. 拆除时使用绝缘锁杆锁紧引线防止摆动。
	4	拆除绝缘遮蔽措施	杆上电工拆除绝缘遮蔽用具，确认杆上已无遗留物后，返回地面。	严禁同时拆除不同电位的遮蔽体。

3. 带电作业结束阶段

√	序号	内　　容
	1	工作负责人全面检查作业完成情况并点评(班后会)。
	2	清理现场的工器具、材料，撤离作业现场。
	3	汇报调度或运维人员工作结束，办理工作票终结手续。

工作负责人：__________

7 10 kV 带电断引线标准化作业指导卡

(断分支线路引线)

编号:____________

1. 带电作业准备阶段

√	序号	内　容	标　准
	1	现场勘察	1. 由工作负责人或工作票签发人组织到现场进行勘察,以便掌握同杆(塔)架设线路及其方位、电气间距、作业现场条件和环境; 2. 确定作业方法、所需工具、材料以及应采取的措施。
	2	气象条件	1. 根据本地气象预报,判断是否符合《安规》对带电作业的要求; 2. 风力大于 10 m/s 或相对湿度大于 80%时,不宜作业。
	3	办理工作票	1. 在生产管理系统(PMS2.0)中开具工作票; 2. 确认工作地段、配网运行方式,如需停用重合闸先确定线路双重名称,提前向调度申请。

2. 带电作业实施阶段

√	序号	作业内容	作业标准及步骤	安全措施及注意事项
	1	验电	1. 杆上电工登杆至合适工作位置,系好后备保护绳; 2. 对三相导线及横担进行验电,确认线路无漏电。	验电顺序:带电体→绝缘子→横担→带电体。
	2	设置绝缘遮蔽、隔离措施	杆上电工相互配合,按照“从近到远、从下到上、先带电体后接地体”的遮蔽原则,对带电导线及横担进行绝缘遮蔽。	1. 遮蔽时人体与邻近带电体的距离不得小于 0.4 m; 2. 绝缘杆有效绝缘长度不得小于 0.7 m。

续表

√	序号	作业内容	作业标准及步骤	安全措施及注意事项
	3★	断熔断器上引线	1. 杆上电工使用绝缘锁杆夹紧待断的上引线,并用线夹安装工具固定线夹; 2. 杆上电工使用绝缘套筒扳手拧松线夹; 3. 杆上电工使用线夹安装工具使线夹脱离主导线; 4. 杆上电工使用绝缘锁杆将上引线缓缓放下,用绝缘断线剪在熔断器上接线柱处剪断上引线; 5. 其余两相引线拆除按相同的方法进行,三相引线拆除的顺序按先两边相,再中间相的顺序进行。	1. 如上引线与主导线由于安装方式和锈蚀等原因不易拆除,可直接在主导线搭接位置处剪断; 2. 拆除时使用绝缘锁杆锁紧引线防止摆动。
	4	拆除绝缘遮蔽措施	杆上电工拆除绝缘遮蔽用具,确认杆上已无遗留物后,返回地面。	严禁同时拆除不同电位的遮蔽体。

3. 带电作业结束阶段

√	序号	内容
	1	工作负责人全面检查作业完成情况并点评(班后会)。
	2	清理现场的工器具、材料,撤离作业现场。
	3	汇报调度或运维人员工作结束,办理工作票终结手续。

工作负责人:__________

8　10 kV 带电断引线标准化作业指导卡
(断耐张杆引线)

编号：__________

1. 带电作业准备阶段

√	序号	内　容	标　准
	1	现场勘察	1. 由工作负责人或工作票签发人组织到现场进行勘察，以便掌握同杆(塔)架设线路及其方位、电气间距、作业现场条件和环境； 2. 确定作业方法、所需工具、材料以及应采取的措施。
	2	气象条件	1. 根据本地气象预报，判断是否符合《安规》对带电作业的要求； 2. 风力大于 10 m/s 或相对湿度大于 80%时，不宜作业。
	3	办理工作票	1. 在生产管理系统(PMS2.0)中开具工作票； 2. 确认工作地段、配网运行方式，如需停用重合闸先确定线路双重名称，提前向调度申请。

2. 带电作业实施阶段

√	序号	作业内容	作业标准及步骤	安全措施及注意事项
	1	验电	1. 杆上电工登杆至合适工作位置，系好后备保护绳； 2. 对三相导线及横担进行验电，确认线路无漏电。	验电顺序：带电体→绝缘子→横担→带电体。
	2	设置绝缘遮蔽、隔离措施	杆上电工相互配合，按照“从近到远、从下到上、先带电体后接地体”的遮蔽原则，对带电导线及横担进行绝缘遮蔽。	1. 遮蔽时人体与邻近带电体的距离不得小于 0.4 m； 2. 绝缘杆有效绝缘长度不得小于 0.7 m。

续表

√	序号	作业内容	作业标准及步骤	安全措施及注意事项
	3★	断耐张杆引流线	1. 杆上电工使用绝缘锁杆将待断的耐张杆引流线固定； 2. 杆上电工使用绝缘杆断线剪将耐张杆引流线在电源侧耐张线夹处剪断； 3. 杆上电工使用绝缘锁杆将耐张杆引流线向下平稳地移离带电导线； 4. 杆上电工使用绝缘杆断线剪将耐张杆引流线在负荷侧耐张线夹处剪断并取下； 5. 其余两相引流线拆除按相同的方法进行。	1. 三相引线拆除的顺序按先两边相，再中间相的顺序进行； 2. 拆除时使用绝缘锁杆锁紧引线防止摆动。
	4	拆除绝缘遮蔽措施	杆上电工拆除绝缘遮蔽用具，确认杆上已无遗留物后，返回地面。	严禁同时拆除不同电位的遮蔽体。

3．带电作业结束阶段

√	序号	内　容
	1	工作负责人全面检查作业完成情况并点评(班后会)。
	2	清理现场的工器具、材料，撤离作业现场。
	3	汇报调度或运维人员工作结束，办理工作票终结手续。

工作负责人：____________

9　10 kV 带电接引线标准化作业指导卡

(接熔断器上引线)

编号：__________

1. 带电作业准备阶段

√	序号	内　容	标　准
	1	现场勘察	1. 由工作负责人或工作票签发人组织到现场进行勘察，以便掌握同杆(塔)架设线路及其方位、电气间距、作业现场条件和环境； 2. 确定作业方法、所需工具、材料以及应采取的措施。
	2	气象条件	1. 根据本地气象预报，判断是否符合《安规》对带电作业的要求； 2. 风力大于 10 m/s 或相对湿度大于 80%时，不宜作业。
	3	办理工作票	1. 在生产管理系统(PMS2.0)中开具工作票； 2. 确认工作地段、配网运行方式，如需停用重合闸先确定线路双重名称，提前向调度申请。

2. 带电作业实施阶段

√	序号	作业内容	作业标准及步骤	安全措施及注意事项
	1	验电	按照导线→绝缘子→横担→导线的顺序进行验电，确认无漏电现象。	1. 人体与邻近带电体的距离不得小于 0.4 m； 2. 绝缘杆有效绝缘长度不得小于 0.7 m。
	2	设置绝缘遮蔽、隔离措施	斗内电工转移工作斗到内边侧导线合适位置。	1. 绝缘臂的金属部位与带电体和地电位物体的距离不小于 0.9 m； 2. 作业过程中，绝缘斗臂车起升、下降、回转速度不得大于 0.5 m/s。

续表

√	序号	作业内容	作业标准及步骤	安全措施及注意事项
			斗内电工使用导线遮蔽罩、绝缘毯等遮蔽用具，按“由近至远、从大到小、从低到高”原则，将作业范围内带电导线和接地部分进行绝缘遮蔽、隔离。	1. 绝缘遮蔽应严实、牢固，导线遮蔽罩间重叠部分应不小于15 cm，遮蔽范围应比人体活动范围增加0.4 m； 2. 绝缘斗内双人工作时，禁止两人同时接触不同的电位体。
	3★	接熔断器上引线	1. 斗内电工将绝缘斗调整至熔断器横担下方，并与有电线路保持0.4 m以上安全距离，用绝缘测量杆测量三相引线长度，根据长度做好连接的准备工作； 2. 斗内电工将绝缘斗调整到中间相导线下侧适当位置，使用清扫刷清除连接处导线上的氧化层； 3. 斗内电工将熔断器上引线与主导线进行可靠连接，恢复接续线夹处的绝缘及密封，并迅速恢复绝缘遮蔽； 4. 其余两相引线连接按相同方法进行。	1. 斗内电工戴护目镜； 2. 待接引流线如为绝缘线，剥皮长度应比接续线夹长2 cm，且端头应有防止松散的措施； 3. 斗臂车绝缘斗在有电工作区域转移时，应缓慢移动，动作要平稳；绝缘斗臂车作业时，发动机不能熄火(电能驱动型除外)，以保证液压系统处于工作状态； 4. 作业过程中禁止摘下绝缘防护用具； 5. 三相熔断器引线连接，可按由复杂到简单、先难后易的原则进行，先中间相、后远边相，最后近边相，也可视现场实际情况从远到近依次进行。
	4	拆除绝缘遮蔽措施	杆上电工拆除绝缘遮蔽用具，确认杆上已无遗留物后，返回地面。	严禁同时拆除不同电位的遮蔽体。

3. 带电作业结束阶段

√	序号	内容
	1	工作负责人全面检查作业完成情况并点评(班后会)。
	2	清理现场的工器具、材料，撤离作业现场。
	3	汇报调度或运维人员工作结束，办理工作票终结手续。

工作负责人：__________

10　10 kV 带电接引线标准化作业指导卡

(接分支线路引线)

编号：____________

1. 带电作业准备阶段

√	序号	内　　容	标　　准
	1	现场勘察	1. 由工作负责人或工作票签发人组织到现场进行勘察，以便掌握同杆(塔)架设线路及其方位、电气间距、作业现场条件和环境； 2. 确定作业方法、所需工具、材料以及应采取的措施。
	2	气象条件	1. 根据本地气象预报，判断是否符合《安规》对带电作业的要求； 2. 风力大于 10 m/s 或相对湿度大于 80%时，不宜作业。
	3	办理工作票	1. 在生产管理系统(PMS2.0)中开具工作票； 2. 确认工作地段、配网运行方式，如需停用重合闸先确定线路双重名称，提前向调度申请。

2. 带电作业实施阶段

√	序号	作业内容	作业标准及步骤	安全措施及注意事项
	1	验电	1. 杆上电工登杆至合适工作位置，系好后备保护绳； 2. 对三相导线及横担进行验电，确认线路无漏电。	验电顺序：带电体→绝缘子→横担→带电体。
	2	设置绝缘遮蔽、隔离措施	杆上电工相互配合，按照“从近到远、从下到上、先带电体后接地体”的遮蔽原则，对带电导线及横担进行绝缘遮蔽。	1. 遮蔽时人体与邻近带电体的距离不得小于 0.4 m； 2. 绝缘杆有效绝缘长度不得小于 0.7 m。

续表

√	序号	作业内容	作业标准及步骤	安全措施及注意事项
	3★	接分支线路引线	1. 1号电工用绝缘操作杆测量三相引线长度并分别在适当位置切断三相引线，同时剥除三相引线绝缘皮； 2. 1号电工使用绝缘测试仪分别检测三相待接引流线对地绝缘是否良好，并确认空载； 3. 2号电工调整工作斗位置后，1号电工使用绝缘杆游标卡尺测量绝缘导线外径；根据测量结果，2号电工选择适当的刀具安装到绝缘杆式导线剥皮器上； 4. 1号电工操作绝缘杆式导线剥皮器依次剥除三相主导线搭接位置处的绝缘层； 5. 1号电工调整J型线夹螺栓，使J形线夹连接主导线侧的开口向上，并将线夹安装到J型线夹安装工具上，旋紧压簧使J形线夹固定牢固； 6. 1号电工用钢丝刷清除导线、引线连接处导线上的氧化层； 7. 2号电工使用绝缘卡线勾卡紧中相待接引流线； 8. 1号电工操作J型线夹安装工具将J型线夹主导线开口侧安装到中相导线上； 9. 2号电工操作绝缘卡线勾将中相待接引流线安装到J型线夹的引线线槽内； 10. 1号电工使用电动扳手、棘轮扳手，旋紧J型线夹安装工具的传动杆，直至J型线夹两楔块紧密贴合； 11. 2号电工使用拉(合)闸操作杆旋松J型线夹安装工具的压簧，1号电工取下J型线夹安装工具，并检查安装质量是否符合要求； 12. 1号电工根据绝缘导线外径测量结果，按照绝缘护罩相应的刻度去除多余部分，将绝缘护罩嵌入护罩安装工具卡槽内(注意绝缘罩卡槽方向)并揭下绝缘护罩的防粘层； 13. 1号电工操作绝缘护罩安装工具将绝缘护罩垂直安装到J型线夹上； 14. 2号电工使用绝缘卡线勾调整引流线角度，使其定位于护罩的引流线槽内；	1. 三相引线连接，可按由复杂到简单、先难后易的原则进行，先中间相、后远边相，最后近边相，也可视现场实际情况从远到近依次进行； 2. 在作业时，要注意带电上引线与横担及邻相导线的安全距离。

续表

√	序号	作业内容	作业标准及步骤	安全措施及注意事项
			15. 2号电工使用拉(合)闸操作杆向下闭合绝缘护罩安装工具的开口,并将拉(合)闸操作杆传递给1号电工; 16. 2号电工首先在非引流线侧的主导线下方使用绝缘夹钳按照由内至外的顺序逐点夹紧绝缘护罩的粘接口,使绝缘护罩与主导线贴合紧密,再按照由上到下的顺序将绝缘护罩非引流线侧的开口逐点夹紧; 17. 2号电工使用绝缘夹钳在引流线侧的主导线下方按照由内至外的顺序逐点夹紧,使绝缘护罩与主导线贴合紧密;再将引流线处的护罩按照由内至外的顺序逐点夹紧,使绝缘护罩与引流线贴合紧密; 18. 2号电工使用绝缘夹钳将绝缘护罩其余开口全部逐点夹紧后,1号电工取下绝缘护罩安装工具,并检查安装质量符合要求; 19. 其余两相引线连接按相同的方法进行。	
	4	拆除绝缘遮蔽措施	杆上电工拆除绝缘遮蔽用具,确认杆上已无遗留物后,返回地面。	严禁同时拆除不同电位的遮蔽体。

3. 带电作业结束阶段

√	序号	内　　容
	1	工作负责人全面检查作业完成情况并点评(班后会)。
	2	清理现场的工器具、材料,撤离作业现场。
	3	汇报调度或运维人员工作结束,办理工作票终结手续。

工作负责人:__________

11 10 kV 带电接引线标准化作业指导卡

(接耐张杆引线)

编号:____________

1. 带电作业准备阶段

√	序号	内　容	标　准
	1	现场勘察	1. 由工作负责人或工作票签发人组织到现场进行勘察,以便掌握同杆(塔)架设线路及其方位、电气间距、作业现场条件和环境; 2. 确定作业方法、所需工具、材料以及应采取的措施。
	2	气象条件	1. 根据本地气象预报,判断是否符合《安规》对带电作业的要求; 2. 风力大于 10 m/s 或相对湿度大于 80%时,不宜作业。
	3	办理工作票	1. 在生产管理系统(PMS2.0)中开具工作票; 2. 确认工作地段、配网运行方式,如需停用重合闸先确定线路双重名称,提前向调度申请。

2. 带电作业实施阶段

√	序号	作业内容	作业标准及步骤	安全措施及注意事项
	1	验电	1. 杆上电工登杆至合适工作位置,系好后备保护绳; 2. 对三相导线及横担进行验电,确认线路无漏电。	验电顺序:带电体→绝缘子→横担→带电体。
	2	设置绝缘遮蔽、隔离措施	杆上电工相互配合,按照“从近到远、从下到上、先带电体后接地体”的遮蔽原则,对带电导线及横担进行绝缘遮蔽。	1. 遮蔽时人体与邻近带电体的距离不得小于 0.4 m; 2. 绝缘杆有效绝缘长度不得小于 0.7 m。

续表

√	序号	作业内容	作业标准及步骤	安全措施及注意事项
	3★	接耐张杆引流线	1. 杆上电工使用绝缘测量杆测量三相上引线长度；如待接引流线为绝缘线，应在引流线端头部分剥除三相待接引流线的绝缘外皮； 2. 杆上电工调整位置至耐张横担下方，并与带电线路保持0.4 m以上安全距离，以最小范围打开中相绝缘遮蔽，用导线清扫刷清除连接处导线上的氧化层；如导线为绝缘线，应先剥除绝缘外皮，再进行清除连接处导线上的氧化层； 3. 杆上电工安装接续线夹，连接牢固后，迅速恢复绝缘遮蔽；如为绝缘线应恢复接续线夹处的绝缘及密封； 4. 其余两相引线连接按相同方法进行。	1. 三相熔断器引线连接应按先中间、后两侧的顺序进行； 2. 在作业时，要注意带电上引线与横担及邻相导线的安全距离。
	4	拆除绝缘遮蔽措施	杆上电工拆除绝缘遮蔽用具，确认杆上已无遗留物后，返回地面。	严禁同时拆除不同电位的遮蔽体。

3. 带电作业结束阶段

√	序号	内　　容
	1	工作负责人全面检查作业完成情况并点评(班后会)。
	2	清理现场的工器具、材料，撤离作业现场。
	3	汇报调度或运维人员工作结束，办理工作票终结手续。

工作负责人：__________

12　10 kV 带电接引线标准化作业指导卡

（自动接火装置）

编号：____________

1. 带电作业准备阶段

√	序号	内　容	标　准
	1	现场勘察	1. 由工作负责人或工作票签发人组织到现场进行勘察，以便掌握同杆（塔）架设线路及其方位、电气间距、作业现场条件和环境； 2. 确定作业方法、所需工具、材料以及应采取的措施。
	2	气象条件	1. 根据本地气象预报，判断是否符合《安规》对带电作业的要求； 2. 风力大于 10 m/s 或相对湿度大于 80％时，不宜作业。
	3	办理工作票	1. 在生产管理系统（PMS2.0）中开具工作票； 2. 确认工作地段、配网运行方式，如需停用重合闸先确定线路双重名称，提前向调度申请。

2. 带电作业实施阶段

√	序号	作业内容	作业标准及步骤	安全措施及注意事项
	1	验电	1. 杆上电工登杆至合适工作位置，系好后备保护绳； 2. 对三相导线及横担进行验电，确认线路无漏电。	验电顺序：带电体→绝缘子→横担→带电体。
	2	设置绝缘遮蔽、隔离措施	杆上电工相互配合，按照“从近到远、从下到上、先带电体后接地体”的遮蔽原则，对带电导线及横担进行绝缘遮蔽。	1. 遮蔽时人体与邻近带电体的距离不得小于 0.4 m； 2. 绝缘杆有效绝缘长度不得小于 0.7 m。

续表

√	序号	作业内容	作业标准及步骤	安全措施及注意事项
	3★	测量引线长度	杆上电工使用绝缘测量杆测量三相上引线长度，由地面电工做好上引线，由杆上电工安装在熔断器上桩头。	测量时人体与带电体保证0.4 m及以上安全距离，绝缘操作杆保证0.7 m的有效绝缘长度。
	4★	使用自动接火装置安装三相引线	1. 杆上电工将穿刺线夹安装在自动接火装置线夹固定槽内，中相下引线穿入线夹副线槽内并锁紧； 2. 将自动接火装置举至中相导线连接位置，将接火装置利用导向槽挂至主导线上并锁定，按下紧固按钮将穿刺线夹固定在主导线上，直至扭力螺母自动脱离，按下解锁按钮将自动接火装置与主导线自动脱离； 3. 另外两相同中相流程一致。	安装引线时人体与带电体保证0.4 m及以上安全距离，绝缘操作杆保证0.7 m及以上的有效绝缘长度，两人配合防止自动接火装置摆动。
	5	拆除绝缘遮蔽措施	杆上电工拆除绝缘遮蔽用具，确认杆上已无遗留物后，返回地面。	严禁同时拆除不同电位的遮蔽体。

3. 带电作业结束阶段

√	序号	内　容
	1	工作负责人全面检查作业完成情况并点评(班后会)。
	2	清理现场的工器具、材料，撤离作业现场。
	3	汇报调度或运维人员工作结束，办理工作票终结手续。

工作负责人：____________

13　10 kV 带电消缺及装拆附件标准化作业指导卡

（清除异物）

编号：________

1. 带电作业准备阶段

√	序号	内　容	标　准
	1	现场勘察	1. 由工作负责人或工作票签发人组织到现场进行勘察，以便掌握同杆（塔）架设线路及其方位、电气间距、作业现场条件和环境； 2. 确定作业方法、所需工具、材料以及应采取的措施。
	2	气象条件	1. 根据本地气象预报，判断是否符合《安规》对带电作业的要求； 2. 风力大于 10 m/s 或相对湿度大于 80%时，不宜作业。
	3	办理工作票	1. 在生产管理系统（PMS2.0）中开具工作票； 2. 确认工作地段、配网运行方式，如需停用重合闸先确定线路双重名称，提前向调度申请。

2. 带电作业实施阶段

√	序号	作业内容	作业标准及步骤	安全措施及注意事项
	1	验电	按照：导线→绝缘子→横担→导线的顺序进行验电，确认无漏电现象。	1. 人体与邻近带电体的距离不得小于 0.4 m； 2. 绝缘杆有效绝缘长度不得小于 0.7 m。
	2	设置绝缘遮蔽、隔离措施	斗内电工转移工作斗到内边侧导线合适位置。	1. 绝缘臂的金属部位与带电体和地电位物体的距离不小于 0.9 m； 2. 作业过程中，绝缘斗臂车起升、下降、回转速度不得大于 0.5 m/s。

续表

√	序号	作业内容	作业标准及步骤	安全措施及注意事项
			斗内电工使用导线遮蔽罩、绝缘毯等遮蔽用具,按“由近至远、从大到小、从低到高”原则,将作业范围内带电导线和接地部分进行绝缘遮蔽、隔离。	1. 绝缘遮蔽应严实、牢固,导线遮蔽罩间重叠部分应不小于15 cm,遮蔽范围应比人体活动范围增加0.4 m; 2. 绝缘斗内双人工作时,禁止两人同时接触不同的电位体。
	3★	清除异物	1. 斗内电工拆除异物时,需站在上风侧,应采取措施防止异物落下伤人等; 2. 地面电工配合将异物放至地面。	1. 人体对地距离不得小于0.4 m; 2. 绝缘杆有效绝缘长度不得小于0.7 m; 3. 绝缘斗内双人工作时,禁止两人同时接触不同的电位体。
	4	拆除绝缘遮蔽措施	杆上电工拆除绝缘遮蔽用具,确认杆上已无遗留物后,返回地面。	严禁同时拆除不同电位的遮蔽体。

3. 带电作业结束阶段

√	序号	内　容
	1	工作负责人全面检查作业完成情况并点评(班后会)。
	2	清理现场的工器具、材料,撤离作业现场。
	3	汇报调度或运维人员工作结束,办理工作票终结手续。

工作负责人:__________

14　10 kV 带电消缺及装拆附件标准化作业指导卡

（扶正绝缘子）

编号：____________

1. 带电作业准备阶段

√	序号	内　　容	标　　准
	1	现场勘察	1. 由工作负责人或工作票签发人组织到现场进行勘察，以便掌握同杆（塔）架设线路及其方位、电气间距、作业现场条件和环境； 2. 确定作业方法、所需工具、材料以及应采取的措施。
	2	气象条件	1. 根据本地气象预报，判断是否符合《安规》对带电作业的要求； 2. 风力大于 10 m/s 或相对湿度大于 80%时，不宜作业。
	3	办理工作票	1. 在生产管理系统（PMS2.0）中开具工作票； 2. 确认工作地段、配网运行方式，如需停用重合闸先确定线路双重名称，提前向调度申请。

2. 带电作业实施阶段

√	序号	作业内容	作业标准及步骤	安全措施及注意事项
	1	验电	按照导线→绝缘子→横担→导线的顺序进行验电，确认无漏电现象。	1. 人体与邻近带电体的距离不得小于 0.4 m； 2. 绝缘杆有效绝缘长度不得小于 0.7 m。
	2	设置绝缘遮蔽、隔离措施	斗内电工转移工作斗到内边侧导线合适位置。	1. 绝缘臂的金属部位与带电体和地电位物体的距离不小于 0.9 m； 2. 作业过程中，绝缘斗臂车起升、下降、回转速度不得大于 0.5 m/s。

续表

√	序号	作业内容	作业标准及步骤	安全措施及注意事项
			斗内电工使用导线遮蔽罩、绝缘毯等遮蔽用具，按“由近至远、从大到小、从低到高”原则，将作业范围内带电导线和接地部分进行绝缘遮蔽、隔离。	1. 绝缘遮蔽应严实、牢固，导线遮蔽罩间重叠部分应不小于15 cm，遮蔽范围应比人体活动范围增加0.4 m； 2. 绝缘斗内双人工作时，禁止两人同时接触不同的电位体。
	3★	扶正绝缘子	1. 斗内电工扶正绝缘子，紧固绝缘子螺栓； 2. 如需扶正中间相绝缘子，则两边相和中间相不能满足安全距离带电体和接地体均需进行绝缘遮蔽。	1. 人体对地距离不得小于0.4 m； 2. 绝缘杆有效绝缘长度不得小于0.7 m； 3. 绝缘斗内双人工作时，禁止两人同时接触不同的电位体。
	4	拆除绝缘遮蔽措施	杆上电工拆除绝缘遮蔽用具，确认杆上已无遗留物后，返回地面。	严禁同时拆除不同电位的遮蔽体。

3. 带电作业结束阶段

√	序号	内　　容
	1	工作负责人全面检查作业完成情况并点评（班后会）。
	2	清理现场的工器具、材料，撤离作业现场。
	3	汇报调度或运维人员工作结束，办理工作票终结手续。

工作负责人：____________

15　10 kV 带电消缺及装拆附件标准化作业指导卡

（修补导线及调节导线弧垂）

编号：____________

1. 带电作业准备阶段

√	序号	内　容	标　准
	1	现场勘察	1. 由工作负责人或工作票签发人组织到现场进行勘察，以便掌握同杆（塔）架设线路及其方位、电气间距、作业现场条件和环境； 2. 确定作业方法、所需工具、材料以及应采取的措施。
	2	气象条件	1. 根据本地气象预报，判断是否符合《安规》对带电作业的要求； 2. 风力大于 10 m/s 或相对湿度大于 80%时，不宜作业。
	3	办理工作票	1. 在生产管理系统（PMS2.0）中开具工作票； 2. 确认工作地段、配网运行方式，如需停用重合闸先确定线路双重名称，提前向调度申请。

2. 带电作业实施阶段

√	序号	作业内容	作业标准及步骤	安全措施及注意事项
	1	验电	按照导线→绝缘子→横担→导线的顺序进行验电，确认无漏电现象。	1. 人体与邻近带电体的距离不得小于 0.4 m； 2. 绝缘杆有效绝缘长度不得小于 0.7 m。
	2	设置绝缘遮蔽、隔离措施	斗内电工转移工作斗到内边侧导线合适位置。	1. 绝缘臂的金属部位与带电体和地电位物体的距离不小于 0.9 m； 2. 作业过程中，绝缘斗臂车起升、下降、回转速度不得大于 0.5 m/s。

续表

√	序号	作业内容	作业标准及步骤	安全措施及注意事项
			斗内电工使用导线遮蔽罩、绝缘毯等遮蔽用具，按“由近至远、从大到小、从低到高”原则，将作业范围内带电导线和接地部分进行绝缘遮蔽、隔离。	1. 绝缘遮蔽应严实、牢固，导线遮蔽罩间重叠部分应不小于15 cm，遮蔽范围应比人体活动范围增加0.4 m； 2. 绝缘斗内双人工作时，禁止两人同时接触不同的电位体。
	3★	清除异物	1. 斗内电工将绝缘斗调整至导线修补点附近适当位置，观察导线损伤情况并汇报工作负责人，由工作负责人决定修补方案； 2. 斗内电工按照“从近到远、从下到上、先带电体后接地体”的遮蔽原则对作业范围内的所有带电体和接地体进行绝缘遮蔽； 3. 斗内电工按照工作负责人所列方案对损伤导线进行修补。	1. 人体对地距离不得小于0.4 m； 2. 绝缘杆有效绝缘长度不得小于0.7 m； 3. 绝缘斗内双人工作时，禁止俩人同时接触不同的电位体； 4. 较长绑线在移动过程中或在一端进行绑扎时，应采取防止绑线接近邻近有电设备的安全措施； 5. 根据导线损伤情况，由工作负责人决定是否采取防止作业过程中导线断线的安全措施。
	4★	调节导线弧垂	1. 斗内电工将绝缘斗调整到近边相导线外侧适当位置，将绝缘绳套安装在耐张横担上，安装绝缘紧线器，收紧导线，并安装防止跑线的后备保护绳； 2. 斗内电工视导线弧垂大小调整耐张线夹内的导线； 3. 其余两相调节导线弧垂工作按相同方法进行。	1. 人体对地的距离不得小于0.4 m； 2. 绝缘杆的有效绝缘长度不得小于0.7 m； 3. 绝缘斗内双人工作时，禁止两人同时接触不同的电位体。
	5	拆除绝缘遮蔽措施	杆上电工拆除绝缘遮蔽用具，确认杆上已无遗留物后，返回地面。	严禁同时拆除不同电位的遮蔽体。

3. 带电作业结束阶段

√	序号	内　　容
	1	工作负责人全面检查作业完成情况并点评(班后会)。
	2	清理现场的工器具、材料，撤离作业现场。
	3	汇报调度或运维人员工作结束，办理工作票终结手续。

工作负责人：____________

16　10 kV 带电消缺及装拆附件标准化作业指导卡

（处理绝缘导线异响）

编号：________

1. 带电作业准备阶段

√	序号	内　容	标　准
	1	现场勘察	1. 由工作负责人或工作票签发人组织到现场进行勘察，以便掌握同杆（塔）架设线路及其方位、电气间距、作业现场条件和环境； 2. 确定作业方法、所需工具、材料以及应采取的措施。
	2	气象条件	1. 根据本地气象预报，判断是否符合《安规》对带电作业的要求； 2. 风力大于 10 m/s 或相对湿度大于 80%时，不宜作业。
	3	办理工作票	1. 在生产管理系统（PMS2.0）中开具工作票； 2. 确认工作地段、配网运行方式，如需停用重合闸先确定线路双重名称，提前向调度申请。

2. 带电作业实施阶段

√	序号	作业内容	作业标准及步骤	安全措施及注意事项
	1	验电	按照导线→绝缘子→横担→导线的顺序进行验电，确认无漏电现象。	1. 人体与邻近带电体的距离不得小于 0.4 m； 2. 绝缘杆有效绝缘长度不得小于 0.7 m。
	2	设置绝缘遮蔽、隔离措施	斗内电工转移工作斗到内边侧导线合适位置。	1. 绝缘臂的金属部位与带电体和地电位物体的距离不小于 0.9 m； 2. 作业过程中，绝缘斗臂车起升、下降、回转速度不得大于 0.5 m/s。

续表

√	序号	作业内容	作业标准及步骤	安全措施及注意事项
			斗内电工使用导线遮蔽罩、绝缘毯等遮蔽用具，按“由近至远、从大到小、从低到高”原则，将作业范围内带电导线和接地部分进行绝缘遮蔽、隔离。	1. 绝缘遮蔽应严实、牢固，导线遮蔽罩间重叠部分应不小于15 cm，遮蔽范围应比人体活动范围增加0.4 m； 2. 绝缘斗内双人工作时，禁止两人同时接触不同的电位体。
	3★	处理绝缘导线异响（处理导线对耐张线夹放电异响）	1. 斗内电工穿戴好绝缘防护用具，进入绝缘斗，挂好安全带保险钩； 2. 斗内电工将绝缘斗调整到适当位置，判断放电异响位置，并进行验电； 3. 斗内电工操作斗臂车定位于距缺陷部位合适位置； 4. 斗内电工使用验电器对线路中的耐张绝缘子、横担等进行验电； 5. 若检测出耐张绝缘子带电，则应在缺陷电杆电源侧寻找可断、接引流线处，进行带电断引流线作业，再对此缺陷杆进行停电处理； 6. 若检测出悬式绝缘子不带电、耐张线夹带电，斗内电工将耳朵贴在绝缘杆另一端，根据异响强弱判定缺陷具体位置； 7. 斗内电工将绝缘斗调整至近边相导线适当位置，按照“从近到远、从下到上、先带电体后接地体”的遮蔽原则，对作业范围内的所有带电体和接地体进行绝缘遮蔽，其余两相绝缘遮蔽按照相同方法进行； 8. 斗内电工以最小范围分别打开横担遮蔽和缺陷相导线遮蔽，安装好绝缘紧线器并收紧使导线不承载，同时安装好绝缘保险绳，迅速恢复遮蔽；	1. 人体对地距离不得小于0.4 m； 2. 绝缘杆有效绝缘长度不得小于0.7 m； 3. 绝缘斗内双人工作时，禁止两人同时接触不同的电位体。

续表

√	序号	作业内容	作业标准及步骤	安全措施及注意事项
			9. 斗内电工确认绝缘紧线器承力无误后，打开耐张线夹处绝缘遮蔽，拆除耐张线夹与导线固定的紧固螺栓； 10. 斗内电工观察缺陷情况，使用绝缘自粘带对导线绝缘破损缺陷部位进行包缠，使导线恢复绝缘性能； 11. 将恢复绝缘性能的导线与耐张线夹可靠固定，并检查确认缺陷已消除，迅速恢复遮蔽； 12. 斗内电工操作绝缘紧线器使悬式绝缘子逐渐承力，确认无误后，取下绝缘紧线器和绝缘保险绳，迅速恢复遮蔽； 13. 斗内电工采用上述方法对其他缺陷相进行处理。	
	4★	处理绝缘导线异响（绝缘导线对柱式绝缘子放电异响）	1. 斗内电工穿戴好绝缘防护用具，进入绝缘斗，挂好安全带保险钩； 2. 斗内电工操作斗臂车定位于距缺陷部位合适位置； 3. 斗内电工使用验电器对线路中的柱式绝缘子、横担进行验电； 4. 若检测出柱式绝缘子带电，则应在缺陷电杆电源侧寻找可断、接引流线处，进行带电断引流线作业，再对此缺陷杆进行停电处理； 5. 斗内电工将绝缘斗调整至近边相导线适当位置，按照“从近到远、从下到上、先带电体后接地体”的遮蔽原则，对作业范围内的所有带电体和接地体进行绝缘遮蔽，其余两相绝缘遮蔽按照相同方法进行；	1. 人体对地距离不得小于0.4 m； 2. 绝缘杆有效绝缘长度不得小于0.7 m； 3. 绝缘斗内双人工作时，禁止两人同时接触不同的电位体。

续表

√	序号	作业内容	作业标准及步骤	安全措施及注意事项
			6. 将缺陷相导线遮蔽罩旋转，使开口朝上，使用斗臂车上小吊吊住导线并确认可靠； 7. 取下绝缘子遮蔽罩，使用绝缘毯对柱式绝缘子底部接地体进行绝缘遮蔽； 8. 拆除绝缘子绑扎线后，操作绝缘小吊臂起吊导线脱离柱式绝缘子至0.4 m的安全距离以外； 9. 利用绝缘自粘带对导线绝缘破损部分进行包缠，使导线恢复绝缘性能； 10. 操作绝缘小吊臂，将恢复绝缘性能的导线降落至绝缘子顶部线槽内可靠固定，并检查确认缺陷已消除，迅速恢复遮蔽； 11. 斗内电工采用上述方法对其他缺陷相进行处理。	
	5★	处理绝缘导线异响（隔离开关引线端子处）	1. 斗内电工穿戴好绝缘防护用具，进入绝缘斗，挂好安全带保险钩； 2. 斗内电工操作斗臂车定位于距缺陷部位合适位置； 3. 观察连接点是否有较为明显的烧灼痕迹，结合测温仪，综合判断缺陷具体情况及位置； 4. 检查隔离开关处于断开状态； 5. 斗内电工将绝缘斗调整至近边相导线适当位置，按照“从近到远、从下到上、先带电体后接地体”的遮蔽原则，对作业范围内的所有带电体和接地体进行绝缘遮蔽，其余两相绝缘遮蔽按照相同方法进行； 6. 斗内电工移动工作斗至隔离开关下方，使用绝缘操作杆拉开隔离开关；	1. 人体对地距离不得小于0.4 m； 2. 绝缘杆有效绝缘长度不得小于0.7 m； 3. 绝缘斗内双人工作时，禁止两人同时接触不同的电位体。

续表

√	序号	作业内容	作业标准及步骤	安全措施及注意事项
			7. 打开该相隔离开关引流线与主导线连接点的绝缘遮蔽，拆除引流线与主导线的连接并将引流线可靠固定后，迅速恢复绝缘遮蔽； 8. 打开缺陷点紧固螺栓，根据缺陷点烧灼实际情况，对应采取紧固螺栓、更换本相引流线或隔离开关工作并恢复绝缘遮蔽； 9. 将隔离开关引流线与主导线搭接好后，检查确认缺陷已消除，对导线搭接点进行绝缘密封后并迅速恢复遮蔽，使用绝缘操作杆合上隔离开关； 10. 斗内电工采用上述方法对其他缺陷相进行处理。	
	6★	处理绝缘导线异响（处理引流线夹连接点不良引发异响缺陷）	1. 观察连接点是否有较为明显的烧灼痕迹，结合测温仪，综合判断缺陷情况及具体位置，断开引流线下方所带全部负荷； 2. 斗内电工将绝缘斗调整至近边相导线适当位置，按照“从近到远、从下到上、先带电体后接地体”的遮蔽原则，对作业范围内的所有带电体和接地体进行绝缘遮蔽，其余两相绝缘遮蔽按照相同方法进行； 3. 斗内电工移动工作斗至缺陷相，打开缺陷相引流线与主导线连接点的绝缘遮蔽，拆除引流线与主导线的连接并将引流线可靠固定； 4. 分别检查连接点两侧导线连接面烧灼情况，根据实际缺陷情况进行处理；	1. 人体对地距离不得小于0.4 m； 2. 绝缘杆有效绝缘长度不得小于0.7 m； 3. 绝缘斗内双人工作时，禁止两人同时接触不同的电位体。

续表

√	序号	作业内容	作业标准及步骤	安全措施及注意事项
			5. 使用新的线夹重新进行引流线与主导线的搭接工作，检查确认缺陷已消除，对导线搭接点进行绝缘密封后并迅速恢复遮蔽； 6. 斗内电工采用上述方法对其他缺陷相进行处理。	
	7	拆除绝缘遮蔽措施	杆上电工拆除绝缘遮蔽用具，确认杆上已无遗留物后，返回地面。	严禁同时拆除不同电位的遮蔽体。

3. 带电作业结束阶段

√	序号	内　容
	1	工作负责人全面检查作业完成情况并点评(班后会)。
	2	清理现场的工器具、材料，撤离作业现场。
	3	汇报调度或运维人员工作结束，办理工作票终结手续。

工作负责人：＿＿＿＿＿＿

17　10 kV 带电消缺及装拆附件标准化作业指导卡

（拆除退役设备）

编号：＿＿＿＿＿＿

1. 带电作业准备阶段

√	序号	内　容	标　准
	1	现场勘察	1. 由工作负责人或工作票签发人组织到现场进行勘察，以便掌握同杆（塔）架设线路及其方位、电气间距、作业现场条件和环境； 2. 确定作业方法、所需工具、材料以及应采取的措施。
	2	气象条件	1. 根据本地气象预报，判断是否符合《安规》对带电作业的要求； 2. 风力大于 10 m/s 或相对湿度大于 80%时，不宜作业。
	3	办理工作票	1. 在生产管理系统（PMS2.0）中开具工作票； 2. 确认工作地段、配网运行方式，如需停用重合闸先确定线路双重名称，提前向调度申请。

2. 带电作业实施阶段

√	序号	作业内容	作业标准及步骤	安全措施及注意事项
	1	验电	按照导线→绝缘子→横担→导线的顺序进行验电，确认无漏电现象。	1. 人体与邻近带电体的距离不得小于 0.4 m； 2. 绝缘杆有效绝缘长度不得小于 0.7 m。
	2	设置绝缘遮蔽、隔离措施	斗内电工转移工作斗到内边侧导线合适位置。	1. 绝缘臂的金属部位与带电体和地电位物体的距离不小于 0.9 m； 2. 作业过程中，绝缘斗臂车起升、下降、回转速度不得大于 0.5 m/s。

续表

√	序号	作业内容	作业标准及步骤	安全措施及注意事项
			斗内电工使用导线遮蔽罩、绝缘毯等遮蔽用具，按“由近至远、从大到小、从低到高”原则，将作业范围内带电导线和接地部分进行绝缘遮蔽、隔离。	1. 绝缘遮蔽应严实、牢固，导线遮蔽罩间重叠部分应不小于15 cm，遮蔽范围应比人体活动范围增加0.4 m； 2. 绝缘斗内双人工作时，禁止两人同时接触不同的电位体。
	3★	拆除退役设备	1. 斗内电工拆除退役设备时，需采取措施防止退役设备落下伤人等； 2. 地面电工配合将退役设备放至地面。	1. 人体对地距离不得小于0.4 m； 2. 绝缘杆有效绝缘长度不得小于0.7 m； 3. 绝缘斗内双人工作时，禁止两人同时接触不同的电位体。
	4	拆除绝缘遮蔽措施	斗内电工拆除绝缘遮蔽用具，确认杆上已无遗留物后，返回地面。	严禁同时拆除不同电位的遮蔽体。

3. 带电作业结束阶段

√	序号	内　容
	1	工作负责人全面检查作业完成情况并点评（班后会）。
	2	清理现场的工器具、材料，撤离作业现场。
	3	汇报调度或运维人员工作结束，办理工作票终结手续。

工作负责人：__________

18　10 kV 带电消缺及装拆附件标准化作业指导卡
（更换拉线）

编号：____________

1．带电作业准备阶段

√	序号	内　容	标　准
	1	现场勘察	1．由工作负责人或工作票签发人组织到现场进行勘察，以便掌握同杆（塔）架设线路及其方位、电气间距、作业现场条件和环境； 2．确定作业方法、所需工具、材料以及应采取的措施。
	2	气象条件	1．根据本地气象预报，判断是否符合《安规》对带电作业的要求； 2．风力大于 10 m/s 或相对湿度大于 80％时，不宜作业。
	3	办理工作票	1．在生产管理系统（PMS2.0）中开具工作票； 2．确认工作地段、配网运行方式，如需停用重合闸先确定线路双重名称，提前向调度申请。

2．带电作业实施阶段

√	序号	作业内容	作业标准及步骤	安全措施及注意事项
	1	验电	按照导线→绝缘子→横担→导线的顺序进行验电，确认无漏电现象。	1．人体与邻近带电体的距离不得小于 0.4 m； 2．绝缘杆有效绝缘长度不得小于 0.7 m。
	2	设置绝缘遮蔽、隔离措施	斗内电工转移工作斗到内边侧导线合适位置。	1．绝缘臂的金属部位与带电体和地电位物体的距离不小于 0.9 m； 2．作业过程中，绝缘斗臂车起升、下降、回转速度不得大于 0.5 m/s。

续表

√	序号	作业内容	作业标准及步骤	安全措施及注意事项
	2	设置绝缘遮蔽、隔离措施	斗内电工使用导线遮蔽罩、绝缘毯等遮蔽用具，按“由近至远、从大到小、从低到高”原则，将作业范围内带电导线和接地部分进行绝缘遮蔽、隔离。	1. 绝缘遮蔽应严实、牢固，导线遮蔽罩间重叠部分应不小于15 cm，遮蔽范围应比人体活动范围增加0.4 m； 2. 绝缘斗内双人工作时，禁止两人同时接触不同的电位体。
	3★	更换拉线	1. 斗内电工打开需要更换拉线抱箍位置的绝缘遮蔽； 2. 地面电工使用绝缘绳将新的拉线抱箍和拉线分别传递给斗内电工；传递拉线时地面电工用绝缘绳控制拉线方向； 3. 斗内电工在旧抱箍下方安装新拉线抱箍和拉线，安装好后立即恢复绝缘遮蔽； 4. 斗内电工操作绝缘斗至安全区域； 5. 施工配合人员站在绝缘垫上，使用紧线器收紧拉线，并进行新拉线UT楔形线夹的制作； 6. 施工配合人员检查新拉线受力无问题后拆除新拉线上的紧线器； 7. 施工配合人员站在绝缘垫上，使用紧线器收紧旧拉线，缓慢松开旧拉线UT线夹螺栓，使拉线不承力； 8. 斗内电工操作绝缘斗至旧拉线抱箍处，打开绝缘遮蔽，拆除旧拉线及抱箍，并使用绝缘传递绳将旧拉线和拉线抱箍分别传递至地面；传递拉线时地面电工用绝缘绳控制拉线方向； 9. 施工配合人员拆除旧拉线的紧线器； 10. 斗内电工检查拉线与带电体安全距离及杆上施工质量满足要求。	1. 斗内电工拆除绝缘遮蔽措施时应带绝缘手套，且顺序应正确； 2. 拆除绝缘毯时，应轻托慢起，防止拉伤绝缘层； 3. 严禁同时拆除不同电位的遮蔽体。
	4	拆除绝缘遮蔽措施	斗内电工拆除绝缘遮蔽用具，确认杆上已无遗留物后，返回地面。	严禁同时拆除不同电位的遮蔽体。

3. 带电作业结束阶段

√	序号	内　　容
	1	工作负责人全面检查作业完成情况并点评(班后会)。
	2	清理现场的工器具、材料,撤离作业现场。
	3	汇报调度或运维人员工作结束,办理工作票终结手续。

工作负责人:________

19　10 kV 带电消缺及装拆附件标准化作业指导卡

(拆除非承力拉线)

编号：____________

1. 带电作业准备阶段

√	序号	内　容	标　准
	1	现场勘察	1. 由工作负责人或工作票签发人组织到现场进行勘察，以便掌握同杆(塔)架设线路及其方位、电气间距、作业现场条件和环境； 2. 确定作业方法、所需工具、材料以及应采取的措施。
	2	气象条件	1. 根据本地气象预报，判断是否符合《安规》对带电作业的要求； 2. 风力大于 10 m/s 或相对湿度大于 80%时，不宜作业。
	3	办理工作票	1. 在生产管理系统(PMS2.0)中开具工作票； 2. 确认工作地段、配网运行方式，如需停用重合闸先确定线路双重名称，提前向调度申请。

2. 带电作业实施阶段

√	序号	作业内容	作业标准及步骤	安全措施及注意事项
	1	验电	按照导线→绝缘子→横担→导线的顺序进行验电，确认无漏电现象。	1. 人体与邻近带电体的距离不得小于 0.4 m； 2. 绝缘杆有效绝缘长度不得小于 0.7 m。
	2	设置绝缘遮蔽、隔离措施	斗内电工转移工作斗到内边侧导线合适位置。	1. 绝缘臂的金属部位与带电体和地电位物体的距离不小于 0.9 m； 2. 作业过程中，绝缘斗臂车起升、下降、回转速度不得大于 0.5 m/s。

续表

√	序号	作业内容	作业标准及步骤	安全措施及注意事项
			斗内电工使用导线遮蔽罩、绝缘毯等遮蔽用具，按“由近至远、从大到小、从低到高”原则，将作业范围内带电导线和接地部分进行绝缘遮蔽、隔离。	1. 绝缘遮蔽应严实、牢固，导线遮蔽罩间重叠部分应不小于15 cm，遮蔽范围应比人体活动范围增加0.4 m； 2. 绝缘斗内双人工作时，禁止两人同时接触不同的电位体。
	3★	拆除非承力拉线	1. 施工配合人员站在绝缘垫上，使用紧线器收紧拉线； 2. 确认拉线不受力后，拆除下楔形线夹与拉线棍的连接，缓慢放松紧线器； 3. 斗内电工操作工作斗至工作位置，打开拉线抱箍与楔形线夹连接处的绝缘遮蔽。斗内电工拆除拉线抱箍与上楔形线夹的连接后立即恢复拉线抱箍遮蔽； 4. 斗内电工使用绝缘传递绳将拉线传至地面，拆除拉线抱箍。	1. 斗内电工拆除绝缘遮蔽措施时应带绝缘手套，且顺序应正确； 2. 拆除绝缘毯时，应轻托慢起，防止拉伤绝缘层 3. 严禁同时拆除不同电位的遮蔽体。
	4	拆除绝缘遮蔽措施	杆上电工拆除绝缘遮蔽用具，确认杆上已无遗留物后，返回地面。	严禁同时拆除不同电位的遮蔽体。

3. 带电作业结束阶段

√	序号	内　　容
	1	工作负责人全面检查作业完成情况并点评(班后会)。
	2	清理现场的工器具、材料，撤离作业现场。
	3	汇报调度或运维人员工作结束，办理工作票终结手续。

工作负责人：__________

20　10 kV 带电消缺及装拆附件标准化作业指导卡

（加装接地环）

编号：__________

1. 带电作业准备阶段

√	序号	内　容	标　准
	1	现场勘察	1. 由工作负责人或工作票签发人组织到现场进行勘察，以便掌握同杆（塔）架设线路及其方位、电气间距、作业现场条件和环境； 2. 确定作业方法、所需工具、材料以及应采取的措施。
	2	气象条件	1. 根据本地气象预报，判断是否符合《安规》对带电作业的要求； 2. 风力大于 10 m/s 或相对湿度大于 80%时，不宜作业。
	3	办理工作票	1. 在生产管理系统（PMS2.0）中开具工作票； 2. 确认工作地段、配网运行方式，如需停用重合闸先确定线路双重名称，提前向调度申请。

2. 带电作业实施阶段

√	序号	作业内容	作业标准及步骤	安全措施及注意事项
	1	验电	按照导线→绝缘子→横担→导线的顺序进行验电，确认无漏电现象。	1. 人体与邻近带电体的距离不得小于 0.4 m； 2. 绝缘杆有效绝缘长度不得小于 0.7 m。
	2	设置绝缘遮蔽、隔离措施	斗内电工转移工作斗到内边侧导线合适位置。	1. 绝缘臂的金属部位与带电体和地电位物体的距离不小于 0.9 m； 2. 作业过程中，绝缘斗臂车起升、下降、回转速度不得大于 0.5 m/s。

续表

√	序号	作业内容	作业标准及步骤	安全措施及注意事项
			斗内电工使用导线遮蔽罩、绝缘毯等遮蔽用具，按“由近至远、从大到小、从低到高”原则，将作业范围内带电导线和接地部分进行绝缘遮蔽、隔离。	1. 绝缘遮蔽应严实、牢固，导线遮蔽罩间重叠部分应不小于15 cm，遮蔽范围应比人体活动范围增加0.4 m； 2. 绝缘斗内双人工作时，禁止两人同时接触不同的电位体。
	3★	加装接地环	1. 斗内电工将绝缘斗调整到中间相导线下侧，安装验电接地环； 2. 其余两相验电接地环安装工作按相同方法进行（应先中间相、后远边相、最后近边相顺序，也可视现场实际情况由远到近依次进行）；	1. 人体对地距离不得小于0.4 m； 2. 绝缘杆有效绝缘长度不得小于0.7 m； 3. 绝缘斗内双人工作时，禁止两人同时接触不同的电位体。
	4	拆除绝缘遮蔽措施	杆上电工拆除绝缘遮蔽用具，确认杆上已无遗留物后，返回地面。	严禁同时拆除不同电位的遮蔽体。

3. 带电作业结束阶段

√	序号	内　容
	1	工作负责人全面检查作业完成情况并点评（班后会）。
	2	清理现场的工器具、材料，撤离作业现场。
	3	汇报调度或运维人员工作结束，办理工作票终结手续。

工作负责人：____________

21　10 kV 带电辅助加装或拆除绝缘遮蔽标准化作业指导卡

编号：____________

1. 带电作业准备阶段

√	序号	内　　容	标　　准
	1	现场勘察	1. 由工作负责人或工作票签发人组织到现场进行勘察，以便掌握同杆(塔)架设线路及其方位、电气间距、作业现场条件和环境； 2. 确定作业方法、所需工具、材料以及应采取的措施。
	2	气象条件	1. 根据本地气象预报，判断是否符合《安规》对带电作业的要求； 2. 风力大于 10 m/s 或相对湿度大于 80%时，不宜作业。
	3	办理工作票	1. 在生产管理系统(PMS2.0)中开具工作票； 2. 确认工作地段、配网运行方式，如需停用重合闸先确定线路双重名称，提前向调度申请。

2. 带电作业实施阶段

√	序号	作业内容	作业标准及步骤	安全措施及注意事项
	1	验电	按照导线→绝缘子→横担→导线的顺序进行验电，确认无漏电现象。	1. 人体与邻近带电体的距离不得小于 0.4 m； 2. 绝缘杆有效绝缘长度不得小于 0.7 m。
	2	设置绝缘遮蔽、隔离措施	斗内电工转移工作斗到内边侧导线合适位置。	1. 绝缘臂的金属部位与带电体和地电位物体的距离不小于 0.9 m； 2. 作业过程中，绝缘斗臂车起升、下降、回转速度不得大于 0.5 m/s。

续表

√	序号	作业内容	作业标准及步骤	安全措施及注意事项
			斗内电工使用导线遮蔽罩、绝缘毯等遮蔽用具，按“由近至远、从大到小、从低到高”原则，将作业范围内带电导线和接地部分进行绝缘遮蔽、隔离。	1. 绝缘遮蔽应严实、牢固，导线遮蔽罩间重叠部分应不小于15 cm，遮蔽范围应比人体活动范围增加0.4 m； 2. 绝缘斗内双人工作时，禁止两人同时接触不同的电位体。
	3★	装设绝缘遮蔽	1. 斗内电工将绝缘斗调整至近边相导线适当位置，按照“从近到远、从下到上、先带电体后接地体”的遮蔽原则对作业范围内的所有带电体和接地体进行绝缘遮蔽； 2. 其余两相按相同方法进行； 3. 绝缘遮蔽用具的安装，可按由简单到复杂、先易后难的原则进行，先近（内侧）后远（外侧），或根据现场情况先两边相、后中间相；遮蔽用具之间的重叠部分不得小于150 mm； 4. 绝缘斗退出有电工作区域，作业人员返回地面。	1. 斗内电工拆除绝缘遮蔽措施时应带绝缘手套，且顺序应正确； 2. 拆除绝缘毯时，应轻托慢起，防止拉伤绝缘层； 3. 严禁同时拆除不同电位的遮蔽体。
	4★	拆除绝缘遮蔽	1. 斗内电工将绝缘斗调整至中间相适当位置，将中间相的绝缘遮蔽用具拆除； 2. 其余两相按相同方法进行； 3. 绝缘遮蔽用具的拆除，按照“从远到近、从上到下、先接地体后带电体”的原则拆除绝缘遮蔽；可由复杂到简单、先难后易的原则进行，先中间相、后远边相，最后近边相，也可视现场实际情况从远到近依次进行； 4. 绝缘斗退出有电工作区域，作业人员返回地面。	1. 斗内电工拆除绝缘遮蔽措施时应带绝缘手套，且顺序应正确； 2. 拆除绝缘毯时，应轻托慢起，防止拉伤绝缘层； 3. 严禁同时拆除不同电位的遮蔽体。
	5	拆除绝缘遮蔽措施	斗内电工拆除绝缘遮蔽用具，确认杆上已无遗留物后，返回地面。	严禁同时拆除不同电位的遮蔽体。

3. 带电作业结束阶段

√	序号	内　　容
	1	工作负责人全面检查作业完成情况并点评(班后会)。
	2	清理现场的工器具、材料,撤离作业现场。
	3	汇报调度或运维人员工作结束,办理工作票终结手续。

工作负责人:____________

22　10 kV 带电更换避雷器标准化作业指导卡

编号：____________

1. 带电作业准备阶段

√	序号	内　　容	标　　准
	1	现场勘察	1. 由工作负责人或工作票签发人组织到现场进行勘察，以便掌握同杆（塔）架设线路及其方位、电气间距、作业现场条件和环境； 2. 确定作业方法、所需工具、材料以及应采取的措施。
	2	气象条件	1. 根据本地气象预报，判断是否符合《安规》对带电作业的要求； 2. 风力大于 10 m/s 或相对湿度大于 80%时，不宜作业。
	3	办理工作票	1. 在生产管理系统（PMS2.0）中开具工作票； 2. 确认工作地段、配网运行方式，如需停用重合闸先确定线路双重名称，提前向调度申请。

2. 带电作业实施阶段

√	序号	作业内容	作业标准及步骤	安全措施及注意事项
	1	验电	按照导线→绝缘子→横担→导线的顺序进行验电，确认无漏电现象。	1. 人体与邻近带电体的距离不得小于 0.4 m； 2. 绝缘杆有效绝缘长度不得小于 0.7 m。
	2	设置绝缘遮蔽、隔离措施	斗内电工转移工作斗到内边侧导线合适位置。	1. 绝缘臂的金属部位与带电体和地电位物体的距离不小于 0.9 m； 2. 作业过程中，绝缘斗臂车起升、下降、回转速度不得大于 0.5 m/s。

续表

√	序号	作业内容	作业标准及步骤	安全措施及注意事项
			斗内电工使用导线遮蔽罩、绝缘毯等遮蔽用具，按“由近至远、从大到小、从低到高”原则，将作业范围内带电导线和接地部分进行绝缘遮蔽、隔离。	1. 绝缘遮蔽应严实、牢固，导线遮蔽罩间重叠部分应不小于15 cm，遮蔽范围应比人体活动范围增加0.4 m； 2. 绝缘斗内双人工作时，禁止两人同时接触不同的电位体。
	3★	更换避雷器	1. 斗内电工将绝缘斗调整至避雷器横担下适当位置，使用断线剪将近边相避雷器引线从主导线（或其他搭接部位）拆除，妥善固定引线； 2. 其余两相避雷器退出运行按相同方法进行；三相避雷器接线器的拆除，可按由简单到复杂、先易后难的原则进行，先近（内侧）后远（外侧），或根据现场情况先两边相、后中间相； 3. 斗内电工更换新避雷器，在避雷器接线柱上安装好引线并妥善固定，恢复绝缘遮蔽隔离措施； 4. 斗内电工将绝缘斗调整至避雷器横担下适当位置，安装三相避雷器接地线，将中间相避雷器上引线与主导线进行搭接； 5. 其余两相避雷器上引线与主导线的搭接按相同的方法进行；三相避雷器上引线与主导线的搭接，可按由复杂到简单、先难后易的原则进行，先远（外侧）后近（内侧），或根据现场情况先中间相、后两边相。	1. 使用断线剪，按照先两边相、后中间相原则将避雷器三相引线从主导线（或其他搭接部位）拆除，妥善固定引线； 2. 先断避雷器上引线，后断下引线； 3. 避雷器瓷件完好，检测合格才能安装； 4. 避雷器接线柱上安装好引线并妥善固定； 5. 先接避雷器下桩头，后接上桩头； 6. 搭接三相引线先中间相、后两边相原则； 7. 搭接一相后，立即对其恢复绝缘遮蔽隔离措施。
	4	拆除绝缘遮蔽措施	斗内电工拆除绝缘遮蔽用具，确认杆上已无遗留物后，返回地面。	严禁同时拆除不同电位的遮蔽体。

3. 带电作业结束阶段

√	序号	内　　容
	1	工作负责人全面检查作业完成情况并点评(班后会)。
	2	清理现场的工器具、材料,撤离作业现场。
	3	汇报调度或运维人员工作结束,办理工作票终结手续。

工作负责人:____________

23　10 kV 带电断引线标准化作业指导卡

（断熔断器上引线）

编号：____________

1. 带电作业准备阶段

√	序号	内　容	标　准
	1	现场勘察	1. 由工作负责人或工作票签发人组织到现场进行勘察，以便掌握同杆（塔）架设线路及其方位、电气间距、作业现场条件和环境； 2. 确定作业方法、所需工具、材料以及应采取的措施。
	2	气象条件	1. 根据本地气象预报，判断是否符合《安规》对带电作业的要求； 2. 风力大于 10 m/s 或相对湿度大于 80%时，不宜作业。
	3	办理工作票	1. 在生产管理系统（PMS2.0）中开具工作票； 2. 确认工作地段、配网运行方式，如需停用重合闸先确定线路双重名称，提前向调度申请。

2. 带电作业实施阶段

√	序号	作业内容	作业标准及步骤	安全措施及注意事项
	1	验电	按照导线→绝缘子→横担→导线的顺序进行验电，确认无漏电现象。	1. 人体与邻近带电体的距离不得小于 0.4 m； 2. 绝缘杆有效绝缘长度不得小于 0.7 m。
	2	设置绝缘遮蔽、隔离措施	斗内电工转移工作斗到内边侧导线合适位置。	1. 绝缘臂的金属部位与带电体和地电位物体的距离不小于 0.9 m； 2. 作业过程中，绝缘斗臂车起升、下降、回转速度不得大于 0.5 m/s。

续表

√	序号	作业内容	作业标准及步骤	安全措施及注意事项
	2	设置绝缘遮蔽、隔离措施	斗内电工使用导线遮蔽罩、绝缘毯等遮蔽用具，按“由近至远、从大到小、从低到高”原则，将作业范围内带电导线和接地部分进行绝缘遮蔽、隔离。	1. 绝缘遮蔽应严实、牢固，导线遮蔽罩间重叠部分应不小于15 cm，遮蔽范围应比人体活动范围增加0.4 m； 2. 绝缘斗内双人工作时，禁止两人同时接触不同的电位体。
	3★	断熔断器上引线	1. 斗内电工调整工作斗至近边相合适位置，用绝缘锁杆将熔断器上引线临时固定在主导线上，然后拆除线夹； 2. 斗内电工调整工作位置后，用绝缘锁杆将上引线线头脱离主导线，妥善固定；恢复主导线绝缘遮蔽； 3. 其余两相断开熔断器上引线拆除工作按相同方法进行。	1. 斗内电工拆除绝缘遮蔽措施时应带绝缘手套，且顺序应正确； 2. 拆除绝缘毯时，应轻托慢起，防止拉伤绝缘层； 3. 严禁同时拆除不同电位的遮蔽体。
	4	拆除绝缘遮蔽措施	斗内电工拆除绝缘遮蔽用具，确认杆上已无遗留物后，返回地面。	严禁同时拆除不同电位的遮蔽体。

3. 带电作业结束阶段

√	序号	内　容
	1	工作负责人全面检查作业完成情况并点评(班后会)。
	2	清理现场的工器具、材料，撤离作业现场。
	3	汇报调度或运维人员工作结束，办理工作票终结手续。

工作负责人：__________

24　10 kV 带电断引线标准化作业指导卡

（断分支引线）

编号：________

1. 带电作业准备阶段

√	序号	内　　容	标　　准
	1	现场勘察	1. 由工作负责人或工作票签发人组织到现场进行勘察，以便掌握同杆（塔）架设线路及其方位、电气间距、作业现场条件和环境； 2. 确定作业方法、所需工具、材料以及应采取的措施。
	2	气象条件	1. 根据本地气象预报，判断是否符合《安规》对带电作业的要求； 2. 风力大于 10 m/s 或相对湿度大于 80%时，不宜作业。
	3	办理工作票	1. 在生产管理系统（PMS2.0）中开具工作票； 2. 确认工作地段、配网运行方式，如需停用重合闸先确定线路双重名称，提前向调度申请。

2. 带电作业实施阶段

√	序号	作业内容	作业标准及步骤	安全措施及注意事项
	1	验电	按照导线→绝缘子→横担→导线的顺序进行验电，确认无漏电现象。	1. 人体与邻近带电体的距离不得小于 0.4 m； 2. 绝缘杆有效绝缘长度不得小于 0.7 m。
	2	设置绝缘遮蔽、隔离措施	斗内电工转移工作斗到内边侧导线合适位置。	1. 绝缘臂的金属部位与带电体和地电位物体的距离不小于 0.9 m； 2. 作业过程中，绝缘斗臂车起升、下降、回转速度不得大于 0.5 m/s。

续表

√	序号	作业内容	作业标准及步骤	安全措施及注意事项
			斗内电工使用导线遮蔽罩、绝缘毯等遮蔽用具，按“由近至远、从大到小、从低到高”原则，将作业范围内带电导线和接地部分进行绝缘遮蔽、隔离。	1. 绝缘遮蔽应严实、牢固，导线遮蔽罩间重叠部分应不小于15 cm，遮蔽范围应比人体活动范围增加0.4 m； 2. 绝缘斗内双人工作时，禁止两人同时接触不同的电位体。
	3★	断分支线路引线	1. 斗内电工将绝缘斗调整到近边相导线外侧适当位置，使用绝缘锁杆将分支线路引线线头与主导线临时固定后，拆除接续线夹； 2. 斗内电工转移绝缘斗位置，用绝缘锁杆将已断开的分支线路引线线头脱离主导线，临时固定在分支线路同相导线上； 3. 其余两相引线拆除工作按相同方法进行。	1. 作业人员戴护目镜； 2. 断引线前，确保后端线路“三无一良”（无接地、无负荷、无人工作、绝缘良好）； 3. 空载电流应不大于5 A，大于0.1 A时应使用专用的消弧开关； 4. 禁止作业人员串入电路； 5. 如断开的支接引线过后需要恢复，应采取拆除接引线夹方式进行，将已断开的支接引线固定在同相位的支接导线上； 6. 如导线为绝缘线，引流线拆除后应恢复导线的绝缘； 7. 拆除引线次序可按照先近边相、后远边相、最后中间相，也可视现场情况由近到远依次进行。
	4	拆除绝缘遮蔽措施	斗内电工拆除绝缘遮蔽用具，确认杆上已无遗留物后，返回地面。	严禁同时拆除不同电位的遮蔽体。

3. 带电作业结束阶段

√	序号	内　　容
	1	工作负责人全面检查作业完成情况并点评（班后会）。
	2	清理现场的工器具、材料，撤离作业现场。
	3	汇报调度或运维人员工作结束，办理工作票终结手续。

工作负责人：____________

25　10 kV 带电断引线标准化作业指导卡

(断耐张杆引线)

编号：____________

1. 带电作业准备阶段

√	序号	内　容	标　准
	1	现场勘察	1. 由工作负责人或工作票签发人组织到现场进行勘察，以便掌握同杆(塔)架设线路及其方位、电气间距、作业现场条件和环境； 2. 确定作业方法、所需工具、材料以及应采取的措施。
	2	气象条件	1. 根据本地气象预报，判断是否符合《安规》对带电作业的要求； 2. 风力大于 10 m/s 或相对湿度大于 80%时，不宜作业。
	3	办理工作票	1. 在生产管理系统(PMS2.0)中开具工作票； 2. 确认工作地段、配网运行方式，如需停用重合闸先确定线路双重名称，提前向调度申请。

2. 带电作业实施阶段

√	序号	作业内容	作业标准及步骤	安全措施及注意事项
	1	验电	按照导线→绝缘子→横担→导线的顺序进行验电，确认无漏电现象。	1. 人体与邻近带电体的距离不得小于 0.4 m； 2. 绝缘杆有效绝缘长度不得小于 0.7 m。
	2	设置绝缘遮蔽、隔离措施	斗内电工转移工作斗到内边侧导线合适位置。	1. 绝缘臂的金属部位与带电体和地电位物体的距离不小于 0.9 m； 2. 作业过程中，绝缘斗臂车起升、下降、回转速度不得大于 0.5 m/s。

续表

√	序号	作业内容	作业标准及步骤	安全措施及注意事项
			斗内电工使用导线遮蔽罩、绝缘毯等遮蔽用具，按“由近至远、从大到小、从低到高”原则，将作业范围内带电导线和接地部分进行绝缘遮蔽、隔离。	1. 绝缘遮蔽应严实、牢固，导线遮蔽罩间重叠部分应不小于15 cm，遮蔽范围应比人体活动范围增加0.4 m； 2. 绝缘斗内双人工作时，禁止两人同时接触不同的电位体。
	3★	断耐张杆引流线	1. 斗内电工将绝缘斗调整到近边相导线外侧适当位置，拆除接续线夹； 2. 斗内电工调整绝缘斗位置，将已断开的耐张杆引流线线头脱离电源侧带电导线，临时固定在同相负荷侧导线上； 3. 其余两相引线拆除工作按相同方法进行。	1. 作业人员戴护目镜； 2. 断引线前，确保后端线路“三无一良”（无接地、无负荷、无人工作、绝缘良好）； 3. 空载电流应不大于5 A，大于0.1 A时应使用专用的消弧开关； 4. 禁止作业人员串入电路； 5. 如断开的支接引线过后需要恢复，应采取拆除接引线夹方式进行，将已断开的支接引线固定在同相位的支接导线上。
	4	拆除绝缘遮蔽措施	斗内电工拆除绝缘遮蔽用具，确认杆上已无遗留物后，返回地面。	严禁同时拆除不同电位的遮蔽体。

3. 带电作业结束阶段

√	序号	内　容
	1	工作负责人全面检查作业完成情况并点评（班后会）。
	2	清理现场的工器具、材料，撤离作业现场。
	3	汇报调度或运维人员工作结束，办理工作票终结手续。

工作负责人：__________

26　10 kV 带电接引线标准化作业指导卡
（接熔断器上引线）

编号：＿＿＿＿＿＿

1. 带电作业准备阶段

√	序号	内　容	标　　准
	1	现场勘察	1. 由工作负责人或工作票签发人组织到现场进行勘察，以便掌握同杆(塔)架设线路及其方位、电气间距、作业现场条件和环境； 2. 确定作业方法、所需工具、材料以及应采取的措施。
	2	气象条件	1. 根据本地气象预报，判断是否符合《安规》对带电作业的要求； 2. 风力大于 10 m/s 或相对湿度大于 80%时，不宜作业。
	3	办理工作票	1. 在生产管理系统(PMS2.0)中开具工作票； 2. 确认工作地段、配网运行方式，如需停用重合闸先确定线路双重名称，提前向调度申请。

2. 带电作业实施阶段

√	序号	作业内容	作业标准及步骤	安全措施及注意事项
	1	验电	按照导线→绝缘子→横担→导线的顺序进行验电，确认无漏电现象。	1. 人体与邻近带电体的距离不得小于 0.4 m； 2. 绝缘杆有效绝缘长度不得小于 0.7 m。
	2	设置绝缘遮蔽、隔离措施	斗内电工转移工作斗到内边侧导线合适位置。	1. 绝缘臂的金属部位与带电体和地电位物体的距离不小于 0.9 m； 2. 作业过程中，绝缘斗臂车起升、下降、回转速度不得大于 0.5 m/s。

续表

√	序号	作业内容	作业标准及步骤	安全措施及注意事项
			斗内电工使用导线遮蔽罩、绝缘毯等遮蔽用具，按“由近至远、从大到小、从低到高”原则，将作业范围内带电导线和接地部分进行绝缘遮蔽、隔离。	1. 绝缘遮蔽应严实、牢固，导线遮蔽罩间重叠部分应不小于15 cm，遮蔽范围应比人体活动范围增加0.4 m； 2. 绝缘斗内双人工作时，禁止两人同时接触不同的电位体。
	3★	接熔断器上引线	1. 斗内电工将绝缘斗调整至熔断器横担下方，并与有电线路保持0.4 m以上安全距离，用绝缘测量杆测量三相引线长度，根据长度做好连接的准备工作； 2. 斗内电工将绝缘斗调整到中间相导线下侧适当位置，使用清扫刷清除连接处导线上的氧化层； 3. 斗内电工将熔断器上引线与主导线进行可靠连接，恢复接续线夹处的绝缘及密封，并迅速恢复绝缘遮蔽； 4. 其余两相引线连接按相同方法进行。	1. 斗内电工戴护目镜； 2. 待接引流线如为绝缘线，剥皮长度应比接续线夹长2 cm，且端头应有防止松散的措施； 3. 斗臂车绝缘斗在有电工作区域转移时，应缓慢移动，动作要平稳；绝缘斗臂车作业时，发动机不能熄火(电能驱动型除外)，以保证液压系统处于工作状态； 4. 作业过程中禁止摘下绝缘防护用具； 5. 三相熔断器引线连接，可按由复杂到简单、先难后易的原则进行，先中间相、后远边相，最后近边相，也可视现场实际情况从远到近依次进行。
	4	拆除绝缘遮蔽措施	斗内电工拆除绝缘遮蔽用具，确认杆上已无遗留物后，返回地面。	严禁同时拆除不同电位的遮蔽体。

3. 带电作业结束阶段

√	序号	内容
	1	工作负责人全面检查作业完成情况并点评(班后会)。
	2	清理现场的工器具、材料，撤离作业现场。
	3	汇报调度或运维人员工作结束，办理工作票终结手续。

工作负责人：____________

27　10 kV 带电接引线标准化作业指导卡

（接分支线路引线）

编号：____________

1．带电作业准备阶段

√	序号	内　　容	标　　　　准
	1	现场勘察	1．由工作负责人或工作票签发人组织到现场进行勘察，以便掌握同杆（塔）架设线路及其方位、电气间距、作业现场条件和环境； 2．确定作业方法、所需工具、材料以及应采取的措施。
	2	气象条件	1．根据本地气象预报，判断是否符合《安规》对带电作业的要求； 2．风力大于 10 m/s 或相对湿度大于 80％时，不宜作业。
	3	办理工作票	1．在生产管理系统（PMS2.0）中开具工作票； 2．确认工作地段、配网运行方式，如需停用重合闸先确定线路双重名称，提前向调度申请。

2．带电作业实施阶段

√	序号	作业内容	作业标准及步骤	安全措施及注意事项
	1	验电	按照导线→绝缘子→横担→导线的顺序进行验电，确认无漏电现象。	1．人体与邻近带电体的距离不得小于 0.4 m； 2．绝缘杆有效绝缘长度不得小于 0.7 m。
	2	设置绝缘遮蔽、隔离措施	斗内电工转移工作斗到内边侧导线合适位置。	1．绝缘臂的金属部位与带电体和地电位物体的距离不小于 0.9 m； 2．作业过程中，绝缘斗臂车起升、下降、回转速度不得大于 0.5 m/s。

续表

√	序号	作业内容	作业标准及步骤	安全措施及注意事项
			斗内电工使用导线遮蔽罩、绝缘毯等遮蔽用具，按“由近至远、从大到小、从低到高”原则，将作业范围内带电导线和接地部分进行绝缘遮蔽、隔离。	1. 绝缘遮蔽应严实、牢固，导线遮蔽罩间重叠部分应不小于15 cm，遮蔽范围应比人体活动范围增加0.4 m； 2. 绝缘斗内双人工作时，禁止两人同时接触不同的电位体。
	3★	接分支线路引线	1. 斗内电工将绝缘斗调整至分支线路横担下方，测量三相待接引线的长度，根据长度做好连接的准备工作； 2. 斗内电工将绝缘斗调整到中间相导线下侧适当位置，以最小范围打开中相绝缘遮蔽，用导线清扫刷清除连接处导线上的氧化层； 3. 斗内电工安装接续线夹，连接牢固后，恢复接续线夹处的绝缘及密封，并迅速恢复绝缘遮蔽； 4. 其余两相引线连接按相同方法进行。	1. 作业人员戴护目镜； 2. 如待接引流线为绝缘线，应在引流线端头部分剥除三相带接引流线的绝缘外皮； 3. 如导线为绝缘线，应先剥除绝缘外皮，再进行清除连接处导线上的氧化层； 4. 斗臂车绝缘斗在有电工作区域转移时，应缓慢移动，动作要平稳；绝缘斗臂车作业时，发动机不能熄火(电能驱动型除外)，以保证液压系统处于工作状态； 5. 作业过程中禁止摘下绝缘防护用具。
	4	拆除绝缘遮蔽措施	斗内电工拆除绝缘遮蔽用具，确认杆上已无遗留物后，返回地面。	严禁同时拆除不同电位的遮蔽体。

3. 带电作业结束阶段

√	序号	内容
	1	工作负责人全面检查作业完成情况并点评(班后会)。
	2	清理现场的工器具、材料，撤离作业现场。
	3	汇报调度或运维人员工作结束，办理工作票终结手续。

工作负责人：__________

28 10 kV 带电接引线标准化作业指导卡

(接耐张杆引线)

编号:____________

1. 带电作业准备阶段

√	序号	内 容	标 准
	1	现场勘察	1. 由工作负责人或工作票签发人组织到现场进行勘察,以便掌握同杆(塔)架设线路及其方位、电气间距、作业现场条件和环境; 2. 确定作业方法、所需工具、材料以及应采取的措施。
	2	气象条件	1. 根据本地气象预报,判断是否符合《安规》对带电作业的要求; 2. 风力大于 10 m/s 或相对湿度大于 80%时,不宜作业。
	3	办理工作票	1. 在生产管理系统(PMS2.0)中开具工作票; 2. 确认工作地段、配网运行方式,如需停用重合闸先确定线路双重名称,提前向调度申请。

2. 带电作业实施阶段

√	序号	作业内容	作业标准及步骤	安全措施及注意事项
	1	验电	按照导线→绝缘子→横担→导线的顺序进行验电,确认无漏电现象。	1. 人体与邻近带电体的距离不得小于 0.4 m; 2. 绝缘杆有效绝缘长度不得小于 0.7 m。
	2	设置绝缘遮蔽、隔离措施	斗内电工转移工作斗到内边侧导线合适位置。	1. 绝缘臂的金属部位与带电体和地电位物体的距离不小于 0.9 m; 2. 作业过程中,绝缘斗臂车起升、下降、回转速度不得大于 0.5 m/s。

续表

√	序号	作业内容	作业标准及步骤	安全措施及注意事项
			斗内电工使用导线遮蔽罩、绝缘毯等遮蔽用具，按“由近至远、从大到小、从低到高”原则，将作业范围内带电导线和接地部分进行绝缘遮蔽、隔离。	1. 绝缘遮蔽应严实、牢固，导线遮蔽罩间重叠部分应不小于15 cm，遮蔽范围应比人体活动范围增加0.4 m； 2. 绝缘斗内双人工作时，禁止两人同时接触不同的电位体。
	3★	接耐张杆引线	1. 斗内电工将绝缘斗调整至耐张横担下方，测量三相待接引线长度，根据长度做好连接的准备工作。如待接引流线为绝缘线，应在引流线端头部分剥除三相带接引流线的绝缘外皮； 2. 斗内电工将绝缘斗调整到中间相导线下侧适当位置，以最小范围打开中相绝缘遮蔽，用导线清扫刷清除连接处导线上的氧化层； 3. 斗内电工安装接续线夹，连接牢固后，如为绝缘线，应恢复接续线夹处的绝缘及密封，并迅速恢复绝缘遮蔽； 4. 其余两相引线连接按相同方法进行。	1. 斗内电工拆除绝缘遮蔽措施时应带绝缘手套，且顺序应正确； 2. 拆除绝缘毯时，应轻托慢起，防止拉伤绝缘层； 3. 严禁同时拆除不同电位的遮蔽体。
	4	拆除绝缘遮蔽措施	斗内电工拆除绝缘遮蔽用具，确认杆上已无遗留物后，返回地面。	严禁同时拆除不同电位的遮蔽体。

3. 带电作业结束阶段

√	序号	内　容
	1	工作负责人全面检查作业完成情况并点评(班后会)。
	2	清理现场的工器具、材料，撤离作业现场。
	3	汇报调度或运维人员工作结束，办理工作票终结手续。

工作负责人：__________

29　10 kV 带电更换熔断器标准化作业指导卡

编号：____________

1. 带电作业准备阶段

√	序号	内　容	标　　准
	1	现场勘察	1. 由工作负责人或工作票签发人组织到现场进行勘察，以便掌握同杆(塔)架设线路及其方位、电气间距、作业现场条件和环境； 2. 确定作业方法、所需工具、材料以及应采取的措施。
	2	气象条件	1. 根据本地气象预报，判断是否符合《安规》对带电作业的要求； 2. 风力大于 10 m/s 或相对湿度大于 80%时，不宜作业。
	3	办理工作票	1. 在生产管理系统(PMS2.0)中开具工作票； 2. 确认工作地段、配网运行方式，如需停用重合闸先确定线路双重名称，提前向调度申请。

2. 带电作业实施阶段

√	序号	作业内容	作业标准及步骤	安全措施及注意事项
	1	验电	按照导线→绝缘子→横担→导线的顺序进行验电，确认无漏电现象。	1. 人体与邻近带电体的距离不得小于 0.4 m； 2. 绝缘杆有效绝缘长度不得小于 0.7 m。
	2	设置绝缘遮蔽、隔离措施	斗内电工转移工作斗到内边侧导线合适位置。	1. 绝缘臂的金属部位与带电体和地电位物体的距离不小于 0.9 m； 2. 作业过程中，绝缘斗臂车起升、下降、回转速度不得大于 0.5 m/s。

续表

√	序号	作业内容	作业标准及步骤	安全措施及注意事项
			斗内电工使用导线遮蔽罩、绝缘毯等遮蔽用具，按“由近至远、从大到小、从低到高”原则，将作业范围内带电导线和接地部分进行绝缘遮蔽、隔离。	1. 绝缘遮蔽应严实、牢固，导线遮蔽罩间重叠部分应不小于15 cm，遮蔽范围应比人体活动范围增加0.4 m； 2. 绝缘斗内双人工作时，禁止两人同时接触不同的电位体。
	3★	更换三相熔断器	1. 斗内电工在中相熔断器前方，以最小范围打开绝缘遮蔽，拆除熔断器上桩头引线螺栓；调整绝缘斗位置后将断开的上引线端头可靠固定在同相上引线上，并恢复绝缘遮蔽； 2. 斗内电工拆除熔断器下桩头引线螺栓，更换熔断器；斗内电工对新安装熔断器进行分合情况检查，最后将熔断器置于拉开位置，连接好下引线； 3. 斗内电工将绝缘斗调整到中间相上引线合适位置，打开绝缘遮蔽，将熔断器上桩头引线螺栓连接好，并迅速恢复中相绝缘遮蔽； 4. 其余两相熔断器的更换按相同方法进行。	1. 作业人员戴护目镜； 2. 断、接引线前，熔断器应在分闸位置； 3. 严禁取下绝缘手套拆除或安装熔断器； 4. 跌落式熔断器熔管轴线与地面的垂线夹角为15°～30°。
	4	拆除绝缘遮蔽措施	斗内电工拆除绝缘遮蔽用具，确认杆上已无遗留物后，返回地面。	严禁同时拆除不同电位的遮蔽体。

3. 带电作业结束阶段

√	序号	内　容
	1	工作负责人全面检查作业完成情况并点评(班后会)。
	2	清理现场的工器具、材料，撤离作业现场。
	3	汇报调度或运维人员工作结束，办理工作票终结手续。

工作负责人：__________

30　10 kV 带电更换直线杆绝缘子标准化作业指导卡

（车用绝缘横担法）

编号：____________

1. 带电作业准备阶段

√	序号	内　　容	标　　准
	1	现场勘察	1. 由工作负责人或工作票签发人组织到现场进行勘察，以便掌握同杆（塔）架设线路及其方位、电气间距、作业现场条件和环境； 2. 确定作业方法、所需工具、材料以及应采取的措施。
	2	气象条件	1. 根据本地气象预报，判断是否符合《安规》对带电作业的要求； 2. 风力大于 10 m/s 或相对湿度大于 80%时，不宜作业。
	3	办理工作票	1. 在生产管理系统（PMS2.0）中开具工作票； 2. 确认工作地段、配网运行方式，如需停用重合闸先确定线路双重名称，提前向调度申请。

2. 带电作业实施阶段

√	序号	作业内容	作业标准及步骤	安全措施及注意事项
	1	验电	按照导线→绝缘子→横担→导线的顺序进行验电，确认无漏电现象。	1. 人体与邻近带电体的距离不得小于 0.4 m； 2. 绝缘杆有效绝缘长度不得小于 0.7 m。
	2	设置绝缘遮蔽、隔离措施	斗内电工转移工作斗到内边侧导线合适位置。	1. 绝缘臂的金属部位与带电体和地电位物体的距离不小于 0.9 m； 2. 作业过程中，绝缘斗臂车起升、下降、回转速度不得大于 0.5 m/s。

续表

√	序号	作业内容	作业标准及步骤	安全措施及注意事项
			斗内电工使用导线遮蔽罩、绝缘毯等遮蔽用具，按“由近至远、从大到小、从低到高”原则，将作业范围内带电导线和接地部分进行绝缘遮蔽、隔离。	1. 绝缘遮蔽应严实、牢固，导线遮蔽罩间重叠部分应不小于15 cm，遮蔽范围应比人体活动范围增加0.4 m； 2. 绝缘斗内双人工作时，禁止两人同时接触不同的电位体。
	3★	更换绝缘子	1. 斗内电工将绝缘斗返回地面，由地面电工协助在吊臂上组装绝缘横担返回中间相导线下准备支撑导线； 2. 斗内电工调整吊臂使中间相导线置于绝缘横担上的滑轮内，然后扣好保险环； 3. 斗内电工操作将绝缘支杆缓缓上升，使绝缘横担受力；斗内电工拆除导线绑扎线；恢复绝缘导线绝缘遮蔽；缓缓支撑起中间相导线并锁定绝缘横担，提升高度应不小于0.4 m； 4. 斗内电工更换绝缘子，并对新安装绝缘子进行绝缘遮蔽； 5. 斗内电工操作将绝缘横担缓缓下降，使中间相导线下降至中间相绝缘子顶槽内停止，使用绑扎线将中间相导线固定在绝缘子上，恢复绝缘遮蔽，打开绝缘横担滑轮保险，操作吊臂使绝缘横担缓缓脱离导线。其余两相按相同方法进行。	1. 更换瓷瓶前确认瓷件是否完好； 2. 导线遮蔽罩搭接部分不小于15 cm； 3. 拆除直线瓷瓶绑扎线时，绑扎线的展放长度不应超过10 cm； 4. 瓷瓶更换一相完毕，立即进行遮蔽； 5. 更换绝缘子过程中严禁取下绝缘手套。
	4	拆除绝缘遮蔽措施	斗内电工拆除绝缘遮蔽用具，确认杆上已无遗留物后，返回地面。	严禁同时拆除不同电位的遮蔽体。

3. 带电作业结束阶段

√	序号	内　　容
	1	工作负责人全面检查作业完成情况并点评(班后会)。
	2	清理现场的工器具、材料,撤离作业现场。
	3	汇报调度或运维人员工作结束,办理工作票终结手续。

工作负责人:＿＿＿＿＿＿

31 10 kV 带电更换直线杆绝缘子标准化作业指导卡

（绝缘小吊臂法）

编号：____________

1. 带电作业准备阶段

√	序号	内 容	标 准
	1	现场勘察	1. 由工作负责人或工作票签发人组织到现场进行勘察，以便掌握同杆（塔）架设线路及其方位、电气间距、作业现场条件和环境； 2. 确定作业方法、所需工具、材料以及应采取的措施。
	2	气象条件	1. 根据本地气象预报，判断是否符合《安规》对带电作业的要求； 2. 风力大于 10 m/s 或相对湿度大于 80%时，不宜作业。
	3	办理工作票	1. 在生产管理系统（PMS2.0）中开具工作票； 2. 确认工作地段、配网运行方式，如需停用重合闸先确定线路双重名称，提前向调度申请。

2. 带电作业实施阶段

√	序号	作业内容	作业标准及步骤	安全措施及注意事项
	1	验电	按照导线→绝缘子→横担→导线的顺序进行验电，确认无漏电现象。	1. 人体与邻近带电体的距离不得小于 0.4 m； 2. 绝缘杆有效绝缘长度不得小于 0.7 m。
	2	设置绝缘遮蔽、隔离措施	斗内电工转移工作斗到内边侧导线合适位置。	1. 绝缘臂的金属部位与带电体和地电位物体的距离不小于 0.9 m； 2. 作业过程中，绝缘斗臂车起升、下降、回转速度不得大于 0.5 m/s。

续表

√	序号	作业内容	作业标准及步骤	安全措施及注意事项
			斗内电工使用导线遮蔽罩、绝缘毯等遮蔽用具，按“由近至远、从大到小、从低到高”原则，将作业范围内带电导线和接地部分进行绝缘遮蔽、隔离。	1. 绝缘遮蔽应严实、牢固，导线遮蔽罩间重叠部分应不小于15 cm，遮蔽范围应比人体活动范围增加0.4 m； 2. 绝缘斗内双人工作时，禁止两人同时接触不同的电位体。
	3★	更换绝缘子	1. 斗内电工将导线遮蔽罩旋转，使开口朝上，将绝缘绳套套在导线遮蔽罩上，使用绝缘小吊勾勾住绝缘绳套，并确认可靠； 2. 取下绝缘子遮蔽罩，拆除绝缘子绑扎线；拆除绑扎线后，操作绝缘小吊臂起吊导线脱离绝缘子，提升高度应不小于0.4 m，搭接导线遮蔽罩； 3. 更换绝缘子后，迅速恢复绝缘子底部的绝缘遮蔽； 4. 操作绝缘小吊臂，降落导线，将搭接在一起的导线遮蔽罩分开，将导线落下至绝缘子顶部线槽内； 5. 使用绝缘子绑扎线将导线与绝缘子固定牢固，剪去多余的绑扎线，迅速恢复绝缘遮蔽。其余两相绝缘子按相同方法进行。	1. 更换瓷瓶前确认瓷件是否完好； 2. 提升高度应不小于0.4 m，导线遮蔽罩搭接部分不小于15 cm； 3. 拆除直线瓷瓶绑扎线时，绑扎线的展放长度不应超过10 cm； 4. 瓷瓶更换一相完毕，立即进行遮蔽； 5. 更换绝缘子过程中严禁取下绝缘手套。
	4	拆除绝缘遮蔽措施	斗内电工拆除绝缘遮蔽用具，确认杆上已无遗留物后，返回地面。	严禁同时拆除不同电位的遮蔽体。

3. 带电作业结束阶段

√	序号	内　容
	1	工作负责人全面检查作业完成情况并点评(班后会)。
	2	清理现场的工器具、材料，撤离作业现场。
	3	汇报调度或运维人员工作结束，办理工作票终结手续。

工作负责人：________

32　10 kV 带电更换直线杆绝缘子及横担标准化作业指导卡

编号：＿＿＿＿＿＿

1. 带电作业准备阶段

√	序号	内　容	标　准
	1	现场勘察	1. 由工作负责人或工作票签发人组织到现场进行勘察，以便掌握同杆(塔)架设线路及其方位、电气间距、作业现场条件和环境； 2. 确定作业方法、所需工具、材料以及应采取的措施。
	2	气象条件	1. 根据本地气象预报，判断是否符合《安规》对带电作业的要求； 2. 风力大于 10 m/s 或相对湿度大于 80%时，不宜作业。
	3	办理工作票	1. 在生产管理系统(PMS2.0)中开具工作票； 2. 确认工作地段、配网运行方式，如需停用重合闸先确定线路双重名称，提前向调度申请。

2. 带电作业实施阶段

√	序号	作业内容	作业标准及步骤	安全措施及注意事项
	1	验电	按照导线→绝缘子→横担→导线的顺序进行验电，确认无漏电现象。	1. 人体与邻近带电体的距离不得小于 0.4 m； 2. 绝缘杆有效绝缘长度不得小于 0.7 m。
	2	设置绝缘遮蔽、隔离措施	斗内电工转移工作斗到内边侧导线合适位置。	1. 绝缘臂的金属部位与带电体和地电位物体的距离不小于 0.9 m； 2. 作业过程中，绝缘斗臂车起升、下降、回转速度不得大于 0.5 m/s。

续表

√	序号	作业内容	作业标准及步骤	安全措施及注意事项
			斗内电工使用导线遮蔽罩、绝缘毯等遮蔽用具,按“由近至远、从大到小、从低到高”原则,将作业范围内带电导线和接地部分进行绝缘遮蔽、隔离。	1. 绝缘遮蔽应严实、牢固,导线遮蔽罩间重叠部分应不小于15 cm,遮蔽范围应比人体活动范围增加0.4 m; 2. 绝缘斗内双人工作时,禁止两人同时接触不同的电位体。
	3★	更换直线横担	1. 斗内电工互相配合,在电杆高出横担约0.4 m的位置安装绝缘横担; 2. 斗内电工将绝缘斗调整到近边相外侧适当位置,使用绝缘斗小吊绳固定导线,收紧小吊绳,使其受力; 3. 斗内电工拆除绝缘子绑扎线,调整吊臂提升导线使近边相导线置于临时支撑横担上的固定槽内,然后扣好保险环; 4. 远边相按照相同方法进行; 5. 斗内电工互相配合拆除旧绝缘子及横担,安装新绝缘子及横担,并对新安装绝缘子及横担设置绝缘遮蔽; 6. 斗内电工调整绝缘斗到远边相外侧适当位置,使用小吊绳将远边相导线缓缓放入已更换的新绝缘子顶槽内,使用绑扎线固定,恢复绝缘遮蔽; 7. 近边相按照相同方法进行; 8. 斗内电工互相配合拆除杆上临时支撑横担; 9. 施工配合人员拆除旧拉线的紧线器。	1. 转移导线前,明确两边临近杆塔导线绑扎情况,以免在导线转移中,引起临近杆塔导线垂落、接地事故; 2. 导线绝缘横担上的滑轮槽应先调整与导线间距相等位置。滑轮槽应有闭锁装置,防止导线脱落; 3. 提升导线时,要缓慢进行,以防导线晃动,造成相间短路; 4. 拆除直线瓷瓶绑扎线时,绑扎线的展放长度不应超过10 cm; 5. 将两边相导线(三角形排列)转移至绝缘横担后,提升导线不小于0.4 m(两辆绝缘斗臂车);如水平排列,需将三相导线均转移至绝缘横担上; 6. 地面电工登杆组装横担,导线需提升不小于1.0 m; 7. 拆除旧横担前,先拆除旧瓷瓶,安装新横担时,安装好横担后,再安装新瓷瓶; 8. 拆除、安装横担前横担两端头采用绝缘包裹; 9. 横担应安装水平牢固;横担端部上下歪斜不应大于20 mm,横担端部左右扭斜不应大于20 mm; 10. 新横担、新绝缘子安装完毕后,应立即对其遮蔽,绝缘子绝缘遮蔽后只露出绑扎丝部位; 11. 绑扎过程中,扎线的展放长度程度不应大于10 cm ; 12. 下降导线时,要缓慢进行,以防导线晃动,造成相间短路。

续表

√	序号	作业内容	作业标准及步骤	安全措施及注意事项
	4★	更换直线横担（绝缘斗臂车配有绝缘横担组合时，且导线采用水平排列时）	1. 绝缘遮蔽措施完成后，将绝缘斗返回地面，斗内电工在地面电工协助下在吊臂上组装绝缘横担后返回导线下准备支撑导线； 2. 斗内电工调整吊臂使三相导线分别置于绝缘横担上的滑轮内，然后扣好保险环； 3. 斗内电工操作将绝缘横担缓缓上升，使绝缘横担受力；拆除导线绑扎线，缓缓支撑起三相导线，提升高度应不少于0.4 m； 4. 斗内电工在地面电工配合下更换直线横担，并安装绝缘子，恢复绝缘遮蔽措施。	1. 转移导线前，明确两边临近杆塔导线绑扎情况，以免在导线转移中，引起临近杆塔导线垂落、接地事故； 2. 导线绝缘横担上的滑轮槽应先调整与导线间距相等位置。滑轮槽应有闭锁装置，防止导线脱落； 3. 提升导线时，要缓慢进行，以防导线晃动，造成相间短路； 4. 拆除直线瓷瓶绑扎线时，绑扎线的展放长度不应超过10 cm； 5. 将两边相导线（三角形排列）转移至绝缘横担后，提升导线不小于0.4 m（两辆绝缘斗臂车）；如水平排列，需将三相导线均转移至绝缘横担上； 6. 地面电工登杆组装横担，导线需提升不小于1.0 m； 7. 拆除旧横担前，先拆除旧瓷瓶，安装新横担时，安装好横担后，再安装新瓷瓶； 8. 拆除、安装横担前横担两端头采用绝缘包裹； 9. 横担应安装水平牢固；横担端部上下歪斜不应大于20 mm，横担端部左右扭斜不应大于20 mm； 10. 新横担、新绝缘子安装完毕后，应立即对其遮蔽，绝缘子绝缘遮蔽后只露出绑扎丝部位； 11. 绑扎过程中，扎线的展放长度程度不应大于10 cm； 12. 下降导线时，要缓慢进行，以防导线晃动，造成相间短路。
	5	拆除绝缘遮蔽措施	斗内电工拆除绝缘遮蔽用具，确认杆上已无遗留物后，返回地面。	严禁同时拆除不同电位的遮蔽体。

3. 带电作业结束阶段

√	序号	内　　容
	1	工作负责人全面检查作业完成情况并点评(班后会)。
	2	清理现场的工器具、材料,撤离作业现场。
	3	汇报调度或运维人员工作结束,办理工作票终结手续。

工作负责人:____________

33　10 kV 带电更换耐张杆绝缘子串标准化作业指导卡

编号：____________

1. 带电作业准备阶段

√	序号	内　　容	标　　准
	1	现场勘察	1. 由工作负责人或工作票签发人组织到现场进行勘察，以便掌握同杆（塔）架设线路及其方位、电气间距、作业现场条件和环境； 2. 确定作业方法、所需工具、材料以及应采取的措施。
	2	气象条件	1. 根据本地气象预报，判断是否符合《安规》对带电作业的要求； 2. 风力大于 10 m/s 或相对湿度大于 80%时，不宜作业。
	3	办理工作票	1. 在生产管理系统（PMS2.0）中开具工作票； 2. 确认工作地段、配网运行方式，如需停用重合闸先确定线路双重名称，提前向调度申请。

2. 带电作业实施阶段

√	序号	作业内容	作业标准及步骤	安全措施及注意事项
	1	验电	按照导线→绝缘子→横担→导线的顺序进行验电，确认无漏电现象。	1. 人体与邻近带电体的距离不得小于 0.4 m； 2. 绝缘杆有效绝缘长度不得小于 0.7 m。
	2	设置绝缘遮蔽、隔离措施	斗内电工转移工作斗到内边侧导线合适位置。	1. 绝缘臂的金属部位与带电体和地电位物体的距离不小于 0.9 m； 2. 作业过程中，绝缘斗臂车起升、下降、回转速度不得大于 0.5 m/s。

续表

√	序号	作业内容	作业标准及步骤	安全措施及注意事项
			斗内电工使用导线遮蔽罩、绝缘毯等遮蔽用具，按“由近至远、从大到小、从低到高”原则，将作业范围内带电导线和接地部分进行绝缘遮蔽、隔离。	1. 绝缘遮蔽应严实、牢固，导线遮蔽罩间重叠部分应不小于15 cm，遮蔽范围应比人体活动范围增加0.4 m； 2. 绝缘斗内双人工作时，禁止两人同时接触不同的电位体。
	3★	更换耐张绝缘子串	1. 斗内电工将绝缘斗调整到近边相导线外侧适当位置，将绝缘绳套安装在耐张横担上，安装绝缘紧线器，在紧线器外侧加装后备保护绳； 2. 斗内电工收紧导线至耐张绝缘子松弛，并拉紧后备保护绝缘绳套； 3. 斗内电工脱开耐张线夹与耐张绝缘子串之间的弯头挂板；恢复耐张线夹处的绝缘遮蔽措施； 4. 斗内电工拆除旧耐张绝缘子，安装新耐张绝缘子，并进行绝缘遮蔽； 5. 斗内电工将耐张线夹与耐张绝缘子连接安装好，恢复绝缘遮蔽； 6. 斗内电工松开后备保护绝缘绳套并放松紧线器，使绝缘子受力后，拆下紧线器、后备保护绳套及绝缘绳套。	1. 绝缘绳套不应拴在绝缘遮蔽材料上，以免破坏遮蔽用具； 2. 紧线器的绝缘绳套有效绝缘长度不应小于0.4 m，悬挂横担处位置，尽量靠近绝缘子串且受理受力后不能触及不绝缘子串瓷裙； 3. 卡线器安装完毕后，应及时恢复绝缘遮蔽隔离措施； 4. 紧线装置的规格应与导线的规格及张力荷载相匹配； 5. 安装导线后备保护绳的的规格应与导线的张力荷载相匹配； 6. 紧线器及后备保护绳受力点应在不同的牢固构件上； 7. 紧线前，应检查两侧拉线及杆塔以及紧线侧临近杆塔导线固定是否牢靠； 8. 使用紧线器力度适宜，绝缘子串能脱离即可，不宜过度过牵引； 9. 移动绝缘子串与导线连接处的绝缘遮蔽，露出连接螺栓即可，不应大范围拆除绝缘遮蔽； 10. 绝缘子串脱离导线后，应立即对耐张线夹处进行绝缘遮蔽； 11. 松开绝缘子串与角铁连接前，绝缘子串应先系好绝缘传递绳； 12. 在横担上挂新绝缘子串时，挂好后，再解除绝缘传递绳后立即对新安装的绝缘子串用绝缘毯进行绝缘遮蔽，只露出碗头挂板；

续表

√	序号	作业内容	作业标准及步骤	安全措施及注意事项
				13. 绝缘子串安装螺丝穿向符合配网安装要求； 14. 挂好中相导线，拆除导线侧卡线器后，应立即恢复导线侧绝缘遮蔽； 15. 根据现场实际，也可先两侧，后中间步骤操作； 16. 操作中、需要操作连接部位螺栓时、临时移动或拆除的绝缘遮蔽，操作后应立即恢复绝缘遮蔽。
	4	拆除绝缘遮蔽措施	斗内电工拆除绝缘遮蔽用具，确认杆上已无遗留物后，返回地面。	严禁同时拆除不同电位的遮蔽体。

3. 带电作业结束阶段

√	序号	内　　容
	1	工作负责人全面检查作业完成情况并点评(班后会)。
	2	清理现场的工器具、材料，撤离作业现场。
	3	汇报调度或运维人员工作结束，办理工作票终结手续。

工作负责人：____________

34　10 kV 带电更换柱上开关或隔离开关标准化作业指导卡

编号：__________

1. 带电作业准备阶段

√	序号	内　容	标　准
	1	现场勘察	1. 由工作负责人或工作票签发人组织到现场进行勘察，以便掌握同杆(塔)架设线路及其方位、电气间距、作业现场条件和环境； 2. 确定作业方法、所需工具、材料以及应采取的措施。
	2	气象条件	1. 根据本地气象预报，判断是否符合《安规》对带电作业的要求； 2. 风力大于 10 m/s 或相对湿度大于 80%时，不宜作业。
	3	办理工作票	1. 在生产管理系统(PMS2.0)中开具工作票； 2. 确认工作地段、配网运行方式，如需停用重合闸先确定线路双重名称，提前向调度申请。

2. 带电作业实施阶段

√	序号	作业内容	作业标准及步骤	安全措施及注意事项
	1	验电	按照导线→绝缘子→横担→导线的顺序进行验电，确认无漏电现象。	1. 人体与邻近带电体的距离不得小于 0.4 m； 2. 绝缘杆有效绝缘长度不得小于 0.7 m。
	2	设置绝缘遮蔽、隔离措施	斗内电工转移工作斗到内边侧导线合适位置。	1. 绝缘臂的金属部位与带电体和地电位物体的距离不小于 0.9 m； 2. 作业过程中，绝缘斗臂车起升、下降、回转速度不得大于 0.5 m/s。

续表

√	序号	作业内容	作业标准及步骤	安全措施及注意事项
			斗内电工使用导线遮蔽罩、绝缘毯等遮蔽用具，按“由近至远、从大到小、从低到高”原则，将作业范围内带电导线和接地部分进行绝缘遮蔽、隔离。	1. 绝缘遮蔽应严实、牢固，导线遮蔽罩间重叠部分应不小于15 cm，遮蔽范围应比人体活动范围增加0.4 m； 2. 绝缘斗内双人工作时，禁止两人同时接触不同的电位体。
	3★	更换柱上开关或隔离开关	1. 斗内电工调整绝缘斗至近边相合适位置处，将开关引线从主导线上拆开，并妥善固定；恢复主导线处绝缘遮蔽措施； 2. 其余两相开关按照相同的方法拆除引线； 3. 1号斗内电工将绝缘吊臂调整至开关上方合适位置； 4. 斗内电工相互配合更换开关，并进行分、合试操作调试，然后将开关置于断开位置； 5. 斗内电工调整绝缘斗在开关相间、两侧各自桩头上加装绝缘挡板； 6. 斗内电工相互配合恢复中间相开关引线，恢复新安装开关的绝缘遮蔽措施； 7. 其余两相开关更换按照相同方法进行。	1. 断柱上开关引线前，检查柱上开关有无异常，开关必须处于断开位置； 2. 断三相引线应按“先内边相、再外边相、最后中间相”的顺序进行； 3. 绝缘吊臂下方严禁工作人员通过或逗留； 4. 开关安装完毕，各相桩头以及接引过程中可能触及的部位应采取绝缘隔离措施； 5. 接三相引线应按照“先中间相、在外边相、最后内边相”的顺序依次进行。
	4	拆除绝缘遮蔽措施	斗内电工拆除绝缘遮蔽用具，确认杆上已无遗留物后，返回地面。	严禁同时拆除不同电位的遮蔽体。

3. 带电作业结束阶段

√	序号	内　容
	1	工作负责人全面检查作业完成情况并点评(班后会)。
	2	清理现场的工器具、材料，撤离作业现场。
	3	汇报调度或运维人员工作结束，办理工作票终结手续。

工作负责人：__________